普通高等教育土建学科专业“十一五”规划教材
高 校 土 木 工 程 专 业 规 划 教 材

组合结构设计原理

薛建阳 主编
赵鸿铁 主审

中国建筑工业出版社

图书在版编目（CIP）数据

组合结构设计原理/薛建阳主编. —北京：中国建筑工业出版社，2010.9（2022.12重印）
（普通高等教育土建学科专业“十一五”规划教材.
高校土木工程专业规划教材）
ISBN 978-7-112-12465-7

Ⅰ.①组… Ⅱ.①薛… Ⅲ.①组合结构-结构设计-高等学校-教材 Ⅳ.①TU398

中国版本图书馆 CIP 数据核字（2010）第 181829 号

本书为普通高等学校土木工程专业的专业基础课教材，是根据我国最新有关钢与混凝土组合结构的设计规范、规程及混合结构的研究成果编写而成的。全书共分 7 章，内容包括绪论、结构设计方法及材料性能、压型钢板与混凝土组合板、钢与混凝土组合梁、型钢混凝土结构、钢管混凝土结构以及钢与混凝土混合结构设计等。主要讲述组合结构及其构件的受力性能、设计计算方法和构造要求以及混合结构的相关基础知识。书中每章都有必要的例题、小结、思考题和习题，便于读者理解相关原理，掌握其具体应用。

本书可作为高等学校土木工程专业的本科生教材，也可供研究生和专业技术人员在设计、施工和进行科研工作时参考。

* * *

责任编辑：王　跃　吉万旺
责任设计：李志立
责任校对：姜小莲　赵　颖

普通高等教育土建学科专业“十一五”规划教材
高 校 土 木 工 程 专 业 规 划 教 材
组合结构设计原理
薛建阳　主编
赵鸿铁　主审

*

中国建筑工业出版社出版、发行（北京西郊百万庄）
各地新华书店、建筑书店经销
霸州市顺浩图文科技发展有限公司制版
北京建筑工业印刷厂印刷

*

开本：787×1092 毫米　1/16　印张：14　字数：340 千字
2010 年 12 月第一版　2022 年 12 月第四次印刷
定价：**25.00** 元
ISBN 978-7-112-12465-7
（19742）

前　言

钢与混凝土组合结构是现代工程结构中一种重要的新型结构体系，它兼有普通混凝土结构和钢结构共同的优点，具有承载能力高、刚度大、延性和抗震性能好等优点，并且自重较轻、节省材料，符合工程结构的发展方向。近些年来，又出现了一种被称为混合结构的房屋，它是由不同材料组成的构件或结构所构成的空间或平面系统，能够承受竖向力和水平荷载作用。从 20 世纪 50 年代开始，钢与混凝土组合结构已越来越多地应用于工业与民用建筑、构筑物、大跨度桥梁等工程中，尤其是近 20 年来，在高层和超高层建筑中，已大量地采用了钢与混凝土混合结构体系，取得了非常好的社会效益和经济效益。

钢与混凝土组合结构在国外的研究和应用较早，欧美、日本和前苏联等一些国家先后编写了符合本国国情的设计规范或规程，而对混合结构的研究和应用始于 20 世纪 70 年代。我国对组合结构的研究起步较晚，主要是在 20 世纪 80 年代以后，但已取得了较为丰硕的成果，对组合结构和混合结构受力性能及其设计方法的认识也日趋完善，相继颁布了一些组合结构和混合结构方面的设计规范或规程，许多高等学校也开设了钢与混凝土组合结构课程，这些工作对于推动我国组合结构和混合结构的发展、促进其工程应用起到了积极的作用。

本书内容包括钢与混凝土组合结构及其构件的设计方法、材料的基本性能、压型钢板与混凝土组合板、钢与混凝土组合梁、型钢混凝土结构、钢管混凝土结构以及混合结构设计概论。在编写过程中，注意内容的系统性、先进性和适用性，主要讲述组合结构及其构件的计算理论、设计方法和构造措施，以及混合结构的特点和基本设计原则，力求做到由浅入深、循序渐进、重点突出，对基本概念论述清楚。书中有相当数量的例题，有利于学生理解和掌握相关知识。为便于自学，每章都有小结、思考题和习题等内容。本书可作为土木工程专业本科生的教材，也可供研究生和广大工程技术人员参考使用。

全书共分 7 章，其中第 1 章、第 2 章和第 7 章由西安建筑科技大学薛建阳编写，第 3 章由西安建筑科技大学杨勇编写，第 4 章由清华大学樊健生编写，第 5 章由广西大学陈宗平编写，第 6 章由福州大学陶忠编写。全书由薛建阳任主编。

西安建筑科技大学赵鸿铁教授审阅了全书并提出了许多宝贵意见，在此表示衷心的感谢。

由于作者的水平和学识有限，不当或错误之处在所难免，恳请广大读者批评指正。

编者

2010 年 8 月

目 录

第1章 绪 论

1.1 组合结构的定义及分类

目前的建筑结构，主要有木结构、钢结构、钢筋混凝土结构、预应力混凝土结构、砌体结构等一些常见的结构形式。这些结构是按照组成它们的梁、柱等构件进行分类的。通常情况下，梁和柱采用的是同一种材料制作的构件，但是近年来，陆续出现了一些组合结构或混合结构房屋。例如，房屋的柱采用型钢混凝土（SRC）柱，梁采用纯钢（S）梁，或者柱采用钢筋混凝土（RC）构件，梁采用钢（S）梁。有的建筑物外围为钢框架，内部的核心筒采用钢筋混凝土结构形式。桥梁结构中桥墩采用型钢混凝土，梁采用钢筋混凝土梁。有些桁架结构的中间跨采用钢构件，而边跨采用钢筋混凝土构件。

组合结构或混合结构与一般由单一材料组成的结构形式不同，它可以充分利用组成结构的材料各自的优点，而克服其缺点，具有承载能力高、变形性能好且经济合理等优越性，具有十分广阔的应用和发展前景。

前面所讲的组合结构或混合结构，目前尚无统一的定义和划分，日语中常写为“合成”、“混合”或“複合”结构，英文分别记为“composite”、“mixed”或“hybrid”结构，表达上相类似，区分起来比较困难。这里，将两种及两种以上的材料组成的能共同受力、协调变形的结构统称为组合结构。而混合结构则是指由不同材料组成的构件或结构系统组合在一起，形成能够共同承受竖向和水平作用的空间或平面结构（系统）。

一般的土木工程结构中使用的材料，有木材、混凝土、钢、塑料、砌块、玻璃等，本书中主要介绍钢与混凝土组合或混合而成的结构，它包括以下三种主要类型：

1. 由不同材料构成的组合构件

包括：(1) 型钢混凝土（SRC）构件、钢管混凝土（CFT）构件、钢与混凝土组合梁、压型钢板与混凝土组合板、组合桁架等；

(2) 内埋钢板或钢斜撑的剪力墙、组合支撑等；

(3) 下部 SRC 柱—上部 RC（或 S）柱、端部 SRC（或 RC）梁—中部 S 梁等。

2. 由不同结构构件组成的混合结构

包括：SRC 柱—S（或 RC）梁、CFT 柱—S（或 SRC）梁、RC 柱—S 梁等。

3. 由不同结构组合或复合而成的混合结构

包括：(1) S 框架—RC 抗震墙、RC 框架—S 支撑等；

(2) 下部 SRC 框架—上部 S（或 RC）框架；

(3) 外围 S（或 SRC）框架—RC 核心筒；

(4) *X* 方向 SRC 框架—*Y* 方向 RC 框架等。

主要的组合结构及混合结构形式如图 1-1 所示。

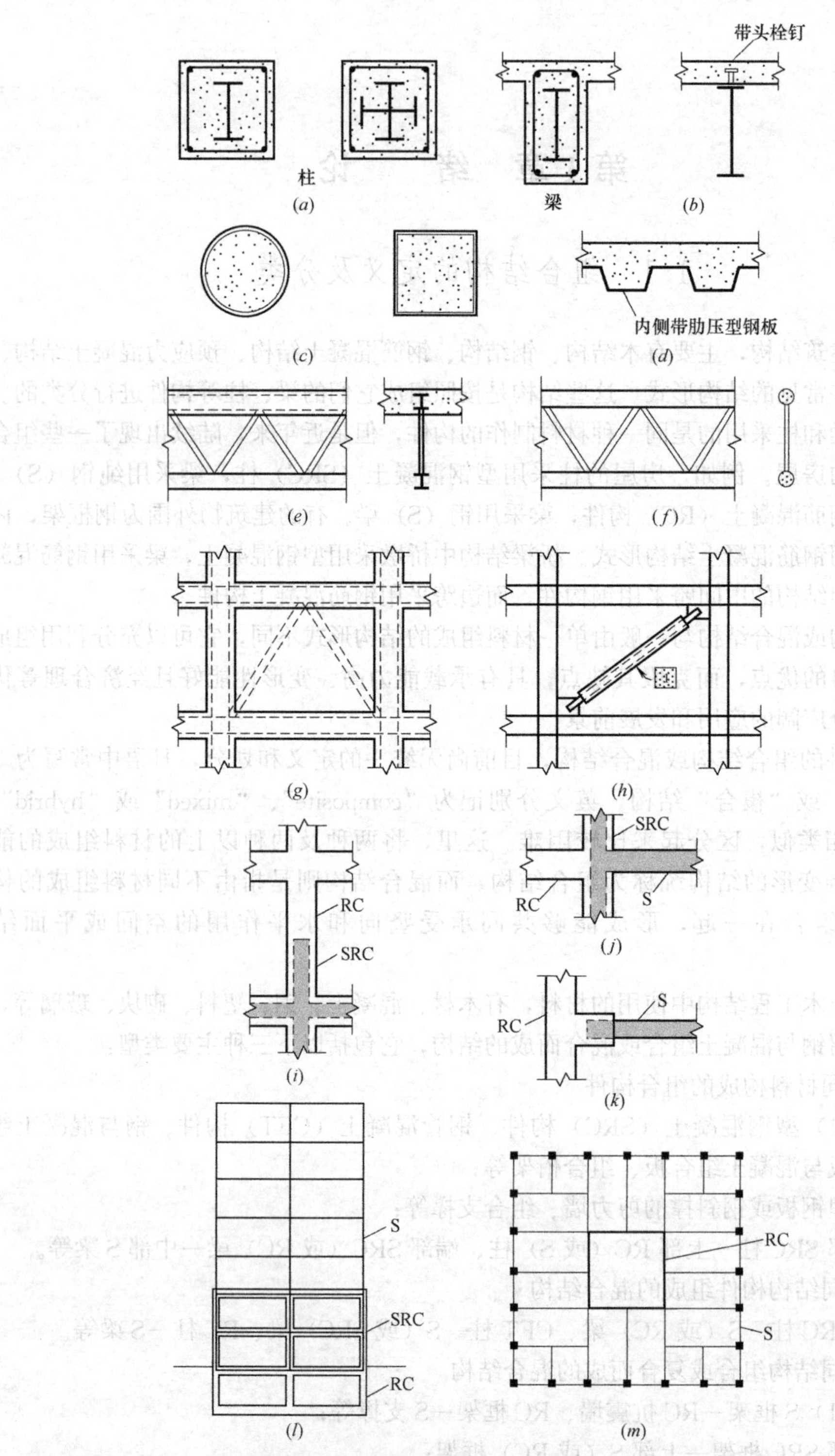

图 1-1　组合结构及混合结构的主要形式

(*a*) SRC 构件；(*b*) 组合梁；(*c*) CFT 构件；(*d*) 压型钢板与混凝土组合板；(*e*) 组合桁架；(*f*) CFT 桁架；(*g*) 内含钢支撑的 RC 墙体；(*h*) 无粘结支撑；(*i*) SRC—RC 柱；(*j*) SRC 柱—S（RC）梁；(*k*) RC 柱—S 梁；(*l*) S—SRC—RC 框架；(*m*) 外部 S 框架—RC 核心筒

本书系统讲述包括压型钢板与混凝土组合板（图 1-2）、型钢与混凝土板通过抗剪连接件连接而成的组合梁（图 1-3）、型钢混凝土结构（图 1-4）、钢管混凝土结构（图 1-5）等形式，而对混合结构的设计作一简要论述。广义上来讲，钢筋混凝土结构和预应力混凝土结构都属于组合结构的范畴，因其各成体系，在本书中不再介绍。

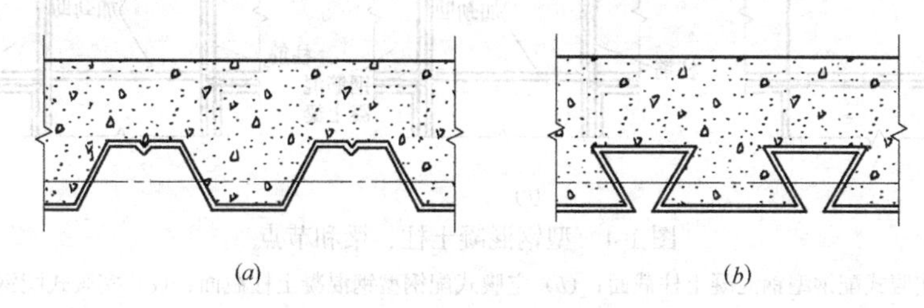

图 1-2　压型钢板与混凝土组合板

（*a*）开口型；（*b*）缩口型

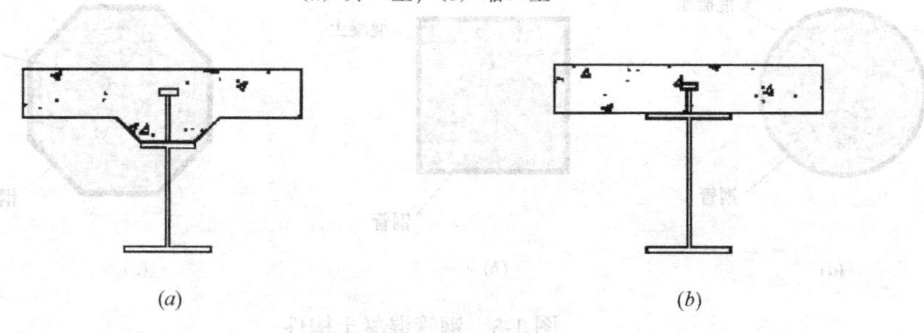

图 1-3　型钢与混凝土板组合梁

（*a*）带板托；（*b*）不带板托

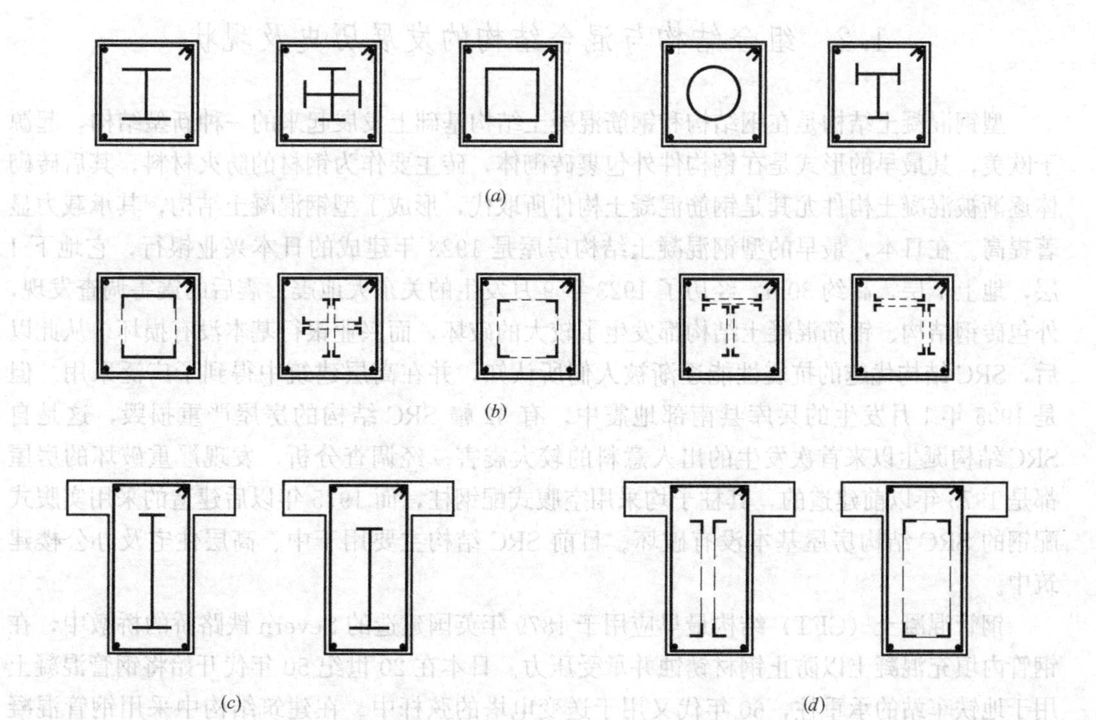

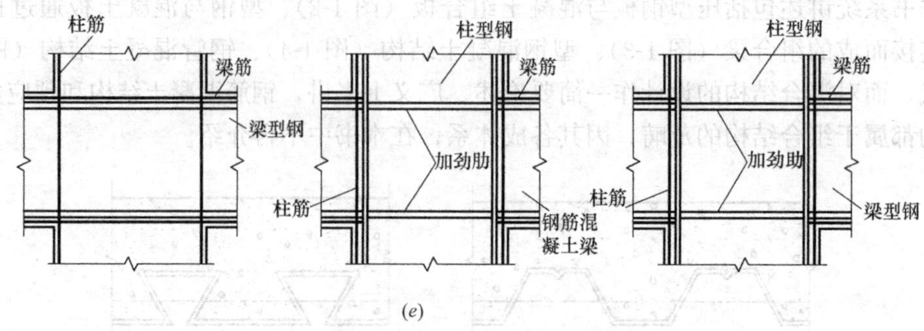

图 1-4　型钢混凝土柱、梁和节点

(a) 实腹式配钢型钢混凝土柱截面；(b) 空腹式配钢型钢混凝土柱截面；(c) 实腹式配钢型钢混凝土梁截面；(d) 空腹式配钢型钢混凝土梁截面；(e) 型钢混凝土节点

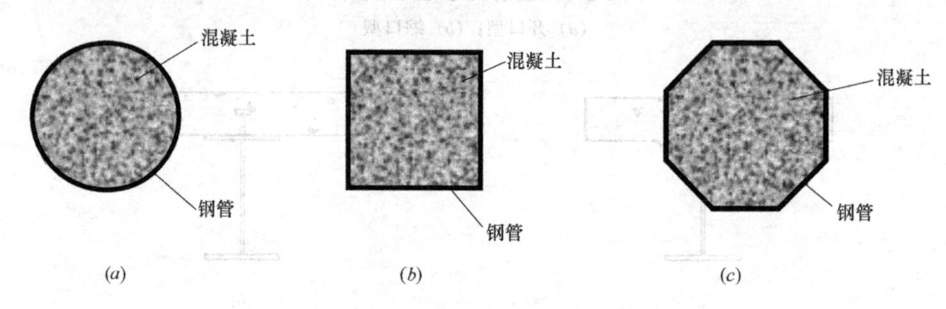

图 1-5　钢管混凝土构件

(a) 圆形截面；(b) 方形截面；(c) 八边形截面

1.2　组合结构与混合结构的发展历史及现状

型钢混凝土结构是在钢结构和钢筋混凝土结构基础上发展起来的一种新型结构，起源于欧美，其最早的形式是在钢构件外包裹砖砌体，砖主要作为钢材的防火材料，其后砖砌体逐渐被混凝土构件尤其是钢筋混凝土构件所取代，形成了型钢混凝土结构，其承载力显著提高。在日本，最早的型钢混凝土结构房屋是 1923 年建成的日本兴业银行，它地下 1 层，地上 7 层，高约 30m，经历了 1923 年 9 月发生的关东大地震。震后的震害调查发现，外包砖钢结构、钢筋混凝土结构都发生了较大的破坏，而兴业银行基本没有损坏，从此以后，SRC 结构优越的抗震性能逐渐被人们所认知，并在高层建筑中得到了广泛采用。但是 1995 年 1 月发生的兵库县南部地震中，有 32 幢 SRC 结构的房屋严重损毁，这是自 SRC 结构诞生以来首次发生的出人意料的较大震害。经调查分析，发现严重破坏的房屋都是 1975 年以前建造的，其柱子均采用空腹式配钢柱，而 1975 年以后建造的采用实腹式配钢的 SRC 结构房屋基本没有破坏。目前 SRC 结构主要用于中、高层住宅及办公楼建筑中。

钢管混凝土（CFT）结构最早应用于 1879 年英国建造的 Severn 铁路桥的桥墩中，在钢管内填充混凝土以防止钢材锈蚀并承受压力。日本在 20 世纪 50 年代开始将钢管混凝土用于地铁车站的承重柱，60 年代又用于送变电塔的弦杆中。在建筑结构中采用钢管混凝土是在 20 世纪 70 年代，至 90 年代进入建设的高峰期，各种高度、各类用途的建筑物均有采用钢管混凝土的结构，其抗震性能非常优越。兵库县南部地震中，在建筑物破坏最严重的神户市三宫地区，至少有5栋7～12层的CFT建筑物没有发生破坏。CFT结构现在在日本已经非常普及，在东京，进入21世纪最初的3年中，采用CFT结构建造的高度在100m以上的房屋有20余栋。我国在冶金、造船、电力和市政等行业的工程建设中也已开始广泛推广和应用钢管混凝土结构。目前，钢管混凝土结构已发展成为强风、强震区超高层建筑和大跨拱桥结构的一种主导结构形式。

人们对混凝土板与H型钢通过抗剪连接件连接在一起形成的组合梁，以及压型钢板与混凝土组合板进行研究和开发，始于20世纪50年代左右。最初，组合梁按换算截面法进行计算，即将组合梁视为一个整体，将组合截面换算成同一材料的截面，然后根据弹性理论进行截面设计。60年代以后，则逐渐转入塑性理论分析，重点研究组合梁的静、动力性能、部分抗剪连接组合梁的工作性能、连续组合梁、预应力组合梁的受力性能以及钢梁与混凝土翼板交界面上的相对滑移对组合梁的影响等。目前，这类组合构件已广泛应用于桥梁结构中的大跨桥面梁、工业建筑中的重载平台梁和吊车梁，以及民用建筑高层、超高层结构的组合楼盖与屋盖中，取得了良好的效果。

1972年在美国建造的Gateway Ⅲ Building是世界上最早的一幢钢-混凝土混合结构房屋，该建筑35层，总高137m，采用RC核心筒混合结构。SRC柱与S梁的组合，以及RC柱与S梁组合所形成的新型结构，也属于钢-混凝土混合结构范畴。这些结构的采用可以减轻建筑物的重量，增大结构跨度，是比较合理的结构形式。日本在20世纪70年代开始对这类混合结构进行研究，并于80年代投入到工程应用中。由于梁柱节点是这类结构的重要部位，因此为保证梁、柱间内力的可靠传递，合理的节点连接及细部构造是设计中应着重解决和关注的问题。

总体而言，组合结构或混合结构在结构的受力性能、施工性及经济性方面所具有的特点以及应满足的要求如下：

1. 受力性能

(1) 重量轻、跨度大，可用于高层建筑，为满足安全性及建筑功能要求，结构应具有足够的承载力和必要的刚度；

(2) 可以有效利用高强材料和高性能材料；

(3) 结构物可形成明确的、可控制的倒塌破坏机构。

2. 劳动生产率和施工性能

(1) 可节约材料，减少劳动力的使用；

(2) 提高生产效率，保证施工质量；

(3) 易于现场管理。

3. 经济性

(1) 缩短工期；

(2) 降低建设成本。

利用组合结构承载力高、受力性能好的优点，一方面可以减小构件截面尺寸，满足建筑功能及使用要求，另一方面，采用组合结构，还可以充分调动设计者的潜质，给其以自由发挥的空间和在设计上改进的余地。因此，组合结构的发展趋势，应在新材料的应用、新的设计方法的开发以及新型组合方式的研究方面有所突破，使得组合结构朝着构造和施工简单、计算方便、造价低廉的方向发展，给人们提供更加安全舒适的居住环境。

1.3 组合作用及其基本原理

将钢和混凝土这两种不同的材料组合在一起形成组合结构，其优点是能将材料单独使用时不能发挥出来的优越性展现出来。钢材在受拉时其强度和塑性变形性能都非常好，但在受压时容易发生屈曲破坏。与此相反，混凝土材料的抗压强度高而抗拉强度较低，如果将两种材料组合起来，钢材抗拉强度高和混凝土抗压性能好的优点都能得到利用，而且在钢构件与混凝土构件相连接的竖向混合结构中，两种构件各自的特性都能充分地发挥。

为了使钢材和混凝土材料组合在一起，形成具有良好受力性能的组合结构，两种材料必须形成一个整体共同工作。正如钢筋混凝土结构中，钢筋与混凝土形成一个整体，材料各自的优越性得到了发挥，这主要是由于钢筋与混凝土之间存在的粘结作用。而在组合结构中，也是通过钢材与混凝土之间粘结作用来传递内力，使得两者共同工作。而在钢构件与混凝土构件相连接的混合结构中，在两种构件的交接部位，也必须通过钢材与混凝土材料之间的粘结力进行内力的传递。

组合效应一般反映在两个方面，一是能起到传递钢材与混凝土界面上纵向剪力的作用；二是还能抵抗钢材与混凝土之间的掀起作用。下面就对这种组合作用及其基本原理进行介绍。

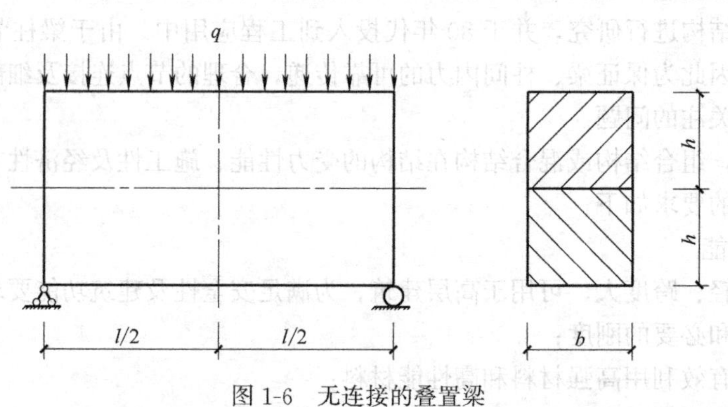

图 1-6 无连接的叠置梁

两根匀质、材料和断面都相同的矩形截面梁叠置在一起，两者之间无任何连接，其上作用有均布荷载 q，每根梁的宽度均为 b，截面高度为 h，跨度为 l，如图 1-6 所示。由于两根梁之间为光滑的交界面，只能传递相互之间的压力而不能传递剪力作用，每根梁的变形情况相同，均只能承担 1/2 的荷载作用。按照弹性理论，每根梁跨中截面的最大弯矩均为$\frac{ql^2}{16}$，最大正应力发生在各自截面的最外边缘纤维处，其值为：

$$\sigma_{\max}=\frac{My_{\max}}{I}=\frac{ql^2}{16}\cdot\frac{h}{2}\Big/\frac{bh^3}{12}=\frac{3}{8}\cdot\frac{ql^2}{bh^2} \tag{1-1}$$

沿截面高度的正应力分布如图 1-7 实线所示。

最大剪力发生在梁两端支座截面处，其值为 $V=\frac{ql}{4}$。根据材料力学可知，梁端截面沿高度方向剪应力的分布如图 1-8 实线所示。每根梁的剪应力呈抛物线形分布，最大剪应力

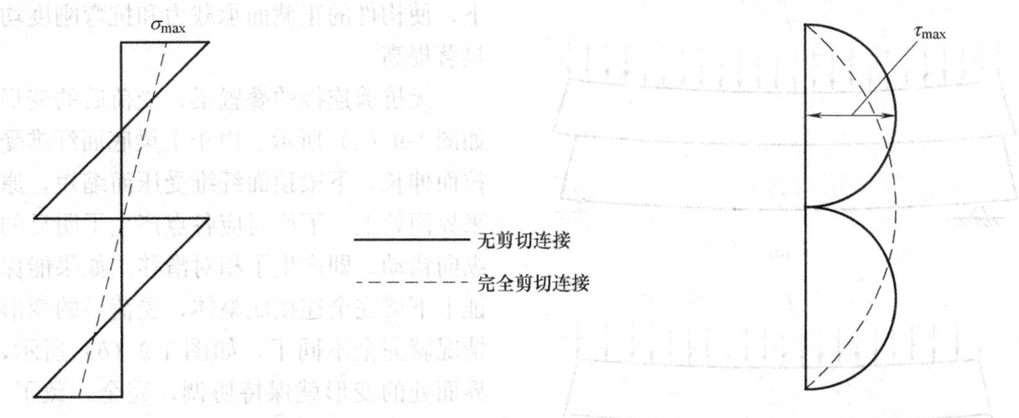

图 1-7　截面正应力分布　　　　图 1-8　截面剪应力分布

发生在各自的中和轴处，其值为：

$$\tau_{max}=\frac{3}{2}\frac{V}{bh}=\frac{3}{2}\frac{ql}{4}\frac{1}{bh}=\frac{3}{8}\frac{ql}{bh} \tag{1-2}$$

此时跨中的最大挠度为：

$$\delta_{max}=\frac{5}{384}\frac{\left(\frac{q}{2}\right)l^4}{EI}=\frac{5}{384}\frac{q}{2}\frac{l^4}{E\frac{bh^3}{12}}=\frac{5}{64}\frac{ql^4}{Ebh^3} \tag{1-3}$$

如果两根梁之间可靠连接，完全组合在一起而没有任何滑移时，则可以作为一根截面宽度为 b、高度为 $2h$ 的整体受力梁来计算。此时，跨中截面的最大正应力为：

$$\sigma_{max}=\frac{My_{max}}{I}=\frac{\frac{1}{8}ql^2h}{\frac{b(2h)^3}{12}}=\frac{3}{16}\frac{ql^2}{bh^2} \tag{1-4}$$

与式（1-1）相比可知，组合后梁的最大正应力仅为组合前梁最大正应力的 1/2，中和轴在两根梁的交界面上，应力分布如图 1-7 虚线所示。

组合梁的最大剪力截面仍在梁端支座处，该截面最大剪应力为：

$$\tau_{max}=\frac{3}{2}\frac{V}{b(2h)}=\frac{3}{2}\frac{\frac{ql}{2}}{b(2h)}=\frac{3}{8}\frac{ql}{bh} \tag{1-5}$$

与式（1-2）相比可知，组合梁的最大剪应力与无组合梁的最大剪应力在数值上相等，不过并非发生在上、下梁各自截面高度的 1/2 处，而是发生在两根梁的交界面上，即组合梁截面高度的 1/2 位置处。此时沿截面高度剪应力的分布如图 1-8 中虚线所示。从总体上看，剪应力的分布趋于均匀。

跨中最大挠度为：

$$\delta_{max}=\frac{5}{384}\frac{ql^4}{EI}=\frac{5}{384}\frac{ql^4}{E\frac{b(2h)^3}{12}}=\frac{5}{256}\frac{ql^4}{Ebh^3} \tag{1-6}$$

与式（1-3）相比可知，组合梁的跨中挠度仅为无组合梁跨中挠度的 1/4。

以上例子说明，通过将两根梁组合在一起，能够在不增加材料用量和截面高度的情况

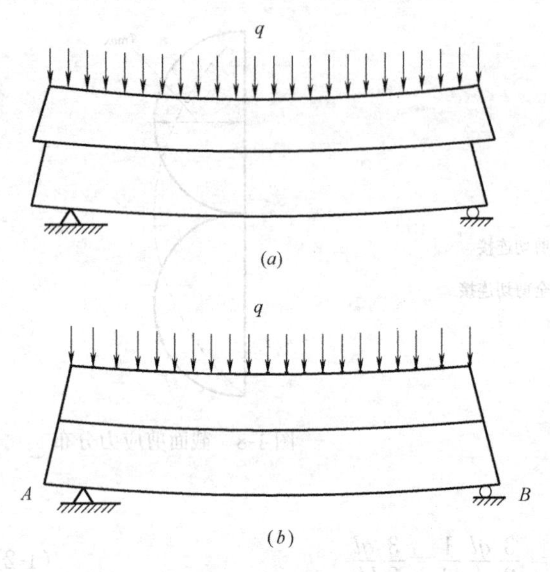

图 1-9 非组合梁与组合梁的变形
(a) 非组合梁；(b) 组合梁

下，使构件的正截面承载力和抗弯刚度均显著提高。

无抗剪连接的叠置梁，受荷后的变形如图 1-9（a）所示。由于上梁底面纤维受拉而伸长，下梁顶面纤维受压而缩短，原来界面处上、下梁对应各点产生了明显的纵向错动，即产生了相对滑移。如果能保证上下梁完全连接成整体，受荷后的变形情况就完全不同了，如图 1-9（b）所示，界面处的变形就保持协调，完全一致了。要达到这种效果，就必须在界面上设置具有足够强度和刚度的抗剪连接件。

抗剪连接件还有另一功能，即抵抗钢与混凝土交界面上的掀起力。以图 1-10 为例，AB 梁叠置于 CD 梁上，其上作用有均布荷载 q。如果 AB 梁的抗弯刚度比 CD 梁的抗弯刚度大很多，则 CD 梁所产生的挠曲变形远远超过 AB 梁的变形，则二者的变形曲线不能协调一致，产生了相互分离的趋势。另一方面，AB 梁传至 CD 梁的荷载，不再通过整个 AB 界面传递，而只能通过 AB 梁与 CD 梁的接触点传递，这就改变了 CD 梁的受力状态。因此，抗剪连接件还应能承受上、下梁间引起分离趋势的“掀起力”，并且本身不能发生破坏或产生过大的变形。

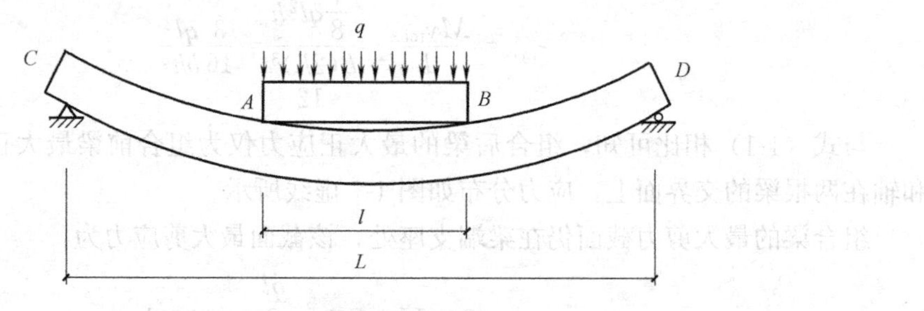

图 1-10 叠置梁的变形

本 章 小 结

（1）钢与混凝土组合结构及混合结构在我国还是新型的结构体系，它能充分发挥钢与混凝土两种材料各自的优点，具有承载能力高、刚度大、延性和耗能性能好等优点，并且造价相对低廉，施工方便，因此越来越广泛地应用于大跨重载结构、高耸结构和高层、超高层建筑，取得了良好的经济效益和社会效益。

（2）钢与混凝土组合结构及其构件常用的类型主要有压型钢板与混凝土组合板、钢与混凝土组合梁、型钢混凝土结构和钢管混凝土结构，它们是将两种及其以上材料组成的能共同受力、协调变形的结构。混合结构则是指由不同材料组成的构件或结构系统组合在一起，形成的能共同承受竖向荷载和水平作用的空间或平面结构。

(3) 组合作用是钢与混凝土之间能够共同工作的前提条件。组合作用一般表现在两个方面，一是传递钢材与混凝土交界面上的纵向剪力；二是抵抗钢材与混凝土之间竖向的掀起力。由于钢与混凝土之间具有组合作用，因此相对于非组合构件，钢与混凝土组合构件的受弯承载力和刚度都显著提高，变形减小。

第 2 章　结构设计方法及材料性能

2.1　结构设计原则

钢-混凝土组合结构采用概率极限状态设计方法，以可靠指标度量结构的可靠度，采用以多个分项系数表达的实用设计表达式进行设计。

2.1.1　组合结构的功能要求

组合结构在规定的设计使用年限内应满足下列功能要求：

(1) 在正常施工和正常使用时，能承受可能出现的各种作用（如荷载、外加变形、约束变形等）；

(2) 在正常使用时具有良好的工作性能，如不发生过大的变形、振幅和引起使用者不安的裂缝等；

(3) 在正常维护下具有足够的耐久性能，如不发生严重的钢材锈蚀，以及混凝土的严重风化、腐蚀、脱落等而影响结构的使用寿命；

(4) 在设计规定的偶然事件（如罕遇地震、强风、爆炸、撞击等）发生时及发生后，仍能保持必需的整体稳定性（不发生连续倒塌）。

在上述四项功能要求中，第 (1)、第 (4) 两项是结构安全性的要求，第 (2) 项是结构适用性的要求，第 (3) 项是结构耐久性的要求，安全性、适用性和耐久性可概括为结构的可靠性，其概率度量称为结构的可靠度。

2.1.2　极限状态方程和功能函数

1. 极限状态

结构的极限状态是指整个结构或结构的一部分超过某一特定状态就不能满足设计规定的某一功能要求，此特定状态称为该功能的极限状态。结构的极限状态分为以下两类：

(1) 承载能力极限状态

这种极限状态对应于结构或结构构件达到最大承载力或不适于继续承载的变形。当结构或结构构件出现下列状态之一时，应认为超过了承载能力极限状态：

① 整个结构或结构的一部分作为刚体失去平衡（如倾覆等）；

② 结构构件或其连接因超过材料强度而破坏（包括疲劳破坏），或因过度变形而不适于继续承载；

③ 结构转变为机动体系；

④ 结构或结构构件丧失稳定（如压屈等）；

⑤ 地基丧失承载能力而破坏（如失稳等）。

(2) 正常使用极限状态

这种极限状态对应于结构或结构构件达到正常使用或耐久性能的某项规定限值。当结构或结构构件出现下列状态之一时，应认为超过了正常使用极限状态：

① 影响正常使用或外观的变形；

② 影响正常使用或耐久性能的局部损坏（包括裂缝）；

③ 影响正常使用的振动；

④ 影响正常使用的其他特定状态。

2. 极限状态方程和功能函数

极限状态方程是当结构处于极限状态时各有关基本变量的关系式。影响结构可靠度的各基本变量，如结构上的各种作用和材料性能、几何尺寸等一般都具有随机性，可用符号 X_i（$i=1, 2, \cdots, n$）表示。结构的极限状态应采用下列极限状态方程描述：

$$Z=g(X_1, X_2, \cdots, X_n)=0 \tag{2-1}$$

式中 Z 称为结构的功能函数，当仅有作用效应 S 和结构抗力 R 两个基本变量时，极限状态方程可写为：

$$Z=g(R, S)=R-S \tag{2-2}$$

通过功能函数 Z 可以判别结构所处的状态：

当 $Z>0$ 时，结构处于可靠状态；

当 $Z<0$ 时，结构处于失效状态；

当 $Z=0$ 时，结构处于极限状态。

结构所处的工作状态也可用图 2-1 来表达。当基本变量满足极限状态方程 $Z=R-S=0$ 时，结构达到极限状态，如图 2-1 中 45°直线所示。

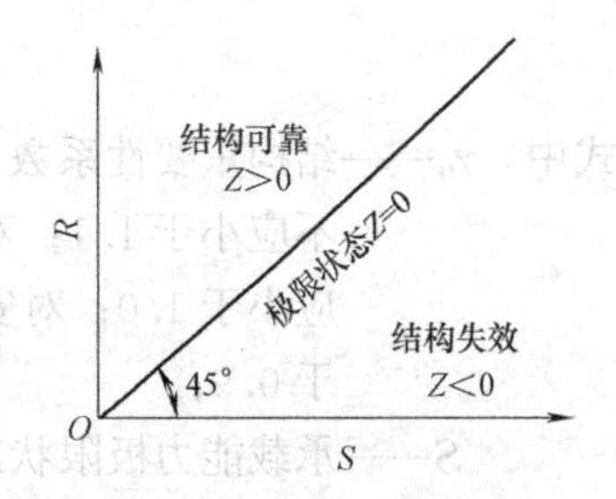

图 2-1　结构所处的状态

2.1.3　结构可靠度与可靠指标

结构能够完成预定功能（安全性、适用性和耐久性）的概率称为可靠概率，用 p_s表示，$p_s=P(Z>0)$；结构不能完成预定功能的概率称为失效概率，用 p_f表示，$p_f=P(Z<0)$。显然，$p_s+p_f=1$。用失效概率 p_f度量结构可靠性具有明确的物理意义，但失效概率 p_f的计算比较复杂，常采用可靠指标 β 来度量结构的可靠性。一般而言：

$$p_f=1-\Phi(\beta) \tag{2-3}$$

式中 $\Phi(\cdot)$ 为标准正态分布函数。由式可见，可靠指标 β 与失效概率 p_f之间具有数值上的对应关系及相应的物理意义。β 越大，失效概率 p_f就越小，结构就越可靠。

结构设计时，应根据房屋的重要性，采用不同的可靠度水准。《建筑结构可靠度设计统一标准》GB 50068（以下简称《统一标准》）用结构的安全等级来表示房屋的重要性程度。根据结构破坏可能产生的后果，即危及人的生命、造成经济损失、产生社会影响等的严重程度，将建筑结构的安全等级划分为三个等级，在设计时应采用不同的结构重要性系数 γ_0。

另外，结构构件的破坏状态有延性破坏和脆性破坏之分。延性破坏发生前结构构件有明显的变形或其他预兆，而脆性破坏的发生往往比较突然，危害性较大，因此其可靠指标应高于延性破坏的可靠指标。《统一标准》根据结构的安全等级和破坏类型，给出了结构构件承载能力极限状态的设计可靠指标，如表 2-1 所示。结构构件正常使用极限状态的可靠指标，根据其可逆程度宜取 0～1.5。

建筑结构的安全等级与结构构件承载能力极限状态的可靠指标　表 2-1

安全等级	破坏后果	建筑物类型	可靠指标	
			脆性破坏	延性破坏
一级	很严重	重要的房屋	4.2	3.7
二级	严重	一般的房屋	3.7	3.2
三级	不严重	次要的房屋	3.2	2.7

2.1.4 概率极限状态设计表达式

为了实用上的简便和考虑广大工程设计人员的习惯，《统一标准》采用了以基本变量标准值和分项系数形式表达的极限状态设计表达式。

1. 承载能力极限状态

对于承载能力极限状态，结构构件应按荷载效应的基本组合或偶然组合，采用下列极限状态设计表达式：

$$\gamma_0 S \leqslant R \tag{2-4}$$

$$R = R(\gamma_R, f_k, a_k, \cdots) \tag{2-5}$$

式中　γ_0——结构重要性系数，对安全等级为一级或设计使用年限为 100 年的结构构件，不应小于 1.1；对安全等级为二级或设计使用年限为 50 年的结构构件，不应小于 1.0；对安全等级为三级或设计使用年限为 5 年的结构构件，不应小于 0.9；

S——承载能力极限状态的荷载效应组合的设计值，分别表示轴向力、弯矩、剪力、扭矩等的设计值；

R——结构构件的承载力设计值；

$R(\cdot)$——结构构件的承载力函数；

γ_R——材料分项系数；

f_k——材料强度的标准值；

a_k——几何参数的标准值。

对于基本组合，荷载效应组合的设计值 S 应从下列组合值中取最不利值确定：

① 由可变荷载效应控制的组合

$$S = \gamma_G S_{Gk} + \gamma_{Q1} S_{Q1k} + \sum_{i=2}^{n} \psi_{ci} \gamma_{Qi} S_{Qik} \tag{2-6}$$

② 由永久荷载效应控制的组合

$$S = \gamma_G S_{Gk} + \sum_{i=1}^{n} \psi_{ci} \gamma_{Qi} S_{Qik} \tag{2-7}$$

式中　γ_G——永久荷载分项系数，当永久荷载效应对结构不利时，对由可变荷载效应控制的组合应取 1.2，对由永久荷载效应控制的组合应取 1.35，当永久荷载效应对结构有利时，一般情况下应取 1.0，对结构的倾覆、滑移或漂浮验算应取 0.9；

γ_{Q1}，γ_{Qi}　分别为第 1 个和第 i 个可变荷载的分项系数，一般情况下应取 1.4，对标准值大于 4kN/m^2 的工业房屋楼面结构的活荷载应取 1.3；

S_{Gk}——按永久荷载标准值 G_k 计算的荷载效应值；

S_{Qik}——按可变荷载标准值 Q_{ik} 计算的荷载效应值，其中 S_{Q1k} 为诸可变荷载效应中起控制作用者；

ψ_{ci}——可变荷载 Q_i 的组合值系数，除风荷载组合值系数取 0.6 外，大部分荷载组合值系数取 0.7；

n——参与组合的可变荷载数。

对于偶然组合，荷载效应组合的设计值宜按下列规定确定：偶然荷载的代表值不乘分项系数；与偶然荷载同时出现的其他荷载可根据观测资料和工程经验采用适当的代表值。各种情况下荷载效应的设计值公式，可按有关规范（如《建筑抗震设计规范》GB 50011等）确定。

2. 正常使用极限状态

对于正常使用极限状态，应根据不同设计目的，分别按照荷载效应的标准组合、频遇组合和准永久组合进行设计，采用下列极限状态设计表达式：

$$S_d \leqslant C \tag{2-8}$$

式中 S_d——变形、裂缝等荷载效应的设计值；

C——设计对变形、裂缝等规定的相应限值。

变形、裂缝等荷载效应的设计值 S_d 应符合下列规定：

（1）标准组合

$$S_d = S_{Gk} + S_{Q1k} + \sum_{i=2}^{n} \psi_{ci} S_{Qik} \tag{2-9}$$

（2）频遇组合

$$S_d = S_{Gk} + \psi_{f1} S_{Q1k} + \sum_{i=2}^{n} \psi_{qi} S_{Qik} \tag{2-10}$$

（3）准永久组合

$$S_d = S_{Gk} + \sum_{i=1}^{n} \psi_{qi} S_{Qik} \tag{2-11}$$

式中 ψ_{f1}——可变荷载 Q_1 的频遇值系数；

ψ_{qi}——可变荷载 Q_i 的准永久值系数。

2.2 材料性能

2.2.1 钢材

钢与混凝土组合结构构件中的钢材，应根据结构特点选择其牌号和材质，并保证抗拉强度、伸长率、屈服点、冷弯试验、冲击韧性和硫、磷含量符合使用要求，对焊接结构尚应具有碳含量的合格保证，以确保结构具有必要的强度、塑性和可焊性的必要条件。

钢材宜选用 Q235B、C、D 等级的碳素结构钢，或 Q345B、C、D、E 级的低合金高强度结构钢。组合梁中的钢梁可采用 Q235、Q345 和 Q390 钢。Q235-A 钢不应用于焊接结构，而含碳量 C≤0.20%是结构具有良好可焊性的重要保证。重要的焊接构件宜采用碳、硫、磷含量较低的 C、D、E 级碳素结构钢和 D、E 级低合金结构钢。其质量标准应分别符合现行国家标准《碳素结构钢》（GB/T 700）及《低合金高强度结构钢》（GB/T 1591）的要求。当采用其他牌号的钢材时，尚应符合相应有关标准的规定和要求。

厚度等于或大于 40mm 的钢板处于节点连接部位，且沿板厚方向承受拉力作用时，应按现行国家标准《厚度方向性能钢板》（GB/T 5313）的规定，附加板厚方向的断面收缩率限制，其值不得小于该标准 Z15 级规定的容许值。

考虑地震作用的结构用钢，其强屈比不应小于 1.2，且应有明显的屈服台阶和良好的可焊性。强屈比是指钢材的极限抗拉强度实测值与屈服强度实测值的比值。对钢材的强屈比进行规定主要是为了确保结构具有足够的安全储备和较好的延性。

钢材的强度设计值应根据钢材厚度或直径，按表 2-2 采用。

国产钢材的强度设计值（N/mm^2） 表 2-2

钢材牌号	钢材厚度(mm)	强度设计值		
		抗拉、抗压、抗弯 f、f'	抗剪 f_v	端面承压(刨平顶紧) f_{ce}
Q235	≤16	215	125	325
	16～40	205	120	
	40～60	200	115	
	60～100	190	110	
Q345	≤16	310	180	400
	16～35	295	170	
	35～50	265	155	
	50～100	250	145	
Q390	≤16	350	205	415
	16～35	335	190	
	35～50	315	180	
	50～100	295	170	
Q420	≤16	380	220	440
	16～35	360	210	
	35～50	340	195	
	50～100	325	185	

钢材的物理性能指标，见表 2-3。

钢材的物理性能指标 表 2-3

弹性模量 $E(N/mm^2)$	剪变模量 $G(N/mm^2)$	线膨胀系数 α(/℃)	质量密度 $\rho(kg/m^3)$
2.06×10^5	79×10^3	12×10^{-6}	7850

2.2.2 焊接材料

手工焊接用焊条应符合现行国家标准《碳钢焊条》（GB/T 5117）或《低合金钢焊条》（GB/T 5118）的规定，选择的焊条应与主体金属力学性能相适应。自动焊或半自动焊采用的焊丝和焊剂应与主体金属力学性能相适应，焊丝应符合现行国家标准《焊接用钢丝》（GB/T 1300）的规定。对直接承受动力荷载或振动荷载且需要验算疲劳的结构，以及重要性工程，构件板厚或截面尺寸较大，连接节点较复杂，刚性较大时，宜采用低氢型焊条。当接头采用两种不同强度的钢材时应按强度较低的钢材选用焊条。

焊缝的强度设计值按表 2-4 选用。

焊缝强度设计值（N/mm²） **表 2-4**

焊接方法 焊条型号	钢材 牌号	钢板厚度	对接焊缝强度设计值				角焊缝强 度设计值
			抗压 f_c^w	抗拉、抗弯 f_t^w		抗剪 f_v^w	
				一级、二级	三级		
自动焊、半自动焊和 E43 型焊条的手工焊	Q235	≤16	215	215	185	125	160
		>16～40	205	205	175	120	
		>40～60	200	200	170	115	
		>60～100	190	190	160	110	
自动焊、半自动焊和 E50 型焊条的手工焊	Q345	≤16	310	310	265	180	200
		>16～35	295	295	250	170	
		>35～50	265	265	225	155	
		>50～100	250	250	210	145	
自动焊、半自动焊和 E55 型焊条的手工焊	Q390	≤16	350	350	300	205	220
		>16～35	335	335	285	190	
		>35～50	315	315	270	180	
		>50～100	295	295	250	170	
自动焊、半自动焊和 E55 型焊条的手工焊	Q420	≤16	380	380	320	220	220
		>16～35	360	360	305	210	
		>35～50	340	340	290	195	
		>50～100	325	325	275	185	

2.2.3 螺栓及锚栓

钢与混凝土组合结构中使用的螺栓、锚栓应符合下列要求：

（1）普通螺栓应符合现行国家标准《六角头螺栓—A 和 B 级》（GB 5782）和《六角头螺栓—C 级》（GB 5780）的规定（其中的 A、B 级为精制螺栓，C 级为粗制螺栓）；

（2）锚栓可采用现行国家标准《碳素结构钢》（GB/T 700）规定的 Q235 钢或《低合金高强度结构钢》（GB/T 1591）规定的 Q345 钢制作；

（3）高强度螺栓应符合现行国家标准《钢结构用高强度大六角头螺栓、大六角螺母、垫圈与技术条件》（GB/T 1228）或《钢结构用扭剪型高强度螺栓连接副》（GB/T 3632）、《钢结构用扭剪型高强度螺栓连接副技术条件》（GB/T 3633）的规定；

（4）高强度螺栓的设计预拉力值以及高强度螺栓连接的钢材摩擦面抗滑移系数值，应按现行国家标准《钢结构设计规范》（GB 50017）的规定采用。普通螺柱及高强度螺栓连接的强度设计值按表 2-5 选用。

2.2.4 栓钉

钢与混凝土组合结构中采用的栓钉一般为圆柱头栓钉，其规格应符合国家标准《电弧螺柱焊用圆柱头焊钉》（GB/T 10433）的规定。它可以用作抗剪连接件、预埋件和锚固件。

螺栓连接的强度设计值（N/mm²） 表 2-5

螺栓的性能等级、锚栓和构件钢材的牌号		普通螺栓						锚栓	承压型连接高强度螺栓		
		C级螺栓			A、B级螺栓						
		抗拉	抗剪	承压	抗拉	抗剪	承压	抗拉	抗拉	抗剪	承压
		f_t^b	f_v^b	f_c^b	f_t^b	f_v^b	f_c^b	f_t^a	f_t^b	f_v^b	f_c^b
普通螺栓	4.6级、4.8级	170	140	—	—	—	—	—	—	—	—
	5.6级	—	—	—	210	190	—	—	—	—	—
	8.8级	—	—	—	400	320	—	—	—	—	—
锚栓	Q235钢	—	—	—	—	—	—	140	—	—	—
	Q345钢	—	—	—	—	—	—	180	—	—	—
承压型连接高强度螺栓	8.8级	—	—	—	—	—	—	—	400	250	—
	10.9级	—	—	—	—	—	—	—	500	310	—
构件	Q235钢	—	—	305	—	—	405	—	—	—	470
	Q345钢	—	—	385	—	—	510	—	—	—	590
	Q390钢	—	—	400	—	—	530	—	—	—	615
	Q420钢	—	—	425	—	—	560	—	—	—	655

注：1. A级螺栓于$d\leqslant 24$mm和$l\leqslant 10d$或$l\leqslant 150$mm（按较小值）的螺栓；B级螺栓于$d>24$mm或$l>10d$或$l>150$mm（按较小值）的螺栓。d为公称直径，l为螺杆公称长度；

2. A、B级螺栓孔的精度和孔壁表面粗糙度，C级螺栓孔的允许偏差和孔壁表面粗糙度，均应符合现行国家标准《钢结构工程施工质量验收规范》GB 50205的要求。

圆柱头栓钉与钢梁焊接时，应在所焊的母材上设置焊接瓷环，以保证焊接质量。栓钉通常采用相当于Q235的碳素镇静钢制作，其机械性能应符合表2-6的要求。在钢与混凝土组合楼盖中常用的栓钉规格有三种，其直径分别为16mm、19mm和22mm。在型钢与混凝土之间传力较大部位需要在型钢上设置抗剪栓钉时，栓钉的直径宜选用19、22mm，栓钉的直径不应大于其焊接的母材钢板厚度的2.5倍，其长度不应小于4倍栓钉直径。

栓钉的机械性能 表 2-6

钢 号	抗拉强度(MPa)	屈服强度(MPa)	伸长率(%)
Q235	400～550	≥240	≥14

2.2.5 钢筋

钢与混凝土组合结构中应优先采用具有较好延性、韧性和可焊性的钢筋。纵向受力钢筋宜采用HRB335级、HRB400级热轧钢筋，箍筋可采用HPB235级、HRB335级热轧钢筋。普通热轧钢筋的强度标准值f_{yk}按表2-7采用。

普通热轧钢筋强度标准值（N/mm²） 表 2-7

种 类	符 号	d(mm)	f_{yk}
HPB235(Q235)	Φ	8～20	235
HRB335(20MnSi)	Φ（HRB335钢筋符号）	6～50	335
HRB400(20MnSiV、20MnSiNb、20MnTi)	Φ（HRB400钢筋符号）	6～50	400
RRB400(K20MnSi)	Φ[R]	8～40	400

注：1. 热轧钢筋直径d指公称直径；

2. 当采用直径大于40mm的钢筋时，应有可靠的工程经验。

普通钢筋的抗拉强度设计值 f_y 及抗压强度设计值 f'_y 按表 2-8 采用。

普通钢筋强度设计值（N/mm^2） **表 2-8**

种　类	符　号	f_y	f'_y
HPB235(Q235)	Φ	210	210
HRB335(20MnSi)	Φ	300	300
HRB400(20MnSiV、20MnSiNb、20MnTi)	Φ	360	360
RRB400(K20MnSi)	$Φ^R$	360	360

注：轴心受拉和小偏心受拉构件的钢筋抗拉强度设计值大于 300N/mm^2 时，仍应按 300N/mm^2 取用。

普通钢筋的弹性模量按表 2-9 采用。

普通钢筋弹性模量（$\times 10^5 N/mm^2$） **表 2-9**

种　类	E_s
HPB235 级钢筋	2.1
HRB335 级钢筋、HRB400 级钢筋、RRB400 级钢筋、热处理钢筋	2.0

2.2.6 混凝土

（1）钢-混凝土组合结构宜采用普通混凝土。

（2）型钢混凝土及钢管混凝土组合结构中采用的混凝土，其强度等级不宜低于 C30；组合梁翼缘板采用的混凝土强度等级不宜低于 C20，宜采用 C20～C30。

（3）混凝土材料的强度标准值、强度设计值分别按表 2-10 和表 2-11 采用。

混凝土强度标准值（N/mm^2） **表 2-10**

强度种类	混凝土强度等级												
	C20	C25	C30	C35	C40	C45	C50	C55	C60	C65	C70	C75	C80
轴心抗压 f_{ck}	13.4	16.7	20.1	23.4	26.8	29.6	32.4	35.5	38.5	41.5	44.5	47.4	50.2
轴心抗拉 f_{tk}	1.54	1.78	2.01	2.20	2.39	2.51	2.64	2.74	2.85	2.93	2.99	3.05	3.11

混凝土强度设计值（N/mm^2） **表 2-11**

强度种类	混凝土强度等级												
	C20	C25	C30	C35	C40	C45	C50	C55	C60	C65	C70	C75	C80
轴心抗压 f_c	9.6	11.9	14.3	16.7	19.1	21.1	23.1	25.3	27.5	29.7	31.8	33.8	35.9
轴心抗拉 f_t	1.10	1.27	1.43	1.57	1.71	1.80	1.89	1.96	2.04	2.09	2.14	2.18	2.22

（4）混凝土的弹性模量按表 2-12 采用。

混凝土弹性模量（$\times 10^4 N/mm^2$） **表 2-12**

强度等级	C20	C25	C30	C35	C40	C45	C50	C55	C60	C65	C70	C75	C80
弹性模量 E_c	2.55	2.80	3.00	3.15	3.25	3.35	3.45	3.55	3.60	3.65	3.70	3.75	3.80

（5）混凝土的剪变模量，可按表 2-12 中弹性模量数值的 0.4 倍采用。

本 章 小 结

（1）组合结构在规定的设计使用年限内应满足安全性、适用性、耐久性的要求，该三方面功能要求统称为结构的可靠性。

(2) 结构的极限状态是指整个结构或结构的一部分超过某一特定状态就不能满足设计规定的某一功能要求，此特定的状态称为该功能的极限状态。结构的极限状态分为承载能力极限状态和正常使用极限状态两类。通过功能函数 Z 可以判别结构所处的状态，即可靠状态、失效状态和极限状态。

(3) 结构可靠度是结构可靠性的概率度量，《统一标准》采用可靠指标 β 来度量结构的可靠性。根据结构的安全等级和破坏类型，《统一标准》给出了结构构件的设计可靠指标来度量不同的可靠度水准。

(4) 考虑到实用上的简便和广大工程设计人员的习惯，采用了以多个分项系数表达的结构构件极限状态设计表达式。

(5) 组合结构的钢材，宜选用 Q235B、C、D 等级的碳素结构钢，或 Q345B、C、D、E 级的低合金高强度结构钢。组合梁中的钢梁可采用 Q235、Q345 和 Q390 钢。

(6) 组合结构中应优先采用具有较好延性、韧性和可焊性的钢筋。纵向受力钢筋宜采用 HRB335 级、HRB400 级热轧钢筋，箍筋和构造钢筋可采用 HPB235 级、HRB335 级热轧钢筋。

(7) 组合结构宜采用普通混凝土，其强度等级不宜过低。

思 考 题

1. 结构在规定的设计使用年限内，应满足哪些功能要求？
2. 什么是结构的极限状态？极限状态分为几类？
3. 什么是结构的可靠度？什么是失效概率？
4. 分析承载能力极限状态设计表达式中各符号的意义。
5. 组合结构中的钢材有哪些基本要求？
6. 组合结构中的钢筋和混凝土有何要求？

第3章　压型钢板-混凝土组合板

3.1　概　　述

3.1.1　压型钢板-混凝土组合板概念

压型钢板-混凝土组合板是指在压型钢板上浇筑混凝土并通过相关构造措施使压型钢板与混凝土二者组合形成整体共同工作的受弯板件，简称为组合板，如图 3-1 所示。

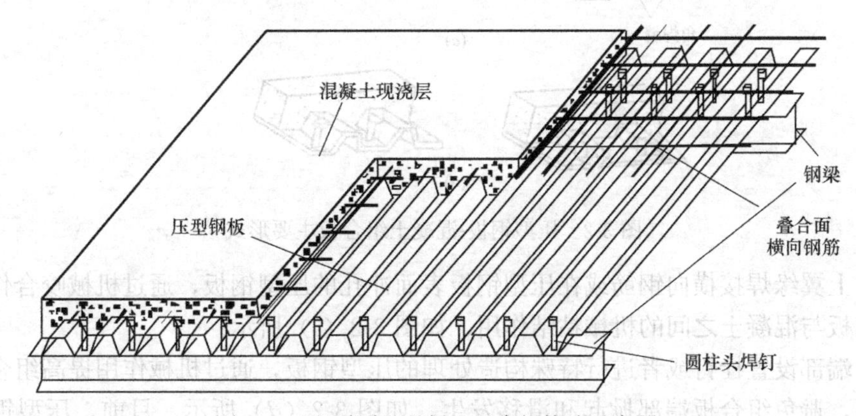

图 3-1　压型钢板-混凝土组合板构造示意图

压型钢板-混凝土组合板中的压型钢板在早期主要是作为浇筑混凝土板的永久性模板和施工平台使用，后经研究发展，压型钢板不仅可以在组合板中起到永久性模板和施工平台作用，而且通过加强压型钢板与混凝土之间的构造要求，压型钢板与混凝土能够粘结成整体共同工作，从而有效提高板的承载力及刚度，同时压型钢板可以部分甚至全部替代混凝土板中底部纵向受力钢筋，因此可以减少纵向受力钢筋用量和钢筋制作及安装费用。压型钢板-混凝土组合板主要应用于多、高层建筑及工业厂房中，目前压型钢板-混凝土组合板在城市及公路桥梁中也得到一定应用。

3.1.2　压型钢板形式

压型钢板与混凝土之间的整体共同工作性能是组合板受力性能优劣的关键，为加强压型钢板与混凝土之间的共同工作性能，通常在压型钢板表面形式、压型钢板截面形状或者压型钢板端部进行一定的构造处理以实现界面之间的纵向剪力传递，按照压型钢板的纵向剪力传递机制，可以将压型钢板分为以下四种形式：

（1）特殊截面形式的压型钢板截面形式（闭口型压型钢板、缩口型压型钢板），通过压型钢板与混凝土之间的锲合作用来增加压型钢板与混凝土之间的摩擦粘结，图 3-2（*a*）所示；

（2）带有压痕（轧制凹凸槽痕）或加劲肋的压型钢板，通过压型钢板的表面形状来增加压型钢板与混凝土之间的机械粘结，如图 3-2（*b*）所示；

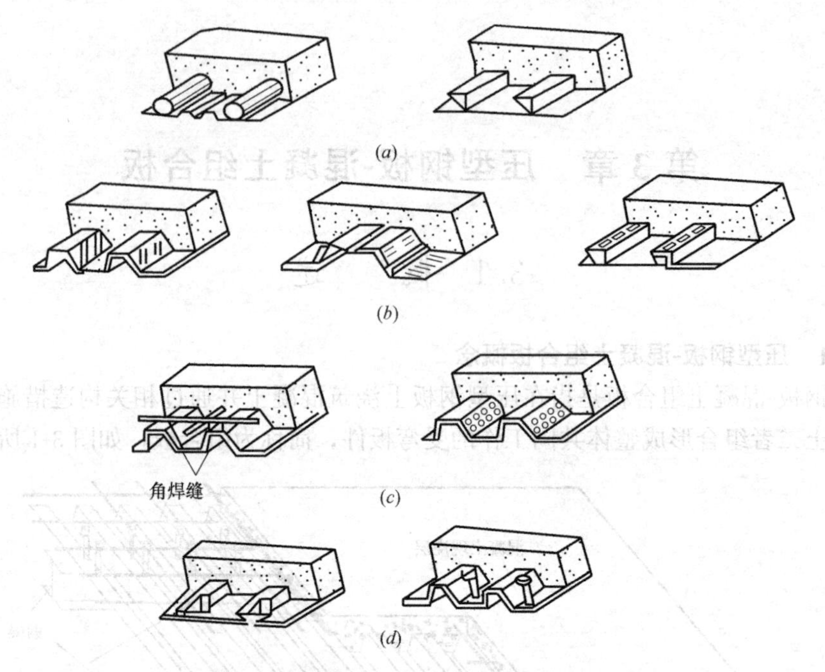

图 3-2　压型钢板-混凝土组合板主要形式

（3）上翼缘焊接横向钢筋或在压型钢板表面冲孔的压型钢板，通过机械咬合作用来增加压型钢板与混凝土之间的机械粘结作用，如图 3-2（*c*）所示；

（4）端部设置栓钉或者进行特殊构造处理的压型钢板，通过机械作用提高组合板端部锚固作用，避免组合板端部掀起和滑移发生，如图 3-2（*d*）所示。目前，压型钢板形式丰富多样。试验研究表明，在压型钢板端部焊接栓钉能有效提高组合板承载能力和延性性能，使组合板发挥出良好性能优势。

3.1.3　组合板的性能特点

与普通钢筋混凝土板相比，压型钢板-混凝土组合板具有以下优点：

（1）压型钢板可作为浇筑混凝土的永久模板，节省施工中支模和拆模工序，大大加快施工进度；

（2）压型钢板由于本身具有一定刚度和承载力，所以在施工阶段压型钢板铺设完毕后可以作为施工平台使用，同时在合理选择板跨及压型钢板板厚时，一般可以不设临时支撑，可以实现多层立体施工，因而可极大加快施工进度；

（3）在施工阶段，压型钢板可以作为钢梁的侧向支撑，提高了钢梁整体稳定性；

（4）压型钢板一般很薄，单位面积自重轻并且可以交叉叠放，易于运输和安装，也可有效提高施工效率；

（5）在使用阶段，设有一定构造措施或端部锚固措施的组合板中压型钢板与混凝土可以整体共同工作，可以部分或全部代替混凝土板中受力钢筋，从而减少钢筋用量及钢筋的制作安装费用；

（6）压型钢板肋部方便铺设水、电、通信等管线，同时压型钢板还可以直接作为建筑顶棚使用，无需安装吊顶。

由于压型钢板-混凝土组合板具有上述诸多优点，在欧美等西方发达国家得到了广泛应用。近些年，组合板在国内也逐步得到大力的推广应用和研究发展。但是由于在工程实践中过分顾虑压型钢板耐火性能、耐腐蚀性能差以及设计方法不完善等原因，在实际设计计算中往往不考虑压型钢板代替受力钢筋的作用，而仍仅仅将压型钢板作为永久性模板考虑即仍保守地按非组合板进行设计计算，从而无法充分发挥组合板的性能优势，极大限制了组合板的推广应用。可以预见，随着钢结构建筑大力推广、压型钢板防火及防腐性能提高、结构防火涂料的研制以及设计计算理论的不断深入发展，压型钢板-混凝土组合板将会在我国得到很大的推广应用。

3.2 施工阶段组合板承载能力及变形计算

组合板应按施工和使用两个阶段分别进行计算。在混凝土尚未达到75%混凝土强度前的施工阶段，压型钢板作为浇筑混凝土的模板，承担施工阶段楼板上全部荷载和混凝土重量，此时，需要按钢结构理论对压型钢板进行承载力计算和挠度验算。

3.2.1 施工阶段组合板承载能力计算

1. 施工阶段的荷载

(1) 永久荷载：包括压型钢板、钢筋和混凝土等结构自重。如果压型钢板跨中挠度Δ大于20mm，在确定混凝土自重时应考虑挠曲效应，即因压型钢板的变形而使混凝土的厚度有所增加，这时应在全跨增加0.7Δ厚度的混凝土重量作为均布荷载。

(2) 可变荷载：包括施工活荷载和附加活荷载。施工活荷载指人员和施工机具设备的重量，并考虑到施工时可能产生的过量冲击和振动。此外尚应以施工时的实际荷载为依据考虑有关附加荷载，如杂物的堆放、管线和泵等附加荷载。

2. 压型钢板-混凝土组合板施工阶段验算原则

在施工阶段，压型钢板应按以下原则验算：

(1) 不加临时支撑时，压型钢板承受施工时的所有荷载，混凝土在达到75%设计强度以前，不考虑混凝土承载作用，即施工阶段按纯压型钢板进行承载能力和变形验算；

(2) 在施工阶段要求压型钢板处于弹性阶段，不能产生塑性变形，所以压型钢板承载力和挠度验算均采用弹性方法计算；

(3) 仅按单向板强边（顺肋）方向验算正、负弯矩承载能力和相应挠度是否满足要求，弱边（垂直肋）方向不计算，也不进行压型钢板抗剪等其他验算；

(4) 压型钢板的计算简图应按实际支承跨数及跨度尺寸确定，但考虑到实际施工时的下料情况，一般按简支单跨板或两跨连续板进行验算；

(5) 若施工阶段验算过程中出现压型钢板承载能力或挠度不能满足规范要求或设计要求时，可通过适当调整组合板跨度、压型钢板厚度或加设临时支撑等办法来满足要求。

3. 受压翼缘有效翼缘宽度计算

压型钢板均由薄钢板制作，由腹板和翼缘组成各种形状。翼缘与腹板上的应力是通过二者交界面上的纵向剪应力传递的。由弹性力学分析可知，受压翼缘截面上的纵向压应力存在剪力滞后现象，由于剪力滞后效应，导致纵向正应力在与腹板相交处的应力最大，距腹板越远，应力越小，其应力分布呈曲线形，如图3-3 (*a*) 所示。剪力滞后现象所导致的应力分布不均匀的情况，与翼缘的实际宽厚比、应力大小及分布情况、受压钢板的支承形式等诸多因素有关。如果翼缘板的宽厚比较大，在达到极限状态时，距腹板较远处钢板的应力可能尚小，翼缘的全截面不可能都充分发挥作用，甚至在受压的情况下先发生局部屈曲，当有刚强的周边板件时，其屈曲后的承载力还会有较大的提高。因此实用计算中，常根据应力等效的原则，把翼缘上的应力分布简化为在有效宽度上的均布应力，如图 3-3 (*b*) 所示。

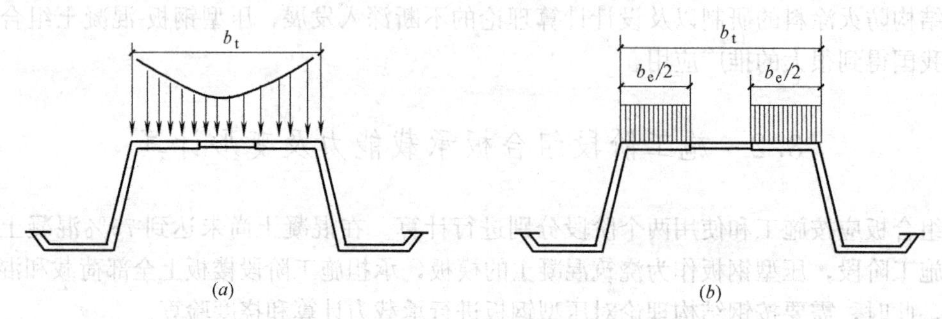

图 3-3　压型钢板翼缘上的应力分布

(*a*) 在全宽上的实际应力分布；(*b*) 在等效宽度上的假定应力分布

当压型钢板的受压翼缘小于表 3-1 给出的最大宽厚比时，可按表 3-2 给出的相应公式确定受压板件的有效计算宽度和有效宽厚比。在计算压型钢板截面特征时，当受压板件的宽厚比大于有效宽厚比时，受压区宽度应按有效翼缘宽度计算。

受压翼缘板件的最大宽厚比　　　　**表 3-1**

翼缘板件支承条件	宽厚比 b_t/t
两边支承(有中间加劲肋时，包括中间加劲肋)	500
一边支承、一边卷边	60
一边支承、一边自由	60

压型钢板受压翼缘有效计算宽度的公式　　　　**表 3-2**

板元的受力状态	计 算 公 式
1. 两边支承，无中间加劲肋 2. 两边支承，上下翼缘不对称，$b_t/t>160$ 3. 一边支承，一边卷边，$b_t/t\leqslant60$ 4. 有 1～2 个中间加劲肋的两边支承受压翼缘，$b_t/t\leqslant60$	当 $b_t/t\leqslant1.2\sqrt{E/\sigma_c}$ 时，$b_e=b_t$ 当 $b_t/t>1.2\sqrt{E/\sigma_c}$ 时， $b_e=1.77\sqrt{E/\sigma_c}\left(1-\frac{0.387}{b_t/t}\sqrt{E/\sigma_c}\right)t$
5. 一边支承，一边卷边，$b_t/t>60$ 6. 有 1～2 个中间加劲肋的两边支承受压翼缘，$b_t/t>60$	$b_e^{re}=b_e-0.1(b_t/t-60)t$ 其中 $b_e=1.77\sqrt{E/\sigma_c}\left(1-\frac{0.387}{b_t/t}\sqrt{E/\sigma_c}\right)t$
7. 一边支承，一边自由	当 $b_t/t\leqslant0.39\sqrt{E/\sigma_c}$ 时，$b_e=b_t$ 当 $0.39\sqrt{E/\sigma_c}<b_t/t\leqslant1.26\sqrt{E/\sigma_c}$ 时， $b_e=0.58\sqrt{E/\sigma_c}\left(1-\frac{0.126}{b_t/t}\sqrt{E/\sigma_c}\right)t$ 当 $1.26\sqrt{E/\sigma_c}<b_t/t\leqslant60$ 时， $b_e=1.02t\sqrt{E/\sigma_c}-0.39b_t$

注：b_e——受压翼缘的有效计算宽度 (mm)；
　　b_e^{re}——折减的有效计算宽度 (mm)；
　　b_t——受压翼缘的实际宽度 (mm)；
　　t——压型钢板的板厚 (mm)；
　　σ_c——按有效截面计算时，受压翼缘板支承边缘处的实际应力 (N/mm²)；
　　E——板材的弹性模量 (N/mm²)。

应当指出，由于 σ_c 是未知的，因此计算时可先假定一个 σ_c 的初值，然后经反复迭代求解 b_e，计算相当繁琐，而通常情况下组合板中采用的压型钢板形状较简单，在实用计算中，常取 $b_e=50t$。

4. 组合板施工阶段截面承载力验算

压型钢板的正截面受弯承载力按钢结构弹性承载能力计算理论，即压型钢板最大拉压应力要满足下式要求：

$$\begin{cases}\sigma_{sc}=\dfrac{M}{W_{sc}}\leqslant f \\ \sigma_{st}=\dfrac{M}{W_{st}}\leqslant f\end{cases} \tag{3-1}$$

式中 M——单位宽度（一个波宽内）压型钢板施工阶段弯矩设计值；

f——压型钢板抗弯强度设计值；

W_{sc}，W_{st}——单位宽度（一个波宽内）压型钢板的受压区截面抵抗矩和受拉区截面抵抗矩；当压型钢板受压翼缘宽度大于有效截面宽度时，按有效截面进行计算。

受压区截面抵抗矩

$$W_{sc}=\frac{I_s}{x_c} \tag{3-2}$$

受拉区截面抵抗矩

$$W_{st}=\frac{I_s}{h_s-x_c} \tag{3-3}$$

式中 I_s——单位宽度（一个波宽内）上压型钢板对截面中和轴的惯性矩，当压型钢板受压翼缘宽度大于有效截面宽度时，按有效截面进行计算；

x_c——压型钢板中和轴到截面受压区边缘的距离；

h_s——压型钢板的总高度。

3.2.2 施工阶段组合板变形计算

在施工阶段，混凝土尚未达到其设计强度，因此不能考虑压型钢板与混凝土的组合效应，变形计算中仅考虑压型钢板的抗弯刚度。在此阶段，压型钢板处于弹性状态。

均布荷载作用下压型钢板的挠度为：

$$\Delta_1=\alpha\frac{q_{1k}l^4}{E_{ss}I_s} \tag{3-4}$$

式中 q_{1k}——施工阶段作用在压型钢板计算宽度上的均布荷载标准值；

E_{ss}——压型钢板的钢材弹性模量；

I_s——单位宽度（一个波宽内）上压型钢板的截面惯性矩，受压翼缘按等效翼缘宽度考虑；

l——压型钢板的计算跨度；

α——挠度系数，对简支板，$\alpha=\dfrac{5}{384}$；对两跨连续板，$\alpha=\dfrac{1}{185}$。

压型钢板的挠度应满足条件 $\Delta_1\leqslant\Delta_{lim}$，其中 Δ_{lim} 为规范允许的挠度限值，取 $l/180$ 及 20mm 的较小值，l 为板的跨度。

3.3 使用阶段组合板承载能力计算

在混凝土达到其设计强度后，压型钢板与混凝土可以整体工作共同受力，形成压型钢板-混凝土组合板，组合板将承担板上所有荷载，即进入组合板的使用阶段。在使用阶段首先需要按照受弯构件进行组合板承载能力验算。组合板承载能力验算主要包括：组合板受弯破坏承载能力验算、组合板纵向剪切破坏承载能力验算、斜截面受剪承载能力以及局部抗冲切承载能力验算。对于连续组合板还需要进行中间支座处负弯矩区域的受弯承载能力验算或配筋计算。

3.3.1 组合板的典型破坏形态

组合板承载能力试验研究一般采用两点对称集中单调加载（图 3-4）。组合板破坏模式主要受到组合板连接程度、组合板荷载形式以及组合板名义剪跨比等因素影响，试验研究中一般通过改变试验加载名义剪跨比（加载段跨度与组合板截面高度比）来研究组合板不同破坏形态。对于不同组合板截面及受力状态，压型钢板-混凝土组合板主要发生弯曲破坏、纵向剪切粘结破坏和斜截面剪切破坏三种破坏形态，有时还会发生局部冲切破坏、压型钢板局部屈曲破坏和组合板竖向分离破坏等其他破坏模式。

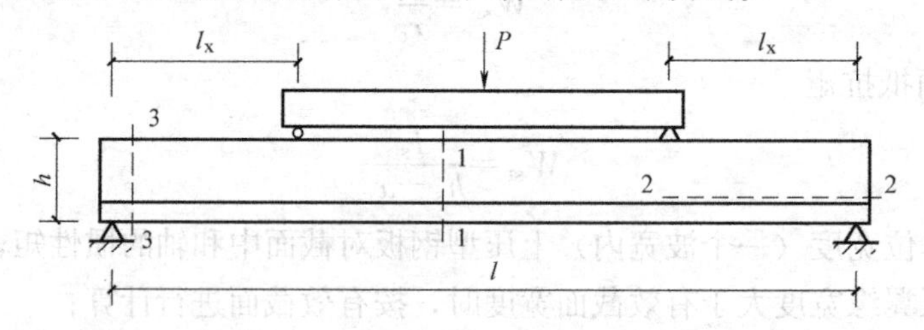

图 3-4 组合板主要破坏截面示意图

1. 弯曲破坏

即在完全剪切连接条件下，组合板最有可能发生沿最大弯矩截面（如图 3-4 的 1-1 截面）的弯曲破坏。试验研究表明，组合板弯曲破坏形态主要特点是首先在跨中出现多条垂直弯曲裂缝，随后钢板底部受拉屈服，在达到极限荷载时，跨中截面受压区混凝土压碎。组合板弯曲破坏时受拉区大部分压型钢板的应力都能达到抗拉强度设计值，受压区混凝土的应力达到轴心抗压强度设计值。如果压型钢板有部分截面位于受压区，则其应力基本上也能达到钢材的抗压强度设计值。组合板弯曲破坏根据压型钢板含钢率也可能发生类似于钢筋混凝土受弯构件适筋梁、少筋梁和超筋梁破坏类型。

2. 纵向剪切破坏

沿图 3-4 所示 2-2 截面发生的纵向水平剪切粘结破坏也是组合板的主要破坏模式之一。这种破坏主要是由于混凝土与压型钢板的交界面剪切粘结强度不足，在组合板尚未达到极限弯矩之前，二者的交界面产生较大的相对滑移，使得混凝土与压型钢板失去组合作用。由于在组合板中压型钢板与混凝土之间产生很大的纵向滑移和竖向垂直分离，组合板变形呈非线性地增加，并且在加载点处常出现压型钢板的局部压曲现象，最终，压型钢板与混凝土失去或基本丧失组合作用，组合板迅速破坏。

3. 斜截面剪切破坏

这种破坏模式在板中一般不常见，只有当组合板的名义剪跨比较小时（截面高度与板跨之比很大），而荷载又比较大，尤其是在集中荷载作用时，易在支座最大剪力处（如图3-4中3-3截面）发生沿斜截面的剪切破坏。因此，在较厚的组合板中，如果混凝土的抗剪能力不足尚应设置箍筋以提高组合板的斜截面抗剪能力来抵抗竖向剪力。

3.3.2 使用阶段组合板承载能力计算

1. 使用阶段荷载取值

（1）永久荷载：压型钢板及混凝土自重、面层及构造层（保温层、找平层、防水层、隔热层等）重量、楼板下吊挂的顶棚、管道等重量。

（2）可变荷载：主要包括板面使用活荷载、安装荷载以及设备检修荷载等。

2. 组合板上集中荷载有效分布宽度

组合板在局部荷载（集中点荷载或者线荷载）作用下，应该按照荷载扩散传递原则确定荷载的有效分布宽度 b_{ef}。

（1）受弯计算时：

简支板

$$b_{ef}=b_{eq}+2a\left(1-\frac{a}{l}\right) \tag{3-5}$$

连续板

$$b_{ef}=b_{eq}+\frac{4}{3}a\left(1-\frac{a}{l}\right) \tag{3-6}$$

（2）受剪计算时：

$$b_{ef}=b_{eq}+a\left(1-\frac{a}{l}\right) \tag{3-7}$$

$$b_{eq}=b_c+2(h_c+h_f) \tag{3-8}$$

式中 a——集中荷载作用点到组合板较近支座的距离，当跨内有多个集中荷载时，a 应取数值较小荷载至较近支承点的距离；

l——组合板的跨度；

b_{ef}——集中荷载的有效分布宽度（图3-5）；

b_{eq}——集中荷载的分布宽度（图3-5），按式（3-8）计算；

b_c——荷载宽度；

h_c——压型钢板顶面以上混凝土的计算厚度；

h_f——楼板构造面层厚度。

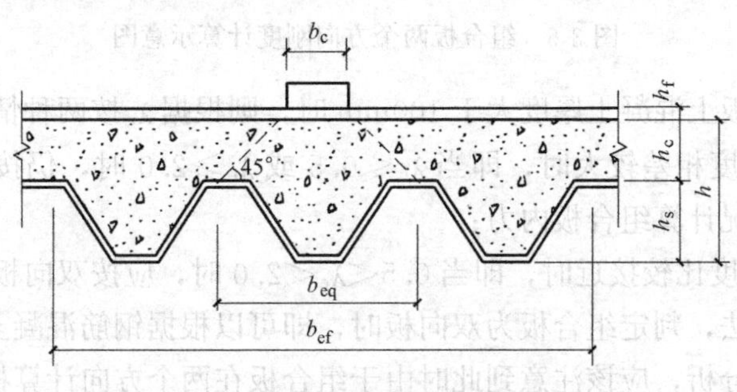

图3-5 集中荷载的有效分布宽度

3. 组合板内力分析原则

使用阶段组合板内力分析根据压型钢板上混凝土厚度不同按以下两种情况分别考虑：

(1) 第一种情况：当压型钢板上的混凝土厚度为 50～100mm 时，考虑到压型钢板两个方向上刚度相差较大，假定压型钢板-混凝土组合板为单向板。因此可按以下假定计算内力：①按简支（不管周边支承条件，均按简支条件考虑）单向板计算组合板强边（顺肋）方向跨中正弯矩值；②按两端为固端计算强边方向的板端负弯矩值；③不考虑弱边方向（垂直于肋方向）的正负弯矩。

(2) 第二种情况——当压型钢板上混凝土厚度大于 100mm 时，如图 3-6 所示，在两个相互垂直方向上各取单位板条，X 方向在假想荷载 q_x 作用下板条中点的挠度 $f_x=\alpha\dfrac{q_x l_x^4}{EI_x}$；$Y$ 方向在假想荷载 q_y 作用下板条中点的挠度 $f_y=\alpha\dfrac{q_y l_y^4}{EI_y}$，在两方向板条相交处，$f_x=f_y$，则 $\dfrac{q_x}{q_y}=\left[\left(\dfrac{I_x}{I_y}\right)^{1/4}\dfrac{l_y}{l_x}\right]^4$，令

$$\lambda_e=\left(\frac{I_x}{I_y}\right)^{1/4}\frac{l_y}{l_x}=\mu\frac{l_y}{l_x} \tag{3-9}$$

式中 μ——组合板的各向异性系数，$\mu=(I_x/I_y)^{1/4}$；

l_x——组合板强边（顺肋）方向的跨度；

l_y——组合板弱边（垂直肋）方向的跨度；

I_x、I_y——分别为组合板强边和弱边方向的截面惯性矩（计算 I_y 时只考虑压型钢板顶面以上的混凝土厚度 h_c，即 $I_y=Bh_c^3/12$，其中 B 为压型钢板的计算宽度，通常取一个波距宽度）。

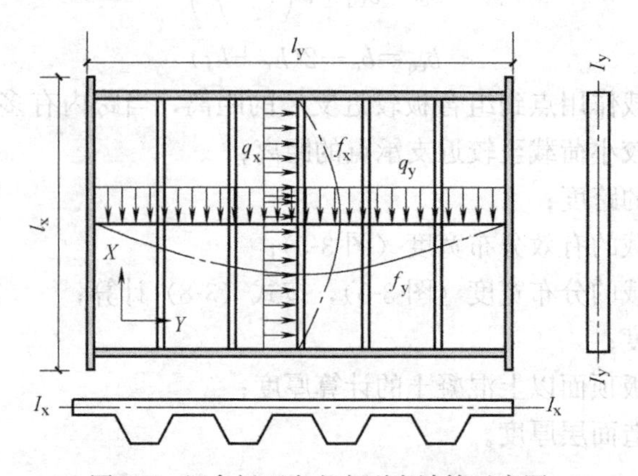

图 3-6 组合板两个方向刚度计算示意图

因此当压型钢板上混凝土厚度大于 100mm 时，则根据 λ_e 按两种情况计算内力：

① 两个方向刚度相差较大时，即当 $\lambda_e\leqslant0.5$ 或 $\lambda_e\geqslant2.0$ 时，仍按单向板简化计算内力，即按第一种情况计算组合板内力；

② 两个方向刚度比较接近时，即当 $0.5<\lambda_e<2.0$ 时，应按双向板计算内力。

当按照上述方法，判定组合板为双向板时，即可以根据钢筋混凝土双向板内力计算方法进行组合板内力分析，应该注意到此时由于组合板在两个方向计算板厚不同，应该按双向异性组合板来进行内力分析计算。

(3) 双向异性板周边支承条件判断方法

组合板的跨度大致相等，且相邻跨是连续时，板的周边可视为固定边。当组合板相邻

跨度相差较大，或压型钢板以上的混凝土板不连续（变厚度、有高差）时，应将板的周边视为简支边。

（4）双向异性板内力分析

当双向异性组合板支承条件为四边简支时，组合板强边（顺肋）方向按单向组合板设计计算；组合板弱边（垂直肋）方向，仅按压型钢板上翼缘以上钢筋混凝土板进行设计计算。对于支承条件不是四边简支的双向异性组合板，可将双向异性板等效为双向同性板进行内力计算。

双向同性板等效方法为将双向异性组合板的跨度分别按有效边长比 λ_e 进行修正等效为双向同性板，进而得到组合板各个方向弯矩。具体方法为：

① 计算强边方向弯矩时，将弱边方向跨度乘以系数 μ 进行放大，使组合板变成以强边方向截面刚度为等刚度的双向同性组合板，则所得双向同性板在短边方向的弯矩即为组合板强边方向弯矩（图 3-7*a*）；

② 计算弱边方向弯矩时，将强边方向跨度乘以系数 $\frac{1}{\mu}$ 进行缩小，使组合板变成以弱边方向截面刚度为等刚度的双向同性组合板，则所得双向同性板在长边方向的弯矩即为组合板弱边方向弯矩（图 3-7*b*）。

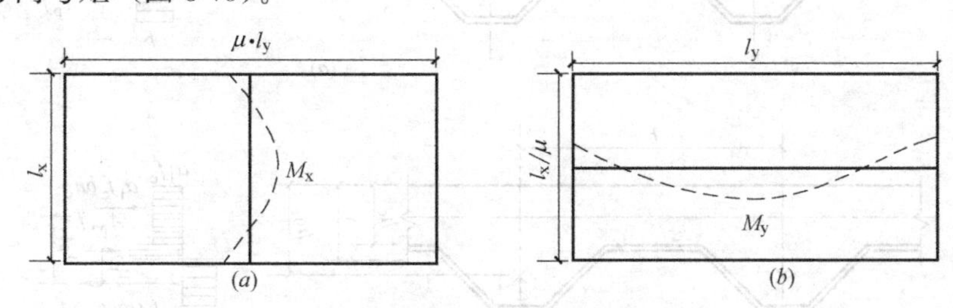

图 3-7　各向异性双向板的计算简图

（*a*）强边方向弯矩计算方法；（*b*）弱边方向弯矩计算方法

4. 使用阶段组合板正截面受弯承载能力验算

使用阶段组合板正截面受弯承载能力计算，应按塑性设计法进行。计算时采用如下基本假定：

（1）极限状态时，截面受压区混凝土的应力分布图形可以等效为矩形，其应力值为混凝土轴心抗压强度设计值 f_c；

（2）承载力极限状态时，压型钢板及受拉钢筋的应力均达到各自的强度设计值；

（3）忽略中和轴附近受拉混凝土的作用和压型钢板凹槽内混凝土的作用；

（4）完全剪切连接组合板，在混凝土与压型钢板的交界面上滑移很小，混凝土与压型钢板始终保持共同工作，截面应变符合平截面假定；

（5）考虑到受拉区压型钢板没有保护层，而且中和轴附近材料强度不能充分发挥，对压型钢板钢材强度设计值与混凝土抗压强度设计值，均乘以折减系数 0.8。

根据极限状态时截面上塑性中和轴位置的不同，组合板截面的应力分布有两种情况：

（1）第一种情况：塑性中和轴位于压型钢板上部翼缘以上的混凝土翼板内，即 $A_p f \leqslant \alpha_1 b h_c f_c$。这时压型钢板全部受拉，中和轴以上混凝土受压，中和轴以下混凝土受拉，不考虑其作用。截面的应力分布如图 3-8（*a*）所示。根据截面的内力平衡条件，得：

$$\alpha_1 bxf_c=A_pf \tag{3-10}$$

$$M\leqslant M_u=0.8\alpha_1 f_c bx\left(h_0-\frac{x}{2}\right) \tag{3-11}$$

或
$$M\leqslant M_u=0.8fA_p\left(h_0-\frac{x}{2}\right) \tag{3-12}$$

式中 M——组合板的弯矩设计值；

M_u——组合板所能承担的极限弯矩；

b——组合板截面的计算宽度，可取压型钢板的波距计算；

x——组合板截面的计算受压区高度；

A_p——压型钢板在计算宽度 b 内的截面面积；

f——压型钢板的抗拉强度设计值；

h_0——组合板的有效高度，即从压型钢板的形心轴至混凝土受压区边缘的距离。

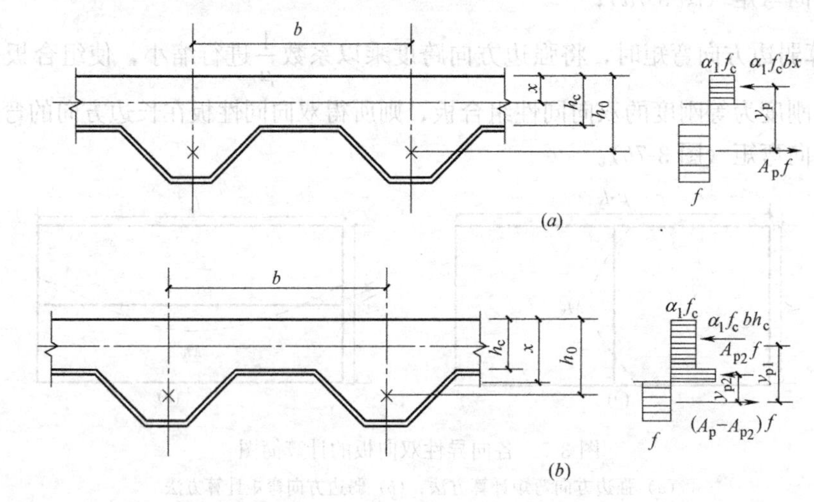

图 3-8 组合板正截面受弯承载力计算应力图形

另外，如果计算出的 x 值过大，则压型钢板的上翼缘距塑性中和轴太近，截面达到极限承载力时，其应力值可能较小，材料强度不能得到充分发挥。因此规定，当 $x>0.55h_0$ 时，取 $x=0.55h_0$ 进行计算。

(2) 第二种情况：塑性中和轴位于压型钢板腹板内，即 $A_pf>\alpha_1 bh_cf_c$，此时中和轴以下压型钢板受拉、中和轴以上压型钢板受压；混凝土有两部分受压，但一般只考虑压型钢板顶面以上部分混凝土受压作用，而不考虑中和轴和压型钢板顶面之间混凝土受压作用；不考虑混凝土抗拉作用。截面应力分布见图 3-8 (*b*)。根据截面内力平衡条件，可得

$$\alpha_1 bh_cf_c+A_{p2}f=(A_p-A_{p2})f \tag{3-13}$$

$$M\leqslant M_u=0.8(\alpha_1 f_cbh_cy_{p1}+fA_{p2}y_{p2}) \tag{3-14}$$

式中 A_{p2}——塑性中和轴以上计算宽度内压型钢板的截面面积；

y_{p1}——压型钢板受拉区截面应力合力作用点至受压区混凝土合力作用点的距离；

y_{p2}——压型钢板受拉区截面应力合力作用点至压型钢板截面压应力合力作用点的距离；

A_p——压型钢板面积；

h_c——压型钢板上翼缘以上混凝土板的厚度。

由式（3-13），可得

$$A_{p2}=0.5(A_p-\alpha_1 f_c b h_c/f) \quad (3\text{-}15)$$

A_{p2}求得之后，即可确定受压区的计算高度 x，参数 y_{p1}、y_{p2}的值也就随之确定。

集中荷载作用下的组合板受弯承载能力计算时，考虑到集中荷载有一定的分布宽度，在利用上述各公式计算时，应将截面的计算宽度 b 改为有效宽度 b_{ef}。

5. 使用阶段组合板斜截面受剪承载能力计算

在使用阶段组合板斜截面承载能力计算时，一般忽略压型钢板的抗剪作用，仅仅考虑混凝土部分抗剪作用，即按混凝土板计算组合板斜截面抗剪承载能力。

（1）均布荷载作用下，组合板的斜截面受剪承载能力按下式计算：

$$V\leqslant 0.7 f_t b h_0 \quad (3\text{-}16)$$

式中 V——组合板在计算宽度 b 内的剪力设计值；

f_t——混凝土轴心抗拉强度设计值；

b——组合板的计算宽度；

h_0——组合板的有效高度。

（2）集中荷载作用下，或在集中荷载与均布荷载共同作用下，由集中荷载引起支座截面或节点边缘截面剪力值占总剪力的 75%以上时，组合板斜截面承载力应按下式计算：

$$V\leqslant 0.44 f_t b_{ef} h_0 \quad (3\text{-}17)$$

式中 V——组合板的剪力设计值。

6. 使用阶段组合板纵向水平剪切粘结计算

如前所述，对于大多数组合板均可能发生纵向水平剪切粘结破坏，而且纵向剪切粘结破坏承载能力低于正截面受弯承载能力和斜截面受剪承载能力，成为组合板使用阶段承载能力的控制条件，因此，组合板纵向剪切粘结破坏承载能力计算是组合板设计一个重要内容。有关试验研究表明，组合板的剪切粘结强度与压型钢板的外形尺寸、表面情况、剪切连接件的种类、腹板与翼缘上轧制齿槽的尺寸和间距、混凝土强度等级等诸多因素有关，因此很难从理论分析得出一个精确的计算公式。目前，国内外关于压型钢板-混凝土组合板纵向剪切粘结承载力的计算大多采用美国 ASCE 规范建议的 m-k 系数法，即按下式进行组合板纵向剪切粘结承载能力计算：

$$V_u=\frac{bh_0}{s}\left(\frac{m\rho h_0}{a}+k\sqrt{f_c}\right) \quad (3\text{-}18)$$

式中 V_u——组合板纵向抗剪承载力（N）；

b——表示组合板计算宽度（mm）；

f_c——表示混凝土轴心抗压强度（N/mm²）；

m、k——系数，由试验回归分析求得，其数值取决于压型钢板材料和规格及其与混凝土的粘结力（N/mm²）；

a——组合板的试验加载名义剪跨长度；

ρ——按压型钢板面积计算的含钢率；

h_0——组合板有效高度，为压型钢板重心至组合板顶面的高度（mm）；

s——压型钢板剪力件的间距，其中当剪力件为凹凸槽纹且等距布置时取 $s=1$；

当为孔洞或附加钢筋时 s 取其实际间距。

式（3-18）实为以$\frac{V_u s}{bh_0\sqrt{f_c}}$为纵坐标，以$\frac{\rho h_0}{a\sqrt{f_c}}$为横坐标的回归直线方程，而系数 m 为该直线的斜率，k 为该直线的截距，如图 3-9 所示。

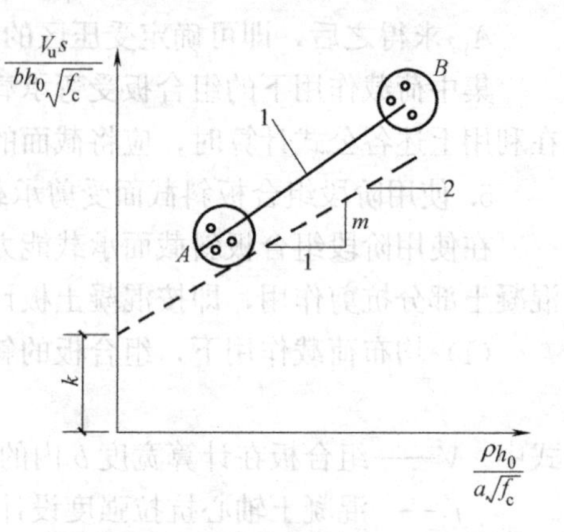

图 3-9　组合板 m-k 系数法示意图

采用不同形状的压型钢板，得到的 m、k 值都会有所不同，原则上都要根据试验数据经回归分析后求得。为了使回归方程具有代表性，试验数量不能太少，对每种压型钢板，一般至少进行 2 组，每组 3 块试验，并应变化各种参数。考虑到由于试件截面高度、尺寸误差等引起试验结果离散性，常将回归线截距降低 15%，使试验值一般都落在其上方，如图 3-9 中虚线 2 所示。

7. 使用阶段组合板冲切承载力计算

在局部集中荷载作用下，当荷载的作用范围较小，而荷载值很大、板较薄时容易发生冲切破坏。冲切破坏一般是沿着荷载作用面周边 45°斜面上发生。冲切破坏的实质是在受拉主应力作用下混凝土的受拉破坏，破坏时形成一个具有 45°斜面的冲切锥体，如图 3-10 所示。在组合板冲切承载能力计算时，忽略压型钢板抗冲切作用，仅考虑组合板中混凝土的抗冲切作用，按钢筋混凝土板抗冲切理论进行承载能力计算。

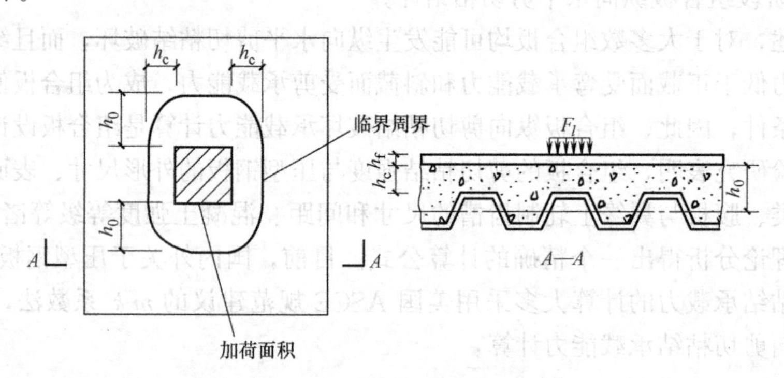

图 3-10　组合板冲切破坏计算图形

组合板的冲切承载能力可按下式计算：

$$F_l \leqslant 0.6 f_t u_{cr} h_c \tag{3-19}$$

式中　F_l——局部集中荷载设计值；

f_t——混凝土轴心抗拉强度设计值；

h_c——组合板中压型钢板顶面以上混凝土层的厚度；

u_{cr}——临界截面的周长，即距离集中荷载作用面积周边 $h_c/2$ 处板垂直截面的周长，按下式计算：

$$u_{cr}=2\pi h_c+2(h_0+a_c-2h_c)+2b_c+8h_f \tag{3-20}$$

其中，a_c、b_c分别为集中荷载作用面的长和宽。

8. 连续组合板负弯矩区承载能力验算

对于连续组合板，在中间支座负弯矩截面，压型钢板基本处于受压区，这时应在靠近板面的混凝土内配置受拉钢筋。目前常用计算方法为考虑到压型钢板处于受压区并且压型钢板很薄，因而直接忽略压型钢板的受压作用，即直接按倒置单筋 T 形钢筋混凝土受弯构件进行受拉钢筋配筋计算（图 3-11）。此等效倒置 T 形梁的翼缘宽度取单位宽度（不再是一个波宽），倒置 T 形梁的腹板宽度取单位宽度内压型钢板沟槽内混凝土的平均宽度。根据中和轴位于压型钢板内还是位于混凝土板内分别按照两种情况进行承载能力计算。当需要精确计算时，可以采用与钢筋混凝土截面受弯构件类似的应力图形分解方法进行配筋计算。

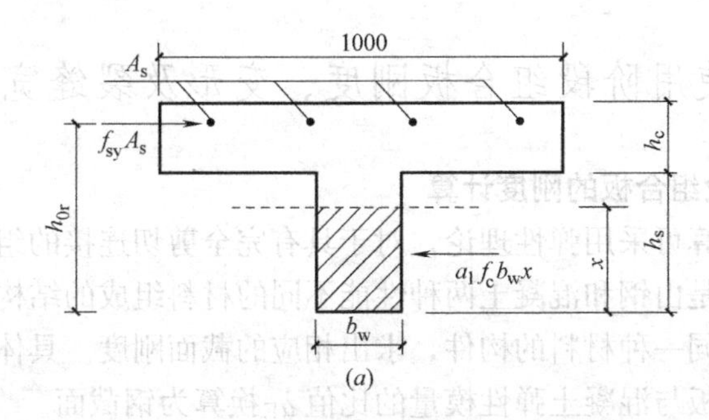

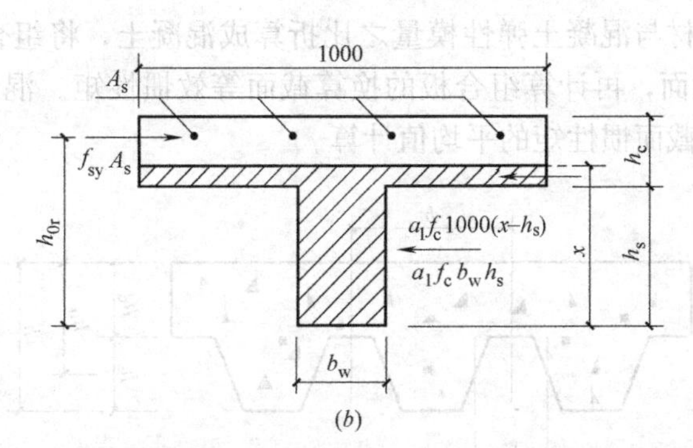

图 3-11　连续组合板负弯矩区受弯承载能力计算简图

（*a*）第一种情况：中和轴位于压型钢板腹板内；（*b*）第二种情况：中和轴位于混凝土翼缘板内

（1）截面验算：

当 $M>\alpha_1 f_c h_s b_w(h_c+h_s/2-a_s)+1000\alpha_1 f_c h_c(h_c/2-a_s)$ 时，则组合板混凝土全截面受压，表明负弯矩设计值过大，组合板截面高度不够，无法进行配筋计算，需要加大组合板中混凝土板厚度，即增加组合板截面高度。

（2）第一种情况：中和轴位于压型钢板腹板内，由平衡条件得到

$$\begin{cases}\alpha_1 f_c b_w x=f_{sy}A_s\\ M_u=\alpha_1 f_c b_w x(h_{0r}-x/2)\end{cases}\tag{3-21}$$

（3）第二种情况：中和轴位于压型钢板上部混凝土板中，由平衡条件得到

$$\begin{cases}\alpha_1 f_c b_w h_s+1000\alpha_1 f_c(x-h_s)=f_{sy}A_s\\ M_u=\alpha_1 f_c 1000(x-h_s)\cdot(h_{0r}-x/2-h_s/2)+\alpha_1 f_c b_w h_s\cdot(h_{0r}-h_s/2)\end{cases}\tag{3-22}$$

式中　f_{sy}——纵向受拉钢筋强度设计值；

a_s——纵向受拉钢筋保护层厚度；

h_{0r}——纵向受拉钢筋合力点至截面受压区边缘的距离；

A_s——纵向受拉钢筋截面面积；

b_w——单位板宽内压型钢板沟部混凝土近似为矩形截面的宽度；钢板沟槽上、下口宽度不同时取平均宽度；

x——截面计算受压区高度。

因此对于截面设计，可以根据 M_u 和所选定压型钢板的规格，分别计算出 x 和 A_s，进行截面配筋设计。对于截面校核，可以根据 A_s 和所选定压型钢板规格，计算出 x 和 M_u，进而进行截面承载能力校核。

3.4 使用阶段组合板刚度、变形及裂缝宽度计算

3.4.1 使用阶段组合板的刚度计算

组合板的变形计算可采用弹性理论，对于具有完全剪切连接的组合板，可按换算截面法进行。因为组合板是由钢和混凝土两种性能不同的材料组成的结构构件，为便于变形的计算，可将其换算成同一种材料的构件，求出相应的截面刚度。具体方法为将截面上混凝土的面积除以压型钢板与混凝土弹性模量的比值 α_E 换算为钢截面。

将压型钢板按钢材与混凝土弹性模量之比折算成混凝土，将组合板等效为图 3-12 中的 T 形组合板等效截面，再计算组合板的换算截面等效惯性矩。混凝土等效惯性矩近似按开裂截面与未开裂截面惯性矩的平均值计算。

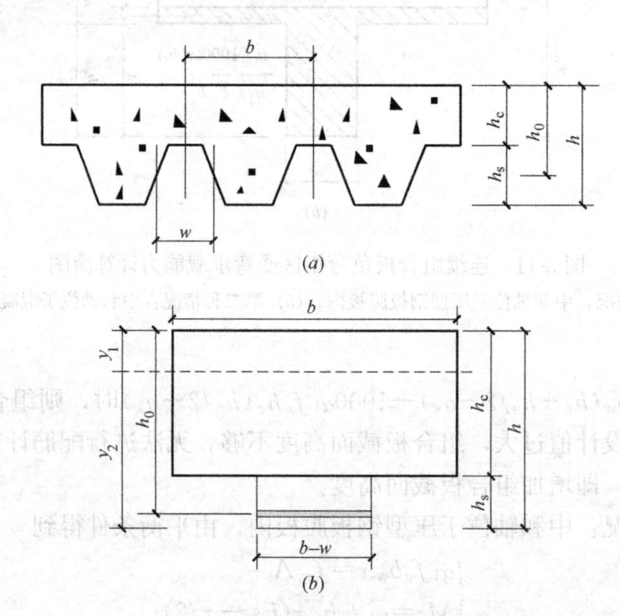

图 3-12 组合板等效截面法示意图

(a) 组合板截面示意图；(b) 组合板等效截面图

(1) 未开裂截面惯性矩

对图 3-12 所示的等效组合截面，可按公式（3-23）计算：

$$I_0=\frac{bh_c^3}{12}+bh_c\left(y_1-\frac{h_c}{2}\right)^2+\frac{(b-w)h_s^3}{12}+(b-w)h_s(h_0-y_1)^2+\alpha_E I_s+\alpha_E A_p(h_0-y_1)^2 \tag{3-23}$$

$$y_1=\frac{0.5bh_c^2+(b-w)h_s\cdot h_0+\alpha_E A_p h_0}{bh_c+(b-w)h_s+\alpha_E A_p} \tag{3-24}$$

式中　y_1——按全截面计算组合板重心轴至截面受压区边缘的距离，按公式（3-24）计算；

A_p——一个波距内压型钢板截面面积（mm^2）；

w——压型钢板沟槽的平均宽度（mm），$w=0.5(b_1+b_2)$；

b_1、b_2——分别为压型钢板沟槽上口和下口的宽度（mm）；

h_c——压型钢板上翼缘以上混凝土板的厚度；

b——压型钢板波距（mm）；

α_E——压型钢板钢材与混凝土弹性模量之比，即$\alpha_E=E_{ss}/E_c$；

E_{ss}、E_c——分别为压型钢板和混凝土的弹性模量（MPa）；

h_0——组合板的有效高度（mm）；

I_s——一个波距内压型钢板对自身形心轴的惯性矩（mm^4）。

（2）开裂截面惯性矩

一个波距内开裂截面惯性矩可按式（3-25）计算：

$$I_c=\frac{by_c^3}{3}+\alpha_E I_s+\alpha_E A_p(h_0-y_c)^2 \tag{3-25}$$

$$y_c=h_c\left[\sqrt{2\alpha_E\rho+(\alpha_E\rho)^2}-\alpha_E\rho\right] \tag{3-26}$$

式中　y_c——开裂截面组合板重心轴至截面受压区边缘距离（mm），按式（3-26）计算；

ρ——组合板截面含钢率（%），按公式$\rho=\frac{A_p}{bh_0}$计算；

其余符号意义及确定方法同前。

（3）组合板截面等效惯性矩

组合板截面等效惯性矩可按开裂截面和未开裂截面惯性矩的平均值计算，美国ASCE规范和欧洲规范EC4均采用开裂截面和未开裂截面的算术平均值计算等效惯性矩，即按公式（3-27）计算等效惯性矩，也可按二者几何平均值计算等效惯性矩，即按公式（3-28）计算使用阶段的组合板截面等效惯性矩。美国ACI规范对于钢筋混凝土构件，还提出按弯矩值考虑的等效惯性矩计算方法（式3-29）。

（a）算术平均值：$I_{eq}=\frac{I_0+I_c}{2}$　(3-27)

（b）几何平均值：$I_{eq}=\frac{2I_0\cdot I_c}{I_0+I_c}$　(3-28)

（c）按弯矩值考虑的等效惯性矩：

$$I_{eq}=\left(\frac{M_{cr}}{M}\right)^3 I_0+\left[1-\left(\frac{M_{cr}}{M}\right)^3\right]I_{cr} \tag{3-29}$$

式中 M_{cr}——开裂弯矩，按公式 $M_{cr}=\gamma_m f_t I_0/y_1$ 计算；

γ_m——截面抵抗矩塑性影响系数，对组合板取 $\gamma_m=1.50$；

f_t——混凝土抗拉强度设计值；

I_0——按弹性方法计算的截面惯性矩；

y_1——截面最外边缘至中和轴的距离。

(4) 组合板等效刚度

组合板在荷载效应标准组合下的抗弯刚度可以按公式 $B_s=E_c I_{eq}$ 计算（E_c 为混凝土的弹性模量）。在考虑荷载效应的准永久组合时，一般处理方法是在准永久荷载作用下的挠度计算中将混凝土弹性模量乘以 0.5 的折减系数，以考虑混凝土徐变对组合板变形的增大作用，由于组合板的刚度主要由混凝土贡献，压型钢板对刚度的贡献相对混凝土较小，因此组合板变形计算时也可相对保守地直接将荷载效应标准组合下的刚度乘以 0.5 的折减系数，即组合板在荷载效应准永久组合下抗弯刚度可近似按公式 $B_l=0.5B_s=0.5E_c I_{eq}$ 计算。

(5) 使用阶段组合板变形计算

使用阶段荷载主要有永久荷载和可变荷载，对于组合板应进行荷载效应标准组合作用下（短期荷载效应）和荷载效应准永久组合作用下（长期荷载效应）的变形验算，或按现行《混凝土结构设计规范》(GB 50010) 建议的受弯构件变形验算方法进行验算，并要求按以上三种方法计算的挠度值均应满足组合板变形限值要求。

考虑荷载效应的标准组合时，组合板变形按公式 (3-30) 计算：

$$f_s=\alpha\frac{q_k l^4}{B_s} \tag{3-30}$$

考虑荷载效应的准永久组合时，组合板的变形计算可相对保守地直接将标准组合下的刚度乘以 0.5 的折减系数，即可按公式 (3-31) 进行计算：

$$f_l=\alpha\frac{q_l l^4}{0.5B_s} \tag{3-31}$$

式中 q_k——考虑荷载效应标准组合时，单位宽度组合板上的荷载代表值，为永久荷载标准值和可变荷载标准值的组合值，不用考虑荷载分项系数；

l——组合板计算跨度；

q_l——考虑荷载效应准永久组合时，单位计算宽度上组合板的荷载代表值，其中包括永久荷载的标准值和可变荷载的准永久值，可变荷载准永久值为可变荷载标准值乘以可变荷载的准永久值系数；

α——受弯构件挠度系数，均布荷载下简支组合板的挠度系数为 5/384。

按式 (3-30) 和式 (3-31) 计算出的挠度较大值，不应超过 $l/360$，l 为组合板的计算跨度。

连续组合板直接按等截面刚度连续板进行挠度计算。连续组合板变形计算的等刚度法是指在计算连续组合板变形时，均假定整个连续组合板在正弯矩区和负弯矩区段为等刚度板，不考虑由于负弯矩区混凝土较早受拉开裂导致截面刚度降低的影响，这种计算方法较为简便。

3.4.2 组合板裂缝宽度计算

对组合板负弯矩区混凝土裂缝宽度的验算，可近似忽略压型钢板的作用，即按混凝土板及其负弯矩区的钢筋计算板的最大裂缝宽度，并满足《混凝土结构设计规范》（GB 50010）规定的裂缝宽度限值，即处于一类使用环境时为 0.3mm，处于二、三类使用环境时为 0.2mm。

3.4.3 组合板自振频率验算

一般采用经验公式（3-32）计算组合板的一阶自振频率：

$$f=\frac{1}{k\sqrt{\delta}} \tag{3-32}$$

并满足

$$f\geqslant 15\text{Hz} \tag{3-33}$$

式中 f——组合板的自振频率（Hz）；

k——支承条件系数，两端简支时 $k=0.178$；一端简支、一端固定时 $k=0.177$；两端固定时 $k=0.175$；

δ——仅考虑永久荷载作用时组合板的挠度（cm），组合板的刚度按荷载效应的标准组合进行计算。

3.5 压型钢板-混凝土组合板构造要求

3.5.1 组合板基本构造要求

（1）组合板的总厚度不应小于 90mm，且压型钢板顶面以上的混凝土厚度不应小于 50mm。

（2）组合板用的压型钢板应采用镀锌钢板，镀锌层厚度应满足在使用期间不致生锈的要求。

（3）压型钢板净厚度（不包括镀锌层）不应小于 0.75mm，常用的钢板厚度为0.75～2.5mm。为了便于浇筑混凝土，压型钢板凹槽的平均宽度不应小于 50mm，当在槽内设置焊钉连接件时，压型钢板的总高度（包括压痕在内）不应大于 80mm。

（4）当压型钢板作为混凝土板底部受力钢筋用时，需要进行防火保护。组合板的厚度和防火保护层的厚度应符合表 3-3 的规定。在钢梁上，组合板的支承长度不应小于 75mm，其中压型钢板在钢梁上的搁置长度不应小于 50mm。在混凝土梁或剪力墙上，组合板的支承长度不应小于 100mm，其中压型钢板的搁置长度不应小于 75mm。连续板或搭接板在钢梁或混凝土梁（墙）上的支承长度，应分别不小于 75mm 或 100mm。

耐火极限为 1.5h 时压型钢板-混凝土组合板楼板厚度及保护层厚度要求　　表 3-3

类别	无保护层的楼板		有保护层的楼板	
图例				
楼板厚度 h_1（mm）	≥80	≥110	≥50	
保护层厚度 a（mm）			≥15	

3.5.2 组合板中钢筋配置要求

当组合板属于下列情况之一时，应该配置一定钢筋：

(1) 如果仅考虑压型钢板时组合板的承载能力不足，应在板内配置附加抗拉钢筋；

(2) 在连续组合板或悬臂组合板的负弯矩区应配置连续钢筋；连续组合板在中间支座负弯矩区的上部纵向钢筋，应伸过组合板的反弯点，并应留出锚固长度和弯钩，下部纵向钢筋在支座处连续配置，不得中断；

(3) 当组合板上作用有较大局部集中荷载或线荷载时，应在板的有效宽度内设置横向钢筋，其截面面积不应小于压型钢板顶面以上混凝土板截面面积的 0.2%，当板上开有洞口且尺寸较大时，应在洞口周围配置附加钢筋；

(4) 为改善组合板的防火效果，应适当增加部分抗拉钢筋；

(5) 为改善组合板的组合作用，应在剪跨区（如为均布荷载作用，应在板两端各 1/4 板跨范围内）上翼缘焊接横向钢筋，其间距宜为 150～300mm；

(6) 连续组合板按简支板设计时，抗裂钢筋的截面面积不应小于混凝土截面面积 0.2%；抗裂钢筋从支座边缘算起的长度不应小于跨度的 1/6，且应与不少于 5 根分布钢筋相交；抗裂钢筋最小直径应为 4mm，最大间距应为 150mm；顺肋方向抗裂钢筋的保护层厚度宜为 20mm；与抗裂钢筋垂直的分布钢筋，直径不应小于抗裂钢筋直径的 2/3，间距不应大于抗裂钢筋间距的 1.5 倍；

(7) 组合板中受力钢筋的锚固、搭接长度以及钢筋的保护层厚度等均应符合现行《混凝土结构设计规范》(GB 50010) 的要求。

3.5.3 组合板抗剪连接件要求

组合板端部应设置栓钉锚固件，栓钉应设置在端支座的压型钢板凹肋处，穿透压型钢板并焊牢于钢梁上或钢筋混凝土梁的预埋钢板上，压型钢板与混凝土叠合面之间栓钉的设置不需要计算，但应满足以下构造要求：

(1) 跨度小于 3m 的组合板，一般宜配置直径为 13mm 或 16mm 的栓钉；跨度在 3～6m 的组合板，一般应配置直径为 16mm 或 19mm 的栓钉；跨度大于 6m 的组合板，栓钉直径宜为 19mm。

(2) 栓钉沿支承钢梁的轴线方向的布置间距不小于 5 倍栓钉直径；栓钉沿垂直于支承钢梁轴线方向的布置间距不小于 4 倍栓钉直径；栓钉在沿支承钢梁宽度方向布置时，距离上翼缘边缘距离不小于 35mm。

(3) 栓钉的长度应满足其高出板面 30mm，且应在端支座压型钢板的凹肋处穿透压型钢板牢牢地焊在钢梁上。

3.6 组合板设计计算实例

【例题 3-1】 某工程楼板采用压型钢板-混凝土组合板，楼面压型钢板最大计算跨度为 l=3.0m。压型钢板型号采用 3WDEK-305-915，压型钢板厚度为 1.20mm，波高 76mm，波距为 305mm，压型钢板钢材设计强度为 500MPa、截面面积为 16.89mm^2/m，截面惯性距为 $1.721\times10^6mm^4$/m，截面面积矩为 $41.94\times10^3mm^3$/m，压型钢板具体截面形状和尺寸见图 3-13。压型钢板以上混凝土厚度为 74mm，楼板总厚度为 150mm，水泥砂浆面层

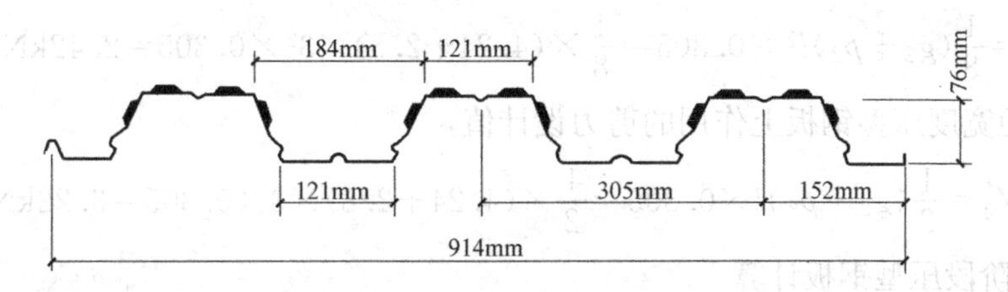

图 3-13　压型钢板截面形状和尺寸

厚度为 30mm。混凝土强度等级为 C30（$f_c=14.3\text{N/mm}^2$，$E_c=3.0\times10^4\text{N/mm}^2$）。施工阶段和使用阶段的活荷载分别为 1.5kN/m^2 和 2.0kN/m^2，使用阶段活荷载的准永久值系数 $\psi_q=0.5$。钢筋配置为Φ6@100，采用 HRB335 级（$A_s=317\text{mm}^2$，$f_y=300\text{N/mm}^2$）。试对该组合板进行施工阶段和使用阶段的正截面受弯承载力和挠度验算。

【解】 1. 荷载计算

(1) 施工阶段荷载及内力计算

现浇混凝土板自重：$25\times(0.074+0.076/2)=2.80\text{kN/m}^2$

压型钢板自重：0.132kN/m^2

施工活荷载：1.5kN/m^2

压型钢板上作用的恒荷载标准值和设计值分别为：

$$g_{1k}=2.932\text{kN/m}^2$$

$$g_1=1.2g_{1k}=3.518\text{kN/m}^2$$

压型钢板上作用的活荷载标准值和设计值分别为：

$$p_{1k}=1.5\text{kN/m}^2$$

$$p_1=1.4p_{1k}=2.1\text{kN/m}^2$$

1 个波距（305mm）宽度压型钢板上作用的弯矩设计值：

$$M_1=\frac{1}{8}(g_1+p_1)l^2\times0.305=\frac{1}{8}\times(3.518+2.1)\times3^2\times0.305=1.93\text{kN}\cdot\text{m}$$

1 个波距（305mm）宽度压型钢板上作用的剪力设计值：

$$V_1=\frac{1}{2}(g_1+p_1)l\times0.305=\frac{1}{2}\times(3.518+2.1)\times3\times0.305=2.57\text{kN}$$

(2) 使用阶段荷载及内力计算

混凝土板和压型钢板自重：2.93kN/m^2

水泥砂浆面层：$20\times0.03=0.6\text{kN/m}^2$

楼面活荷载：2.0kN/m^2

组合板上的恒荷载标准值和设计值分别为：

$$g_{2k}=3.53\text{kN/m}^2$$

$$g_2=1.2g_{2k}=4.24\text{kN/m}^2$$

组合板上的活荷载标准值和设计值分别为：

$$p_{2k}=2.0\text{kN/m}^2$$

$$p_2=1.4p_{2k}=2.8\text{kN/m}^2$$

1 个波距宽度压型钢板上作用的弯矩设计值：

$$M_2'=\frac{1}{8}(g_2+p_2)l^2\times0.305=\frac{1}{8}\times(4.24+2.8)\times3^2\times0.305=2.42\text{kN}\cdot\text{m}$$

1 个波距宽度压型钢板上作用的剪力设计值：

$$V_2'=\frac{1}{2}(g_2+p_2)l\times0.305=\frac{1}{2}\times(4.24+2.8)\times3\times0.305=3.22\text{kN}$$

2. 施工阶段压型钢板计算

(1) 受压翼缘有效计算宽度

$$b_e=50t=50\times1.2=60\text{mm}<121\text{mm}$$

故施工阶段承载力和变形计算应按有效截面计算。

(2) 受弯承载力

1 个波距板宽上有效截面的抵抗矩 $W_s=7.30\times10^3\text{mm}^3$，惯性矩 $I_s=36.0\times10^4\text{mm}^4$

压型钢板的受弯承载力为：

$$fW_s=500\times7.30\times10^3=3.65\times10^6\text{N}\cdot\text{mm}>M_1=1.93\text{kN}\cdot\text{m}$$

(3) 挠度计算

$$q_{1k}=2.932+1.5=4.432\text{kN/m}^2$$

$$\Delta_1=\frac{5}{384}\frac{q_{1k}l^4}{E_{ss}I_s}\times0.305=\frac{5}{384}\times\frac{4.432\times3000^4}{2.06\times10^5\times36\times10^4}\times0.305=19.20\text{mm}$$

$$\Delta_{\lim}=\frac{l}{180}=\frac{3000}{180}=16.7\text{mm}<19.20\text{mm}，不满足要求。$$

故施工阶段强度满足要求，但是挠度不满足要求，需要采取增加临时支撑或调整楼盖组合板布置跨度，在此例中，暂考虑采用增加临时支撑方案以确保满足施工阶段要求。

3. 使用阶段组合板计算

(1) 受弯承载力

一个波距上压型钢板的面积为 $A_p=16.89\times10^2\times\frac{305}{1000}=515.1\text{mm}^2$

因 $A_pf=515.1\times500=257.55\times10^3\text{N}<f_cbh_c=14.3\times305\times74=322.8\times10^3\text{N}$

故塑性中和轴在混凝土翼缘板内，这时压型钢板全截面有效，属于组合板正截面受弯承载能力分析的第一种情况，因此

$$x=\frac{fA_p}{f_cb}=\frac{500\times515.1}{14.3\times305}\approx59\text{mm}$$

压型钢板的形心轴距混凝土板上翼缘的距离为：

$$h_0=74+(76-41)=109\text{mm}$$

$$x=59\text{mm}<0.55h_0=60\text{mm}$$

得组合板受弯承载能力为：

$$M_u=0.8fA_p\left(h_0-\frac{x}{2}\right)=0.8\times500\times515.1\times\left(109-\frac{59}{2}\right)$$

$$=16.38\times10^6\text{N}\cdot\text{mm}>2.42\times10^6\text{N}\cdot\text{mm}$$

正截面承载力满足要求。

(2) 斜截面受剪承载力

组合板抗剪承载能力为：

$$V_u = 0.7 f_t b h_0 = 0.7 \times 1.43 \times 305 \times 109$$
$$= 33.28 \times 10^3 \text{N} > 3.22 \times 10^3 \text{N}$$

斜截面受剪承载力满足要求。

（3）挠度验算

在 $b=305\text{mm}$ 宽度上，均布恒荷载和活荷载的标准值分别为：

$g_{2k} = 3.53 \times 0.305 = 1.08\text{kN/m}$，$p_{2k} = 2 \times 0.305 = 0.61\text{kN/m}$

$\alpha_E = 2.06 \times 10^5 / (3.00 \times 10^4) = 6.87$

$A_p = 515.1\text{mm}^2$，$b' = \dfrac{184+121}{2} = 152.5\text{mm}$，计算得

$$y_1 = \frac{\dfrac{305 \times 74^2}{2} + 76 \times 152.5 \times \left(74 + \dfrac{76}{2}\right) + 6.87 \times 515.1 \times 109}{305 \times 74 + 76 \times 152.5 + 6.87 \times 515.1} = 66.82\text{mm}$$

$$I_s = 1.721 \times 10^6 \times \frac{305}{1000} = 5.249 \times 10^5 \text{mm}^4$$

按荷载效应标准组合计算的换算截面惯性矩为：

$$I_0 = \frac{305 \times 74^3}{12 \times 6.87} + \frac{305 \times 74}{6.87} \times \left(66.82 - \frac{74}{2}\right)^2 + \frac{152.5 \times 76^3}{12 \times 6.87} + \frac{152.5 \times 76}{6.87} \times$$
$$\left(74 + \frac{76}{2} - 66.82\right)^2 + 5.249 \times 10^5 + 515.1 \times (109 - 66.82)^2 = 1.01 \times 10^7 \text{mm}^4$$

按荷载效应准永久组合计算的截面惯性矩为：

$$y_1^l = \frac{\dfrac{305 \times 74^2}{2} + 76 \times 152.5 \times \left(74 + \dfrac{76}{2}\right) + 6.87 \times 2 \times 515.1 \times 109}{305 \times 74 + 76 \times 152.5 + 6.87 \times 2 \times 515.1} = 70.44\text{mm}$$

$$I_0^{①} = \left[\frac{305 \times 74^3}{12 \times 6.87} + \frac{305 \times 74}{6.87} \times \left(70.44 - \frac{74}{2}\right)^2 + \frac{152.5 \times 76^3}{12 \times 6.87} + \frac{152.5 \times 76}{6.87} \times\right.$$
$$\left.\left(74 + \frac{76}{2} - 70.44\right)^2\right]/2 + 5.249 \times 10^5 + 515.1 \times (109 - 70.44)^2 = 5.74 \times 10^6 \text{mm}^4$$

按 0.5 折减系数方法近似计算荷载效应准永久组合下的截面惯性矩为：

$$I_0^{②} = 1.01 \times 10^7 \times 0.5 = 5.05 \times 10^6 \text{mm}^4$$

按荷载效应标准组合计算的挠度为：

$$\Delta_1 = \frac{5}{384} \times \frac{(1.08 + 0.61) \times 3000^4}{2.06 \times 10^5 \times 1.01 \times 10^7} = 0.86\text{mm}$$

按荷载效应准永久组合计算的挠度为：

$$\Delta_2^{①} = \frac{5}{384} \times \frac{(1.08 + 0.5 \times 0.61) \times 3000^4}{2.06 \times 10^5 \times 5.74 \times 10^6} = 1.24\text{mm}$$

$$\Delta_2^{②} = \frac{5}{384} \times \frac{(1.08 + 0.5 \times 0.61) \times 3000^4}{2.06 \times 10^5 \times 0.5 \times 1.01 \times 10^7} = 1.40\text{mm}$$

采用近似方法所计算挠度偏大约 13%。

$$\Delta_{\text{lim}} = \frac{3000}{360} = 8.33\text{mm} > 1.40\text{mm}$$

故使用阶段的挠度符合要求。

（4）自振频率验算

由永久荷载引起的挠度为：

$$\Delta_D=\frac{5}{384}\times\frac{1.08\times3000^4}{2.06\times10^5\times1.01\times10^7}=0.55\text{mm}$$

组合板的自振频率为：

$$f=\frac{1}{0.178\sqrt{0.055}}=24.0\text{Hz}>15\text{Hz}$$

故自振频率满足要求。

【例 3-2】 某工程楼板采用压型钢板-混凝土组合板，楼面压型钢板最大计算跨度为 $l=2.4$m。压型钢板型号采用 BONDEK-200-600，压型钢板厚度为 1.20mm，波高 52mm，波距为 200mm，压型钢板具体截面形状和尺寸见图 3-14，压型钢板截面特性见表 3-4，压型钢板钢材强度设计值为 500MPa。压型钢板以上混凝土厚度为 58mm，楼板总厚度为 110mm，水泥砂浆面层厚度为 30mm。组合板施工阶段和使用阶段的活荷载均为 2.0kN/m²，其他情况与例 3-1 相同。试对该组合板进行施工阶段和使用阶段的正截面受弯承载力和挠度验算。

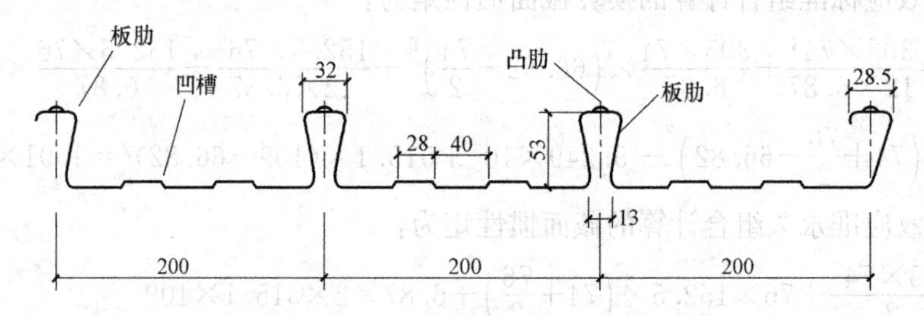

图 3-14 BONDEK Ⅱ型压型钢板截面几何尺寸

BONDEK Ⅱ型闭口压型钢板截面特性 **表 3-4**

板型	板厚(mm)	截面面积矩(mm³·m⁻¹)	截面面积(mm²·m⁻¹)	截面惯性矩 I_x(mm⁴·m⁻¹)
0.75BMT	0.75	12.50×10^3	1259	47.98×10^4
1.00BMT	1.00	16.69×10^3	1678	64.08×10^4
1.20BMT	1.20	20.03×10^3	2014	76.90×10^4

【解】 1. 荷载计算

(1) 施工阶段荷载及内力计算

现浇混凝土板自重：$25\times(0.058+0.052/2)=2.10\text{kN/m}^2$

压型钢板自重：0.157kN/m^2

施工活荷载：2.0kN/m^2

压型钢板上作用的恒荷载标准值和设计值分别为：

$$g_{1k}=2.257\text{kN/m}^2$$

$$g_1=1.2g_{1k}=2.71\text{kN/m}^2$$

压型钢板上作用的活荷载标准值和设计值分别为：

$$p_{1k}=2.0\text{kN/m}^2$$

$$p_1=1.4p_{1k}=2.8\text{kN/m}^2$$

1 个波距（200mm）宽度压型钢板上作用的弯矩设计值：

$$M_1=\frac{1}{8}(g_1+p_1)l^2\times0.2=\frac{1}{8}\times(2.71+2.8)\times2.4^2\times0.2=0.79\text{kN}\cdot\text{m/m}$$

1个波距（200mm）宽度压型钢板上作用的剪力设计值：

$$V_1=\frac{1}{2}(g_1+p_1)l\times0.200=\frac{1}{2}\times(2.71+2.8)\times2.4\times0.2=1.32\text{kN/m}$$

（2）使用阶段荷载及内力计算

混凝土板和压型钢板自重：2.257kN/m^2

水泥砂浆面层：20×0.03=0.6kN/m^2

楼面活荷载：2.0kN/m^2

组合板上的恒载标准值和设计值分别为：

$$g_{2k}=2.86\text{kN/m}^2$$

$$g_2=1.2g_{2k}=3.43\text{kN/m}^2$$

组合板上的活荷载标准值和设计值分别为：

$$p_{2k}=2.0\text{kN/m}^2$$

$$p_2=1.4p_{2k}=2.8\text{kN/m}^2$$

1个波距宽度压型钢板上作用的弯矩设计值：

$$M_2'=\frac{1}{8}(g_2+p_2)l^2\times0.2=\frac{1}{8}\times(3.43+2.8)\times2.4^2\times0.2=0.90\text{kN}\cdot\text{m}$$

1个波距宽度压型钢板上作用的剪力设计值：

$$V_2'=\frac{1}{2}(g_2+p_2)l\times0.2=\frac{1}{2}\times(3.43+2.8)\times2.4\times0.2=1.50\text{kN}$$

2. 施工阶段压型钢板计算

（1）受压翼缘有效计算宽度

$$b_e=50t=50\times1.2=60\text{mm}>32\text{mm}$$

故承载力和变形计算应按实际截面计算。

（2）受弯承载力

1个波距板宽上有效截面的抵抗矩 $W_s=4\times10^3\text{mm}^3/\text{m}$

1个波距板宽上有效截面的惯性矩 $I_s=15.38\times10^4\text{mm}^4/\text{m}$

压型钢板的受弯承载力为：

$$fW_s=500\times4\times10^3=2\times10^6\text{N}\cdot\text{mm}>M_1=0.79\text{kN}\cdot\text{m}$$

（3）挠度计算

$$q_{1k}=2.257+2.0=4.257\text{kN/m}^2$$

$$\Delta_1=\frac{5}{384}\frac{q_{1k}l^4}{E_{ss}I_s}\times0.200=\frac{5}{384}\times\frac{4.257\times2400^4}{2.06\times10^5\times15.38\times10^4}\times0.200=11.61\text{mm}$$

$$\Delta_{\lim}=\frac{l}{180}=\frac{2400}{180}=13.3\text{mm}>11.61\text{mm}\text{，满足要求。}$$

故施工阶段强度和挠度满足要求。

3. 使用阶段组合板计算

（1）受弯承载力

一个波距上压型钢板的面积为 $A_p=20.14\times10^2\times\frac{200}{1000}=403\text{mm}^2$

因　$A_p f=403\times500=201.50\times10^3\text{N}>f_c bh_c=14.3\times200\times58=165.88\times10^3\text{N}$

故塑性中和轴在压型钢板腹板内，这时压型钢板部分受拉、部分受压，属于组合板正截面受弯承载能力分析的第二种情况，得

$$x=\frac{fA_p}{f_c b}=\frac{500\times403}{14.3\times200}=70.5\text{mm}$$

$$y_{p1}=\frac{h_c}{2}+\frac{I_x}{W_x}=\frac{58}{2}+\frac{76.90\times10^4}{20.03\times10^3}=67.4\text{mm}$$

$$y_{p2}=h-13.6-\frac{h_c}{2}-\frac{x}{2}=110-13.6-\frac{58}{2}-\frac{70.5}{2}=32.2\text{mm}$$

$$A_{p2}=(403-14.3\times58\times200/500)/2=35.62\text{mm}^2$$

$$M_u=0.8\times(14.3\times58\times200\times67.4+35.62\times500\times32.2)$$
$$=9.4\times10^6\text{N}\cdot\text{mm}>0.9\times10^6\text{N}\cdot\text{mm}$$

正截面承载力满足要求。

(2) 斜截面受剪承载力

$$V_u=0.7f_t bh_0=0.7\times1.43\times200\times96.4$$
$$=19.30\times10^3\text{N}>1.50\times10^3\text{N}$$

斜截面受剪承载力满足要求。

(3) 挠度验算

在 $B=200$mm 宽度上，均布恒荷载和活荷载的标准值分别为：

$g_{2k}=2.86\times0.2=0.572\text{kN/m}$，$p_{2k}=2\times0.2=0.4\text{kN/m}$

$\alpha_E=2.06\times10^5/(3.00\times10^4)=6.87$

$A_p=403\text{mm}^2$，$b'=\frac{168+187}{2}=177.5\text{mm}$，计算得

$$y_1=\frac{\frac{200\times58^2}{2}+52\times177.5\times\left(58+\frac{52}{2}\right)+6.87\times403\times96.4}{200\times58+52\times177.5+6.87\times403}=58.42\text{mm}$$

$$I_s=76.90\times10^4\times\frac{200}{1000}=15.38\times10^4\text{mm}^4$$

按荷载效应标准组合计算组合板换算截面惯性矩为：

$$I_0=\frac{200\times58^3}{12\times6.87}+\frac{200\times58}{6.87}\times\left(58.42-\frac{58}{2}\right)^2+\frac{177.5\times52^3}{12\times6.87}+\frac{177.5\times52}{6.87}\times$$
$$\left(58+\frac{52}{2}-58.42\right)^2+15.38\times10^4+403\times(96.4-58.42)^2=3.85\times10^6\text{mm}^4$$

按荷载效应准永久组合计算惯性矩为：

$$y_1^l=\frac{\frac{200\times58^2}{2}+52\times177.5\times\left(58+\frac{52}{2}\right)+6.87\times2\times403\times96.4}{200\times58+52\times177.5+6.87\times2\times403}=62.41\text{mm}$$

$$I_0^{①}=\left[\frac{200\times58^3}{12\times6.87}+\frac{200\times58}{6.87}\times\left(62.41-\frac{58}{2}\right)^2+\frac{177.5\times52^3}{12\times6.87}+\frac{177.5\times52}{6.87}\times\right.$$
$$\left.\left(58+\frac{52}{2}-62.41\right)^2\right]\Big/2+15.38\times10^4+403\times(96.4-62.41)^2=2.26\times10^6\text{mm}^4$$

按 0.5 折减系数方法近似计算荷载效应准永久组合下的截面惯性矩为：

$$I_0^{②}=3.85\times10^6\times0.5=1.93\times10^6\,\text{mm}^4$$

按荷载效应标准组合计算的挠度为：

$$\Delta_1=\frac{5}{384}\times\frac{(0.572+0.4)\times2400^4}{2.06\times10^5\times3.85\times10^6}=0.53\text{mm}$$

按荷载效应准永久组合计算的挠度为：

$$\Delta_2^{①}=\frac{5}{384}\times\frac{(0.572+0.5\times0.4)\times2400^4}{2.06\times10^5\times2.26\times10^6}=0.72\text{mm}$$

$$\Delta_2^{②}=\frac{5}{384}\times\frac{(0.572+0.5\times0.4)\times2400^4}{2.06\times10^5\times1.93\times10^6}=0.84\text{mm}$$

采用近似方法所计算挠度偏大约 16.7%。

$$\Delta_{\lim}=\frac{2400}{360}=6.67\text{mm}>0.84\text{mm}$$

故使用阶段的挠度符合要求。

(4) 自振频率验算

由永久荷载引起的挠度为：

$$\Delta_D=\frac{5}{384}\times\frac{0.572\times2400^4}{7.931\times10^{11}}=0.311\text{mm}$$

组合板的自振频率为：

$$f=\frac{1}{0.178\sqrt{0.0311}}=31.86\text{Hz}>15\text{Hz}$$

故自振频率满足要求。

本章小结

(1) 压型钢板-混凝土组合板是由压型钢板与混凝土通过组合作用形成，具有较多的性能优势和广泛的应用前景。

(2) 在混凝土未达到 75%设计强度前，应按钢构件验算压型钢板在施工阶段的承载力和变形，并按弹性方法进行验算；压型钢板的受压翼缘取有效翼缘宽度。

(3) 在混凝土达到 75%设计强度后，要按使用阶段进行压型钢板-混凝土组合板承载能力和变形验算；在使用阶段，压型钢板-混凝土组合板主要发生弯曲破坏、纵向剪切粘结破坏和斜截面剪切破坏三种主要的破坏形态，有时也出现局部压曲破坏、局部冲切破坏等其他破坏形态。

(4) 组合板弯曲破坏承载能力计算可采用以平截面假定为基础的塑性承载能力计算方法，纵向剪切粘结破坏承载能力主要采用 m-k 系数法进行计算，斜截面剪切破坏承载力仅考虑混凝土对抗剪的贡献。

(5) 组合板的弯曲刚度可以采用换算截面法进行计算。

(6) 连续组合板负弯矩区的裂缝宽度可按钢筋混凝土受弯构件的方法进行验算。

(7) 组合板的自振频率不应小于 15Hz，以保证组合板在外力作用下不发生较大振动，满足正常使用。

思 考 题

1. 简述压型钢板-混凝土组合板的基本形式。
2. 简述压型钢板-混凝土组合板性能特点。
3. 简述压型钢板受压翼缘有效宽度计算方法及原因。
4. 简述压型钢板-混凝土组合板主要破坏模式。
5. 简述压型钢板-混凝土组合板内力分析方法。
6. 简述计算组合板刚度时的换算截面刚度法。
7. 简述组合板使用阶段承载能力验算与钢筋混凝土板承载能力验算的异同。
8. 试述组合板自振频率计算方法及振动控制要求。

习 题

某工程楼板采用压型钢板-混凝土组合板，楼面压型钢板最大计算跨度为 $l=2.8\text{m}$。压型钢板型号采用 3WDEK-305-915，压型钢板厚度为 1.20mm，波高 76mm，波距为 305mm，压型钢板钢材强度设计值为 500MPa、截面面积为 $16.89\text{mm}^2/\text{m}$，截面惯性矩为 $1.721\times10^6\text{mm}^4/\text{m}$，截面面积矩为 $41.94\times10^3\text{mm}^3/\text{m}$，压型钢板具体截面形状和尺寸见图 3-13。压型钢板以上混凝土厚度为 64mm，楼板总厚度 140mm，水泥砂浆面层厚度 30mm。

混凝土强度等级为 C30（$f_c=14.3\text{N/mm}^2$，$E_c=3.0\times10^4\text{N/mm}^2$）。施工阶段和使用阶段的活荷载分别为 1.5kN/m^2 和 2.5kN/m^2，使用阶段活荷载的准永久值系数 $\psi_q=0.5$。钢筋配置为Φ8@150，采用 HRB335 级（$A_s=317\text{mm}^2$，$f_y=300\text{N/mm}^2$）。试对该组合板进行施工阶段和使用阶段的正截面受弯承载力和挠度验算。

第4章　钢-混凝土组合梁

4.1　概　述

4.1.1　组合梁基本原理

钢-混凝土组合梁是广泛使用的一类横向承重组合构件，通过抗剪连接件将钢梁与混凝土翼板组合在一起共同工作，可以充分发挥混凝土抗压强度高和钢材抗拉性能好的优势。钢-混凝土组合梁的截面高度小、自重轻、延性性能好。与钢筋混凝土梁相比，简支组合梁的高跨比一般可以取为1/20～1/18，连续组合梁的高跨比可以取为1/35～1/25，结构高度降低1/4～1/3，自重减轻40%～60%，施工周期缩短1/3～1/2。与纯钢梁相比，采用钢-混凝土组合梁可以有效地减小钢材用量，而且使结构高度降低1/4～1/3。同时由于组合梁中的混凝土板可以对钢梁受压翼缘起到侧向约束作用，因而相对于纯钢梁具有更好的整体稳定性而不易发生侧扭失稳。

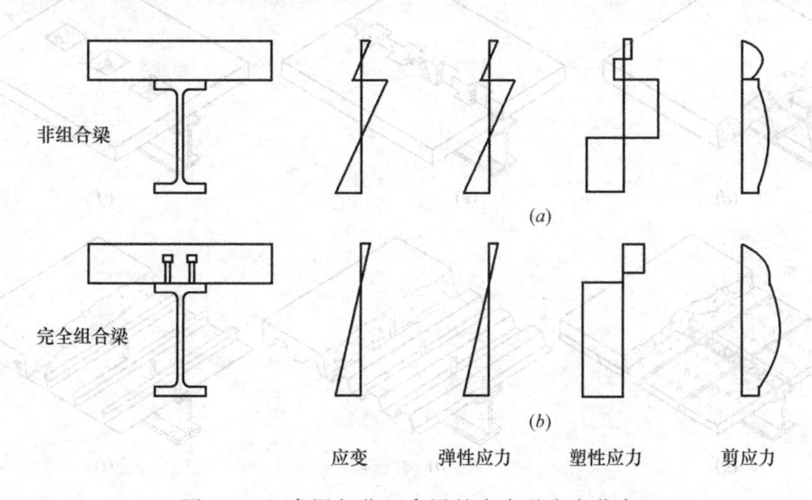

图4-1　组合梁与非组合梁的应力及应变分布

组合梁具有较高的承载力和刚度，其整体受力性能要明显优于混凝土板与钢梁二者受力性能的简单叠加。对于一根钢梁与其上设置的混凝土板，如果界面上没有任何连接构造而允许二者自由滑动，在弯矩作用下钢梁和混凝土板将分别绕各自的中性轴发生弯曲，截面应力分布如图4-1（*a*）所示。另一种极端情况是钢梁与混凝土板间通过某种措施能够完全避免发生相对滑移，则两部分将形成整体共同承受弯矩，截面应力分布如图4-1（*b*）所示。显然，后一种情况下结构的承载力及刚度将大大高于前者，而抗剪连接件即起到将钢梁与混凝土板组合在一起共同工作的作用，也是保证两种结构材料发挥组合效应的关键部件。除抗剪连接件外，钢梁与混凝土板之间的粘结力也可以发挥一定的抗剪作用。但由于这种粘结力很小且具有不确定性，因此设计T形截面钢-混凝土组合梁时一般不考虑这部分有利作用，而单纯依靠抗剪连接件作为钢梁与混凝土板间的剪力传递构件。

4.1.2 组合梁类型及特点

基于不同的使用要求，采用不同的结构材料并通过不同的组合方式，可以形成多种多样的组合梁。早期形式的组合梁没有抗剪连接件，主要是出于防火的目的在钢梁外包裹混凝土。随着各种抗剪连接构造措施的逐渐成熟，目前组合梁主要采用混凝土翼板和钢梁所形成的T形截面形式，如图4-2（*a*）所示。除了工字形截面钢梁之外，采用箱形钢梁与混凝土翼板组合所形成的闭口截面组合梁（图4-2*b*），具有更大的承载力和刚度，并具有很强的抗扭性能，可应用于高层建筑中受力较大的转换梁以及桥梁结构。

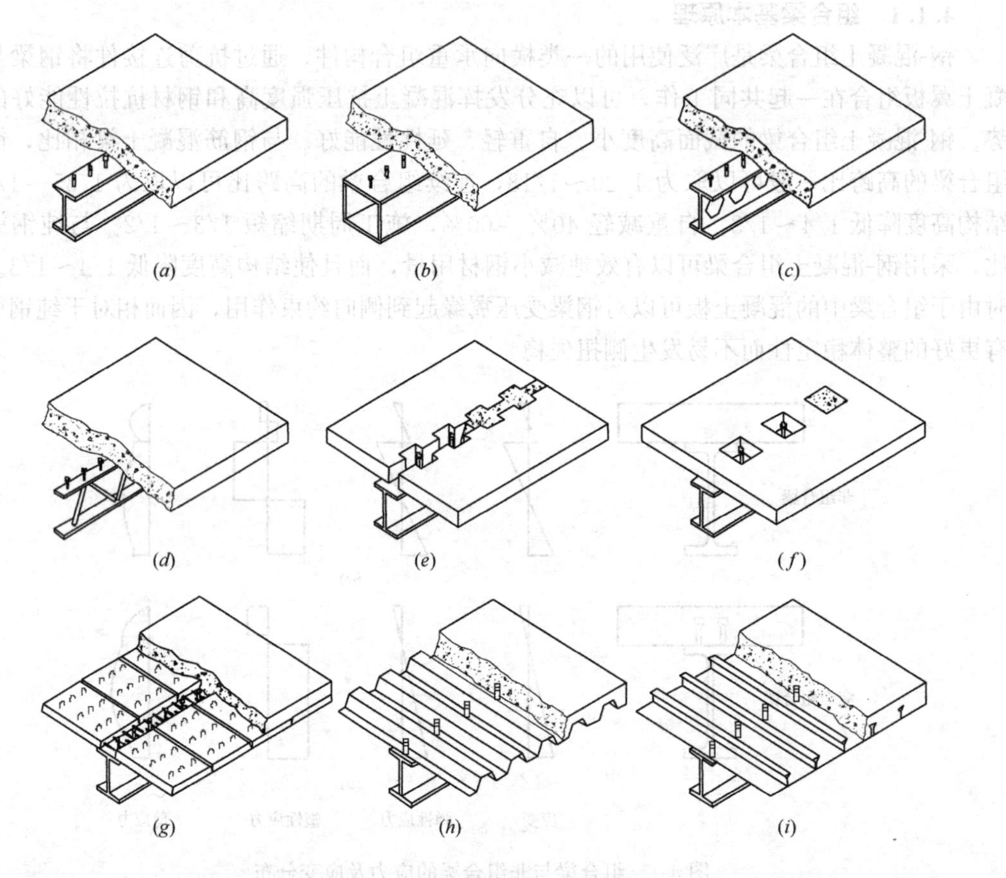

图4-2 钢-混凝土组合梁的形式

（*a*）工形截面现浇混凝土组合梁；（*b*）箱形截面组合梁；（*c*）蜂窝型钢组合梁；（*d*）桁架组合梁；（*e*）预制板组合梁；（*f*）预制板组合梁；（*g*）叠合板组合梁；（*h*）开口截面压型钢板组合梁；（i）闭口截面压型钢板组合梁

将钢桁架或蜂窝形钢梁与混凝土翼板组合，则可以形成桁架组合梁或蜂窝形钢-混凝土组合梁（图4-2*c*、*d*）。它具有结构自重轻、通透效果好等特点，并易于布置水、电、消防等设备管线。蜂窝形钢梁通常由轧制工字型钢或H型钢先沿腹板纵向切割成锯齿形后再错位焊接相连而成，有时也可以直接在钢梁腹板挖孔而形成。通常情况下，蜂窝形钢梁的加工制作工艺比一般钢梁要复杂一些，而且腹板的抗剪能力有所削弱。

现浇混凝土翼板施工时需要支模，对于桥梁及高层建筑，为加快施工进度可采用预制混凝土板与钢梁所形成的组合梁，如图 4-2（e）、（f）所示。预制板组合梁施工时仅需要在槽口浇筑混凝土，可减少现场湿作业工作量，并减少混凝土收缩徐变等不利因素的影响。但这种结构形式对预制板的加工精度和施工安装精度要求高，且新、旧混凝土之间的竖向通缝在荷载作用下容易开裂。在现浇混凝土翼板和预制混凝土翼板组合梁基础上发展起来的叠合板混凝土组合梁（图 4-2g），则在保留预制板组合梁安装快捷的基础上，进一步降低了施工难度，并提高了结构的整体性。混凝土预制板在施工时可作为永久模板使用，在后浇层硬化后则作为楼面的一部分参与板的受力，同时还作为组合梁混凝土翼板的一部分参与组合梁的整体受力。

近年来，随着压型钢板的应用日益广泛，很多高层建筑中开始使用钢-压型钢板混凝土组合梁（图 4-2h、i）。这种结构形式的组合梁施工非常方便，不需要设置模板及其支撑，且外形较为美观。除建筑结构之外，钢-压型钢板混凝土组合梁在桥梁结构中也已经有所应用。

为增大组合梁的承载力或刚度，可采用预应力组合梁。例如，在钢梁内施加预应力可减小钢梁在使用荷载下的最大拉应力，增大钢梁的弹性范围。在连续组合梁负弯矩区混凝土翼板内施加预应力，则可以降低混凝土翼板的拉应力来控制混凝土开裂。除了采用张拉钢丝束的方式之外，通过调整支座相对高程、预压荷载等方法也可以施加预应力。

4.2 组合梁的基本受力特征和破坏模式

4.2.1 简支组合梁

简支组合梁在不同加载阶段的受力性能如下所述。

阶段一：在加载初期，钢梁和混凝土板的应力水平均较低，处于线弹性阶段。抗剪连接件的应力水平也较低，同时由于粘结力尚未完全破坏，因此钢梁和混凝土板之间不会发生滑移或滑移较小。组合梁截面的应变分布符合平截面假定，如图 4-3（a）所示。

当混凝土板较厚时，组合截面中和轴位于混凝土内。中和轴以下部分的混凝土处于受拉状态，如其拉应力已超过开裂应力，则开裂区的混凝土将退出工作。如混凝土板较薄，则中和轴位于钢梁内，中和轴以上部分的钢梁则处于受压状态。这一阶段对应于正常使用状态下的简支组合梁，组合梁的荷载与变形之间近似呈线性关系，如图 4-3（d）所示。

阶段二：对于使用柔性连接件的组合梁，随着荷载的增加，连接件的受力逐渐增加并产生变形。连接件的变形导致混凝土板与钢梁之间发生滑移，并引起组合梁的变形增大。图 4-3（b）为滑移所引起的截面应力和应变分布的改变。

这一阶段通常也对应于组合梁的使用阶段。对于按部分抗剪连接设计的组合梁，这一阶段的滑移效应可能更为明显。

阶段三：随着荷载的进一步增加，钢材或混凝土进入弹塑性阶段。当钢梁屈服后，钢梁部分的应力分布逐渐接近矩形应力图形。在承载力极限状态分析时，可根据这一现象假设钢梁全截面都进入塑性。

由于混凝土并不是理想的弹塑性材料，因此随着组合梁荷载的增加，混凝土板的应力

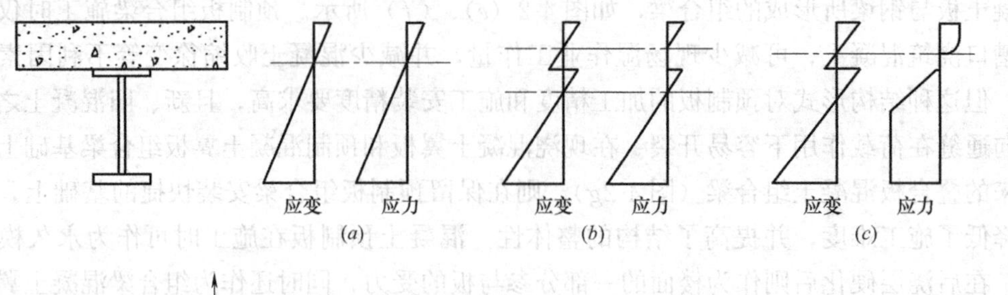

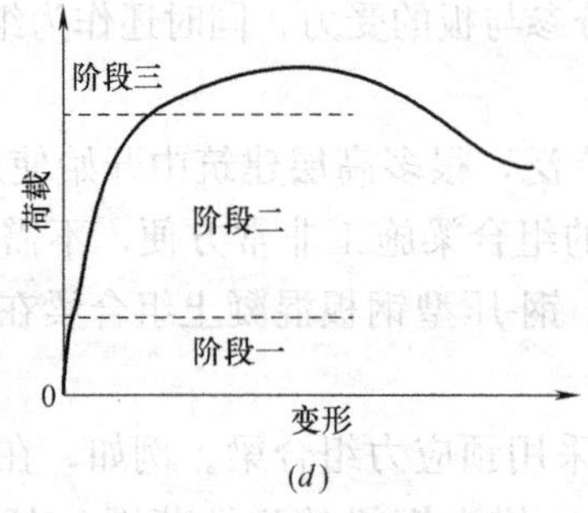

图 4-3　各加载阶段的组合梁受力状态

(*a*) 阶段一；(*b*) 阶段二；(*c*) 阶段三；(*d*) 荷载-变形曲线

分布也逐渐由三角形向如图 4-3（*c*）所示的分布模式转变。按这种应力分布计算组合梁的承载力较为复杂，基于普通钢筋混凝土梁正截面承载力计算相同的理由，计算时也可以将混凝土的应力简化为矩形分布。

对于设计合理的组合梁，破坏时通常均表现为混凝土板的压溃和钢梁的屈服。但是，当构造不合理或抗剪连接件设置不足时，也可能发生抗剪连接件剪断或混凝土翼板劈裂等破坏模式。这类破坏通常呈现出脆性破坏性质，钢材和混凝土的材料性能也没有充分发挥，因此在设计时应通过合理构造来加以避免。以下通过试验现象的描述说明组合梁的典型破坏模式。

(1) 正截面弯曲破坏。对于设计合理的组合梁，弯曲破坏首先表现为跨中钢梁截面屈服，最后混凝土翼板压碎而导致承载力丧失。在加载初始阶段，混凝土翼板和钢梁之间表现出良好的组合作用，当加载至极限荷载的 10%～40%时，混凝土翼板和钢梁交界面的自然粘结发生破坏，此时钢梁与混凝土板之间开始出现微小相对滑移。当钢梁下翼缘应力达到屈服后，截面中和轴不断上升。随着荷载的进一步增加，相对滑移和裂缝宽度均随之增大。当加载至极限荷载的 80%左右时，在跨中混凝土板出现了第一批横向可见裂缝，横向裂缝随着荷载的增加而逐渐增多、扩展，直到极限荷载时，跨中混凝土压碎，结构达到承载力极限状态。随后荷载开始下降，变形持续增加。

(2) 纵向剪切失效破坏。这类破坏表现有两种形式。一类是抗剪连接程度较低导致连接件断裂；另一类是混凝土板纵向抗剪能力较弱导致板发生劈裂破坏（图 4-4）。当组合

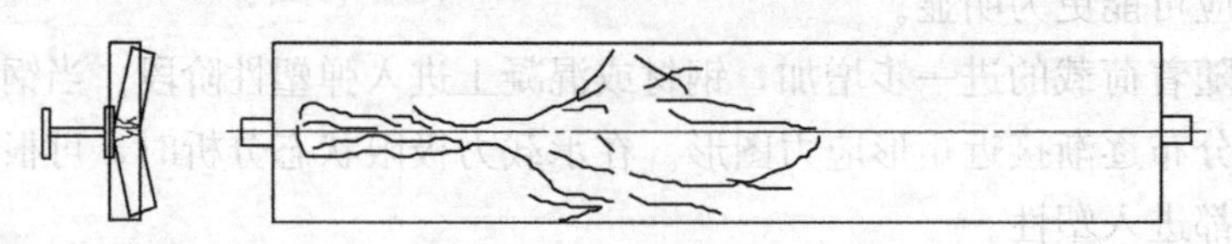

图 4-4　组合梁纵向剪切破坏形态示意图

梁的结合面失效破坏后，混凝土板与钢梁之间将丧失组合作用，结构的承载力急剧下降，呈脆性破坏模式，在设计时应予以避免。

试验和分析均表明，组合梁的承载力和刚度明显受到抗剪连接程度的影响。图 4-5 为实测的一组简支组合梁的弯矩-变形曲线。试件 SCB-22～SCB-26 的抗剪连接程度依次减小。试验表明，随着抗剪连接程度的降低，极限荷载也随之减小。从试验的荷载-挠度曲线还可以看出，各试件虽然抗剪连接程度不同，但由弹性极限到强度极限，无论是强度还是变形都经历了一个较长的发展过程，其塑性系数一般都在 1.35 以上，具有很高的强度储备。

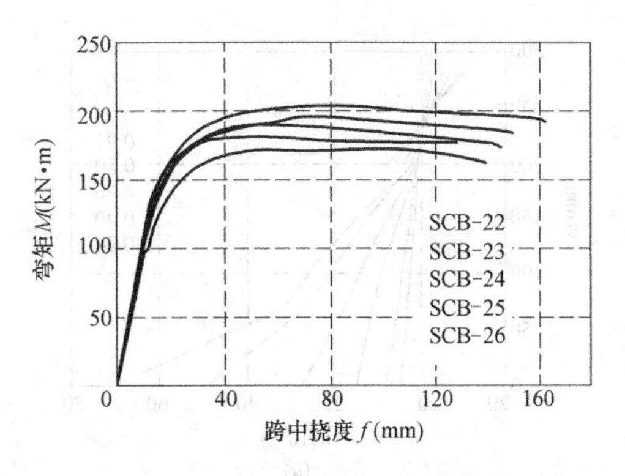

图 4-5　跨中弯矩-挠度实测曲线

4.2.2　连续组合梁

当组合梁跨度较大时，从经济性以及提高使用性能的角度出发，可考虑采用连续组合梁。通常来说，按连续组合梁设计时，其用钢量要低于多跨简支组合梁。连续组合梁相对于简支组合梁有多种优势。例如，连续组合梁为超静定结构，具有更大的承载潜力。当荷载导致结构某一个截面达到其极限抗弯承载力时，结构仍能够通过内力重分配将弯矩转移到其他部位而不致倒塌。再如，连续组合梁桥则能够减少支座和伸缩缝的数量。此外，连续组合梁还具有自重较轻、刚度较大和高跨比较小等优点。当然，连续组合梁也存在制作和安装较为复杂等缺点，设计时应予以考虑。

连续组合梁正弯矩区的设计与简支组合梁基本相同，但负弯矩区的受力性能和设计方法则与简支组合梁有所不同。最主要的区别在于正弯矩和负弯矩作用下，组合梁具有不同的截面特征参数。在正弯矩作用下，混凝土板处于受压状态，有效宽度范围内的混凝土板作为组合梁的受压翼缘共同工作。但在负弯矩作用下，混凝土板则处于受拉状态。需要指出的是，在负弯矩作用下，混凝土板内的纵向受拉钢筋通常可以作为结构的一部分与钢梁组合成整体而参与受力。

4.2.3　组合梁的滑移特征

抗剪连接件是保证钢梁和混凝土板共同工作的关键部件。目前广泛应用的栓钉等柔性抗剪连接件在传递钢梁与混凝土交界面的水平剪力时会产生变形，引起交界面出现相对滑移变形，使截面曲率和组合梁的挠度增大。即使是完全抗剪连接，组合梁在弹性阶段由换算截面法得到的挠度值也总是小于实测值。因此滑移效应是组合梁研究和应用中必须重视的问题。

图 4-6 为实测的组合梁应变沿截面高度的分布曲线。图中 P/P_u 为荷载水平，P_u 为极限荷载。在加载早期，截面应变分布基本上符合平截面假定，钢梁和混凝土翼板截面的应变大致呈两条直线，且两条直线近似平行，说明混凝土翼板和钢梁的弯曲曲率基本相同。同时可以看到，采用栓钉连接件的组合梁，即使是完全抗剪连接，在钢梁与混凝土翼板的交界面上也存在相对滑移，这表明完全协同作用是不存在的，完全抗剪连接组合梁交界面的相对滑移较小，而部分抗剪连接组合梁在交界面的相对滑移则相对较大。

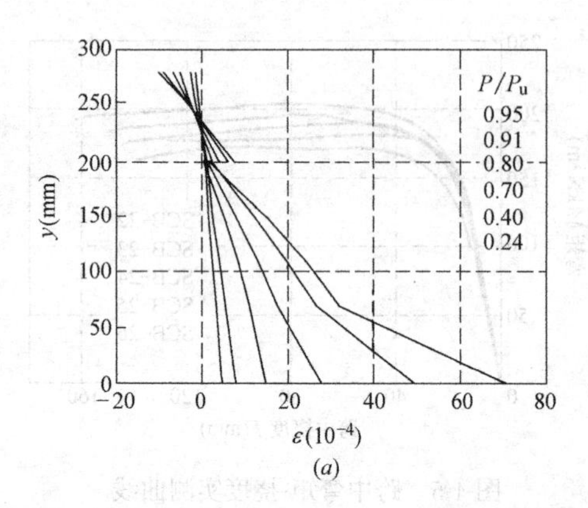

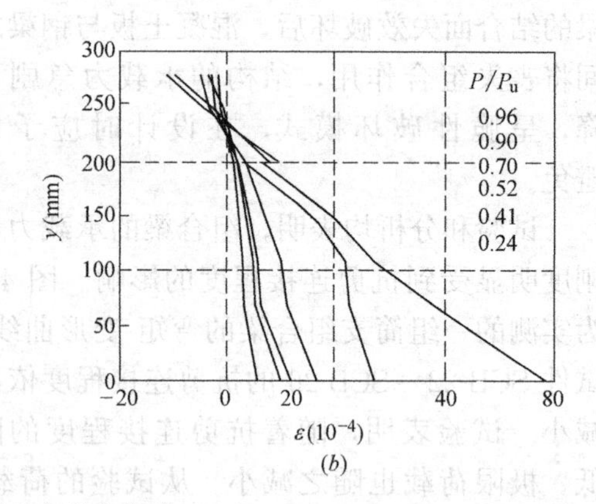

图 4-6　典型的截面应变分布曲线

(*a*) 完全抗剪连接；(*b*) 部分抗剪连接

钢梁与混凝土板的界面滑移是由连接件自身的变形和周围混凝土的变形所引起。实测的不同位置 x 处简支组合梁荷载 P-滑移 s 分布曲线如图 4-7 所示。从图中可以看出，钢梁与混凝土之间的自然粘结破坏后界面即开始出现相对滑移，并且滑移随着荷载的增大而加速发展。对于跨中集中加载的组合梁，跨中由于对称关系而滑移为零，梁端滑移则较大，且最大滑移均发生在距支座一定距离的位置。

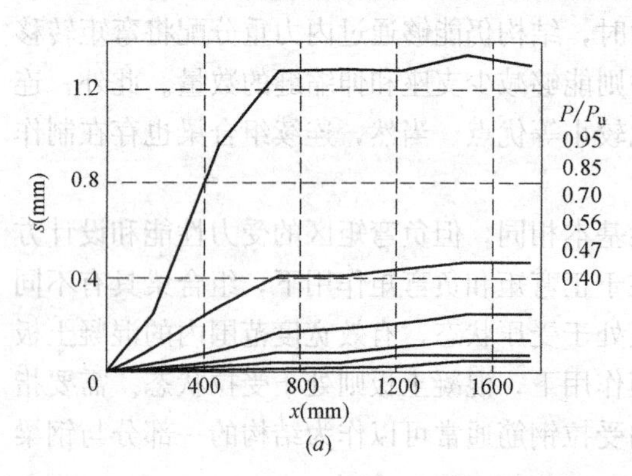

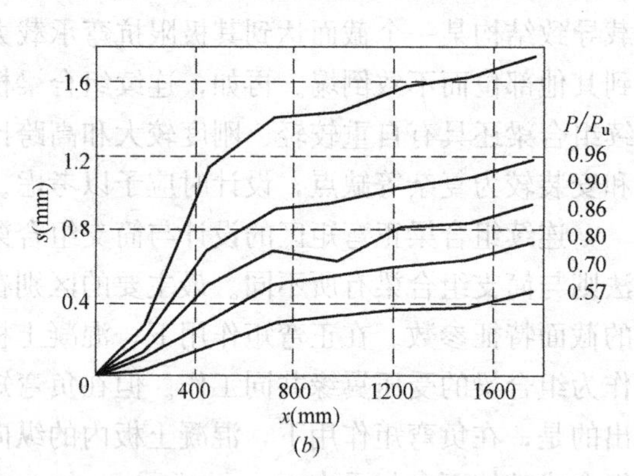

图 4-7　典型的荷载-滑移分布曲线

(*a*) 完全抗剪连接；(*b*) 部分抗剪连接件

4.3　混凝土翼缘有效宽度

4.3.1　问题的提出

典型的组合楼盖或组合桥面系通常由多根钢梁与混凝土板构成，设计时则可以简化成一组平行的 T 形截面组合梁。按照基于平截面假定的初等梁理论，组合梁的某一截面在竖向弯曲作用下，混凝土翼板相同高度处的弯曲压应力为均匀分布。但实际上钢梁腹板内的剪力流在向混凝土翼板传递的过程中，由于混凝土翼板的剪切变形而使得压应力向两侧逐渐减小。混凝土翼板内的剪力流在横向传递过程中的这种滞后现象称为剪力滞后效应。剪力滞后效应使得混凝土翼板内的实际压应力呈中间大而两边小的不均匀分布状态，因此距钢梁较远的混凝土并不能有效起到承受纵向压力的作用，如图 4-8（a）所示。

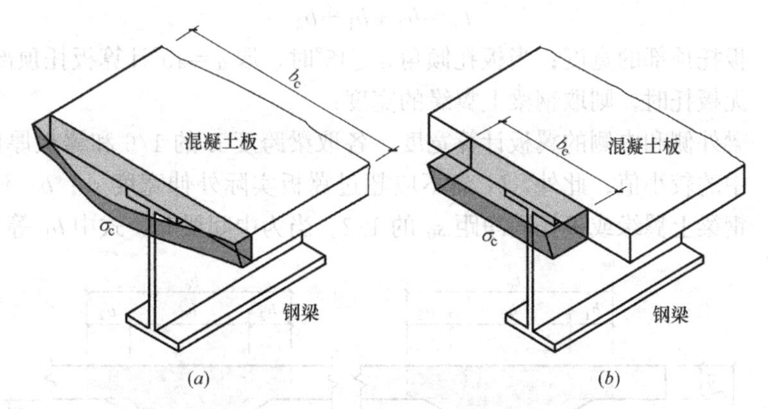

图 4-8　弯矩作用下混凝土翼板内的应力分布及有效宽度

（a）实际应力分布；（b）混凝土翼板有效宽度

为在计算分析中反映剪力滞后效应的影响，一种传统的做法是用一个较小的混凝土翼板等效宽度代替实际宽度来进行计算，即图 4-8（b）中的有效宽度 b_e，并假定有效宽度内混凝土的纵向应力沿宽度方向均匀分布。定义混凝土翼板有效宽度时，应使得按简单梁理论计算得到的组合梁弯曲应力与实际组合梁非均匀分布的最大应力相等，并根据面积 $ABCDE$ 与 $HIJK$ 相等的条件得到（图 4-9）。确定有效宽度后，可以很方便地将组合梁简化为 T 形截面梁，并根据平截面假定来计算梁的承载力和变形等。

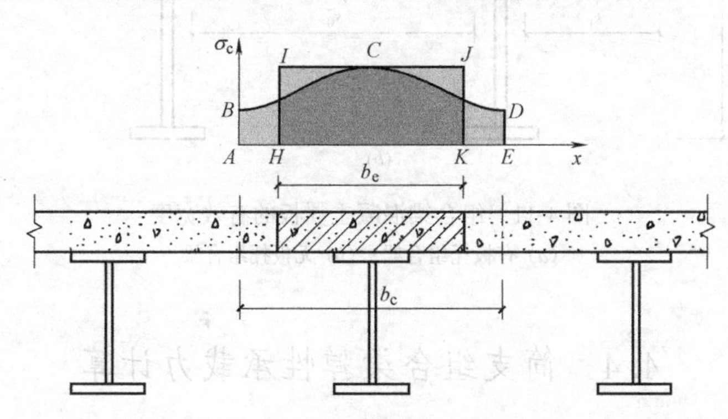

图 4-9　混凝土翼板有效宽度定义

4.3.2　计算方法

混凝土翼板有效宽度 b_e 不仅与结构的几何尺寸有关，同时受荷载类型、约束条件、截面特征、受力阶段（弹性或塑性）等多种因素的影响。例如，钢梁间距与梁跨度之比 b_c/L 和荷载形式对简支组合梁有效宽度的影响如图 4-10 所示。

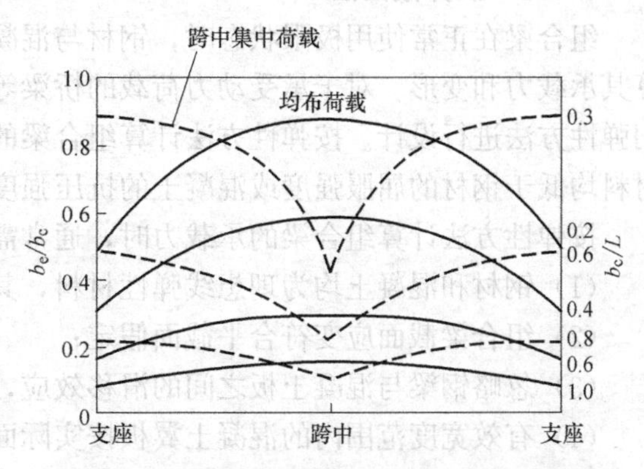

图 4-10　梁间距及荷载形式对有效宽度的影响

我国现行《钢结构设计规范》（GB 50017）考虑了梁跨度和混凝土翼板厚度对有效宽度的影响，多数情况下有效宽度由后者控制。据此，混凝土翼板有效宽度按下式计算（图 4-11）：

$$b_e = b_0 + b_1 + b_2 \tag{4-1}$$

式中 b_0——板托顶部的宽度；当板托倾角 $\alpha \leqslant 45°$时，取 $\alpha = 45°$计算板托顶部的宽度；当无板托时，则取钢梁上翼缘的宽度；

b_1、b_2——梁外侧和内侧的翼板计算宽度，各取梁跨度 L 的 1/6 和翼板厚度 h_{c1} 的 6 倍中的较小值。此外，b_1 尚不应超过翼板实际外伸宽度 s_1；b_2 不应超过相邻钢梁上翼缘或板托间净距 s_0 的 1/2。当为中间梁时，式中 b_1 等于 b_2。

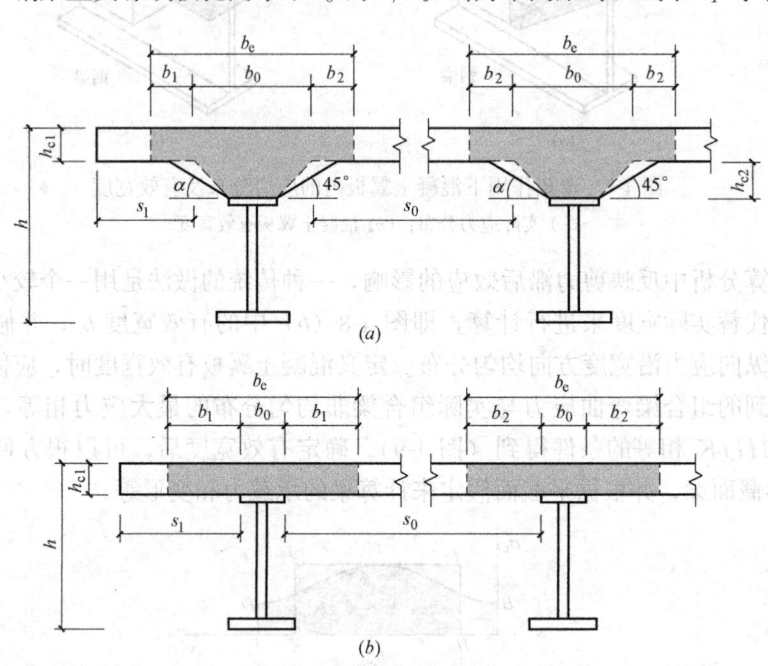

图 4-11 组合梁混凝土翼板的有效宽度

(a) 有板托组合梁；(b) 无板托组合梁

4.4 简支组合梁弹性承载力计算

4.4.1 换算截面法

组合梁在正常使用极限状态时，钢材与混凝土通常均处于弹性阶段，可按弹性方法计算其承载力和变形。对于承受动力荷载的桥梁等结构，出于提高安全性的目的，也通常采用弹性方法进行设计。按弹性方法计算组合梁的承载力时，需控制截面上每一个位置处的材料均低于钢材的屈服强度或混凝土的抗压强度设计值。

按弹性方法计算组合梁的承载力时，通常需做以下假定：

(1) 钢材和混凝土均为理想线弹性材料，其应力、应变之间呈线性关系；

(2) 组合梁截面应变符合平截面假定；

(3) 忽略钢梁与混凝土板之间的滑移效应，假定二者之间具有可靠的连接；

(4) 有效宽度范围内的混凝土翼板按实际面积计算，不扣除其中受拉开裂的部分，板托的面积则可以忽略不计；

（5）正弯矩作用下，混凝土翼板内的纵向钢筋忽略不计。

由于弹性阶段混凝土板内的应力水平通常较低，且混凝土受拉区和板托的位置距截面中和轴的距离较近，对抗弯承载力和刚度的影响较小，因此上述第（4）条中忽略板托而包含了受拉区混凝土的作用。这种简化处理方式引起的误差一般很小。

钢-混凝土组合梁的弹性计算方法可以利用材料力学公式，但材料力学是针对匀质连续弹性体的，因此对于钢和混凝土两种材料组成的组合梁截面，首先应把它换算成同一材料的截面。

换算截面法的基本原理如下。

设混凝土单元的截面面积为 A_c，弹性模量为 E_c，在应力为 σ_c 时应变为 ε_c，根据合力不变及应变相同条件，把混凝土单元换算成弹性模量为 E_s、应力为 σ_s 且与钢等价的换算截面面积 A'_s。

由合力大小不变条件，得

$$A_c\sigma_c = A'_s\sigma_s \tag{4-2}$$

则

$$A'_s = \frac{\sigma_c}{\sigma_s}A_c \tag{4-3}$$

或

$$\sigma_c = \frac{A'_s}{A_c}\sigma_s \tag{4-4}$$

由应变协调条件，得

$$\frac{\sigma_c}{E_c} = \frac{\sigma_s}{E_s} \tag{4-5}$$

或

$$\frac{\sigma_c}{\sigma_s} = \frac{E_c}{E_s} = \frac{1}{\alpha_E} \tag{4-6}$$

式中 α_E——钢材弹性模量 E_s 与混凝土弹性模量 E_c 之比值。

由式（4-6）可得

$$\sigma_c = \frac{\sigma_s}{\alpha_E} \tag{4-7}$$

将式（4-6）代入式（4-4）有

$$A'_s = \frac{A_c}{\alpha_E} \tag{4-8}$$

根据式（4-7），把根据换算截面法求得的钢材应力 σ_s 除以 α_E 即可得到混凝土的应力 σ_c；根据式（4-8），由于应变相同且总内力不变的条件，将混凝土单元的面积 A_c 除以 α_E 后即可将混凝土截面换算成与之等价的钢截面面积 A'_s。

根据上述基本换算关系就可以按照图 4-12 所示的方法将组合梁换算为与之等价的换算截面。为了保持组合截面形心高度即合力位置在换算前后保持不变，即保证截面对于主轴的惯性矩保持不变，换算时应固定混凝土翼板厚度而仅改变其宽度。图 4-12 中 b_e 为原截面混凝土翼板的有效宽度，b_{eq} 为混凝土翼板的换算宽度。图中的板托部分在计算中忽略不计。

$$b_{eq}=\frac{b_e}{\alpha_E} \tag{4-9}$$

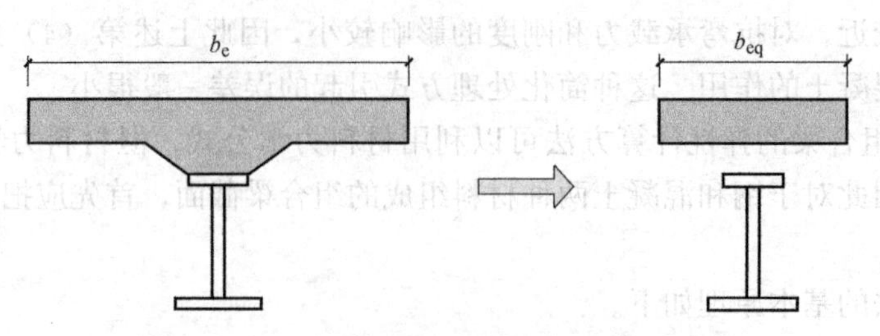

图 4-12 钢-混凝土组合梁的换算截面示意图

将组合梁截面换算成等价的钢截面以后，即可根据材料力学方法计算截面的中和轴位置、面积矩和惯性矩等几何特征，用于截面应力和刚度分析。组合梁截面形状比较复杂，一般可以将换算截面划分为若干单元，用求和方法计算截面几何特征。

换算截面的惯性矩按下式计算：

$$I=I_0+A_0d_c^2 \tag{4-10}$$

其中 $I_0=I_s+\frac{I_c}{\alpha_E}$，$A_0=\frac{A_sA_c}{\alpha_EA_s+A_c}$，$I_s$ 和 I_c 分别表示钢梁和混凝土翼板的惯性矩，d_c 表示钢梁形心到混凝土翼板形心的距离。

换算截面的形心位置为：

$$y=\frac{A_sy_s+A_cy_c/\alpha_E}{A_s+A_c/\alpha_E} \tag{4-11}$$

式中 y_s、y_c——分别表示钢梁和混凝土翼板形心到钢梁底面的距离。式中各符号的含义参见图 4-13。

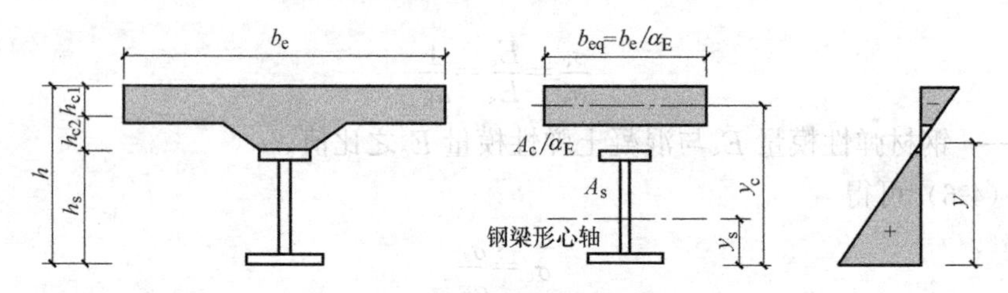

图 4-13 换算截面几何特征

混凝土翼板在长期荷载作用下会发生徐变，引起组合截面内力重分布。徐变会导致混凝土翼板应力降低，而钢梁的应力增加。影响组合梁徐变效应的因素很多，通常采用等效模量法来近似考虑。根据徐变理论，混凝土中的应变由初始应变 ε_{ce} 和徐变应变 ε_{cc} 两部分组成。对于钢-混凝土组合梁，我国《钢结构设计规范》(GB 50017) 规定可取徐变系数 $\phi_u=\varepsilon_{cc}/\varepsilon_{ce}=1$，则在长期荷载作用下混凝土的割线弹性模量为：

$$E_c'=\frac{\sigma_c}{\varepsilon_{ce}+\varepsilon_{cc}}=\frac{1}{2}\frac{\sigma_c}{\varepsilon_{ce}}=\frac{1}{2}E_c \tag{4-12}$$

因此，对荷载的准永久组合，可以将混凝土翼板有效宽度除以 $2\alpha_E$ 换算为钢截面（称为徐变换算截面），并将换算截面法求得的混凝土高度处的应力除以 $2\alpha_E$ 以得到混凝土的实际应力。

上述对混凝土翼板截面宽度进行换算的方法比较简单。所得换算截面的内力和应变以及截面形心高度等，都保持与原混凝土截面相同。求得换算截面后，即可按照材料力学的一般公式计算截面应力和刚度。

4.4.2 组合梁抗弯承载力计算

按上节方法求得组合梁换算截面的几何特性之后，便可以根据材料力学按如下公式计算组合梁中钢梁和混凝土板的弯曲应力：

$$\sigma_s=\frac{M_d y}{I} \tag{4-13}$$

$$\sigma_c=\frac{M_d y}{\alpha_E I} \tag{4-14}$$

式中 M_d——组合梁截面的弯矩设计值，按不同的受力阶段取值；

y——计算应力点到换算截面中性轴的距离。

对于承受均布荷载为主的等截面简支组合梁，只需对跨中截面进行弯曲应力的验算。如果组合梁截面尺寸沿跨度方向改变较大，则还需对截面变化处的应力进行验算。

按弹性方法计算组合梁时（特别是桥梁结构），需要考虑施工过程的影响，截面应力验算应满足不同受力阶段的要求，即保证各阶段的材料应力均小于其设计强度值。

根据不同的施工方法，组合梁的验算可能由两个阶段组成：

① 施工阶段。为方便施工，组合梁施工时通常不设临时支撑，利用钢梁作为施工支撑浇筑混凝土板。此时组合梁尚未形成组合截面，荷载全部由钢梁单独承担。这一阶段的荷载包括钢梁、湿混凝土的自重以及施工荷载。施工荷载则包括模板及其支撑的自重、机具设备、人员等施工活荷载等。上述荷载均由钢梁承担（截面惯性矩 I_s）。当采用有临时支撑的施工方法时（一般要等间距布置的支点数量不少于 3 个），则可不进行此阶段的钢梁应力验算。有临时支撑施工时，荷载主要通过支撑传到基础，因此应校核临时支撑的强度、刚度及稳定性，特别注意防止支撑产生过大变形引起钢梁下挠。

② 使用阶段。当混凝土硬化达到设计强度后，钢梁与混凝土板可形成组合截面共同承担后续施加的荷载。对于无临时支撑的施工方法，这一阶段的荷载包括混凝土硬化后结构上所新增加的荷载，包括建筑面层、吊顶等恒荷载以及活荷载，称为二期荷载。对于有临时支撑的施工方法，这一阶段的荷载则包括全部的恒荷载及活荷载。在使用阶段，荷载的长期效应部分（包括恒荷载及活荷载中的准永久部分），由考虑徐变效应的徐变换算截面（截面惯性矩 I_2）承担；对于荷载的短期效应部分（活荷载中的非准永久部分），则由组合梁的换算截面（截面惯性矩 I_1）承担。此外，对于只采用少数几个临时支撑的情况，使用阶段应考虑拆除临时支撑时体系转换所导入的内力。计算这部分内力引起的应力时也应采用徐变换算截面。

考虑加载阶段影响的组合梁截面应力分布如图 4-14 所示。

因此，按弹性方法计算组合梁的抗弯承载力时，通常需要 3 组截面特征值分别对应于施工阶段、短期荷载以及长期荷载：

① 施工阶段钢梁截面 EI_s，用于施工阶段钢梁与混凝土未形成组合截面前的内力分析；

② 短期荷载作用下的 EI_1，其中 I_1 为根据换算截面法得到的组合截面惯性矩；

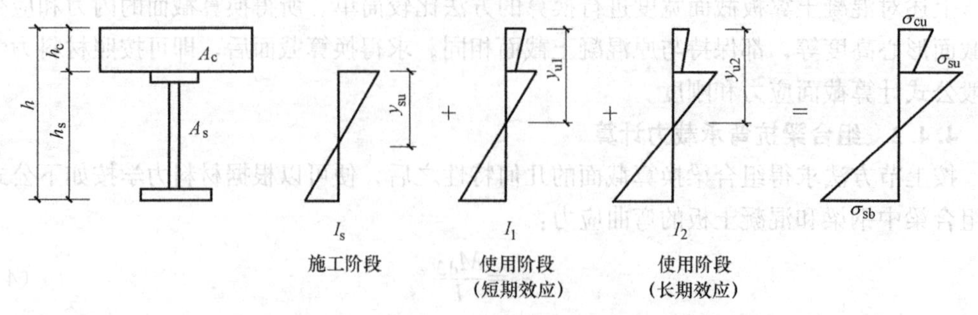

图 4-14　不同受力阶段的组合梁截面应力图

③ 长期荷载作用下的 EI_2，其中 I_2 为根据换算截面法得到的组合截面惯性矩，并考虑了混凝土的徐变效应。

对组合梁正截面抗弯强度进行验算时，应验算混凝土翼板顶部、钢梁上翼缘顶部和钢梁下翼缘底部的应力。根据组合梁的实际建造程序和受力阶段，其正截面应力验算可按以下方法进行。

（1）施工阶段的验算

对于不设临时支撑的组合梁，施工阶段的全部荷载由钢梁单独承担。

钢梁上翼缘的应力应满足

$$\sigma_{su}=\frac{M_{g1}+M_{qc}}{I_s}y_{su}\leqslant f \tag{4-15}$$

钢梁下翼缘的应力应满足

$$\sigma_{sb}=\frac{M_{g1}+M_{qc}}{I_s}(h_s-y_{su})\leqslant f \tag{4-16}$$

式中　M_{g1}——钢梁自重、湿混凝土重量等引起的弯矩；

M_{qc}——施工荷载（模板、人员及施工机具自重）等产生的弯矩；

I_s——钢梁截面惯性矩；

y_{su}——钢梁截面中性轴至钢梁上翼缘板顶面的距离；

h_s——钢梁的高度；

f——钢材的抗弯强度设计值。

当钢梁下面设置 1～3 个临时支撑时，可以将钢梁视为连续梁承受第一阶段荷载；如果钢梁下面设置较多临时支撑时（3 个以上），则可近似不考虑施工过程对组合梁的影响，即组合梁截面一次形成，组合梁截面承担全部荷载。

（2）使用阶段的验算

当混凝土硬化之后，混凝土翼板与钢梁形成组合截面共同承担后加的二期恒荷载和活荷载。二期恒荷载包括建筑面层、桥面构造（对桥梁结构而言）等。根据荷载类型的不同，使用阶段的截面应力验算应根据是否考虑混凝土的长期效应分两种情况进行，并分别取不同的组合梁换算截面特征参数计算。

① 短期荷载效应

钢梁上翼缘应力应满足

$$\sigma_{su}=\frac{M_{g1}}{I_s}y_{su}+\frac{M_{g2}+M_q}{I_1}(y_{u1}-h_c)\leqslant f \tag{4-17}$$

钢梁下翼缘应力应满足

$$\sigma_{sb}=\frac{M_{g1}}{I_s}(h_s-y_{su})+\frac{M_{g2}+M_q}{I_1}(h-y_{u1})\leqslant f \tag{4-18}$$

混凝土翼板顶面正应力应满足

$$\sigma_{cu}=\frac{M_{g2}+M_q}{\alpha_{E1}I_1}y_{u1}\leqslant f_c \tag{4-19}$$

式中 M_{g2}——二期恒荷载引起的截面弯矩；

M_q——活荷载（汽车、行人荷载和温度荷载）引起的截面弯矩；

I_1——短期荷载效应下的组合梁换算截面惯性矩；

y_{u1}——短期荷载效应下换算截面中性轴至混凝土翼板顶面的距离；

h——组合梁截面高度；

α_{E1}——短期荷载效应下钢材与混凝土的弹性模量比；

f_c——混凝土抗压强度设计值。

② 考虑混凝土长期效应

钢梁上翼缘正应力应满足

$$\sigma_{su}=\frac{M_{g1}}{I_s}y_{su}+\frac{M_{g2}+M_{cs}+M_q}{I_2}(y_{u2}-h_c)\leqslant f \tag{4-20}$$

钢梁下翼缘正应力应满足

$$\sigma_{sb}=\frac{M_{g1}}{I_s}(h_s-y_{su})+\frac{M_{g2}+M_{cs}+M_q}{I_2}(h-y_{u2})\leqslant f \tag{4-21}$$

混凝土翼板顶面正应力应满足

$$\sigma_{cu}=\frac{M_{g2}+M_q}{\alpha_{E2}I_2}y_{u2}\leqslant f_c \tag{4-22}$$

式中 M_{cs}——翼板混凝土收缩徐变引起的截面弯矩；

I_2——长期荷载效应下的组合梁换算截面惯性矩；

y_{u2}——长期荷载效应下换算截面中性轴至混凝土翼板顶面的距离；

α_{E2}——长期荷载效应下钢材与混凝土的弹性模量比。

4.4.3 组合梁抗剪承载力验算

对于简支组合梁，在支座及集中荷载作用的位置，需进行竖向抗剪验算。由于组合梁的应力受加载方式的影响，截面最大剪应力的位置不易确定。作为一种偏安全的简化处理，可将各阶段的最大剪应力直接进行叠加。

施工阶段的钢梁最大剪应力位置可以取腹板的中间高度。在使用阶段，当换算截面中和轴位于钢梁腹板内时，钢梁的最大剪应力验算点可取换算截面的中和轴处，混凝土翼板的剪应力验算点取混凝土与钢梁上翼缘连接处或板托截面最窄处。当换算截面中和轴位于钢梁腹板之外时，钢梁的最大剪应力验算点取钢梁腹板的上边缘处，混凝土翼板的剪应力验算点则取换算截面中和轴处或板托截面最窄处。

混凝土最大剪应力应满足下式的要求：

$$\tau_c=\frac{V_1S_{1c}}{\alpha_{E1}I_1b_{1c}}+\frac{V_2S_{2c}}{\alpha_{E2}I_2b_{2c}}\leqslant 0.6f_t\text{或}\ 0.25f_c \tag{4-23}$$

钢梁最大剪应力应满足下式的要求：

$$\tau_s=\frac{V_0 S_{0s}}{I_s t_w}+\frac{V_1 S_{1s}}{I_1 t_w}+\frac{V_2 S_{2s}}{I_2 t_w}\leqslant f_v \tag{4-24}$$

以上各式中，下标字母 c、s 分别表示混凝土与钢梁；下标数字 0、1、2 分别表示施工阶段、短期效应作用和长期效应作用 3 个阶段；V 为各阶段所对应的截面剪力；S 为各验算点以上截面的面积矩；b 为各验算点位置处的混凝土截面宽度；t_w 为钢梁腹板宽度；f_t为混凝土的轴心抗拉强度设计值；f_v为钢材的抗剪强度设计值。其中，$\tau_c\leqslant 0.6f_t$适用于混凝土翼板内不配置横向钢筋（当有板托时按构造配置）的情况；当板托内按计算配置有横向钢筋时则按 $\tau_c\leqslant 0.25f_c$验算。

如钢梁在同一位置的正应力 σ 和剪应力 τ 都较大时，还应按下式验算折算应力 σ_{eq}是否满足设计要求：

$$\sigma_{eq}=\sqrt{\sigma^2+3\tau^2}\leqslant 1.1f \tag{4-25}$$

折算应力的验算点通常取正应力和剪应力均较大的钢梁腹板上、下边缘处。

4.4.4 温差及混凝土收缩应力计算

对于单一材料的静定结构，温度升降及温差效应可能引起结构的变形，但不会引起约束内力。但是，钢-混凝土组合梁由两种材料组成，在同一个截面中当钢与混凝土两种材料位移不协调时，会产生相互的约束作用，不仅会产生变形，也会导致截面应力的变化。

钢材与混凝土的线膨胀系数非常接近，普通混凝土的线膨胀系数约为 1.0×10^{-5}，钢材的线膨胀系数约为 1.2×10^{-5}。如组合梁发生均匀的温度升降，钢梁与混凝土板将伸长或缩短，但二者之间的温度变形基本协调，不会产生约束内力。但是，当外界环境温度剧烈变化或局部有较强热源时，由于钢材的导热系数约为混凝土的 50 倍，钢梁的温度很快就接近环境温度，而混凝土的温度变化则相对滞后。此时，钢梁与混凝土板之间就产生温差，各自产生不同的变形，从而在梁截面上产生自平衡的内应力。对于简支组合梁，温差作用会引起截面应力的变化，同时引起梁的挠曲变形。连续组合梁或者框架组合梁，由于梁的变形会受到约束，还会在结构内产生约束应力。

除温度作用外，混凝土的体积随时间的增加而发生收缩。影响混凝土收缩的因素很多，从总体效果上类似于混凝土温度降低的情况。混凝土收缩在组合梁内引起的内力与温差应力相似，但其发展过程是不可逆的，且温差是短期作用，而混凝土收缩则属于长期作用。

对于一般处于室内的组合梁，通常不会发生温度骤变，温差应力可不予考虑。而对于桥梁等处于露天环境下的组合梁或直接受热源作用的组合梁，则需要计算其正常使用阶段的温差应力。计算组合梁温差效应时，需要确定组合截面内的温度分布或温度梯度。

以下对钢-混凝土简支组合梁的温差应力计算进行说明。为简化计算，假设同一截面内的混凝土板和钢梁分别具有唯一的温度，即每种材料内都不存在温度梯度。同时，假设各截面的温度分布沿梁长保持一致。

由于温差应力通常不会引起材料屈服，可按弹性方法计算，同时忽略抗剪连接件变形所引起的滑移效应。计算中假设混凝土板的温度低于钢梁，温差为 Δt℃，混凝土线膨胀系数为 α_t。

第一步假设钢梁与混凝土之间没有任何连接作用，混凝土板由于温度降低而自由缩短，混凝土的初应变 $\varepsilon_{c0}=-\alpha_t\Delta t$，钢梁与混凝土的应力均为零，应变分布如图 4-15（a）所示。

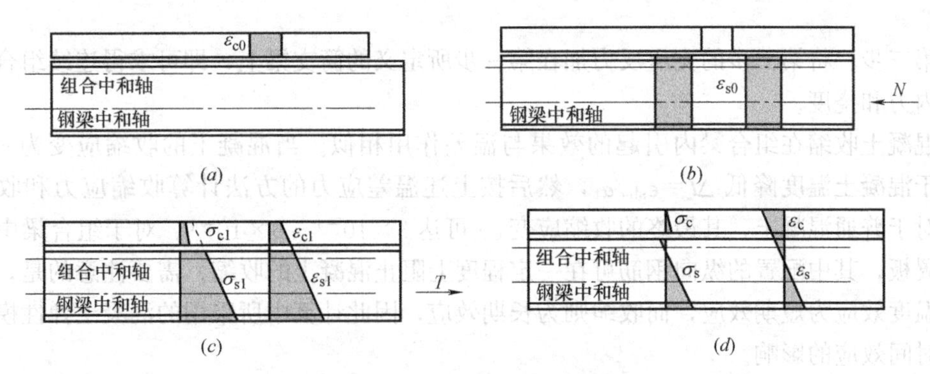

图 4-15　组合梁温差应力计算

第二步仍保持钢梁与混凝土板之间无连接，并在钢梁形心位置施加假想压力 N，使钢梁均匀受压，压应变为 $\alpha_t\Delta t$。此时，混凝土板内的应力、应变仍保持不变，钢梁中初应变则为 $\varepsilon_{s0}=-\alpha_t\Delta t$，应力为 $\sigma_{s0}=E_s\varepsilon_{s0}=-E_s\alpha_t\Delta t$，压力 $N=-A_sE_s\alpha_t\Delta t$，其中 A_s 为钢梁面积，E_s 为钢材弹性模量。由此在组合梁内引起的应力、应变如图 4-15（b）所示。

第三步将钢梁与混凝土连接成整体，为抵消第二步在钢梁上施加的假想压力 N，在钢梁形心轴位置施加拉力 T。T 的大小与第二步施加的假想压力 N 相等而方向相反。此时，钢梁与混凝土板已形成整体，处于偏心受拉状态。其应力、应变分布如图 4-15（c）所示。

设钢梁形心轴（即拉力 T 的作用位置）与换算截面中和轴之间的距离为 y_0，则偏心拉力 T 在组合梁截面中产生的应力为：

钢梁应力 $\sigma_{s1}=\dfrac{T}{A}+\dfrac{Ty_0y}{I}$，混凝土应力 $\sigma_{c1}=\dfrac{T}{A\alpha_E}+\dfrac{Ty_0y}{I\alpha_E}$。

其中，$T=-N=A_sE_s\alpha_t\Delta t$，$y$ 为截面中某点距换算截面形心轴的竖向距离，向下为正，I 为换算截面惯性矩，A 为组合截面的换算截面面积，α_E 为钢材与混凝土的弹性模量比。

由于是弹性分析，可将以上三步进行叠加，叠加后组合梁的外力合力为零，符合内力平衡条件和变形协调条件。则温差在组合梁内产生的应力如图 4-15（d）所示。

其中，钢梁内的应力按下式计算：

$$\sigma_s=-E_s\alpha_t\Delta t+\frac{A_sE_s\alpha_t\Delta t}{A}+\frac{A_sE_s\alpha_t\Delta t y_0 y}{I} \tag{4-26}$$

混凝土板的应力按下式计算：

$$\sigma_c=\frac{A_sE_s\alpha_t\Delta t}{A\alpha_E}+\frac{A_sE_s\alpha_t\Delta t y_0 y}{I\alpha_E} \tag{4-27}$$

以上第一步和第二步中组合梁都不发生挠曲，第三步则由于偏心压力 N 的作用，组合梁会产生挠曲。对于简支梁，N 在整个梁跨产生均匀的弯矩 Ny_0。根据曲率面积法或者图乘法，可求得温差作用在简支组合梁内引起的变形。

对于连续组合梁，温差作用下的变形会受到支座的约束，从而产生约束内力及变形。连续组合梁的约束内力和约束变形可在简支组合梁温差作用分析的基础上用力法求解：

第一步：首先去除多余约束，并按简支梁计算组合梁的变形曲线；

第二步：采用合适的结构力学方法，求出各支座位置处的约束反力，使支座处挠度为零；

第三步：将第二步的支座反力加在第一步所定义的简支梁上，即可求得连续组合梁的约束内力和挠度。

混凝土收缩在组合梁内引起的效果与温差作用相似。当混凝土的收缩应变为 ε_{sh} 时，相当于混凝土温度降低 $\Delta t=\varepsilon_{sh}/\alpha_t$，然后按上述温差应力的方法计算收缩应力和收缩变形。对于普通混凝土，其最终的收缩应变 ε_{sh} 可达 $3\times10^{-4}\sim6\times10^{-4}$。对于组合梁中的混凝土翼板，其中配置的纵向钢筋可在一定程度上阻止混凝土的收缩。需要注意的是，组合梁的温度效应为短期效应，而收缩则为长期效应，因此计算中所采用的混凝土弹性模量应考虑时间效应的影响。

需要注意的是，组合梁的温度效应为短期效应，而收缩则为长期效应，因此计算中所采用的混凝土弹性模量应考虑时间效应的影响。

【例题 4-1】 某组合楼盖体系，平面布置如图 4-16 所示。其中次梁（CL）跨度 $l=$ 8m，间距 2.8m，截面尺寸如图所示。已知混凝土强度等级 C30，弹性模量 $E_c=3\times10^4$ MPa，$f_c=14.3$MPa，$f_t=1.43$MPa；钢梁钢材为 Q235 钢，弹性模量 $E_s=2.06\times10^5$ MPa，$f=215$MPa，$f_v=125$MPa。楼面活荷载标准值为 3kN/m²，准永久值系数为 0.5，楼面铺装及吊顶荷载标准值为 1.5kN/m²；施工过程中对钢梁施加临时支撑。试按弹性方法验算次梁的承载力。

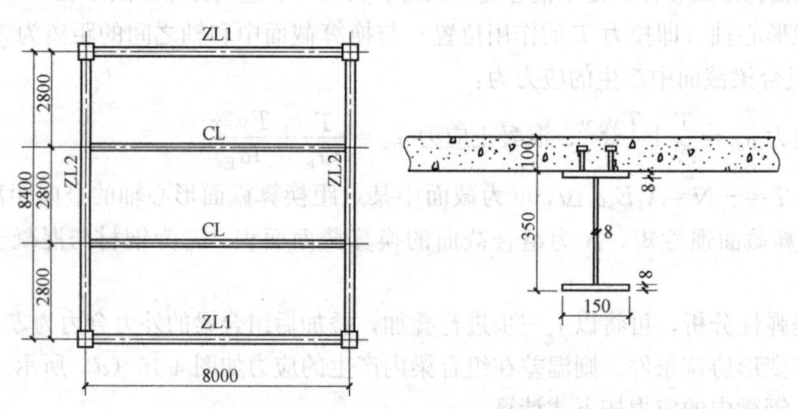

图 4-16 楼盖平面布置及组合梁截面

【解】 施工阶段对钢梁施加临时支撑，因此可不进行施工阶段的验算。

(1) 使用阶段内力计算

使用阶段，组合梁承受的荷载如表 4-1 所示。

组合梁承受的荷载　　表 4-1

荷载		标准值	设计值
长期效应部分	钢梁自重	78.5×5072/10⁶=0.40kN/m	0.40×1.2=0.48kN/m
	楼面铺装及吊顶	1.5×2.8=4.20kN/m	4.20×1.2=5.04kN/m
	混凝土自重	25×0.10×2.8=7.00kN/m	7.00×1.2=8.40kN/m
	楼面活荷载	0.5×3×2.8=4.20kN/m	4.20×1.4=5.88kN/m
	荷载合计	15.80kN/m	19.80kN/m
短期效应部分	楼面活荷载	0.5×3×2.8=4.20kN/m	4.20×1.4=5.88kN/m
	荷载合计	4.20kN/m	5.88kN/m

跨中截面：

短期荷载作用下的弯矩 $M_1=1/8\times5.88\times8^2=47.04\text{kN}\cdot\text{m}$，$V_1=0$

长期荷载作用下的弯矩 $M_2=1/8\times19.80\times8^2=158.40\text{kN}\cdot\text{m}$，$V_2=0$

支座截面 $V_1'=5.88\times8/2=23.52\text{kN}$，$V_2'=19.80\times8/2=79.20\text{kN}$

(2) 使用阶段的截面特征

短期效应下的弹性模量比 $\alpha_E=E_s/E_c=6.87$

钢梁上翼缘宽度 $b_0=150\text{mm}$

梁内侧和外侧的翼缘计算宽度 $b_1=b_2=\min(L/6,6h_c)=\min(8000/6,6\times100)=600\text{mm}$

混凝土翼板有效宽度 $b_e=b_0+b_1+b_2=1350\text{mm}$

混凝土翼板截面积 $A_c=b_eh_c=1.35\times10^5\text{mm}^2$

钢梁截面面积 $A_s=5072\text{mm}^2$

钢梁形心到混凝土翼板形心 $d_c=225\text{mm}$

短期效应作用下：

$$A_{01}=A_sA_c/(\alpha_EA_s+A_c)=4031\text{mm}^2, I_{01}=I_s+I_c/\alpha_E=1.11\times10^8\text{mm}^4$$

$$I_1=I_{01}+A_{01}d_c^2=3.15\times10^8\text{mm}^4$$

$$\overline{y}_1=(A_s\overline{y}_s+A_c\overline{y}_c/\alpha_E)/(A_s+A_c/\alpha_E)=353.8\text{mm}$$

长期效应作用下：

$$A_{02}=A_sA_c/(2\alpha_EA_s+A_c)=3345\text{mm}^2, I_{02}=I_s+I_c/2\alpha_E=1.03\times10^8\text{mm}^4$$

$$I_2=I_{02}+A_{02}d_c^2=2.72\times10^8\text{mm}^4$$

$$\overline{y}_2=(A_s\overline{y}_s+A_c\overline{y}_c/2\alpha_E)/(A_s+A_c/2\alpha_E)=323.4\text{mm}$$

(3) 截面承载力验算

截面承载力验算如表 4-2 所示。为简化计算，钢梁腹板 τ_s 及混凝土最大剪应力 τ_c 近似按截面中各自的最大剪应力直接叠加。中和轴在钢梁腹板外时，钢梁的计算点取腹板与翼缘交界处；中和轴在混凝土外时，混凝土的计算点取在翼缘顶部。

由表 4-2 可知，跨中截面钢梁底板应力 $\sigma_{sb}=241.15\text{MPa}>f=215\text{MPa}$，故按弹性方法验算，截面抗弯承载力不满足要求。

截面承载力验算 (MPa) **表 4-2**

	验算项目	使用阶段		总应力
		弹性换算截面(I_1)	徐变换算截面(I_2)	
跨中截面	混凝土翼板边缘压应力 σ_{cu}	−2.09	−5.37	−7.46
	钢梁顶部应力 σ_{su}	−0.57	15.49	14.92
	钢梁底板应力 σ_{sb}	52.82	188.33	241.15
支座截面	混凝土最大剪应力 τ_c	0.05	0.16	0.21
	钢梁腹板最大剪应力 τ_s	8.34	28.24	36.58

4.5 简支组合梁塑性承载力计算

4.5.1 组合梁抗弯承载力计算

计算组合梁在正弯矩作用下的承载力时，有以下假定：

(1) 混凝土板与钢梁间有足够的抗剪连接件，使二者的性能能够充分发挥，即为完全抗剪连接组合梁；

(2) 忽略混凝土的受拉作用；

(3) 截面应变符合平截面假定；

(4) 钢材和混凝土的本构关系可用图 4-17 所示的理想模型表示。

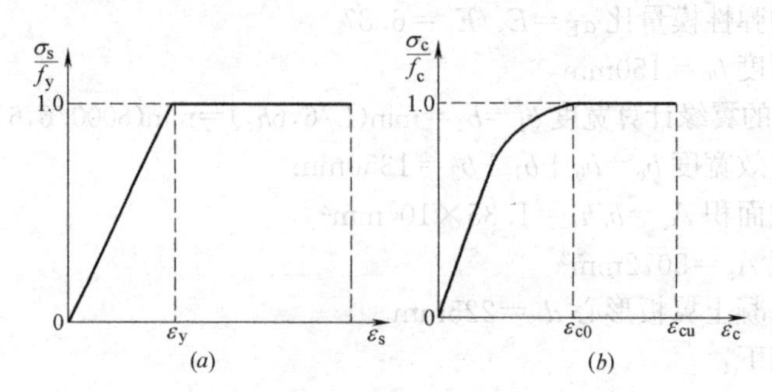

图 4-17 钢材和混凝土理想本构模型

(a) 钢材；(b) 混凝土

组合梁达到正截面抗弯承载力极限状态时，会出现两种受力情况，即塑性中和轴在混凝土翼板内和塑性中和轴在钢梁内。

(1) 塑性中和轴位于混凝土翼板内，即 $Af \leqslant b_e h_{c1} f_c$ 时，其极限状态时的应力分布如图 4-18 所示。

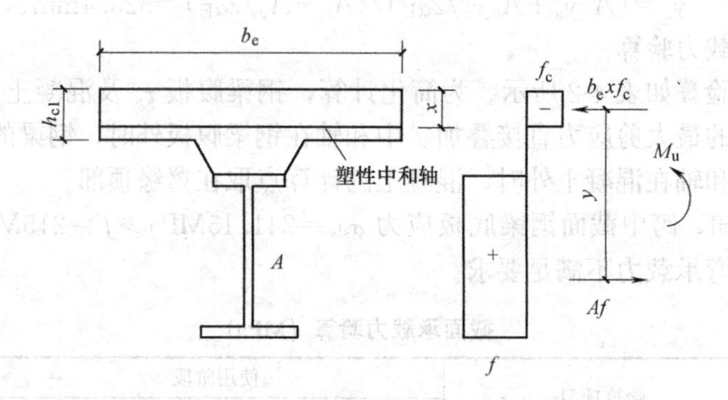

图 4-18 组合梁塑性承载力计算（塑性中和轴在混凝土翼板内）

此时组合梁的正截面抗弯承载力应当满足：

$$M \leqslant b_e x f_c y \tag{4-28}$$

式中 M——全部荷载引起的弯矩设计值；

x——混凝土翼板受压区高度；

y——钢梁截面应力合力至混凝土受压区应力合力间的距离。

混凝土翼板受压区高度 x 按下式计算：

$$x=\frac{Af}{b_e f_c} \tag{4-29}$$

钢梁截面应力合力至混凝土受压区应力合力间的距离 y 可按下式计算：

$$y=y_s+h_{c2}+h_{c1}-0.5x \tag{4-30}$$

式中　y_s——钢梁截面形心至钢梁顶面的距离；

h_{c2}——混凝土板托的高度。

(2) 塑性中和轴位于钢梁截面内，即 $Af > b_e h_{c1} f_c$ 时，其极限状态时的应力图如图 4-19所示。

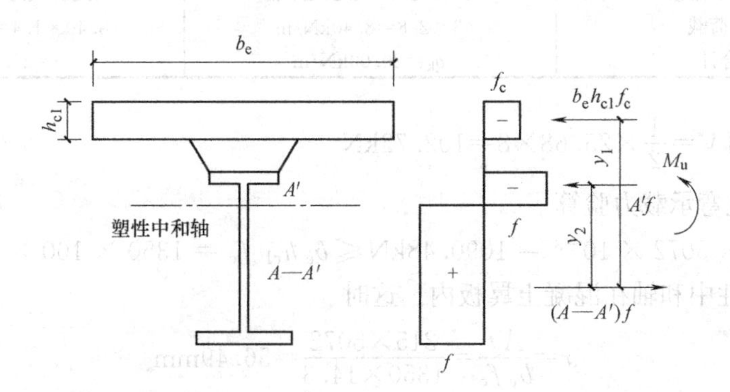

图 4-19　组合梁塑性承载力计算（塑性中和轴在钢梁内）

此时组合梁的正截面抗弯承载力应当满足：

$$M \leqslant b_e h_{c1} f_c y_1 + A' f y_2 \tag{4-31}$$

式中　A'——钢梁受压区截面面积；

y_1——钢梁受拉区截面应力合力至混凝土翼板受压区截面应力合力间的距离；

y_2——钢梁受拉区截面应力合力至钢梁受压区截面应力合力间的距离。

钢梁受压区截面面积 A' 按下式计算：

$$A' = 0.5(A - b_e h_{c1} f_c / f) \tag{4-32}$$

4.5.2　组合梁抗剪承载力计算

简支组合梁端部弯矩很小，主要承受剪力的作用。在受剪极限状态时，钢梁受剪屈服。由于混凝土翼板对抗剪的贡献较低，因此可认为极限状态时全部竖向剪力仅由钢梁腹板承担，而忽略混凝土翼板的作用。

组合梁的塑性极限抗剪承载力按下式计算：

$$V \leqslant h_w t_w f_v \tag{4-33}$$

式中　h_w、t_w——钢梁腹板的高度及厚度；

f_v——钢材的抗剪强度设计值。

对于跨中承受较大集中荷载的简支组合梁，钢梁截面会同时作用有较大的弯矩和剪力。根据 Von Mises 强度理论，钢梁同时受弯剪作用时，由于腹板中剪应力的存在，截面的极限抗弯承载能力有所降低，在设计时需要予以考虑。

按式（4-33）计算时，需保证钢梁腹板具有足够的稳定性，不会在达到极限抗剪承载力前发生屈曲。

【例题 4-2】　试按塑性方法验算例题 4-1 中组合梁的抗弯承载力及抗剪承载力。

【解】　(1) 使用阶段内力计算

使用阶段，组合梁承受的荷载如表 4-3 所示。

弯矩设计值 $M = \frac{1}{8} \times 25.68 \times 8^2 = 205.44\text{kN} \cdot \text{m}$

组合梁承受的荷载 **表 4-3**

荷载	标准值	设计值
钢梁自重	$78.5\times5072/10^6=0.40$kN/m	$0.40\times1.2=0.48$kN/m
湿混凝土重量	$25\times0.10\times2.8=7.00$kN/m	$7.00\times1.2=8.40$kN/m
楼面铺装及吊顶	$1.5\times2.8=4.20$kN/m	$4.20\times1.2=5.04$kN/m
楼面活荷载	$3\times2.8=8.40$kN/m	$8.40\times1.4=11.76$kN/m
荷载合计	$q_k=20.00$kN/m	$q=25.68$kN/m

剪力设计值 $V=\frac{1}{2}\times25.68\times8=102.72$kN

(2) 塑性抗弯承载力验算

$Af=215\times5072\times10^{-3}=1090.48\text{kN}\leqslant b_e h_{c1} f_c=1350\times100\times14.3\times10^{-3}=1930.5$kN，塑性中和轴在混凝土翼板内。这时

$$x=\frac{Af}{b_e f_c}=\frac{215\times5072}{1350\times14.3}=56.49\text{mm}$$

$M_u=b_e x f_c y=1350\times56.49\times14.3\times246.76\times10^{-6}=269.10\text{kN}\cdot\text{m}>M=205.44\text{kN}\cdot\text{m}$，满足抗弯承载力要求。

(3) 塑性抗剪承载力验算

$V_u=A_w f_v=2672\times125=334\text{kN}>V=102.72$kN，满足竖向抗剪承载力要求。

4.6 连续组合梁的内力计算

组合梁最大的优势在于能够充分发挥钢材抗拉和混凝土抗压强度高的材料特性。对于连续组合梁，负弯矩区会出现钢梁受压、混凝土翼板受拉的不利情况。但是，连续组合梁相对于简支组合梁能承担更大的荷载、具有更高的刚度和较低的截面高度，其综合造价和使用性能较简支组合梁仍有很大的优势。因此，在楼盖结构或跨度超过 20m 的桥梁结构中，在有条件的情况下采用连续组合梁会产生更好的经济效益。

由于混凝土抗拉强度很低，在进行承载力极限状态分析或考虑开裂影响的正常使用极限状态分析时，通常不考虑负弯矩区混凝土翼板的作用。为了承受负弯矩区的拉应力，并限制混凝土翼板的开裂，连续组合梁的负弯矩区必须布置足够数量的纵向钢筋，这部分纵向钢筋能够与受压钢梁组合成整体共同受力。因此，连续组合梁负弯矩区的有效截面由有效宽度范围的纵向钢筋和钢梁组成，正弯矩区的有效截面计算则与简支组合梁相同，如图 4-20 所示。此外，对于框架结构中的框架组合梁，尽管其内力计算方式与连续组合梁有

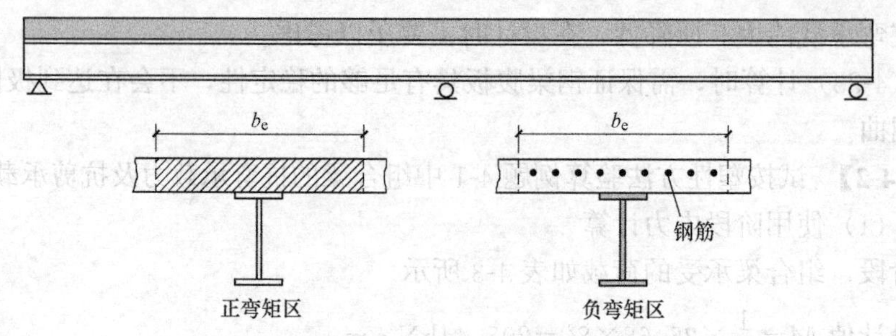

图 4-20 连续组合梁正、负弯矩区的有效截面

所不同，但其负弯矩区的设计方法则与连续组合梁的负弯矩区相似。

相对于纯钢梁而言，连续组合梁往往会产生显著的弯矩重分布，从而对结构的延性提出了更高的要求。原因包括：

(1) 按弹性方法计算时，连续组合梁内支座处的负弯矩一般要大于跨中正弯矩，但是正弯矩作用下的抗弯承载力要高于负弯矩区。

(2) 组合梁的塑性极限抗弯承载力明显高于弹性抗弯承载力，一般可达 1.25～1.35 倍，因此按弹性方法设计时构件的抗弯潜力难以充分发挥。

(3) 为承受负弯矩并限制混凝土翼板开裂，连续组合梁内支座处混凝土翼板内需要布置纵向钢筋，这部分纵向钢筋同时能够提高负弯矩区的刚度。

在连续组合梁负弯矩区，由于钢梁下翼缘和腹板的一部分处于受压状态且缺乏有效的侧向支撑，因此负弯矩区钢梁存在失稳的可能。同时，非弹性弯矩重分布在梁的这些区域产生复杂的相互影响，因此下翼缘和相邻腹板的侧向和局部屈曲状态对负弯矩区的设计非常重要。从最大限度发挥材料强度的角度出发，应控制负弯矩区钢梁的屈曲承载力高于其屈服承载力，这一点对结构整体性能的发挥非常重要。

对于建筑结构来说，单纯基于弹性分析的设计通常既不经济也不合理。对于桥梁结构来说，出于提高安全性的目的并通过采取措施使负弯矩区具备更大的截面和更高的承载能力，则可以按弹性方法进行设计。

4.6.1 组合梁的截面类型

众所周知，钢板在受压状态下会发生失稳而影响其承载力的发挥。在简支组合梁中，钢梁的受压上翼缘通过抗剪连接件与混凝土板连成整体，由于混凝土板具有很大的侧向刚度并对钢梁翼缘有很强的约束作用，因而钢梁不会发生局部屈曲和侧扭屈曲。同时，由于组合梁的中和轴多偏于混凝土板一侧，钢梁腹板通常全部或大部处于受拉区，因此腹板也不存在失稳的问题。由于钢材具有良好的塑性，当不发生失稳时，组合梁正弯矩区将具有良好的转动能力，其极限转动能力通常由混凝土的压溃破坏所控制。但在组合梁的负弯矩区，由于混凝土板内的纵向钢筋参与受力，使组合截面的中和轴上移，钢梁的受压区高度增大。当负弯矩区钢梁截面宽厚比较大或侧向约束不足时，就可能在钢材达到屈服之前发生屈曲，影响材料强度的发挥。

由于连续组合梁达到极限塑性承载力时，需要发生较大的内力重分布，特别要求负弯矩区具有较高的转动能力。即要保证在结构形成机构丧失承载力之前，各个塑性铰在维持承载力没有明显下降的前提下具有足够的转动能力。因此，为保证负弯矩区塑性变形的充分发展和塑性铰具有足够的转动能力，钢梁腹板和受压翼缘的宽厚比须满足一定的限制条件。

负弯矩区塑性铰的转动能力受到钢梁局部屈曲、混凝土板内纵向钢筋的数量及延性、钢材的屈服强度及变形性能和组合梁侧扭屈曲等多种因素的影响。组合梁在负弯矩作用下，混凝土翼板内的纵向钢筋参与组合截面的整体受力，组合截面的中和轴高度与纵向钢筋的数量及强度有关。《钢结构设计规范》(GB 50017) 给出了塑性设计时钢梁翼缘和腹板的宽厚比限值，如表 4-4 所示。其中，钢梁所受到的轴向压力 N 可用纵向钢筋所能提供的最大合力 $A_{st}f_{st}$ 来表示，A_{st} 为负弯矩区截面有效宽度内纵向受拉钢筋的截面面积，f_{st} 为钢筋抗拉强度设计值。钢梁宽厚比满足表 4-4 要求时，可保证钢梁在达到承载能力极限状态前不发生局部失稳。

塑性设计时负弯矩区钢梁翼缘及腹板的宽厚比限值　　表 4-4

截面形式	翼缘	腹板
t_w, b_1, t, h_0；b_0, t_w, t, h_0	$\frac{b_1}{t}\leqslant 9\sqrt{\frac{235}{f_y}}$ $\frac{b_0}{t}\leqslant 30\sqrt{\frac{235}{f_y}}$	当$\frac{N}{Af}<0.37$时： $\frac{h_0}{t_w}\leqslant\left(72-100\frac{N}{Af}\right)\sqrt{\frac{235}{f_y}}$ 当$\frac{N}{Af}\geqslant 0.37$时： $\frac{h_0}{t_w}\leqslant 35\sqrt{\frac{235}{f_y}}$

4.6.2 连续组合梁内力的弹性计算方法

对于正常使用状态的验算以及桥梁等承受动力荷载的连续组合梁，可采用弹性方法进行计算。按弹性理论进行极限状态的内力计算时，连续组合梁的某一控制截面达到其弹性极限承载力，则结构达到破坏状态。

按弹性理论进行分析时，连续组合梁的内力分布取决于各梁跨正、负弯矩区之间的相对刚度。对于普通的钢筋混凝土连续梁，在荷载作用下正、负弯矩区都可能开裂，因此开裂后梁跨各区段的相对刚度变化不大，开裂对内力重分布的影响较小。而对于未施加预应力的连续组合梁，负弯矩区混凝土翼板在正常使用状态就会受拉开裂。开裂后组合截面的抗弯刚度可能只有未开裂截面的 1/3～2/3。这样导致正常使用极限状态下的内支座负弯矩可能较非开裂的弹性计算弯矩低 15%～30%甚至更多。在承载力极限状态，受钢梁屈服的影响，内力重分布程度还会进一步增大。因此，等截面连续组合梁在负弯矩区混凝土开裂后，截面抗弯刚度沿跨度方向的变化可能较大，在进行内力和变形计算时应考虑这种刚度变化的影响。根据不同的设计要求和结构受力特点，连续组合梁的内力和变形计算可采用“开裂”分析或“非开裂”分析两种方法。

（1）开裂分析

开裂分析可假定混凝土的开裂区范围为支座两侧各 15%跨度。在开裂区内，计算组合梁的抗弯刚度时可忽略混凝土的受拉作用，但需要考虑板内纵向受力钢筋对刚度的贡献。正弯矩区的刚度与同样截面和跨度的简支组合梁相同。将开裂区的长度取为定值是一种简化的处理方式，但这样造成的内力分布误差较小，且适用于电算。在开裂区之外，组合梁刚度的取值方法与简支组合梁相同。

（2）非开裂分析

非开裂分析时，假定连续梁各部分均可以采用未开裂截面的换算截面惯性矩进行计算。此时，支座区混凝土板内的配筋情况不影响连续组合梁的内力计算。由于连续梁的内力分布只与相对刚度有关，因此当连续组合梁为等截面梁时，非开裂分析计算内力时并不需要计算其截面刚度。非开裂分析计算简便，但由于没有考虑组合梁沿长度方向刚度的变化，负弯矩区刚度取值偏大，导致负弯矩计算值要高于实际情况，不利于充分发挥组合梁的承载力潜力。

实际上，混凝土的开裂受到温度、收缩、荷载作用方式等一系列因素的影响，同时，钢梁及钢筋的塑性变形也会引起结构内力的重分布，因此连续组合梁沿长度方向的内力重分布很复杂，各种影响因素通常难以精确考虑，按弹性方法计算的组合梁内力往往与实际情况有较大差别。因此，作为一种简化的处理方式，可按照未开裂模型计算连续组合梁的内力并采用弯矩调幅法来考虑混凝土开裂的影响。而考虑混凝土开裂的计算模型则主要用于连续组合梁在正常使用极限状态的挠度分析。

弯矩调幅法是普遍应用于钢筋混凝土框架结构和梁板结构的一种简单有效的计算方法。应用于连续组合梁的内力计算时，弯矩调幅法通过对弹性分析结果的调整可以反映各种材料的非线性行为，同时也可以反映混凝土开裂的影响。连续组合梁弯矩调幅法的具体做法是减小位于内支座截面负弯矩的大小，同时增大与之异号的跨中正弯矩的大小，调幅后的内力应满足结构的平衡条件。由于组合梁在正弯矩作用下的承载力要明显高于负弯矩作用下的承载力，因此采用弯矩重分配可以显著提高设计的经济性。

连续组合梁弯矩调幅的程度主要取决于负弯矩区截面的承载力及其延性和转动能力。现行《钢结构设计规范》(GB 50017) 规定，考虑塑性发展时的负弯矩区内力调幅系数不应超过 15%。

需要指出的是，悬臂组合梁为静定结构，其内力由平衡条件确定，因此对悬臂组合梁以及相邻梁跨的端部负弯矩都不能进行调幅。

4.6.3 连续组合梁内力的塑性计算方法

按弹性方法计算内力时，连续组合梁内支座负弯矩区的计算弯矩通常要大于跨中正弯矩区的弯矩，而跨中抵抗正弯矩的承载能力则要高于支座区抵抗负弯矩的承载能力。因此，按极限状态设计法设计连续组合梁时，通常希望组合梁能够形成充分的塑性内力重分布以最大限度地发挥各种材料的性能。

按塑性方法设计连续组合梁和框架组合梁，理想的破坏机制是塑性变形集中发生在结构中塑性铰等少数几个部位，且在每一个可能形成塑性铰的位置均具有足够的延性来发挥所需要的塑性转动能力，同时没有承载力的损失。塑性铰通常形成于负弯矩最大的支座部位和正弯矩最大的跨中。

连续组合梁的塑性内力分析是一种极限平衡的分析方法，结构被简化为一系列由塑性铰连接的刚性杆所组成的破坏机构。这种方法假定连续组合梁的所有变形集中发生在塑性铰区；结构每形成一个塑性铰后减少一个冗余自由度；直到某一跨形成足够的塑性铰并产生了最弱的破坏机构时连续组合梁则达到其极限承载力。按这种模型来计算连续组合梁的极限承载力，具有计算简便、材料强度发挥充分等优点。但是，按塑性方法设计连续组合梁时，应保证各控制截面、尤其是负弯矩区具备良好的延性。

4.7 连续组合梁承载力计算

4.7.1 负弯矩区钢梁的稳定性验算

组合梁在施工阶段即混凝土硬化之前，如果侧向约束不足可能会发生纯钢梁的整体失稳。设计时应按照《钢结构设计规范》进行施工阶段的整体稳定性验算。

简支组合梁在正弯矩作用下，由于受到混凝土翼板的约束而不会发生整体失稳。同时，组合截面中和轴接近于混凝土翼板，腹板受压区高度较小，因此腹板也不易发生局部失稳，通常不必设置加劲肋。但在连续组合梁或框架组合梁的负弯矩区，钢梁不仅承受较大的剪力，同时弯曲应力、局部压力也都较大，因此应按《钢结构设计规范》验算腹板和受压下翼缘的局部稳定性。

除局部失稳之外，组合梁在负弯矩作用下还可能发生侧扭屈曲。组合梁的侧扭失稳与纯钢梁的整体失稳有所不同，是一种介于钢梁局部失稳和整体失稳之间的一种失稳模式。负弯矩区的侧扭失稳既表现为钢梁下翼缘的侧向变形，同时伴以钢梁腹板的弯曲，而纯钢梁整体失稳时截面并不发生变形（图 4-21）。由于腹板刚度对负弯矩区受压翼缘有很强的约束作用，且连续组合梁的负弯矩区长度通常较短，因此整体稳定性的问题并不如纯钢梁突出。设计时可参考《钢结构设计规范》的有关整体稳定的验算方法。

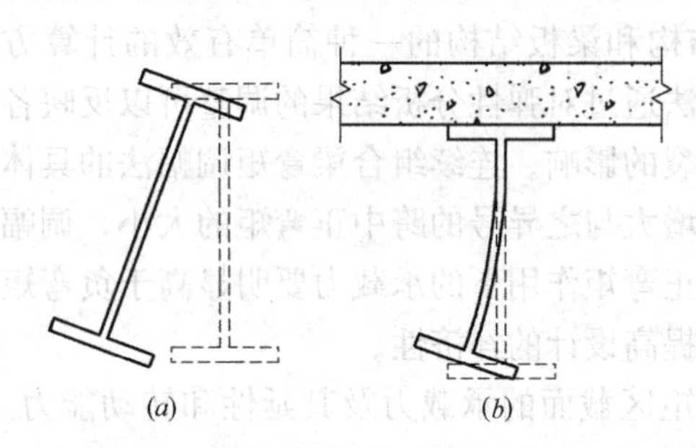

图 4-21　整体失稳与侧扭失稳模式对比

(a) 纯钢梁的整体失稳；(b) 组合梁的侧扭失稳

连续组合梁支座处的支承加劲肋可有效提高腹板的弯曲刚度，有利于增强结构在负弯矩下的整体稳定性。由于桥梁中常使用腹板相对较纤弱的焊接钢梁，因此侧扭屈曲有可能会控制设计。而建筑结构中钢梁相对比较厚实，侧扭屈曲的影响通常不太明显。对于桥梁结构，在负弯矩区设置横连梁可提高对钢梁的侧向约束。对于建筑结构，由于梁高通常较小而梁间距较大，一般没有条件设置侧向支撑。设计时为增大钢梁下翼缘的稳定性，可以将钢梁和与之相交的钢梁或柱连接成整体，或采用图 4-22 所示的方式在负弯矩区按一定的间隔距离设置加劲肋或支撑。

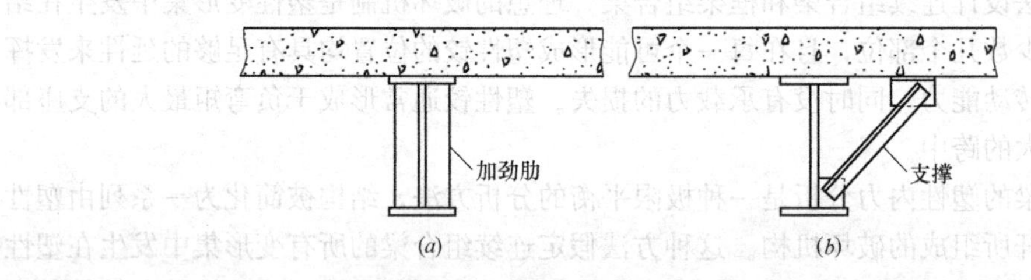

图 4-22　增强负弯矩区钢梁侧向刚度的方式

(a) 腹板加劲肋；(b) 斜撑

4.7.2　负弯矩作用下的弹性承载力验算

当抗剪连接件能够满足承载力极限状态的受力要求时，连续组合梁的破坏主要取决于各控制截面的弯矩、剪力或二者的组合。需要进行承载力验算的控制截面一般取在弯矩最大的截面（包括正弯矩和负弯矩）、剪力最大的截面（通常位于支座附近）、有较大集中力作用的位置以及组合梁截面突变处。

按弹性方法验算组合梁的截面强度时，应考虑施工过程即结构的应力历程的影响。正弯矩作用下的强度验算与简支组合梁相同。负弯矩作用下混凝土翼板会开裂，进行截面强度验算时，其有效截面则由有效宽度内的纵向受拉钢筋和钢梁二部分组成。计算组合截面惯性矩时，可以忽略钢筋和钢梁弹性模量之间的微小差别。负弯矩作用下组合梁的截面弹性应力分布如图 4-23 所示。

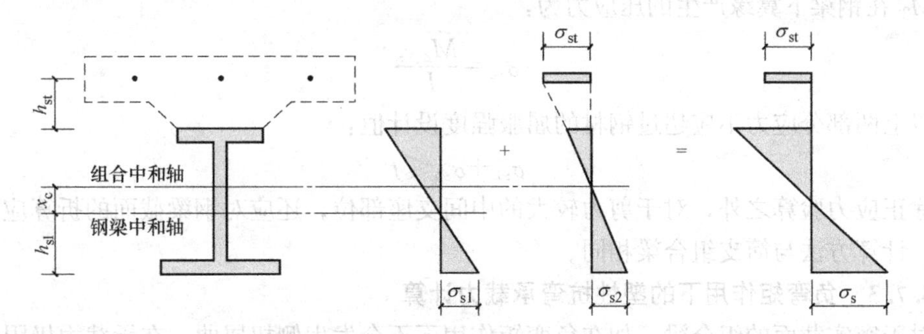

图 4-23　负弯矩作用下的弹性应力图

组合截面弹性中和轴与钢梁弹性中和轴之间的距离 x_e 按下式确定：

$$x_e(A_s+A_{st})=A_{st}(h_s-h_{s1}+h_{st}) \tag{4-34}$$

式中　h_{s1}——钢梁形心至钢梁底部的距离；

h_{st}——钢筋形心至钢梁顶部的距离。

钢梁底部距组合截面弹性中和轴的距离 y_s 和钢筋距组合截面弹性中和轴的距离 y_{st} 分别为：

$$y_s=h_{s1}+x_e \tag{4-35}$$

$$y_{st}=h_s-h_{s1}-x_e+h_{st} \tag{4-36}$$

则负弯矩区组合截面的惯性矩可按下式计算：

$$I_2=I_s+A_s x_e^2+A_{st} y_{st}^2 \tag{4-37}$$

计算负弯矩作用下的抗弯承载力时，由于组合截面完全由钢材组成，因此不存在徐变的影响。同时在建筑结构中，混凝土收缩和温差效应对抗弯承载力的影响很小，一般也不考虑。但施工方法和加载历程对截面弹性抗弯承载力有较大的影响。

如果施工时梁下有不少于 3 个等间距的临时支撑，则在施工过程中的大部分荷载均由支撑承担，钢梁可近似认为并不单独受力。此时，由恒荷载和活荷载产生的内力都由钢梁和钢筋形成的组合截面共同承担。截面抗弯验算时只要计算在设计弯矩 M 作用下钢梁下翼缘和钢筋的应力小于材料的屈服强度：

$$\sigma_s=\frac{My_s}{I_2}\leqslant f \tag{4-38}$$

$$\sigma_{st}=\frac{My_{st}}{I_2}\leqslant f_{st} \tag{4-39}$$

与简支组合梁的截面弹性抗弯强度验算相似，如采用无临时支撑的施工方法，则计算时需要将荷载所产生的负弯矩分为两部分分别进行计算。施工过程中包括钢梁和湿混凝土所产生的弯矩 M_1 单独作用于钢梁；活荷载及二期恒荷载所产生的弯矩 M_2 作用于钢梁和钢筋形成的组合截面。这种情况下，截面强度验算通常由钢梁下翼缘应力所控制。

M_1 在钢梁下翼缘产生的压应力为：

$$\sigma_{s1}=\frac{M_1 h_{s1}}{I_s} \tag{4-40}$$

M_2 在钢梁下翼缘产生的压应力为：

$$\sigma_{s2}=\frac{M_2 y_s}{I_2} \tag{4-41}$$

以上两部分应力不应超过钢材的屈服强度设计值：

$$\sigma_{s1}+\sigma_{s2}\leqslant f \tag{4-42}$$

除正应力验算之外，对于剪力较大的中间支座部位，还应对钢梁截面的折算应力进行验算，计算方法与简支组合梁相同。

4.7.3 负弯矩作用下的塑性抗弯承载力计算

对于密实截面的组合梁，如在负弯矩作用下不会发生侧扭屈曲，在承载力极限状态时混凝土受拉开裂退出工作，钢梁下翼缘和钢筋的应变均会大大超过其屈服应变，截面的塑性应变发展较充分，可以按照矩形应力图形来计算塑性极限弯矩。计算时假定钢梁与混凝土翼板之间有可靠的连接，能够保证截面抗弯承载力的发挥。对于采用组合楼板的情况，应忽略压型钢板的抗拉作用。

组合截面由钢梁和混凝土翼板有效宽度内的纵向受拉钢筋组成。根据组合截面塑性中和轴位置的不同，塑性抗弯承载力按以下各式计算。

(1) 塑性中和轴在钢梁的腹板内（图 4-24），即满足下式条件时：

$$A_{st} f_{st}\leqslant(A_w+A_{fb}-A_{ft}) f \tag{4-43}$$

式中 A_w、A_{fb}、A_{ft}——分别为钢梁腹板、下翼缘和上翼缘的净截面面积。

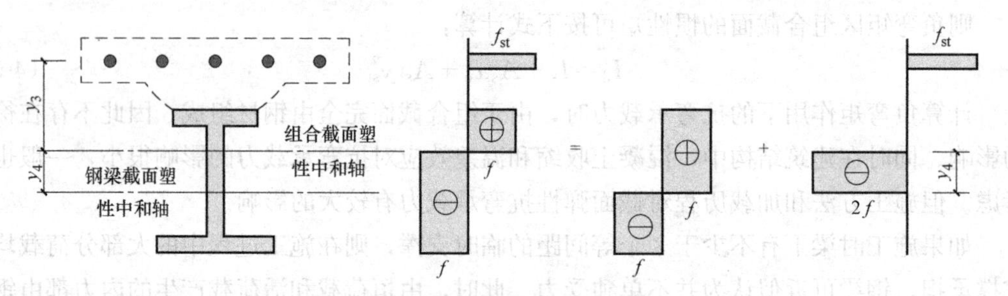

图 4-24 中和轴在钢梁腹板内的截面应力图

将截面应力按合力等效的原则进行分解后得到：

$$y_4=\frac{A_{st} f_{st}}{2t_w f} \tag{4-44}$$

式中 y_4——组合梁截面塑性中和轴至钢梁截面塑性中和轴的距离；

t_w——钢梁腹板的厚度。

这种情况下组合梁的极限抗弯承载力为：

$$M_u=M_s+A_{st} f_{st}\left(y_3+\frac{y_4}{2}\right) \tag{4-45}$$

$$M_s=(S_1+S_2) f \tag{4-46}$$

式中　M_s——钢梁绕自身塑性中和轴的塑性抗弯承载力；

S_1、S_2——钢梁塑性中和轴（平分钢梁截面积的轴线）以上和以下截面对该轴的面积矩；

y_3——纵向钢筋截面形心至组合梁截面塑性中和轴的距离。

(2) 塑性中和轴在钢梁上翼缘内（图 4-25），即满足下式条件时：

$$(A_w + A_{fb} - A_{ft})f < A_{st} f_{st} < Af \quad (4\text{-}47)$$

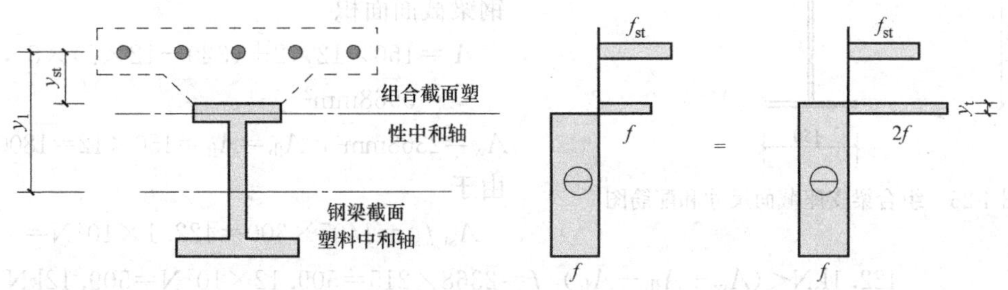

图 4-25　中和轴在钢梁上翼缘内的截面应力图

$$y_t = \frac{Af - A_{st} f_{st}}{2b_t f} \quad (4\text{-}48)$$

式中　b_t——钢梁上翼缘的宽度；

y_t——组合梁截面塑性中和轴至钢梁上翼缘顶面的距离。

这种情况下组合梁的极限抗弯承载力为：

$$M_u = Af y_1 - (Af - A_{st} f_{st})\left(y_{st} + \frac{y_t}{2}\right) \quad (4\text{-}49)$$

式中　A——钢梁截面面积；

y_1——钢梁截面塑性中和轴至纵向钢筋截面形心的距离；

A_{st}——钢筋截面面积；

y_{st}——钢梁上翼缘顶至纵向钢筋截面形心的距离。

连续组合梁负弯矩区纵向受力钢筋的截面积一般小于钢梁截面面积，同时考虑到钢梁整体受压会导致截面转动能力的降低，所以通常不会出现塑性中和轴在钢梁之外的情况。

4.7.4　负弯矩作用下的弯、剪相关承载力验算

连续组合梁的中间支座截面和简支组合梁中较大集中荷载作用下的截面同时作用有弯矩和剪力。根据 Von Mises 强度理论，钢梁同时受弯剪作用时，由于腹板中剪应力的存在，截面的极限抗弯承载能力有所降低。

对于连续组合梁中间支座截面，所承受的弯矩和剪力都较大，在按塑性方法进行承载力验算时，应考虑弯矩和剪力共同作用时的相关性。我国《钢结构设计规范》(GB 50017) 规定，采用塑性方法计算组合梁的承载力时，在正弯矩区及满足 $A_{st} f_{st} \geqslant 0.15Af$ 条件的负弯矩区，可不考虑弯矩与剪力的相互作用。

试验和分析表明，混凝土翼板对组合梁的竖向抗剪起有利作用。其贡献不仅与混凝土翼板的截面大小和材料强度有关，同时受其配筋的影响。但是，组合截面的竖向抗剪机理较为复杂，且一般情况下竖向剪力不会成为设计的控制内力，因此在竖向抗剪计算时均忽略混凝土翼板的影响，只考虑钢梁腹板的作用。

【例题 4-3】　一连续组合梁的支座截面尺寸如图 4-26 所示。所配钢筋为 7Φ16（$A_{st}=$

1407mm²）HRB335 级（$f_{st}=300\text{N/mm}^2$），钢梁为 Q235 级钢（$f=215\text{N/mm}^2$，$f_v=125\text{N/mm}^2$），采用焊接截面，截面尺寸为 320mm×150mm×8mm×12mm。试计算该连续组合梁截面所能承受的最大负弯矩及中间支座的受剪承载力。

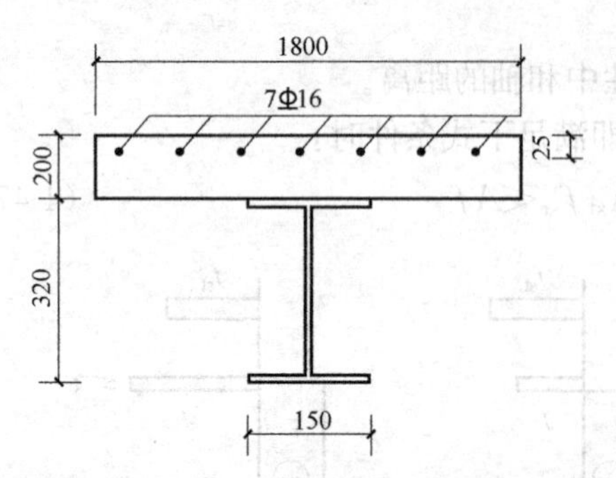

图 4-26 组合梁支座截面尺寸和配筋图

【解】 焊接工字钢截面，$b=150\text{mm}$，$t_f=12\text{mm}$，$t_w=8\text{mm}$，$h_s=320\text{mm}$

钢梁截面面积

$$A=150\times12\times2+(320-12\times2)\times8=5968\text{mm}^2$$

$A_w=2368\text{mm}^2$，$A_{fb}=A_{ft}=150\times12=1800\text{mm}^2$

由于

$$A_{st}f_{st}=1407\times300=422.1\times10^3\text{N}=422.1\text{kN}<(A_w+A_{fb}-A_{ft})\ f=2368\times215=509.12\times10^3\text{N}=509.12\text{kN}$$

故塑性中和轴在钢梁腹板内。

钢梁截面形心轴到塑性中和轴之间的距离：$y_4=\dfrac{A_{st}f_{st}}{2t_wf}=\dfrac{1407\times300}{2\times8\times215}=123\text{mm}$

钢筋合力点到塑性中和轴的距离：

$$y_3=h_{c1}+\frac{h_s}{2}-y_4-a_s=200+160-123-25=212\text{mm}$$

钢梁塑性中和轴以上和以下截面对该轴的面积矩之和为：

$$S_1+S_2=150\times12\times(271+6)+\frac{271^2}{2}\times8+150\times12\times(25+6)+\frac{25^2}{2}\times8=850664\text{mm}^3$$

钢梁所能承受的塑性弯矩：

$$M_s=(S_1+S_2)f=850664\times215=182.9\times10^6\text{N}\cdot\text{mm}=182.9\text{kN}\cdot\text{m}$$

该组合梁截面所能承受的最大负弯矩：

$$M_u=M_s+M_r=M_s+A_{st}f_{st}\left(y_3+\frac{y_4}{2}\right)$$

$$=182.9\times10^6+1407\times300\times\left(212+\frac{1}{2}\times123\right)=298.3\times10^6\text{N}\cdot\text{mm}$$

$$=298.3\text{kN}\cdot\text{m}$$

支座截面的材料总强度比 $\gamma=\dfrac{1407\times300}{5968\times215}=0.33>0.15$

故可不考虑弯剪相关关系，按纯剪构件计算组合梁的受剪承载力：

$$V_u=h_wt_wf_v=296\times8\times125=296\times10^3\text{N}=296\text{kN}$$

4.8 抗剪连接件设计

4.8.1 抗剪连接件的受力性能

由于连接件的变形，组合梁在荷载作用下，混凝土板与钢梁结合面或多或少都会发生如图 4-27（a）所示的滑移，因此组合梁实际的截面应力分布将介于图 4-1 所示的两种情况之间。

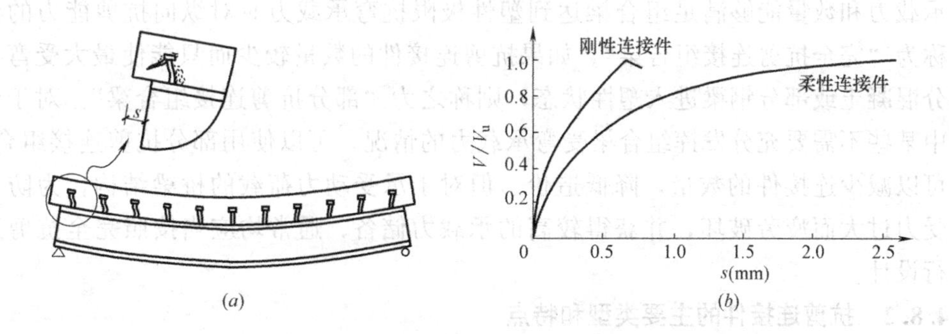

图 4-27　抗剪连接件的变形性能

（a）连接件的变形；（b）连接件的典型荷载-滑移曲线

根据抗剪连接件在荷载作用下变形能力的大小，抗剪连接件可以分为刚性连接件和柔性连接件两类。对于刚性连接件通常具有较高的强度和刚度，在荷载作用下其变形可以忽略。但是，刚性连接件容易在受压一侧的混凝土板内引起较高的应力集中，当焊接质量有保障的情况下，破坏时多表现为混凝土被压碎或发生剪切破坏，呈现出比较明显的脆性破坏性质。柔性连接件的抗剪刚度较小，在承载力不降低的条件下允许发生较大的变形。方钢和栓钉分别是最典型的刚性连接件和柔性连接件，其典型荷载-滑移曲线如图 4-27（b）所示。抗剪连接件的荷载-滑移曲线通常由推出试验得到。判断抗剪连接件是否为柔性连接件，可根据推出试验得到的荷载-滑移曲线来确定其滑移能力能否满足组合梁在抗弯极限状态时的内力重分布要求。

对于采用刚性连接件的组合梁，弹性状态下的界面剪力分布与剪力图相一致。在组合梁竖向剪力较大截面附近的刚性连接件会出现集中受力的情况，而在剪力较小的区段，连接件的受力较低。因此，采用刚性连接件的组合梁，其抗剪连接件的受力很不均匀，利用率也较低，不利于结构承载力的充分发挥。

柔性连接件则有所不同，由于在剪力作用下会发生变形，混凝土板与钢梁之间会产生一定程度的滑移。由于这类抗剪连接件的延性较好，变形后所能提供的抗剪承载力不会降低，剪跨内各个抗剪连接件的受力比较均匀。因此，利用柔性连接件的这一特点可以使组合梁在极限状态下的界面剪力发生重分布，剪跨内的剪力分布比较均匀，可以减少抗剪连接件的数量并方便布置。

采用柔性连接件时，尽管混凝土与钢梁间的界面滑移对极限抗弯承载力影响不大，但滑移效应使组合梁在使用阶段的刚度有所降低。从截面应变分布的角度出发，如果混凝土翼板和钢梁之间符合理想的平截面假定，可称为“完全组合作用梁”。此时，混凝土翼板和钢梁之间没有滑移，因此需要设置刚度无穷大的连接件。当连接件产生一定的变形时，组合截面内的混凝土和钢梁将不完全符合平截面假定而形成两个中和轴，这种情况称为“部分组合作用梁”。“部分组合作用梁”刚度下降，但极限承载力并不一定低于相同截面的“完全组合作用梁”。

对于采用柔性连接件的组合梁，从极限抗弯承载力能否充分发挥的角度出发，根据抗剪连接件所能提供的承载力与组合梁达到塑性截面应力分布时所需要的纵向剪力之间的关系，又可分为“完全抗剪连接组合梁”与“部分抗剪连接组合梁”。当抗剪连接件的承载力和数量能够满足组合梁达到塑性极限抗弯承载力时对纵向抗剪能力的要求时，称为“完全抗剪连接组合梁”。如果抗剪连接件的数量较少而只能使最大受弯截面的部分混凝土或部分钢梁进入塑性状态，则称之为“部分抗剪连接组合梁”。对于建筑结构中某些不需要充分发挥组合梁受弯承载力的情况，可以使用部分抗剪连接组合梁。这样可以减少连接件的数量，降低造价。但对于承受动力荷载的桥梁结构，为防止连接件受力过大而疲劳破坏，并获得较高的承载力储备，通常均应当按照完全抗剪连接来进行设计。

4.8.2 抗剪连接件的主要类型和特点

抗剪连接件是将钢梁与混凝土翼板组合在一起共同工作的关键部件。抗剪连接件在组合梁中主要起到纵向抗剪的作用，从而使得混凝土翼板与钢梁形成组合截面，共同承担弯矩作用。除纵向抗剪之外，抗剪连接件还需要抵抗混凝土翼板与钢梁间的竖向分离趋势，从而在其内部产生竖向拉力。栓钉的钉头或槽钢的翼缘即起到这种作用。通常情况下，如果抗剪连接件内的竖向拉力不超过其抗剪承载力的 10%，对纵向抗剪承载力的影响可以忽略。但在某些情况下，抗剪连接件内的竖向拉力可能大到不可忽略的程度。如腹板开有较大洞口的组合梁，洞口附近的抗剪连接件将受到很大的拉力作用。在这种情况下，需要对连接件的竖向抗拔进行验算。

除了抗剪连接件之外，钢梁与混凝土间的粘结力也可以发挥一定的抗剪作用。型钢混凝土梁即主要依靠此类粘结力来保证两种材料的共同工作。但与抗剪连接件所能够提供的承载力相比，粘结作用往往无法有效保证组合作用的发挥。因此，目前几乎所有形式的钢-混凝土组合梁都采用抗剪连接件作为钢梁与混凝土翼板间的剪力传递构件。

刚性连接件主要为型钢连接件，包括方钢、T 形钢、马蹄形钢等（图 4-28*a*、*b*、*c*）。型钢连接件主要依靠混凝土的局部承压作用来传递界面纵向剪力，其抗剪承载力主要取决于混凝土的局部抗压强度。为提高型钢连接件的抗拔能力和延性，某些没有抗掀起功能的型钢连接件上还应焊接锚筋。

由于刚性抗剪连接件不允许混凝土板与钢梁之间发生剪力重分布，目前已被柔性连接件所广泛代替。柔性连接件主要有栓钉、槽钢、弯筋（图 4-28*d*、*e*、*f*）等多种形式。

栓钉，或称之为圆柱头焊钉，是目前最常用的抗剪连接件，也是综合受力性能和施工性能最可靠的抗剪连接件。栓钉可通过锻造加工，制造工艺简单，不需要大型轧制设备。为保证焊接质量，一般应采用专用的压力熔透焊机施工。栓钉沿任意方向的强度和刚度相同，并具有较好的抗疲劳性能。目前，工程中常用栓钉的直径为 16、19 和 22mm，其中 22mm 直径的栓钉多用于桥梁及荷载较大的情况。当栓钉直径超过 22mm 后，采用熔焊方式施工时较难保证质量。

除栓钉连接件之外，在不具备栓钉焊接设备的情况下，槽钢及弯筋连接件也是可供选择的连接件形式。槽钢与弯筋也属于柔性抗剪连接件。槽钢连接件抗剪能力强，重分布剪力性能好，翼缘同时可以起到抵抗掀起的作用。槽钢型号多，取材方便，供选择范围大，

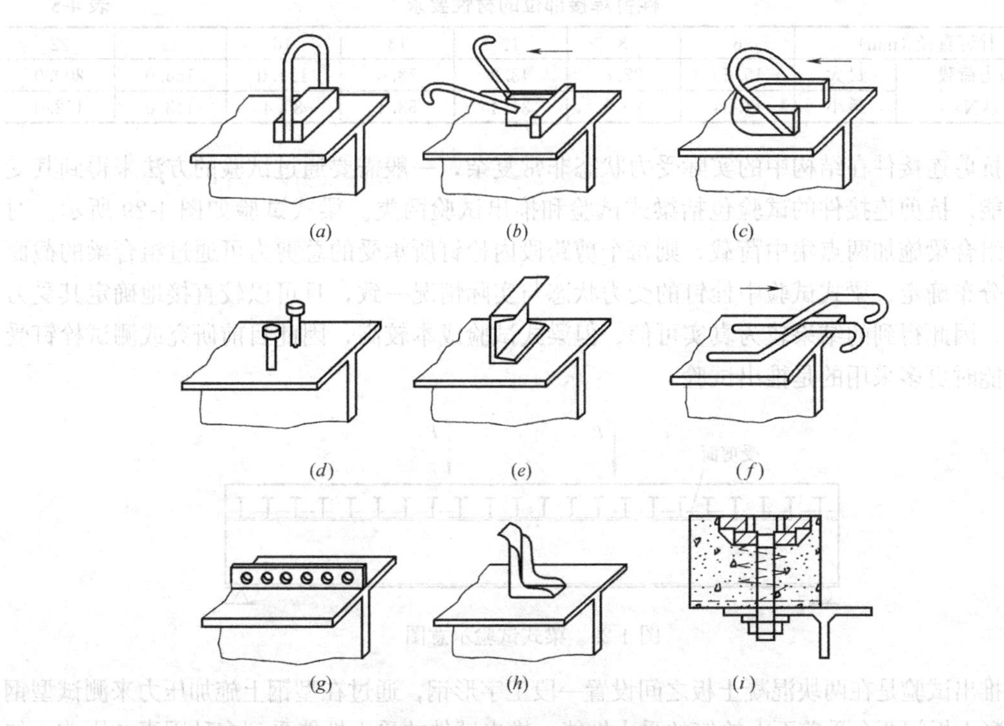

图 4-28 抗剪连接件的形式

(a) 方钢；(b) T形钢；(c) 马蹄形钢；(d) 栓钉；(e) 槽钢；(f) 弯筋；
(g) 开孔板；(h) 射钉；(i) 高强度螺栓

同时便于手工焊接，具有适用性广的特点。由于槽钢连接件现场焊接的工作量较大，不利于提高施工速度。但是槽钢连接件可以作为栓钉连接件以外的优先选择。弯筋连接件是一种较早期的抗剪连接件，通过焊于钢梁上的斜向钢筋承担混凝土板与钢梁间的剪力和竖向拉力。弯筋连接件的制作及施工都比较简单，但由于只能利用弯筋的抗拉抵抗剪力，承载力偏低，且在剪力方向不明确或剪力方向可能发生改变时需要双向布置。

此外，近些年还开发出多种连接件，可适用于某些特殊条件下的应用。例如，在桥梁等荷载等级较高且疲劳问题突出的情况下，可应用开孔板连接件（图 4-28*g*）。开孔钢板连接件的荷载主要通过开孔内所形成的一系列混凝土榫来传递剪力，并具有较高的抗疲劳强度。除作为组合梁的抗剪连接件使用，也可作为混合梁中钢梁与混凝土梁间结合段的锚固构造。此外，抗剪射钉可在安装现场缺乏电力供应且抗剪承载力要求较低的情况下代替栓钉（图 4-28*h*）；高强度螺栓连接件可作为预制混凝土板与钢梁间的临时锚固装置（图 4-28*i*）。

4.8.3 栓钉的材性要求及试验方法

栓钉通常采用锻钢制造。根据《电弧螺柱焊用圆柱头焊钉》（GB 10433）的规定，栓钉材质应满足表 2-6 的要求。其中，抗拉强度可采用拉力试验检验。

栓钉通常应采用专用焊机熔焊于钢梁上翼缘。焊接前应进行试焊，确保焊接质量。栓钉焊接部位的抗拉强度应满足表 4-5 的要求。对于小直径的栓钉，当只能采用手工焊焊接时，钉脚的每圈焊缝必须一次完成，中间不得断焊。

栓钉焊接部位的材性要求　　表 4-5

栓钉直径（mm）		6	8	10	13	16	19	22
拉力荷载（kN）	最大	15.55	27.6	43.2	73.0	111.0	156.0	209.0
	最小	11.31	20.1	31.4	53.1	80.4	113.0	152.0

抗剪连接件在结构中的实际受力状态非常复杂，一般需要通过试验的方法来得到其受力性能。抗剪连接件的试验包括梁式试验和推出试验两类。梁式试验如图 4-29 所示。对简支组合梁施加两点集中荷载，则每个剪跨段内栓钉所承受的总剪力可通过组合梁的截面应力分布确定。梁式试验中栓钉的受力状态与实际情况一致，且可以较直接地确定其受力大小，因此得到的结果较为真实可信。但梁式试验成本较高，因此目前研究或测试栓钉受力性能时更多采用的是推出试验。

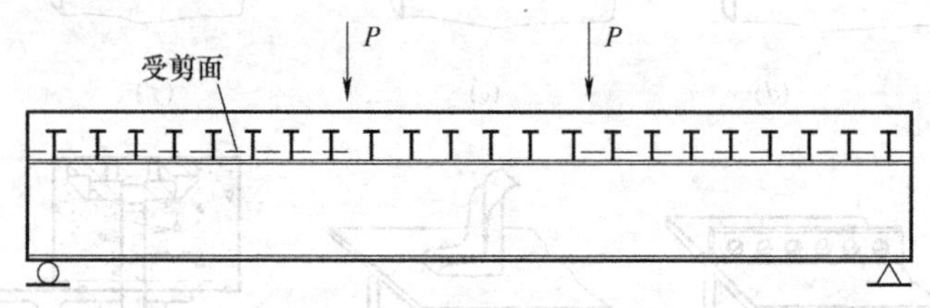

图 4-29　梁式试验示意图

推出试验是在两块混凝土板之间设置一段工字形钢，通过在型钢上施加压力来测试型钢与混凝土板间两个受剪面上栓钉的受力性能。推出试件的受力性能受到多种因素的影响，如抗剪连接件的数量、混凝土板及钢梁的尺寸、板内钢筋的布置方式及数量、钢梁与混凝土板交界面的粘结情况、混凝土的强度和密实度等。为统一试验方法，欧洲规范 4 规定了标准推出试件的尺寸，如图 4-30 所示。试验时，混凝土板底部应坐浆。如果试验发现横向抗剪钢筋不足而导致抗剪承载力偏低，也可以调整配筋量以避免混凝土发生劈裂破坏。

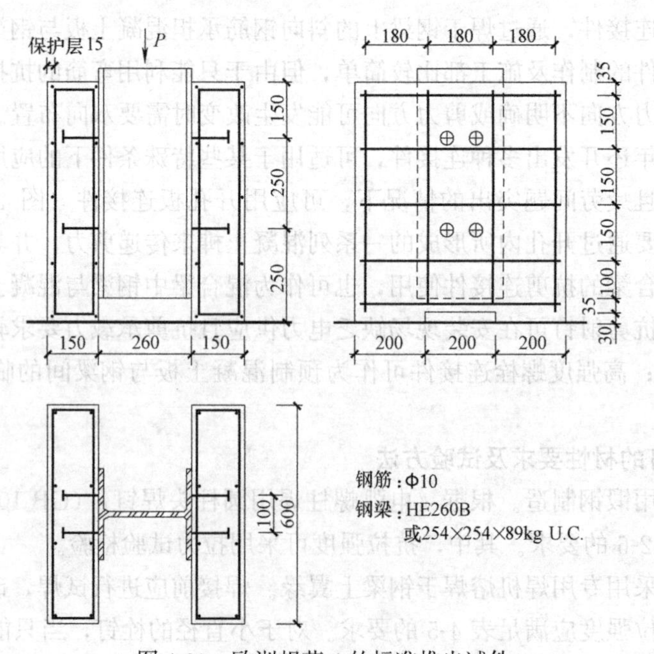

图 4-30　欧洲规范 4 的标准推出试件

由于在组合梁和推出试件中混凝土的受力状态不一样，因此通过推出试验得到的抗剪连接件刚度和强度与实际受力状况也有所不同。正弯矩作用下，组合梁混凝土翼板受压，抗剪连接件在弹性阶段的刚度比推出试验值高，但二者的极限承载力相差不多。

推出试验中栓钉的受力状态与正弯矩作用下组合梁中栓钉的受力状态较为一致。但在负弯矩作用下，组合梁中混凝土翼板受拉，抗剪连接件的刚度和极限承载力比推出试验得到的结果低。因此，需要对负弯矩区栓钉的抗剪承载力进行折减。推出试验方便，结果直观，除可以得到连接件的抗剪承载力之外，也可以通过量测型钢与混凝土板之间的相对位移获得栓钉的荷载－滑移曲线。根据与梁式试验的对比分析，推出试验得到的抗剪连接件承载力较梁式试验得到的承载力偏低，因此将推出试验得到的结果用于设计将偏于安全。

4.8.4 抗剪连接件的构造要求

抗剪连接件是保证钢梁和混凝土组合作用的关键部件。为充分发挥连接件的作用，除保证强度以外，应合理地选择连接件的形式、规格以及连接件的设置位置等。以下为《钢结构设计规范》(GB 50017) 规定的常用抗剪连接件的构造要求。

1. 连接件的一般要求

对于各种类型的抗剪连接件，一般均应满足以下要求：

(1) 栓钉连接件钉头下表面或槽钢连接件上翼缘下表面宜高出翼板底部钢筋顶面 30mm；

(2) 连接件的纵向最大间距不应大于混凝土翼板（包括板托）厚度的 4 倍，且不大于 400mm；

(3) 连接件的外侧边缘与钢梁翼缘边缘之间的距离不应小于 20mm；

(4) 连接件的外侧边缘至混凝土翼板边缘间的距离不应小于 100mm；

(5) 连接件顶面的混凝土保护层厚度不应小于 15mm。

2. 栓钉连接件的要求

栓钉连接件除应满足上述统一要求外，尚应符合下列规定：

(1) 当栓钉位置不正对钢梁腹板时，如钢梁上翼缘承受拉力，则栓钉杆直径不应大于钢梁上翼缘厚度的 1.5 倍；如钢梁上翼缘不承受拉力，则栓钉杆直径不应大于钢梁上翼缘厚度的 2.5 倍；

(2) 栓钉长度不应小于其杆径的 4 倍；

(3) 栓钉沿梁轴线方向的间距不应小于杆径的 6 倍，垂直于梁轴线方向的间距不应小于杆径的 4 倍；

(4) 用压型钢板作底模的组合梁，栓钉杆直径不宜大于 19mm，混凝土凸肋宽度不应小于栓钉杆直径的 2.5 倍；栓钉高度 h_d 应符合 $(h_e+30)\leqslant h_d\leqslant(h_e+75)$ 的要求。其中 h_e 为压型钢板的凸肋高度。

由于栓钉熔焊时会在钢板母材中形成损伤，导致栓钉焊接位置的疲劳强度降低。为避免焊接时产生过大的损伤，需要对受拉区钢梁上焊接的栓钉直径进行限制。由于钢梁受压区的疲劳问题并不突出，因此对栓钉直径的限制可以较受拉区适当放宽。如上述第 (1) 条所述。

栓钉连接件根部附近的混凝土受局部压力的作用可能开裂或压碎，顶部则受到周围混凝土的嵌固作用而使得连接件发生弯曲变形。通常情况下，高度较大的连接件更易发生弯曲变形并具有更好的延性；较短的连接件则通常受剪破坏，因而延性较差。从保证延性并具有一定的竖向抗拔能力的角度出发，通常要求栓钉连接件的高度不小于钉杆直径的3～4倍，如上述第（2）条所述。

3. 槽钢连接件和弯筋连接件的构造要求

槽钢连接件一般采用Q235钢材，截面不大于[12.6。

弯筋连接件除应符合连接件的一般构造要求外，尚应满足以下规定：弯筋连接件宜采用直径不小于12mm的钢筋成对布置，用两条长度不小于4倍（HPB235钢筋）或5倍（HRB335钢筋）钢筋直径的侧焊缝焊接于钢梁翼缘上。试验表明，当弯筋的弯起角度为35°～55°时，弯起角度对抗剪承载力的发挥基本没有影响。但弯筋连接件只能承受顺弯筋方向的剪力，因此弯折方向应与混凝土翼板相对钢梁的水平剪力方向一致。在梁跨中纵向水平剪力方向变化的区段（例如活荷载很大的情况），则必须设置两个方向的弯起钢筋。从弯起点算起的钢筋长度不宜小于其直径d的25倍（HPB235钢筋需另加弯钩），其中水平段长度不宜小于其直径d的10倍，如图4-31所示。弯筋连接件沿梁长度方向的间距不宜小于混凝土翼板（包括板托）厚度的0.7倍。

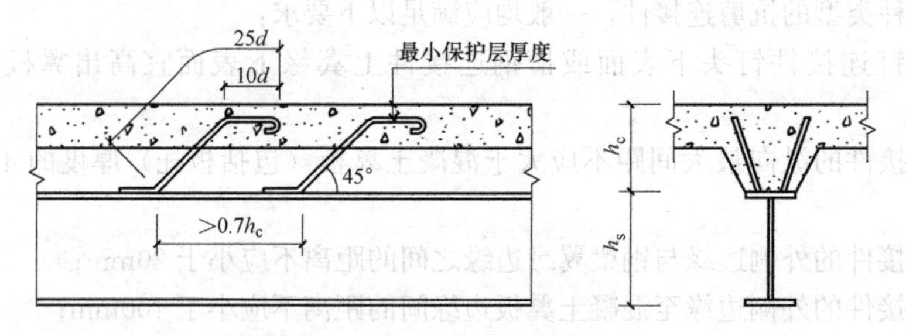

图4-31　弯筋连接件的构造要求

4.8.5　抗剪连接件的承载能力计算

1. 栓钉连接件

栓钉的抗剪承载力主要是依据推出试验确定的。根据推出试验，栓钉的破坏形式主要有两类：一是连接件本身的弯剪破坏；二是连接件附近混凝土的受压或劈裂破坏。Fisher在试验和计算分析的基础上，于1971年给出了如下所示的栓钉抗剪承载力计算公式：

$$P_{su}=0.5A_s\sqrt{f_cE_{cm}}\leqslant A_sf_{su} \tag{4-50}$$

式中　P_{su}——栓钉的极限抗剪承载力；

A_s——栓钉钉杆的截面积；

f_c——混凝土抗压强度；

E_{cm}——混凝土弹性模量的平均值；

f_{su}——栓钉钢材的极限抗拉强度。

上式可适用于普通混凝土和轻骨料混凝土，并反映了混凝土劈裂破坏和栓钉钉杆剪断两种破坏形式。公式中考虑的主要因素包括混凝土抗压强度、栓钉截面面积、栓钉抗拉强度等，并取两种破坏模式的较小值作为设计值。

我国《钢结构设计规范》（GB 50017）基于统计回归分析，给出了当栓钉的长径比$h/d\geqslant4.0$（d为栓钉直径）时，抗剪承载力设计值按下式计算：

$$N_v^c = 0.43A_s\sqrt{E_c f_c} \leqslant 0.7A_s\gamma f \tag{4-51}$$

式中 E_c——混凝土弹性模量；

A_s——栓钉钉杆截面面积；

f_c——混凝土抗压强度设计值；

f——栓钉抗拉强度设计值；

γ——栓钉材料抗拉强度最小值与屈服强度之比。

对于4.6级的栓钉钢材，可以取 $\gamma=1.67$。当没有 γ 的确切资料时，可直接取栓钉材料极限抗拉强度的最低值代替式（4-51）中的 γf 项进行计算。

式（4-51）是根据实心混凝土翼板推出试验得到的栓钉抗剪承载力计算公式。近年来，压型钢板混凝土组合楼板或桥面板的应用已经越来越多。压型钢板既可以作为施工平台和混凝土的永久模板使用，也可以代替部分板底的受力钢筋。应用此类组合板时，栓钉通常透过压型钢板直接熔焊于钢梁上。此时，栓钉的受力模式与采用实心混凝土翼板时有所不同，其破坏形态的区别如图4-32所示。相对于实心混凝土翼板，板肋内的混凝土对栓钉的约束作用降低，板肋的转动也对抵抗剪力不利，导致其抗剪承载力低于相应的实体混凝土板试件。根据大量试验统计，应对采用压型钢板混凝土翼板时栓钉的抗剪承载力予以折减。当为增大组合梁的截面惯性矩而设置板托时，也应对栓钉的抗剪承载力进行相应折减。

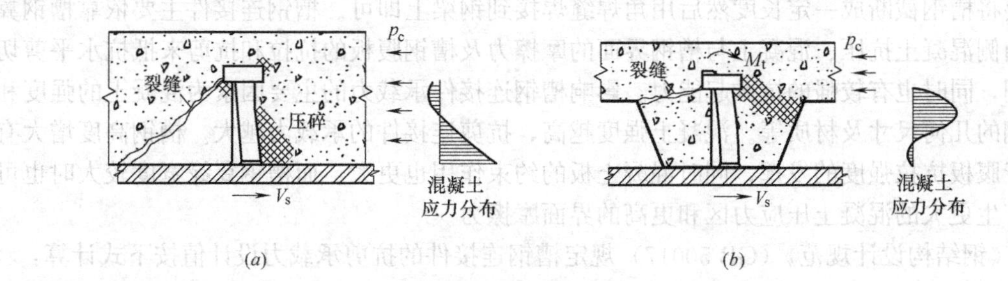

图4-32　栓钉的破坏模式

(a) 实心混凝土板；(b) 压型钢板混凝土组合板

由于压型钢板内连接件的受力机理较为复杂，到目前为止还没有非常理想的计算模式。连接件的抗剪承载力除与栓钉规格、混凝土的材料特性有关外，还受到栓钉的埋入长度和压型钢板板肋形状的显著影响。

根据《钢结构设计规范》(GB 50017)，压型钢板对栓钉承载力的影响系数按以下方法计算：

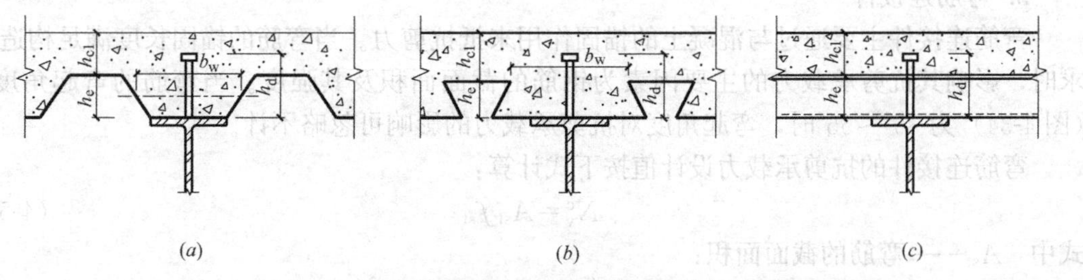

图4-33　用压型钢板作混凝土翼板底模的组合梁

（1）当压型钢板的板肋平行于钢梁布置（图 4-33a）且 $b_{\mathrm{w}}/h_{\mathrm{e}}<1.5$ 时，按公式(4-51)算得的 $N_{\mathrm{v}}^{\mathrm{c}}$ 应乘以折减系数 β_{v}。β_{v} 值按下式计算：

$$\beta_{\mathrm{v}}=0.6\frac{b_{\mathrm{w}}}{h_{\mathrm{e}}}\left(\frac{h_{\mathrm{d}}-h_{\mathrm{e}}}{h_{\mathrm{e}}}\right)\leqslant 1 \tag{4-52}$$

式中 b_{w}——混凝土凸肋的平均宽度，当肋的上部宽度小于下部宽度时（图 4-33b），改取上部宽度；

h_{e}——混凝土凸肋高度；

h_{d}——栓钉高度。

（2）当压型钢板的板肋垂直于钢梁布置时（图 4-33c），栓钉抗剪连接件承载力设计值的折减系数 β_{v} 按下式计算：

$$\beta_{\mathrm{v}}=\frac{0.85}{\sqrt{n_0}}\frac{b_{\mathrm{w}}}{h_{\mathrm{e}}}\left(\frac{h_{\mathrm{d}}-h_{\mathrm{e}}}{h_{\mathrm{e}}}\right)\leqslant 1 \tag{4-53}$$

式中 n_0——一个肋中布置的栓钉数，当多于 3 个时，按 3 个计算。

当栓钉位于负弯矩区段时，混凝土翼板处于受拉状态，栓钉周围混凝土对其约束程度不如正弯矩区高，所以《钢结构设计规范》（GB 50017）规定位于负弯矩区的栓钉抗剪承载力设计值 $N_{\mathrm{v}}^{\mathrm{c}}$ 应乘以折减系数 0.9（对于中间支座两侧）和 0.8（悬臂部分）。

2. 槽钢连接件

在不具备栓钉焊接设备的情况下，槽钢连接件也是一种有效的替代方式。施工时，只需要将槽钢截断成一定长度然后用角焊缝焊接到钢梁上即可。槽钢连接件主要依靠槽钢翼缘内侧混凝土抗压、混凝土与槽钢界面的摩擦力及槽钢腹板的抗拉和抗剪来抵抗水平剪切作用，同时也有较强的抗掀起能力。影响槽钢连接件承载力的主要因素为混凝土的强度和槽钢的几何尺寸及材质等。混凝土强度越高，抗剪连接件的承载力越大。槽钢高度增大有利于腹板抗拉强度的发挥，同时混凝土板的约束作用也更大。而槽钢翼缘宽度较大时也可以产生更大的混凝土压应力区和更高的界面摩擦力。

《钢结构设计规范》（GB 50017）规定槽钢连接件的抗剪承载力设计值按下式计算：

$$N_{\mathrm{v}}^{\mathrm{c}}=0.26(t+0.5t_{\mathrm{w}})l_{\mathrm{c}}\sqrt{E_{\mathrm{c}}f_{\mathrm{c}}} \tag{4-54}$$

式中 t——槽钢翼缘的平均厚度；

t_{w}——槽钢腹板的厚度；

l_{c}——槽钢的长度。

槽钢连接件通过下侧翼缘肢尖肢背的两条通长角焊缝与钢梁上翼缘相连接。角焊缝应根据槽钢连接件的抗剪承载力设计值 $N_{\mathrm{v}}^{\mathrm{c}}$ 按照《钢结构设计规范》（GB 50017）的有关规定进行验算。

3. 弯筋连接件

弯筋连接件主要通过与混凝土的锚固作用来抵抗剪力。当弯筋的锚固长度满足构造要求时，影响其抗剪承载力的主要因素为钢筋的截面面积及其强度。当弯筋的弯起角度 α（图 4-34）为 35°～55°时，弯起角度对抗剪承载力的影响可忽略不计。

弯筋连接件的抗剪承载力设计值按下式计算：

$$N_{\mathrm{v}}^{\mathrm{c}}=A_{\mathrm{st}}f_{\mathrm{st}} \tag{4-55}$$

式中 A_{st}——弯筋的截面面积；

f_{st}——弯筋的抗拉强度设计值。

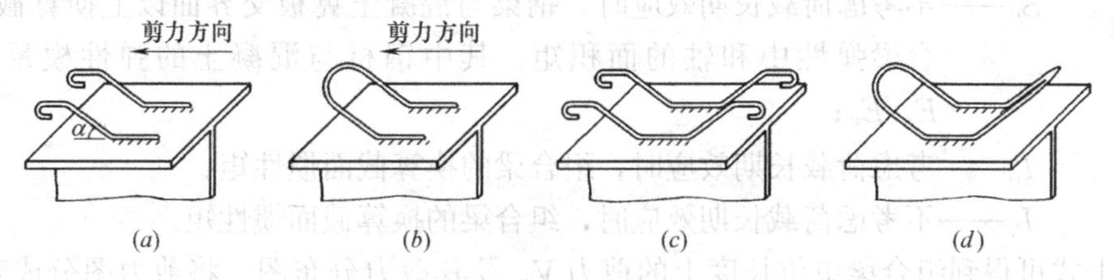

图 4-34　弯筋连接件示意图

弯筋抗剪连接件利用钢筋的抗拉作用抵抗剪力，因此只能发挥单向抗剪的作用。在剪力方向不明确或剪力方向可能发生改变的组合梁部位，应将弯筋连接件做成双向弯起的形状，如图 4-34（c）、（d）所示。

4.8.6　抗剪连接件布置方式

无论按何种方法设计组合梁，均不允许因为连接件的首先破坏而导致组合梁丧失承载力。从减少正常使用阶段挠度和提高疲劳寿命的角度出发，也不允许钢梁与混凝土板之间发生过大的滑移。

弹性设计方法一般适用于桥梁等承受动力荷载的情况，设计时需验算抗剪连接件的应力不得超过其材料强度容许值，或控制任意截面的连接件受力低于其承载力设计值。因此，按弹性方法设计时需要在纵向剪力较大的支座或集中力作用处布置较多的连接件，其余位置则可减少连接件的数量。当活荷载水平较高且位置变化较明显时，连接件需要根据剪力包络图进行布置。不仅设计较为复杂，给栓钉施工也带来很大困难。

对于采用柔性连接件的组合梁，承载力极限状态时混凝土板与钢梁间将发生较充分的剪力重分布，使得各个连接件的受力趋于均匀，因此也可以采用塑性方法布置连接件。塑性方法设计时抗剪连接件可按等间距布置，给设计施工均带来很大方便。

1. 按弹性理论设计

按弹性方法设计组合梁的抗剪连接件时采用换算截面法，即根据混凝土与钢材弹性模量的比值，将混凝土截面换算为钢材截面进行计算。按弹性方法计算抗剪连接件时，假定钢梁与混凝土板交界面上的纵向剪力完全由抗剪连接件承担，忽略钢梁与混凝土板之间的粘结作用。

荷载作用下，钢梁与混凝土翼板交界面上的剪力由两部分组成。一部分是准永久荷载产生的剪力，需要考虑荷载的长期效应，即需要考虑混凝土收缩徐变等长期效应的影响，因此应按照长期效应下的换算截面计算；另一部分是可变荷载产生的剪力，不考虑荷载的长期效应，因此应按照短期效应下的换算截面计算。

钢梁与混凝土翼板交界面单位长度上的剪力按下式计算：

$$V_h = \frac{V_g S_0^c}{I_0^c} + \frac{V_q S_0}{I_0} \tag{4-56}$$

式中　V_g、V_q——计算截面处分别由准永久荷载和除准永久荷载外的可变荷载所产生的竖向剪力设计值；

S_0^c——考虑荷载长期效应时，钢梁与混凝土翼板交界面以上换算截面对组合梁弹性中和轴的面积矩，计算时可以取钢材与混凝土的弹性模量比为 $2E_s/E_c$；

S_0——不考虑荷载长期效应时，钢梁与混凝土翼板交界面以上换算截面对组合梁弹性中和轴的面积矩，其中钢材与混凝土的弹性模量比取为 E_s/E_c；

I_0^c——考虑荷载长期效应时，组合梁的换算截面惯性矩；

I_0——不考虑荷载长期效应时，组合梁的换算截面惯性矩。

按上式可得到组合梁单位长度上的剪力 V_h 及其剪力分布图。将剪力图分成若干段，用每段的面积即该段总剪力值，除以单个抗剪连接件的抗剪承载力 N_v^c 即可得到该段所需要的抗剪连接件数量。

对于承受均布荷载的简支梁，半跨内所需的抗剪连接件数目可按下列公式计算：

$$n=\frac{1}{2}\times V_{\mathrm{hmax}}\times\frac{l}{2}\times\frac{1}{N_v^c}=\frac{V_{\mathrm{hmax}}l}{4N_v^c} \tag{4-57}$$

式中 V_{hmax}——梁端钢梁与混凝土翼板交界面处单位长度的剪力；

l——组合梁的跨度。

2. 按塑性理论设计

采用栓钉等柔性抗剪连接件的组合梁，在承载力极限状态各剪跨段内交界面上各抗剪连接件受力几乎相等，因此可以采用极限平衡的方法计算各剪跨段的连接件数量，如图 4-35 所示。

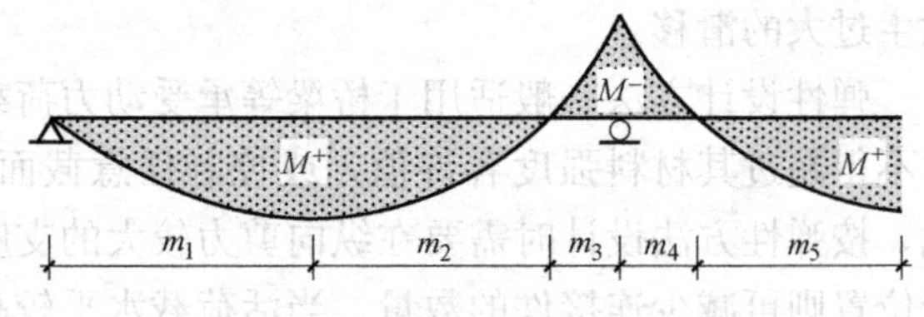

图 4-35　连续组合梁剪跨区划分图

各剪跨段内钢梁与混凝土交界面的纵向剪力 V_s 按以下两式计算。

位于正弯矩区段的剪跨：

$$V_s=\min\{Af,b_e h_{c1} f_c\} \tag{4-58}$$

位于负弯矩区段的剪跨：

$$V_s=A_{st}f_{st} \tag{4-59}$$

式中 A、f——分别为钢梁的截面面积和抗拉强度设计值；

A_{st}、f_{st}——分别为负弯矩混凝土翼板内纵向受拉钢筋的截面积和受拉钢筋的抗拉强度设计值。

按完全抗剪连接设计时，每个剪跨内所需的抗剪连接件数目 n_f 为：

$$n_f=V_s/N_v^c \tag{4-60}$$

对于部分抗剪连接的组合梁，实际配置的连接件数目通常不得少于 n_f 的 50%。

最后，可以将由式（4-60）计算得到的连接件数目 n_f 在相应的剪跨区段内均匀布置。

当在剪跨内作用有较大的集中荷载时，则应将计算得到的 n_f 按剪力图的面积比例进行分配后再各自均匀布置，如图 4-36 所示。各区段内的连接件数量为：

$$n_1=\frac{A_1}{A_1+A_2}n_f$$
$$n_2=\frac{A_2}{A_1+A_2}n_f \tag{4-61}$$

式中 A_1、A_2——纵向剪力图的面积；

n_1、n_2——相应分段内抗剪连接件的数量。

为简化起见，对于连续组合梁，也可以近似地分为从边支座到边跨跨中、从边跨跨中到内支座、再从内支座到中跨跨中等多个区段，然后依次对以上各个区段的混凝土翼板和钢梁根据极限平衡条件均匀布置抗剪连接件。

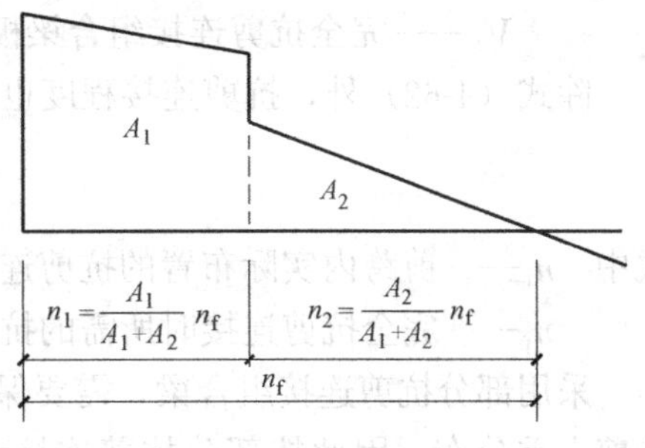

图 4-36 有较大集中荷载作用时抗剪连接件的布置

【例题 4-4】 试按弹性和塑性方法分别设计例题 4-1 中组合梁的抗剪连接件，抗剪连接件采用 ϕ16×70 栓钉。

【解】 栓钉抗剪承载力设计值

$N_v^c=0.7A_s\gamma f=0.7\times201.06\times1.67\times215=50.53\text{kN}$

$<0.43A_s\sqrt{E_cf_c}=0.43\times201.06\times\sqrt{30000\times14.3}=56.63\text{kN}$

（1）按弹性方法设计

由例题 4-1 可得到 $\tau_{max}=6.87\times0.05+2\times6.87\times0.16=2.54\text{N/mm}^2$

对承受均布荷载的简支梁，半跨内连接件数量

$$n=\frac{1}{2}\times\frac{\tau_{max}bl/2}{N_v^c}=\frac{1}{2}\times\frac{2.54\times150\times8000/2}{50.53\times1000}=15.1\text{，取 }n=16$$

全跨内布置栓钉 32 个，共设置 1 列，沿梁轴线方向栓钉间距 250mm，其中，端部的栓钉距梁端 125mm。

（2）按塑性方法设计

全梁共 2 个正弯矩区剪跨段，无集中力作用，以跨中平分。每个剪跨区段内钢梁与混凝土翼板交界面的纵向剪力为：

$V_s=\min\{Af,b_eh_cf_c\}=\min\{215\times5072\times10^{-3},1350\times100\times14.3\times10^{-3}\}=1090.48\text{kN}$

按完全抗剪连接设计，每个剪跨区段内需要的连接件总数为：

$n_f=V_s/N_v^c=1090.48/50.53=21.6$，取 $n_f=22$，则全跨布置栓钉 44 个。

栓钉共设置 1 列，沿梁轴线方向栓钉间距 180mm，其中端部栓钉距梁端 130mm。

4.8.7 部分抗剪连接组合梁承载力计算

在建筑结构中，除直接承受动力荷载的组合梁或钢梁板件宽厚比较大时，一般均采用塑性设计方法。按塑性方法设计时，根据抗剪连接件所能提供的总抗剪承载力的大小，可分为完全抗剪连接组合梁和部分抗剪连接组合梁。完全抗剪连接指增加连接件数量时，组合梁最不利截面的极限抗弯承载力并不随之增加时所对应的剪力连接状态。当抗剪连接件的数量少于完全抗剪连接所需要的数量时，此时称为部分抗剪连接。

对于采用压型钢板混凝土组合板的组合梁，受压型钢板板肋尺寸的限制而无法布置足够数量的栓钉时，需要按照部分抗剪连接进行设计。此外，在满足承载力和变形要求的前提下，有时也没有必要充分发挥组合梁的受弯承载力，也可以按部分抗剪连接组合梁进行设计。

组合梁的剪力连接状态可用抗剪连接程度表示：

$$r=\frac{n_rN_v^c}{V_l}\tag{4-62}$$

式中 $n_rN_v^c$——剪跨内抗剪连接件的总纵向抗剪承载力；

V_l——完全抗剪连接组合梁极限状态时的总纵向剪力。

除式（4-62）外，抗剪连接程度也可用下式表示：

$$r=\frac{n_r}{n_f} \tag{4-63}$$

式中　n_r——剪跨内实际布置的抗剪连接件数量；

n_f——完全抗剪连接时所需的抗剪连接件数量。

采用部分抗剪连接组合梁，需要保证连接件具有足够的延性以实现极限状态时结合面的剪力重分布，因此按部分抗剪连接设计组合梁时，必须采用栓钉、槽钢等柔性抗剪连接件。试验和分析表明，随着连接件数量的减少，组合梁的极限抗弯承载力随抗剪连接程度的降低而减小。当组合梁的抗剪连接程度介于 0 和 1 之间时，其极限抗弯承载力与抗剪连接程度的关系如图 4-37 中曲线 ABC 所示。在 A 点，由于混凝土翼板的截面高度较小，自身抗弯承载力较低，因此当抗剪连接程度 $r=0$ 时，钢梁的塑性极限弯矩即为组合梁极限抗弯承载力的下限。在 C 点，$r=1$ 为完全抗剪连接组合梁，可按上节的公式计算组合梁的抗弯承载力。在 A、B 之间，组合梁的承载力与抗剪连接程度呈曲线关系。

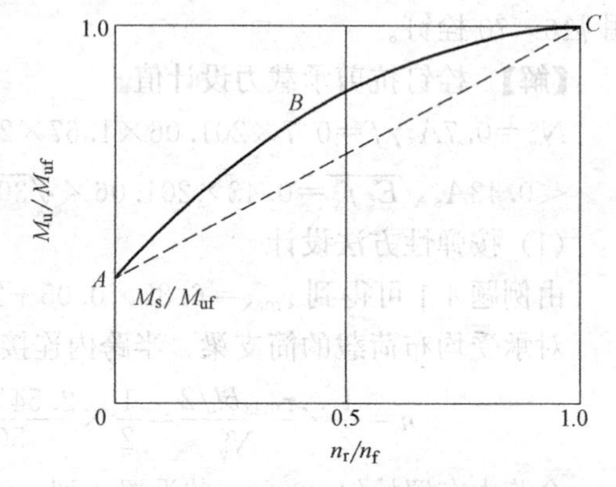

图 4-37　M_u与 n_r的关系曲线

当抗剪连接程度低于 0.5 时，组合梁在极限状态可能发生连接件剪断的脆性破坏，因此一般均要求抗剪连接程度 r 必须大于或等于 0.5。

与完全抗剪连接组合梁相似，部分抗剪连接组合梁的极限抗弯承载力也可以按照矩形应力图形根据极限平衡的方法计算。计算时假定：

（1）抗剪连接件具有充分的塑性变形能力；

（2）计算截面呈矩形应力分布，混凝土翼板中的压应力达到抗压强度设计值 f_c，钢梁的拉、压应力分别达到屈服强度 f；

（3）混凝土翼板中的压力等于最大弯矩截面一侧抗剪连接件所能够提供的纵向剪力之和；

（4）忽略混凝土的抗拉作用。

根据上述假定（3），极限状态下混凝土翼板受压区高度 x 为：

$$x=\frac{n_r N_v^c}{b_e f_c} \tag{4-64}$$

式中　x——混凝土翼板受压区高度；

n_r——部分抗剪连接时最大弯矩截面一侧剪跨区内抗剪连接件的数量，当两侧数量不一样时取较小值；

N_v^c——每个抗剪连接件的抗剪承载力。

部分抗剪连接组合梁的应力分布如图 4-38 所示，根据平衡关系，钢梁受压区的截面面积 A'按下式计算：

$$A'=(Af-n_{\mathrm{r}}N_{\mathrm{v}}^{\mathrm{c}})/(2f) \tag{4-65}$$

则部分抗剪连接简支组合梁的抗弯承载力为：

$$M_{\mathrm{u,r}}=n_{\mathrm{r}}N_{\mathrm{v}}^{\mathrm{c}}y_1+A'fy_2$$
$$=n_{\mathrm{r}}N_{\mathrm{v}}^{\mathrm{c}}y_1+0.5(Af-n_{\mathrm{r}}N_{\mathrm{v}}^{\mathrm{c}})y_2 \tag{4-66}$$

式中 $M_{\mathrm{u,r}}$——部分抗剪连接时截面抗弯承载力；

y_1——钢梁受拉区截面应力合力至混凝土翼板截面受压区应力合力间的距离；

y_2——钢梁受拉区截面应力合力至钢梁受压区截面应力合力间的距离。

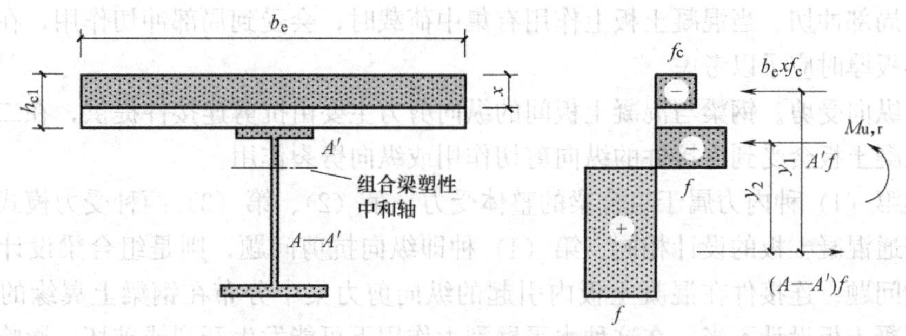

图 4-38　部分抗剪连接组合梁计算简图

【例题 4-5】 如果采用例题 4-4 中弹性抗剪连接设计结果，试重新验算例题 4-2 中组合梁塑性抗弯承载力。

【解】 由例题 4-4 可知，按照弹性抗剪连接的计算结果，每个剪跨区段内布置的抗剪连接件数量（$n=16$）小于按完全抗剪连接设计所需的抗剪连接件数量（$n_{\mathrm{f}}=22$），因此应按部分抗剪连接设计。

作用在受压区混凝土的压力合力为 $F_{\mathrm{c}}=nN_{\mathrm{v}}^{\mathrm{c}}=16\times50.53=808.48\mathrm{kN}$

混凝土板受压区高度　$x=F_{\mathrm{c}}/(b_{\mathrm{e}}f_{\mathrm{c}})=808.48\times10^3/(1350\times14.3)=41.88\mathrm{mm}$

钢梁受压区面积

$$A'=(Af-F_{\mathrm{c}})/(2f)=(5072\times215-808.48\times10^3)/(2\times215)$$
$$=656\mathrm{mm}^2<150\times8=1200\mathrm{mm}^2$$

因此钢梁受压区在上翼缘范围内，受压区高度为 $656/150=4.37\mathrm{mm}$

受压区混凝土合力点、钢梁受压区合力点至钢梁形心的距离分别为：

$$y_1=275-41.88/2=254.06\mathrm{mm}$$
$$y_2=175-4.37/2=172.82\mathrm{mm}$$

由此可得，$M_{\mathrm{u,r}}=F_{\mathrm{c}}y_1+2\times0.5(Af-F_{\mathrm{c}})y_2=808480\times254.06+(5072\times215-808480)\times172.82$

$=254.15\mathrm{kN\cdot m}>M=205.44\mathrm{kN\cdot m}$，满足抗弯承载力要求。

$\dfrac{M_{\mathrm{u,r}}}{M_{\mathrm{u}}}=\dfrac{254.15}{269.10}=0.944$，由此可见，正弯矩区采用部分抗剪连接设计可以显著地减少栓钉用量，而对抗弯承载力影响并不大。

4.9　混凝土翼板的设计及构造要求

在钢-混凝土组合梁中，混凝土板构成组合梁的上翼缘。混凝土板既作为组合梁的一部分承担纵向力，同时也作为楼板或桥面板而直接承受竖向荷载。在不同的荷载组合和约束条件下，混凝土翼板内可能产生以下多种应力：

（1）组合梁整体受弯在板内产生的压应力或拉应力。当组合梁截面较高或混凝土板距中和轴较远时，混凝土板内的纵向应力沿厚度方向变化很小。且由于剪力滞后效应的影响，钢梁腹板上部的混凝土纵向应力最大，并向两侧逐渐降低。

（2）横向弯曲受力。混凝土板上作用的局部荷载会引起混凝土板产生横向弯曲应力，此外纵向主梁的变形差也会导致此类受力形式。

（3）局部冲切。当混凝土板上作用有集中荷载时，会受到局部冲切作用，在确定混凝土板最小板厚时应予以考虑。

（4）纵向受剪。钢梁与混凝土板间的纵向剪力主要由抗剪连接件提供，在二者结合面附近，混凝土板会受到连接件的纵向剪切作用或纵向劈裂作用。

上述第（1）种内力属于组合梁的整体受力。第（2）、第（3）两种受力模式的设计方法则与普通混凝土板的设计相同。第（4）种即纵向抗剪问题，则是组合梁设计时需要特别考虑的问题。连接件在混凝土板内引起的纵向剪力集中分布在钢梁上翼缘的狭长范围内。如混凝土板设计不当，在这种水平劈裂力作用下可能发生开裂或破坏，影响结构的正常使用或导致组合梁在达到极限受弯状态之前就丧失承载力。

混凝土板的实际受力状态非常复杂。为简化处理，在进行纵向抗剪验算时可以假设混凝土板仅受到一系列纵向集中力 N_c 的作用，如图 4-39 所示。

影响组合梁中混凝土翼板纵向开裂和纵向抗剪承载力的因素很多，如混凝土翼板的厚度、混凝土强度等级、横向配筋率和横向钢筋的位置、抗剪连接件的种类及排列方式、数量、间距、荷载的作用方式等。这些因素对混凝土翼板纵向开裂的影响程度各不相同。一般来说，采用承压面较大的槽钢连接件有利于控制混凝土翼板的纵向开裂。在数量相同的条件下避免栓钉连接件沿梁长方向单列布置，也有利于减缓混凝土翼板的纵向开裂。混凝土翼板中的横向钢筋对控制纵向开裂具有重要作用。组合梁在荷载的作用下首先在混凝土翼板底面出现纵向微裂缝，如果有适当的横向钢筋，则可以限制裂缝的发展，并可能使混凝土翼板顶面不出现纵向裂缝或使纵向裂缝宽度变小。同样数量的横向钢筋分上下双层布置时比居上、居中及居下单层布置时更有利于抵抗混凝土翼板的纵向开裂。组合梁的加载方式对纵向开裂也有影响。当组合梁上作用有集中荷载时，在集中力附近将产生很大的横向拉应力，容易在这一区域较早地发生纵向开裂。作用于混凝土翼板的横向负弯矩也会对组合梁的纵向抗剪产生不利的影响。

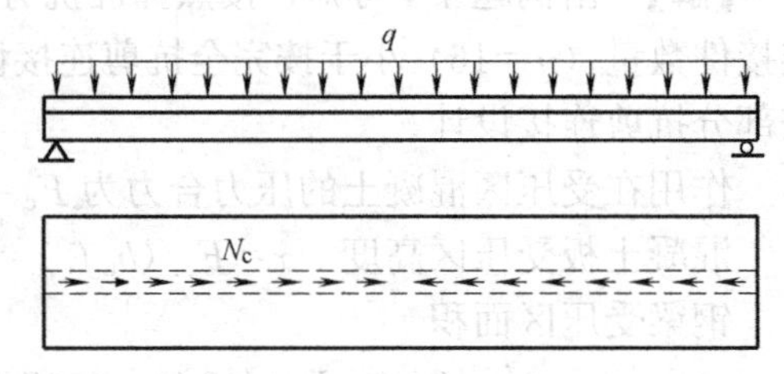

图 4-39　混凝土翼板受栓钉作用力示意图

若组合梁的横向配筋不足或混凝土截面过小，在连接件的纵向劈裂力作用下，混凝土翼板将可能发生纵向剪切破坏，潜在的破坏界面可能为如图 4-40 所示的竖向界面 *a-a*、*d-d* 以及包络连接件的纵向界面 *b-b*、*c-c* 等。因此在进行组合梁纵向抗剪验算时，除了要验算纵向受剪竖界面 *a-a*、*d-d* 以外，还应该验算界面 *b-b*、*c-c*。在验算中，要求任意一个潜在的纵向剪切破坏界面，其单位长度上纵向剪力的设计值不得超过单位长度上的界面抗剪强度。图中，A_b 和 A_t 分别为单位梁长混凝土板底部和顶部的钢筋截面面积；A_h 为单位梁长混凝土板托横向钢筋的截面面积。

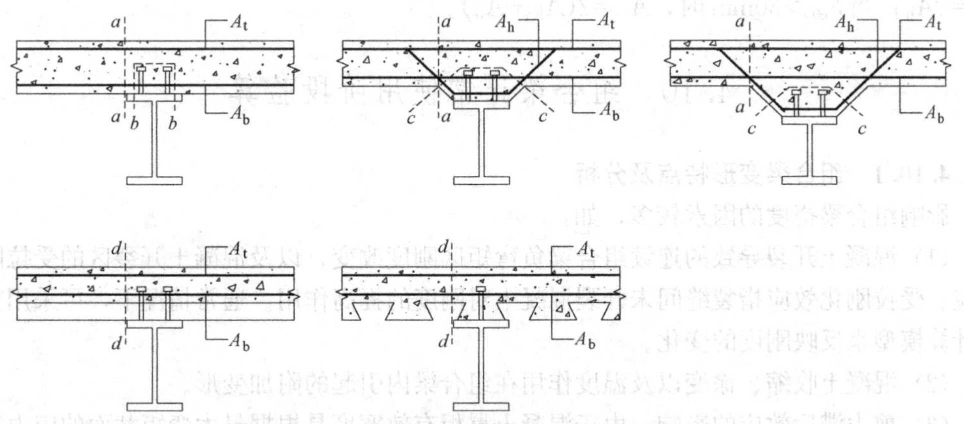

图 4-40　混凝土翼板纵向受剪控制界面

混凝土板可按下式验算纵向抗剪能力：

$$V_{l\cdot 1} \leqslant V_{ul\cdot 1} \tag{4-67}$$

式中　$V_{l.1}$——荷载作用引起的单位长度界面上的纵向界面剪力；

$V_{ul.1}$——单位长度界面上的界面抗剪承载力。

荷载作用引起的单位长度界面剪力 $V_{l.1}$ 按以下两式计算：

(1) 对于图 4-40 中的界面 b-b 和 c-c

$$V_{l\cdot 1} = v \tag{4-68}$$

(2) 对于图 4-40 中混凝土翼缘板的纵向竖界面 a-a 和 d-d

$$V_{l\cdot 1} = \max\left(v\frac{b_1}{b_e}, v\frac{b_2}{b_e}\right) \tag{4-69}$$

在式（4-68）和式（4-69）中，

$$v = \frac{n_s N_v^c}{u_1}$$

式中　N_v^c——一个抗剪连接件的受剪承载力设计值；

n_s——一个横截面上抗剪连接件的个数，即连接件的列数；

u_1——抗剪连接件的纵向间距。

单位长度界面上界面抗剪承载力 $V_{ul\cdot 1}$ 按下式计算：

$$V_{ul\cdot 1} = 0.9b_f + 0.8A_e f_r \leqslant 0.25 b_f f_c \tag{4-70}$$

式中　0.9——常量，单位为 N/mm^2；

b_f——纵向界面宽度，按计算截面连线在抗剪连接件以外的最短长度计（mm）；

A_e——单位长度界面上横向钢筋的截面面积（mm^2/mm），按以下规定计算。

对于界面 a-a、d-d：

$$A_e = A_b + A_t \tag{4-71}$$

对于界面 b-b：

$$A_e = 2A_b \tag{4-72}$$

对于有板托的界面 c-c：

由连接件抗掀起端底面高出翼缘板底部钢筋上皮的距离 h_{e0} 决定，当 $h_{e0} \leqslant 30\text{mm}$ 时，$A_e=2A_h$；当 $h_{e0}>30\text{mm}$ 时，$A_e=2(A_h+A_b)$。

4.10 组合梁正常使用阶段验算

4.10.1 组合梁变形特点及分析

影响组合梁挠度的因素较多，如：

(1) 混凝土开裂导致的连续组合梁负弯矩区刚度改变，以及混凝土开裂区的受拉刚化效应。受拉刚化效应指裂缝间未开裂混凝土对刚度的提高作用。通常情况下，可采用变截面计算模型来反映刚度的变化。

(2) 混凝土收缩、徐变以及温度作用在组合梁内引起的附加变形。

(3) 剪力滞后效应的影响。由于混凝土翼板有效宽度是根据最大弯矩截面的应力等效原则确定的，因此计算挠度变形时可能过高或过低估计剪力滞后效应的影响。

(4) 连续组合梁中支座区钢材的屈服。当按塑性方法进行连续组合梁承载能力极限状态设计时，在正常使用状态下某些截面的钢材可能会产生屈服或非线性变形。

(5) 混凝土板与钢梁之间的滑移效应。

组合梁的滑移效应不仅引起组合梁截面应力的改变，同时会在组合梁内引起附加变形。当组合梁的抗剪连接程度较低或跨度较大时，计算挠度时应考虑滑移效应的影响。

组合梁在正常使用极限状态下钢梁通常处于弹性状态，混凝土翼板的最大压应力也位于应力一应变曲线的上升段。因此，在分析滑移效应时可以近似地将组合梁作为弹性体来考虑，并作如下假定：(1) 钢梁与混凝土板交界面上的水平剪力与相对滑移成正比；(2) 钢梁和混凝土翼板具有相同的曲率并分别符合平截面假定；(3) 忽略钢梁与混凝土翼板间的竖向掀起作用，假设二者的竖向位移一致。其中，相对滑移定义为同一截面处钢梁与混凝土翼板间的水平位移差。

以图 4-41 所示的计算模型来分析集中荷载作用下简支组合梁的滑移效应。设抗剪连接件间距为 p，钢与混凝土交界面单位长度上的水平剪力为 v，组合梁的微段变形模型如图 4-42 所示。

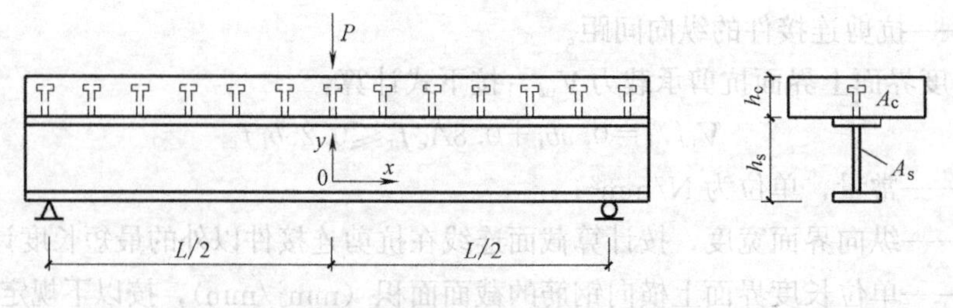

图 4-41 简支组合梁挠度计算模型

由假定 (1) 可以得到：

$$pv=Ks \tag{4-73}$$

式中 K——抗剪连接件的刚度，根据试验结果，可取 $K=0.66n_sV_u$，其中 n_s 为同一截面栓钉个数，V_u 为单个栓钉的极限承载力；

s——钢梁与混凝土翼板间的相对滑移。

由水平方向上力的平衡关系有：

$$\frac{d_c}{dx}=-v \quad (4\text{-}74)$$

分别对混凝土单元和钢梁单元体左侧形心取弯矩平衡，可以得到：

$$\frac{dM_c}{dx}+V_c=\frac{vh_c}{2}-\frac{rdx}{2} \quad (4\text{-}75)$$

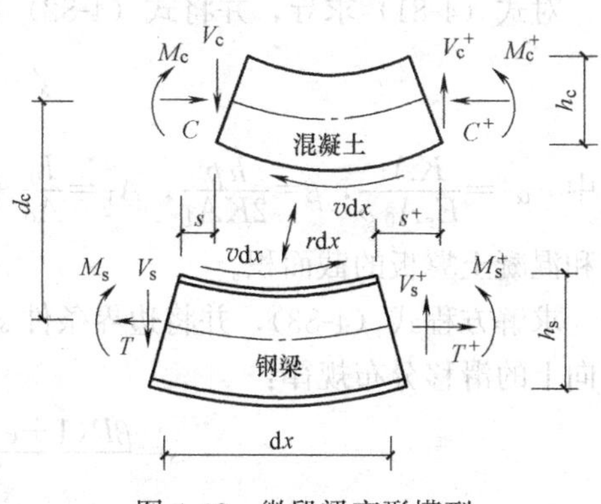

图 4-42 微段梁变形模型

$$\frac{dM_s}{dx}+V_s=vy_1+\frac{rdx}{2} \quad (4\text{-}76)$$

式中 h_c——混凝土翼板的高度；

y_1——钢梁形心至钢梁上翼缘顶面的距离；

r——单位长度上的界面法向压力。

式（4-75）与式（4-76）相加并将 $V_c+V_s=P/2$ 代入，可以得到：

$$\frac{dM_c}{dx}+\frac{dM_s}{dx}+\frac{P}{2}=vd_c \quad (4\text{-}77)$$

式中 P——跨中集中荷载；

d_c——钢梁形心至混凝土翼板形心的距离，$d_c=y_1+\frac{h_c}{2}$。

由假定（2）可得：

$$\phi=\frac{M_s}{E_sI_s}=\frac{\alpha_E M_c}{E_sI_c} \quad (4\text{-}78)$$

式中 ϕ——截面曲率；

I_s、I_c——分别表示钢梁和混凝土翼板的截面惯性矩；

E_s——钢梁的弹性模量；

α_E——钢梁与混凝土的弹性模量比。

交界面上混凝土翼板底部应变 ε_{tb} 和钢梁顶部应变 ε_{tt} 分别为：

$$\varepsilon_{tb}=\frac{\phi h_c}{2}-\frac{\alpha_E C}{E_sA_s} \quad (4\text{-}79)$$

$$\varepsilon_{tt}=\frac{T}{E_sA_s}-\phi y_1 \quad (4\text{-}80)$$

定义 ε_{tb} 与 ε_{tt} 之差为滑移应变，则：

$$\varepsilon_s=s'=\varepsilon_{tb}-\varepsilon_{tt}=\phi d_c-\frac{\alpha_E C}{E_sA_c}-\frac{T}{E_sA_s} \quad (4\text{-}81)$$

将式（4-78）代入式（4-77），并考虑到式（4-73），则有：

$$\frac{d\phi}{dx}=\frac{Ksh/p-P/2}{E_sI_0} \quad (4\text{-}82)$$

式中 $I_0=I_s+I_c/\alpha_E$。

对式（4-81）求导，并将式（4-82）和式（4-74）代入，就可以得到：

$$s''=\alpha^2 s+\frac{\alpha^2\beta P}{2} \tag{4-83}$$

式中 $\alpha^2=\frac{KA_1}{E_s A_0 p}$，$\beta=\frac{hp}{2KA_1}$，$A_1=\frac{I_0}{A_0}+d_c^2$，$\frac{1}{A_0}=\frac{1}{A_s}+\frac{\alpha_E}{A_c}$，其中 A_s 和 A_c 分别表示钢梁和混凝土翼板的截面积。

求解方程式（4-83），并将边界条件 $s(0)=0$ 和 $s'(L/2)=0$ 代入，可以得到沿梁长度方向上的滑移分布规律：

$$s=\frac{\beta P(1+e^{-\alpha L}-e^{\alpha x-\alpha L}-e^{-\alpha x})}{2(1+e^{-\alpha L})} \tag{4-84}$$

对上式求导，得滑移应变 ε_s：

$$\varepsilon_s=\frac{\alpha\beta P(e^{-\alpha x}-e^{\alpha x-\alpha L})}{2(1+e^{-\beta L})} \tag{4-85}$$

考虑滑移效应的截面应变分布如图 4-43 中实线所示，可近似取 ε_s 引起的附加曲率 $\Delta\phi$ 为：

$$\Delta\phi=\frac{\varepsilon_{sc}}{h_c}=\frac{\varepsilon_{ss}}{h_s} \tag{4-86}$$

由 $\varepsilon_{sc}+\varepsilon_{ss}=\varepsilon_s$，将式（4-86）改写为：

$$\Delta\phi=\frac{\varepsilon_s}{h} \tag{4-87}$$

沿梁长进行积分，可求得滑移效应引起的跨中附加挠度 $\Delta\delta_1$：

$$\Delta\delta_1=\frac{\beta P}{2h}\left[\frac{1}{2}+\frac{1-e^{\alpha L}}{\alpha(1+e^{\alpha L})}\right] \tag{4-88}$$

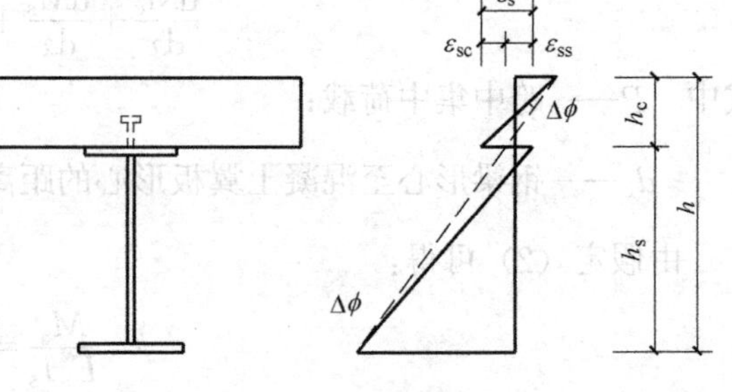

图 4-43　截面应变分布

根据同样方法可以得到跨中两点对称加载和均布荷载作用下滑移效应引起的跨中附加挠度计算公式：

$$\Delta\delta_2=\frac{\beta P}{2h}\left[\frac{L}{2}-b+\frac{e^{\alpha b}-e^{\alpha L-\alpha b}}{\alpha(1+e^{\alpha L})}\right] \tag{4-89}$$

$$\Delta\delta_3=\frac{\beta q}{h}\left[\frac{L^2}{8}+\frac{2e^{\alpha L/2}-1-e^{\alpha l}}{\alpha^2(1+e^{\alpha L})}\right] \tag{4-90}$$

式中　b——集中荷载到跨中的距离；

P——总的外荷载；

q——均布荷载。

对于工程实用范围内的组合梁，$e^{-\alpha L}\approx 0$，因此，式（4-88）～式（4-90）可分别简化为：

$$\Delta\delta_1=\frac{\beta P}{2h}\left[\frac{L}{2}-\frac{1}{\alpha}\right] \tag{4-91}$$

$$\Delta\delta_2=\frac{\beta P}{2h}\left[\frac{L}{2}-b-\frac{e^{-\alpha b}}{\alpha}\right] \tag{4-92}$$

$$\Delta\delta_3=\frac{\beta q}{h}\left[\frac{L^2}{8}-\frac{1}{\alpha^2}\right] \tag{4-93}$$

得到各工况下的附加挠度计算公式后，组合梁考虑滑移效应的挠度可根据叠加原理按下式计算：

$$\delta=\delta_e+\Delta\delta_i \tag{4-94}$$

式中　δ_e——根据弹性换算截面法得到的计算挠度；

$\Delta\delta_i$——由滑移效应引起的附加挠度。

将式（4-91）～式（4-93）代入式（4-94），可分别得到跨中集中荷载、两点对称荷载和满跨均布荷载条件下简支组合梁的跨中挠度计算公式：

$$\begin{cases}\delta_1=\dfrac{PL^3}{48EI}+\dfrac{\beta P}{2h}\left(\dfrac{L}{2}-\dfrac{1}{\alpha}\right)\\ \delta_2=\dfrac{P}{12EI}\left[2\left(\dfrac{L}{2}-b\right)^3+3b\left(\dfrac{L}{2}-b\right)(L-b)\right]+\dfrac{\beta P}{2h}\left(\dfrac{L}{2}-b-\dfrac{e^{-\alpha b}}{\alpha}\right)\\ \delta_3=\dfrac{5qL^4}{384EI}+\dfrac{\beta q}{h}\left(\dfrac{L^2}{8}-\dfrac{1}{\alpha^2}\right)\end{cases} \tag{4-95}$$

将式（4-95）改写成如下形式：

$$\begin{cases}\delta_1=\dfrac{PL^3}{48B}\\ \delta_2=\dfrac{P}{12B}\left[2\left(\dfrac{L}{2}-b\right)^3+3b\left(\dfrac{L}{2}-b\right)(L-b)\right]\\ \delta_3=\dfrac{5qL^4}{384B}\end{cases} \tag{4-96}$$

式中，B 即为考虑滑移效应影响时组合梁的折减刚度，它可以表达为：

$$B=\frac{EI}{1+\xi_i} \tag{4-97}$$

其中 ξ_i 为刚度折减系数，可分别表示为：

$$\begin{cases}\xi_1=\eta\left(\dfrac{1}{2}-\dfrac{1}{\alpha L}\right)\\ \xi_2=\dfrac{\eta\left(\dfrac{1}{2}-\dfrac{b}{L}-\dfrac{e^{-\alpha b}}{\alpha L}\right)}{4\left[2\left(\dfrac{1}{2}-\dfrac{b}{L}\right)^3+3\left(\dfrac{1}{2}-\dfrac{b}{L}\right)\left(1-\dfrac{b}{L}\right)\dfrac{b}{L}\right]}\\ \xi_3=\eta\left[\dfrac{1}{2}-\dfrac{4}{(\alpha L)^2}\right]/1.25\end{cases} \tag{4-98}$$

式中 $\eta=24\dfrac{EI\beta}{L^2h}$。

组合梁截面刚度 EI 可以表示为：

$$EI=E_s(I_0+A_0d_c^2)=E_sA_0/A_1 \tag{4-99}$$

因此 $\eta=24E_sd_cpA_0/(KhL^2)$，与荷载作用模式无关。影响 ξ_i 的主要变量为 αL 和 b/L。对于工程常用范围内的组合梁，αL 在 5～10 之间变化，不同荷载作用模式下 ξ 随 αL 的变化曲线如图 4-44 所示。可见三种荷载模式下 ξ 之间的差异较小，且 b/L 对 ξ 的影响也不明显。从简化计算并满足工程应用的角度出发，刚度折减系数 ξ 可以式（4-98）为基础统一按下式计算：

$$\xi=\eta\left[0.4-\frac{3}{(\alpha L)^2}\right] \tag{4-100}$$

因此，折减刚度可按统一的简化公式计算：

$$B=\frac{EI}{1+\xi} \tag{4-101}$$

将式（4-101）代入式（4-96），得到考虑滑移效应的挠度计算公式为：

$$\delta=\delta_e(1+\xi) \tag{4-102}$$

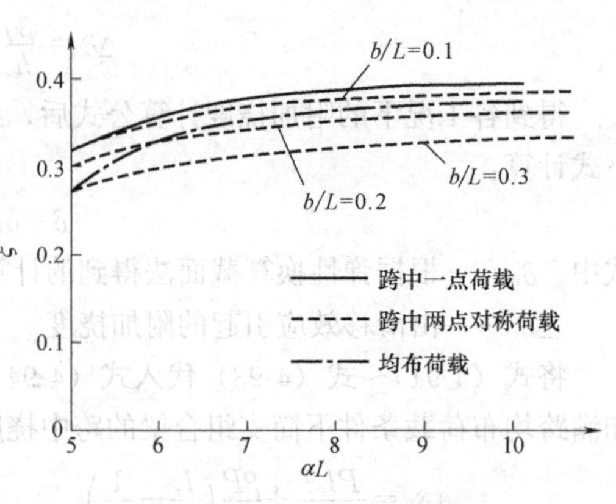

图 4-44 荷载形式对 ξ 的影响曲线

4.10.2 组合梁变形计算方法

组合梁的挠度较小时，一般不会影响其正常使用，但如果挠度过大，就会影响结构的正常使用性能，并给使用者带来不安全感。因此，在正常使用极限状态，必须对组合梁在弯矩作用下产生的挠度加以限制，以保证其正常使用。

我国《钢结构设计规范》（GB 50017）计算组合梁挠度的公式是基于折减刚度法，即考虑滑移效应后用折减刚度 B 来代替组合梁的换算截面刚度，然后按照结构力学的有关方法进行计算。

组合梁考虑滑移效应的折减刚度 B 按下式计算：

$$B=\frac{EI_{eq}}{1+\zeta} \tag{4-103}$$

式中 E——钢梁的弹性模量；

I_{eq}——组合梁的换算截面惯性矩，对荷载效应的标准组合，将混凝土翼板有效宽度除以钢材与混凝土弹性模量之比 α_E 换算为钢截面宽度；对荷载效应的准永久组合，则除以 $2\alpha_E$ 进行换算；对钢梁与压型钢板混凝土组合板构成的组合梁，可取薄弱截面的换算截面进行计算，且不计压型钢板的作用；

ζ——刚度折减系数，按下列公式计算（当 $\zeta\leqslant 0$ 时，取 $\zeta=0$）：

$$\zeta=\eta\left[0.4-\frac{3}{(\alpha L)^2}\right] \tag{4-104}$$

$$\eta=\frac{36Ed_c pA_0}{n_s khL^2} \tag{4-105}$$

$$\alpha=0.81\sqrt{\frac{n_s kA_1}{EI_0 p}} \tag{4-106}$$

$$A_0=\frac{A_{cf}A}{\alpha_E A+A_{cf}} \tag{4-107}$$

$$A_1=\frac{I_0+A_0 d_c^2}{A_0} \tag{4-108}$$

$$I_0=I+\frac{I_{cf}}{\alpha_E} \tag{4-109}$$

式中 A_{cf}——混凝土翼板截面面积，对压型钢板混凝土组合板的翼缘，取薄弱截面的面积，且不考虑压型钢板；

A——钢梁截面面积；

I——钢梁截面惯性矩；

I_{cf}——混凝土翼板的截面惯性矩，对压型钢板混凝土组合板的翼缘，取薄弱截面的惯性矩，且不考虑压型钢板；

d_c——钢梁截面形心到混凝土翼板截面（对压型钢板混凝土组合板为薄弱截面）形心的距离；

h——组合梁截面高度；

L——组合梁的跨度；

k——抗剪连接件刚度系数，$k=N_v^c$(N/mm)，N_v^c为抗剪连接件承载力设计值；

p——抗剪连接件的平均间距；

n_s——抗剪连接件在一根梁上的列数；

α_E——钢材与混凝土弹性模量的比值。

按以上各式计算组合梁挠度时，应分别按荷载效应的标准组合和准永久组合进行计算，并且不得大于表4-6所规定的挠度容许值。其中，当按荷载效应的准永久组合进行计算时，式（4-109）中的α_E应乘以2。

受弯构件挠度容许值 **表4-6**

项次	构件类别	挠度容许值	
		$[v_T]$	$[v_Q]$
1	吊车梁和吊车桁架(按自重和起重量最大的一台吊车计算挠度) (1)手动吊车和单梁吊车(含悬挂吊车) (2)轻级工作制桥式吊车 (3)中级工作制桥式吊车 (4)重级工作制桥式吊车	 $l/500$ $l/800$ $l/1000$ $l/1200$	—
2	手动或电动葫芦的轨道梁	$l/400$	—
3	有重轨(重量等于或大于38kg/m)轨道的工作平台梁 有轻轨(重量等于或小于24kg/m)轨道的工作平台梁	$l/600$ $l/400$	—
4	楼(屋)盖梁或桁架、工作平台梁(第3项除外)和平台板 (1)主梁或桁架(包括设有悬挂起重设备的梁和桁架) (2)抹灰顶棚的次梁 (3)除(1)、(2)款外的其他梁(包括楼梯梁) (4)屋盖檩条 支承无积灰的瓦楞铁和石棉瓦屋面者 支承压型金属板、有积灰的瓦楞铁和石棉瓦等屋面者 支承其他屋面材料者 (5)平台板	 $l/400$ $l/250$ $l/250$ $l/150$ $l/200$ $l/200$ $l/150$	 $l/500$ $l/350$ $l/300$ — — — —
5	墙架构件(风荷载不考虑阵风系数) (1)支柱 (2)抗风桁架(作为连续支柱的支承时) (3)砌体墙的横梁(水平方向) (4)支承压型金属板、瓦楞铁和石棉瓦墙面的横梁(水平方向) (5)带有玻璃窗的横梁(竖直和水平方向)	 — — — — $l/150$	 $l/400$ $l/1000$ $l/300$ $l/200$ $l/200$

注：1. l为受弯构件的跨度（对悬臂梁和伸臂梁为悬伸长度的2倍）；

2. $[v_T]$为永久和可变荷载标准值产生的挠度（如有起拱应减去拱度）的容许值；$[v_Q]$为可变荷载标准值产生的挠度的容许值。

与简支梁相比，连续梁具有更高的刚度，挠度通常不会对设计起控制作用。由于混凝土开裂引起连续组合梁沿长度方向刚度的改变以及混凝土板和钢梁之间滑移的影响，一般均采用调整后的弹性分析方法来计算连续组合梁的挠度。

目前各国主要的结构设计规范均建议按照变截面杆件计算连续组合梁的挠度。根据试验和分析，可以在支座两侧各15%跨度范围内采用负弯矩截面的抗弯刚度，其余区段采用正弯矩作用下的组合截面刚度，然后按照弹性理论计算组合梁的挠度。这种方法得到的组合梁挠度能够满足各种工况下的要求。其中，负弯矩区只考虑钢梁和钢筋形成的组合作用，正弯矩区则采用考虑滑移效应的折减刚度。

对于不同的荷载工况，连续组合梁的挠度可参照表4-7和表4-8中的计算图表进行。

连续组合梁边跨变形计算公式 **表 4-7**

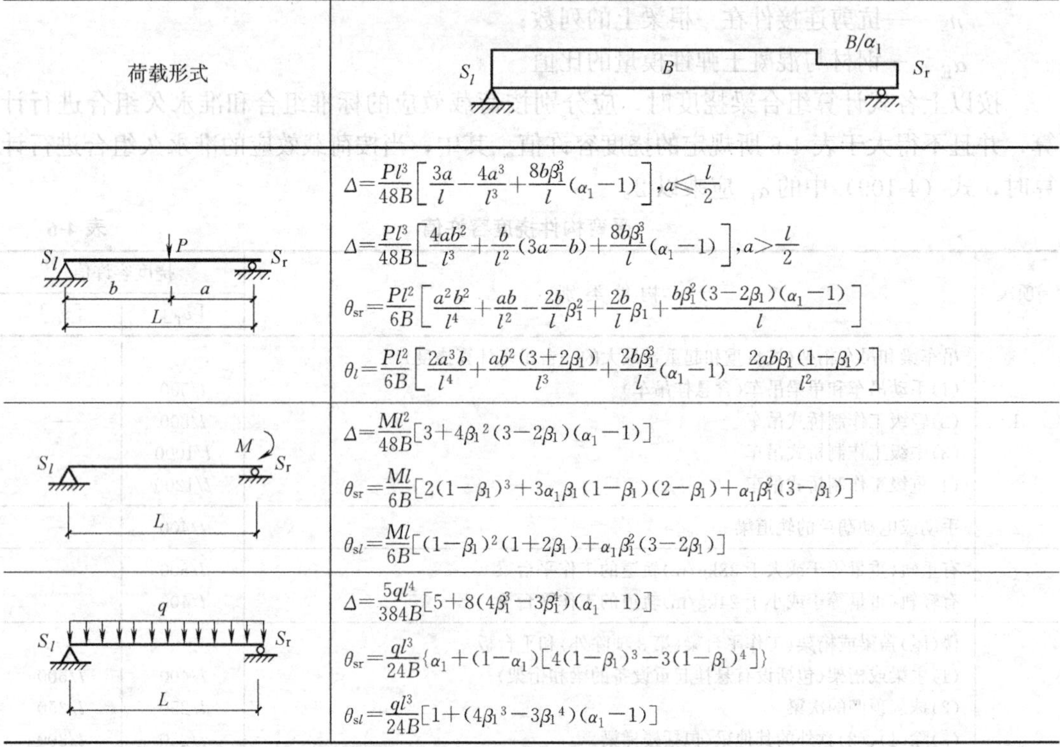

荷载形式	S_l　B　B/α_1　S_r
S_l, P, S_r, b, a, L	$\Delta=\frac{Pl^3}{48B}\left[\frac{3a}{l}-\frac{4a^3}{l^3}+\frac{8b\beta_1^3}{l}(\alpha_1-1)\right],a\leqslant\frac{l}{2}$ $\Delta=\frac{Pl^3}{48B}\left[\frac{4ab^2}{l^3}+\frac{b}{l^2}(3a-b)+\frac{8b\beta_1^3}{l}(\alpha_1-1)\right],a>\frac{l}{2}$ $\theta_{sr}=\frac{Pl^2}{6B}\left[\frac{a^2b^2}{l^4}+\frac{ab}{l^2}-\frac{2b}{l}\beta_1^2+\frac{2b}{l}\beta_1+\frac{b\beta_1^2(3-2\beta_1)(\alpha_1-1)}{l}\right]$ $\theta_l=\frac{Pl^2}{6B}\left[\frac{2a^3b}{l^4}+\frac{ab^2(3+2\beta_1)}{l^3}+\frac{2b\beta_1^3}{l}(\alpha_1-1)-\frac{2ab\beta_1(1-\beta_1)}{l^2}\right]$
S_l, M, S_r, L	$\Delta=\frac{Ml^2}{48B}[3+4\beta_1^2(3-2\beta_1)(\alpha_1-1)]$ $\theta_{sr}=\frac{Ml}{6B}[2(1-\beta_1)^3+3\alpha_1\beta_1(1-\beta_1)(2-\beta_1)+\alpha_1\beta_1^2(3-\beta_1)]$ $\theta_{sl}=\frac{Ml}{6B}[(1-\beta_1)^2(1+2\beta_1)+\alpha_1\beta_1^2(3-2\beta_1)]$
S_l, q, S_r, L	$\Delta=\frac{5ql^4}{384B}[5+8(4\beta_1^3-3\beta_1^4)(\alpha_1-1)]$ $\theta_{sr}=\frac{ql^3}{24B}\{\alpha_1+(1-\alpha_1)[4(1-\beta_1)^3-3(1-\beta_1)^4]\}$ $\theta_{sl}=\frac{ql^3}{24B}[1+(4\beta_1^3-3\beta_1^4)(\alpha_1-1)]$

注：α_1—组合梁正弯矩段的折减刚度 B 与中支座段的刚度之比，$\beta_1=0.15$；

θ_{sr}—梁右端的转角；θ_{sl}—梁左端的转角。

连续组合梁中跨变形计算公式表 **表 4-8**

荷载形式	S_l　B/α_1　B　B/α_1　S_r
S_l, P, S_r, b, a, L	$\Delta=\frac{Pl^3}{48B}\left[\frac{3ab}{l^2}+\frac{4ab^2}{l^3}-\frac{b^2}{l^2}+8\beta_1^3(\alpha_1-1)\right]$ $\theta_{sr}=\frac{Pl}{6B}\left[\frac{ab}{l}(1+\frac{b}{l}-\frac{b}{l}\beta_1+3\beta_1)+\beta_1^3(3b-2b\beta_1+2a\beta_1)(\alpha_1-1)\right]$ $\theta_{sl}=\frac{Pl}{6B}\left[\frac{ab}{l}(1+\frac{a}{l}-\frac{a}{l}\beta_1+3\beta_1)+\beta_1^3(3a-2a\beta_1+2b\beta_1)(\alpha_1-1)\right]$

续表

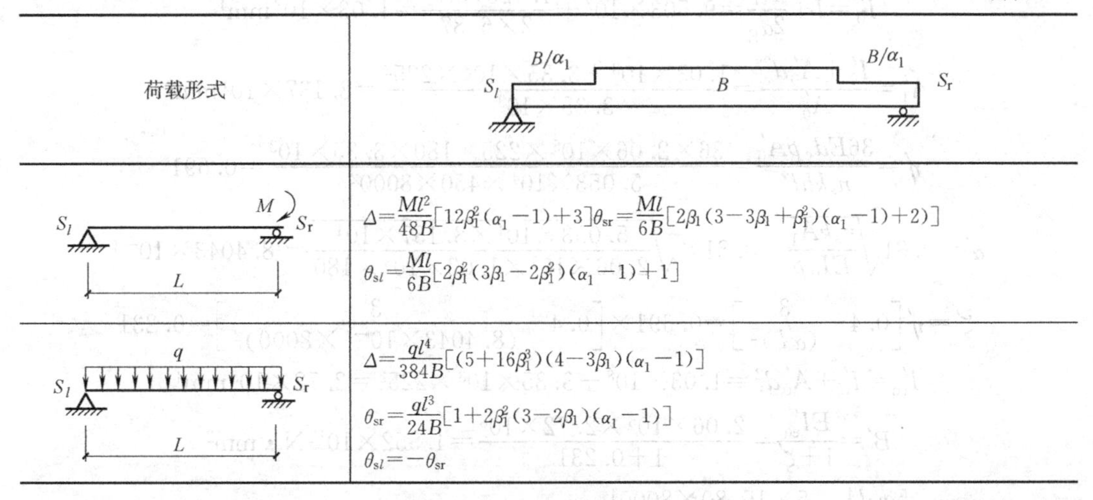

荷载形式	
	$\Delta=\frac{Ml^2}{48B}[12\beta_1^2(\alpha_1-1)+3]$ $\theta_{sr}=\frac{Ml}{6B}[2\beta_1(3-3\beta_1+\beta_1^2)(\alpha_1-1)+2]$ $\theta_{sl}=\frac{Ml}{6B}[2\beta_1^2(3\beta_1-2\beta_1^2)(\alpha_1-1)+1]$
	$\Delta=\frac{ql^4}{384B}[(5+16\beta_1^3)(4-3\beta_1)(\alpha_1-1)]$ $\theta_{sr}=\frac{ql^3}{24B}[1+2\beta_1^2(3-2\beta_1)(\alpha_1-1)]$ $\theta_{sl}=-\theta_{sr}$

计算组合梁变形时，应分别按短期效应组合和长期效应组合进行计算，以其中的较大值作为依据。计算得到的挠度不得大于表 4-6 给出的挠度容许值。

【例题 4-6】 试根据例题 4-4 中塑性抗剪连接设计结果，验算例题 4-1 中所确定的组合梁的挠度。

【解】 组合梁挠度按折减刚度法计算。

(1) 按荷载效应的标准组合进行计算

$$A_0=\frac{A_{cf}A}{\alpha_E A+A_{cf}}=\frac{1.35\times10^5\times5072}{6.87\times5072+1.35\times10^5}=4.03\times10^3\,\text{mm}^2$$

$$I_0=I+\frac{I_{cf}}{\alpha_E}=9.503\times10^7+\frac{1.125\times10^8}{6.87}=1.11\times10^8\,\text{mm}^4$$

$$A_1=\frac{I_0+A_0d_c^2}{A_0}=\frac{1.11\times10^8+4.03\times10^3\times225^2}{4.03\times10^3}=7.817\times10^4\,\text{mm}^2$$

$$\eta=\frac{36Ed_cpA_0}{n_skhl^2}=\frac{36\times2.06\times10^5\times225\times180\times4.03\times10^3}{5.053\times10^4\times450\times8000^2}=0.832$$

$$\alpha=0.81\sqrt{\frac{n_skA_1}{EI_0p}}=0.81\times\sqrt{\frac{5.053\times10^4\times7.817\times10^4}{2.06\times10^5\times1.11\times10^8\times180}}=7.9350\times10^{-4}$$

$$\zeta=\eta\left[0.4-\frac{3}{(\alpha l)^2}\right]=0.832\times\left[0.4-\frac{3}{(7.9350\times10^{-4}\times8000)^2}\right]=0.271$$

$$I_{eq}=I_0+A_0d_c^2=1.11\times10^8+4.03\times10^3\times225^2=3.15\times10^8\,\text{mm}^4$$

$$B=\frac{EI_{eq}}{1+\zeta}=\frac{2.06\times10^5\times3.15\times10^8}{1+0.271}=5.105\times10^{13}\,\text{N}\cdot\text{mm}^2$$

$$f=\frac{5q_kl^4}{384B}=\frac{5\times20.00\times8000^4}{384\times5.105\times10^{13}}=20.89\text{mm}<L/250=8000/250=32\text{mm}$$

满足要求。

(2) 按荷载效应的准永久组合进行计算

$$A_0'=\frac{A_{cf}A}{2\alpha_E A+A_{cf}}=\frac{1.35\times10^5\times5072}{2\times6.87\times5072+1.35\times10^5}=3.35\times10^3\,\text{mm}^2$$

$$I'_0=I+\frac{I_{cf}}{2\alpha_E}=9.503\times10^7+\frac{1.125\times10^8}{2\times6.87}=1.03\times10^8\text{mm}^4$$

$$A'_1=\frac{I'_0+A'_0d_c^2}{A'_0}=\frac{1.03\times10^8+3.35\times10^3\times225^2}{3.35\times10^3}=8.137\times10^4\text{mm}^2$$

$$\eta'=\frac{36Ed_cpA'_0}{n_skhl^2}=\frac{36\times2.06\times10^5\times225\times180\times3.35\times10^3}{5.053\times10^4\times450\times8000^2}=0.691$$

$$\alpha'=0.81\sqrt{\frac{n_skA'_1}{EI_0p}}=0.81\times\sqrt{\frac{5.053\times10^4\times8.137\times10^4}{2.06\times10^5\times1.03\times10^8\times180}}=8.4043\times10^{-4}$$

$$\zeta'=\eta'\left[0.4-\frac{3}{(\alpha'l)^2}\right]=0.691\times\left[0.4-\frac{3}{(8.4043\times10^{-4}\times8000)^2}\right]=0.231$$

$$I'_{eq}=I'_0+A'_0d_c^2=1.03\times10^8+3.35\times10^3\times225^2=2.72\times10^8\text{mm}^4$$

$$B'=\frac{EI'_{eq}}{1+\zeta}=\frac{2.06\times10^5\times2.72\times10^8}{1+0.231}=4.552\times10^{13}\text{N}\cdot\text{mm}^2$$

$$f'=\frac{5q_{kl}l^4}{384B'}=\frac{5\times15.80\times8000^4}{384\times4.552\times10^{13}}=18.51\text{mm}<L/250=8000/250=32\text{mm}$$

满足要求。

4.10.3 混凝土板裂缝宽度计算

开裂是普遍发生于混凝土结构的一种现象。由于混凝土的抗拉强度只有抗压强度的十分之一甚至更低，因此在拉应力作用下易于开裂。对于简支组合梁，在正弯矩作用下混凝土翼板处于受压状态，因此不会开裂。对于未施加预应力的连续组合梁，负弯矩区混凝土翼板处于受拉状态，通常在正常使用状态会发生开裂。除荷载引起的裂缝之外，混凝土收缩和温差作用也会在连续组合梁内引起次内力。如次内力在混凝土翼板内引起的拉应力超过了混凝土的抗拉强度，也会导致混凝土开裂。

混凝土开裂会引起结构耐久性降低，并影响外观效果。但对于连续组合梁，负弯矩区混凝土开裂更有利于结构整体性能的发挥。例如，负弯矩区混凝土开裂后会释放混凝土收缩所引起的内力，并导致截面弯曲刚度降低，从而在连续组合梁内引起内力重分布，有利于发挥正弯矩区抗弯强度高的优势。因此，合理的方式是允许连续组合梁在负弯矩区发生开裂，但应通过合理配筋和采取施工措施将其限制在一定范围内。组合梁负弯矩区混凝土翼板的受力状况与钢筋混凝土轴心受拉构件相似，因此可采用下式计算组合梁负弯矩区的最大裂缝宽度

$$w_{max}=2.7\psi\frac{\sigma_{sk}}{E_s}\left(1.9c+0.08\frac{d_{eq}}{\rho_{te}}\right)\tag{4-110}$$

$$\psi=1.1-0.65\frac{f_{tk}}{\sigma_{sk}\rho_{te}}\tag{4-111}$$

$$\sigma_{sk}=\frac{M_ky_{st}}{I_e}\tag{4-112}$$

式中 ψ——受拉钢筋的应变不均匀系数；当 $\psi<0.2$ 时，取 $\psi=0.2$，当 $\psi>1.0$ 时，取 $\psi=1.0$；对于直接承受重复荷载的组合梁，取 $\psi=1.0$；

σ_{sk}——在荷载效应的标准组合作用下，受拉钢筋的应力；

c——纵向钢筋保护层厚度，当 $c<20$mm 时取 $c=20$mm，当 $c>65$mm 时取 $c=65$mm；

d_{eq}——纵向钢筋等效直径；

ρ_{te}——以混凝土翼板薄弱截面处受拉混凝土的截面积计算得到的受拉钢筋配筋率，$\rho_{te}=A_{st}/b_e h_c$，b_e 和 h_c 是混凝土翼板的有效宽度和高度。

I_e——由纵向钢筋和钢梁形成的换算钢截面惯性矩；

y_{st}——钢筋截面形心至钢筋和钢梁形成的组合截面中和轴的距离；

M_k——考虑了弯矩调幅的标准荷载作用下截面负弯矩组合值，按下式计算：

$$M_k = M_e(1-\alpha_r) \tag{4-113}$$

式中 M_e——荷载标准组合作用下按照弹性方法得到的连续组合梁中支座负弯矩值；

α_r——连续组合梁中支座负弯矩调幅系数。

按式（4-110）计算出的最大裂缝宽度 w_{max} 不得超过允许的最大裂缝宽度限值 w_{lim}。处于一类环境时，取 $w_{lim}=0.3$mm；处于二、三类环境时，取 $w_{lim}=0.2$mm；当处于年平均相对湿度小于60%地区的一类环境时，可取 $w_{lim}=0.4$mm。

如果计算出的最大裂缝宽度 w_{max} 不满足要求时，可采取以下措施，有效地控制裂缝的产生和发展：

（1）使用直径较小的变形钢筋，可以有效地增大钢筋和混凝土之间的粘结作用；

（2）采取减小混凝土收缩的措施，避免收缩进一步加大裂缝宽度；

（3）保证钢梁和混凝土之间的抗剪连接程度，减小滑移的不利影响。

此外，如果对结构的使用要求比较高，在负弯矩区混凝土翼板内设置后浇带或施加预应力，是控制裂缝行之有效的方法之一。

本章小结

（1）钢-混凝土组合梁在正弯矩作用下，混凝土板受压、钢梁受拉，是一种受力效率很高的结构构件。根据使用要求的不同，组合梁可以采用现浇混凝土板、叠合混凝土板、预制混凝土板和压型钢板混凝土组合板等多种翼板形式，钢梁可采用工字形和箱形截面等多种截面形式。

（2）在组合梁设计中，通过采用混凝土翼板有效宽度来反映剪力滞后效应的影响和简化计算。影响混凝土翼板有效宽度的因素很多，通常需要考虑的有混凝土板厚度、梁跨度和间距等。

（3）抗剪连接件是将混凝土板和钢梁组合成整体共同工作的关键部件。抗剪连接件有多种形式，其中栓钉力学性能优良、施工快速方便，是最常用的抗剪连接件。采用柔性连接件时可根据极限平衡的方法在各个剪跨段内均匀布置连接件，设计及施工都较为方便。当连接件不能提供足够的纵向抗剪能力以使组合梁达到全截面塑性抗弯极限承载力时，为部分抗剪连接设计，反之为完全抗剪连接设计。

（4）混凝土翼板既作为组合梁的受压翼缘，同时也作为楼板承担竖向荷载。混凝土翼板可按楼板进行设计，同时应验算在连接件的纵向劈裂作用下不会发生破坏。

（5）按弹性方法设计组合梁时，可根据钢材与混凝土的弹性模量比，采用换算截面法来验算施工及使用阶段组合梁的应力。同时，应考虑温差及混凝土收缩对组合梁应力状态的影响。

（6）组合梁可采用塑性方法计算其承载能力。抗弯承载力验算时，根据截面塑性中和轴位置的不同，按极限平衡的方法进行计算。剪力可认为由钢梁腹板单独承担。

（7）连续组合梁可按弹性方法进行内力分析，但应考虑负弯矩区混凝土开裂等因素所引起的内力重分布。负弯矩作用下，组合截面由钢梁和混凝土翼板有效宽度内配置的纵向钢筋所组成。

（8）采用柔性抗剪连接件的简支组合梁，其变形计算应考虑滑移效应的影响。对于连续组合梁，还应验算负弯矩区混凝土翼板的最大裂缝宽度不超过规范限值。

思 考 题

1. 简述钢-混凝土组合梁的基本受力原理。

2. 钢-混凝土组合梁的主要类型及特点有哪些？

3. 剪力滞后效应是什么？在设计组合梁时如何简化处理这一问题。

4. 简述抗剪连接件的主要形式以及适用范围和构造要求。

5. 简述混凝土收缩、徐变对组合梁受力性能的影响，并比较收缩、徐变与温度应力计算方法的异同。

6. 简述弹性与塑性方法计算组合梁的适用范围，并比较两种计算方法的特点。

7. 简述有临时支撑和无临时支撑施工方法对组合梁受力性能的影响。

8. 影响连续组合梁内力分布的主要因素有哪些？并简述设计连续组合梁负弯矩区所应重点考虑的问题及其处理方法。

9. 简要说明滑移效应对组合梁承载力和变形计算的影响。

习 题

1. 某简支组合梁，如图 4-45 所示，梁跨度 $L=12$m，混凝土板宽 4m，承受均布荷载。施工时梁下不设临时支撑。已知施工活荷载标准值为 1.2kN/m²，楼面活荷载标准值为 3kN/m²，准永久值系数为 0.5，楼面铺装及吊顶荷载标准值为 1.2kN/m²。混凝土采用 C30，钢材为 Q235。栓钉采用 ϕ16，屈服强度为 215MPa，$\gamma=1.67$。试分别按弹性和塑性方法验算该组合梁的承载力，并确定栓钉的数量。

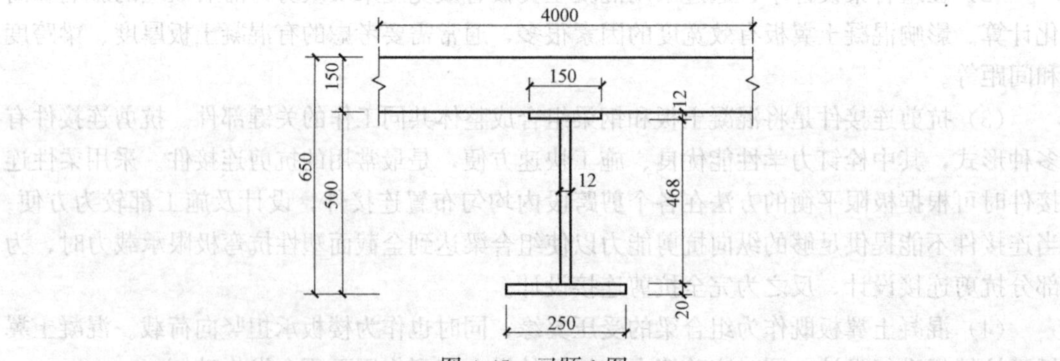

图 4-45　习题 1 图

2. 某 9 跨连续组合梁，每跨跨度均为 $L=12$m，荷载及跨中正弯矩区的截面形式与习题 1 相同。负弯矩区混凝土板内配有Φ16@160 的纵向钢筋。试验算该连续梁中间跨的承载力及变形。

第5章　型钢混凝土结构

5.1　概　　述

5.1.1　型钢混凝土结构的概念

型钢混凝土结构，在英美等国被称为“混凝土包钢结构”（concrete-encased steel-work），前苏联称之为“劲性钢筋混凝土结构”，在日本则被称为“钢骨钢筋混凝土结构”（steel reinforced concrete，简写为SRC）。它是把型钢埋入混凝土中，并配有适量的纵向钢筋和箍筋的一种结构形式。配置的纵向钢筋和箍筋主要是构造所需，构件的承载能力主要依靠型钢部分。在型钢混凝土结构构件的截面中，型钢的配置可分为实腹式和空腹式两大类。实腹式型钢有轧制或焊接工字钢、槽钢及H型钢等，空腹式配钢则主要由角钢构成的空间桁架式骨架所组成。常见的型钢混凝土构件有型钢混凝土梁、型钢混凝土柱、型钢混凝土剪力墙。不同配钢形式的型钢混凝土构件截面如图5-1所示。

5.1.2　型钢混凝土结构的特点

型钢混凝土结构作为一种独立的结构形式得以推广应用，得益于其优越的受力性能。型钢混凝土结构由于截面中配置了型钢，与钢筋混凝土结构相比具有以下突出优点：

（1）承载能力高

型钢混凝土构件中配置了型钢，与钢筋混凝土结构相比含钢率较高，对于同等截面，型钢混凝土构件比钢筋混凝土构件的承载能力大大提高。另一方面，型钢对内部核心混凝土起到约束作用，能改善混凝土的力学性能。

（2）抗震性能好

型钢混凝土结构含钢量较钢筋混凝土大，具有良好的延性和抗震耗能能力。特别是实腹式配钢的型钢混凝土结构，抗震性能与钢结构相当，因此型钢混凝土结构特别适用于抗震要求高的建筑中。

（3）施工速度快

在型钢混凝土结构中配置的实腹和空腹型钢骨架，可以在工厂制作，能达到提高建筑物施工的工厂化程度；同时这些型钢骨架可以在施工时作为承重骨架，承受模板及其他施工荷载，极大地便利施工。

型钢混凝土结构与钢结构相比具有以下突出优点：

（1）刚度大

型钢混凝土结构外包的混凝土对提高构件的刚度起到了很好的作用，含钢量相等的型钢混凝土结构和钢结构相比，型钢混凝土结构的刚度增大明显，因此，在超高层建筑及高耸结构中采用型钢混凝土结构或下部局部采用型钢混凝土结构，可以克服高层及高耸钢结构变形过大的缺点。

（2）防火、防锈蚀能力好

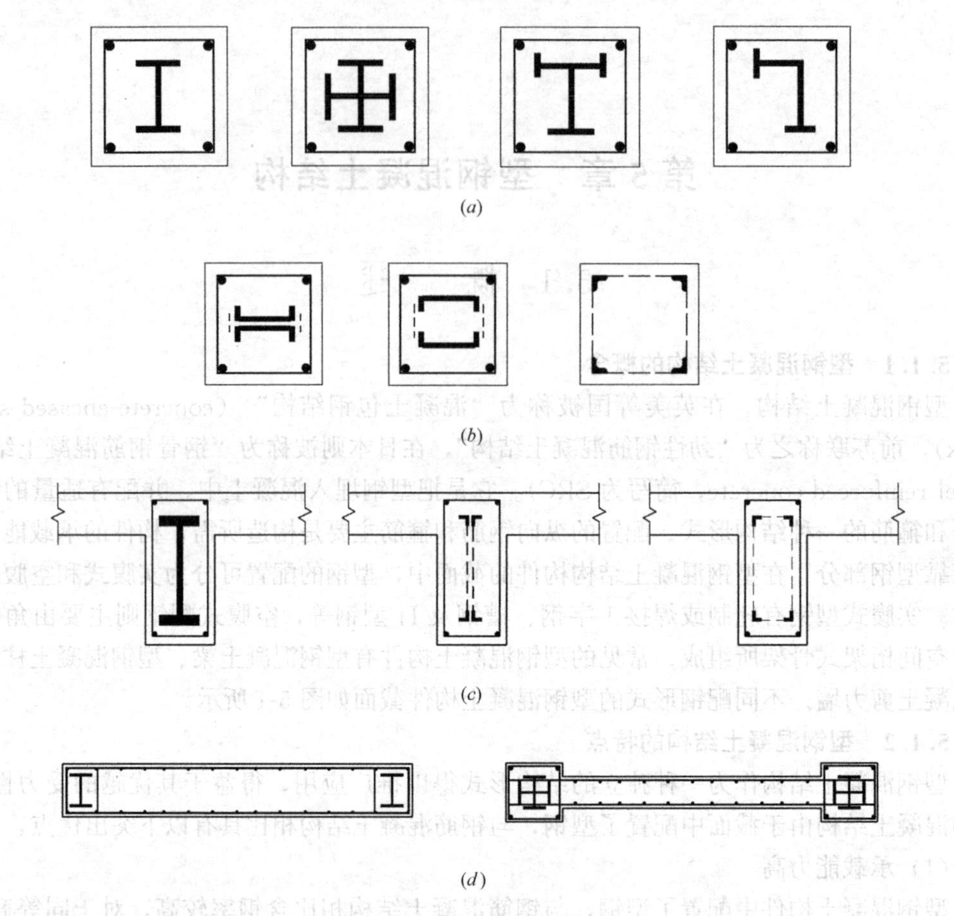

图 5-1　型钢混凝土构件

(a) 实腹式配钢型钢混凝土柱；(b) 空腹式配钢型钢混凝土柱；(c) 型钢混凝土梁；(d) 型钢混凝土剪力墙

早期发展型钢混凝土结构的主要目的是利用外包混凝土提高钢结构的防火能力，由于型钢混凝土结构外部有混凝土的保护作用，其防火和防锈蚀能力与钢结构相比有了显著的提高。

(3) 稳定性好

型钢混凝土结构中，外包的混凝土对内部钢材起到了很好的包裹作用，对提高其稳定性十分有利，试验表明，在构件达到极限承载能力前，型钢很少发生局部屈曲，所以一般在构件中配置的型钢不需要加设加劲板。

当然，型钢混凝土结构也存在着不足之处，型钢混凝土结构中由于型钢表面光滑，型钢与混凝土之间的粘结性能较差，粘结滑移问题比较突出。试验研究表明，型钢与混凝土之间的粘结强度仅为光圆钢筋与混凝土之间粘结强度的 45%左右，而型钢与混凝土之间能够较好地协同工作性能是保证型钢混凝土结构优越承载力和变形能力得以发挥的前提条件。因此在截面中配置适量的纵向构造钢筋和箍筋以提高和改善型钢与混凝土之间的粘结性能很有必要。

5.1.3　型钢混凝土结构在我国的研究和应用

从 20 世纪 50 年代开始，型钢混凝土结构就在我国部分工程中得到应用，当时主要用于前苏联援建的项目。进入20世纪80年代，中国建筑科学研究院、西安建筑科技大学、冶金部建筑研究总院、西南交通大学、东南大学等一些高校及科研机构开始对型钢混凝土结构进行了系统深入的研究，建立了适合我国国情的设计计算理论。1997年在参考日本规程的基础上，原冶金工业部编制了行业标准《钢骨混凝土结构技术规程》（YB 9082-97），该规程于2006年又进行了修订。2002年，建设部在总结我国大量研究成果的基础上，编制了《型钢混凝土组合结构技术规程》（JGJ 138-2001）。由于相关规程的颁布与实施，型钢混凝土结构在我国得到了越来越广泛的应用，建成了如上海金茂大厦、深圳地王大厦、北京京广中心等一些标志性建筑，展示了型钢混凝土结构独特的性能优势。

5.1.4 型钢混凝土结构的一般规定和构造要求

（1）型钢混凝土框架梁和框架柱中的型钢，宜采用充满型实腹型钢。充满型实腹型钢的一侧翼缘宜位于受压区，另一侧翼缘位于受拉区。当梁截面高度较高时，可采用桁架式型钢混凝土梁。

（2）型钢混凝土剪力墙，宜在剪力墙的边缘构件中配置实腹型钢。当需要增强剪力墙的侧向承载力时，也可在剪力墙腹板内加设斜向钢支撑。

（3）型钢混凝土结构构件中，纵向受力钢筋一般采用HRB335及HRB400级钢筋，直径不宜小于16mm，纵筋与型钢的净间距不宜小于30mm，其纵向受力钢筋的最小锚固长度、搭接长度应符合国家标准《混凝土结构设计规范》（GB 50010）的要求。

（4）箍筋可采用HPB235及HRB335级钢筋。为提高型钢混凝土结构构件的抗震性能，宜采用封闭箍筋，箍筋的末端应有135°弯钩，弯钩端头平直段长度不应小于10倍箍筋直径。

（5）型钢混凝土结构构件中的混凝土强度等级不宜小于C30，纵向受力钢筋的混凝土保护层最小厚度应符合国家标准《混凝土结构设计规范》（GB 50010）的规定。型钢的混凝土保护层最小厚度，对梁不宜小于100mm，且梁内型钢翼缘离两侧距离之和（b_1+b_2），不宜小于截面宽度的1/3；对柱不宜小于120mm（图5-2）。

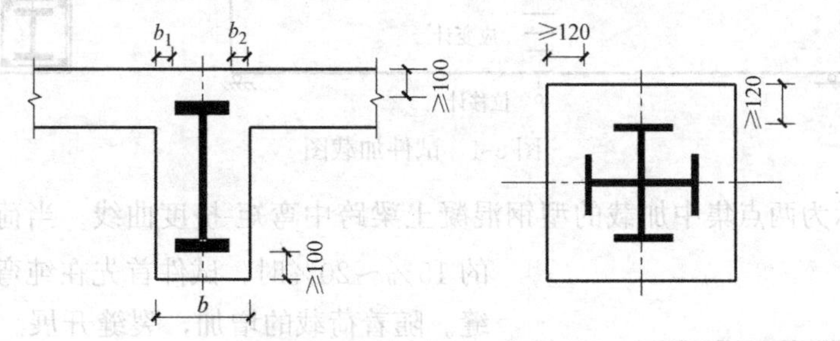

图5-2 混凝土保护层最小厚度

（6）型钢混凝土结构构件中的型钢钢板厚度不宜小于6mm，其钢板宽厚比应符合表5-1的规定（图5-3）。当满足宽厚比限值时，可不进行局部稳定验算。

型钢钢板宽厚比限值 表5-1

钢号	梁		柱	
	b_{af}/t_f	h_w/t_w	b_{af}/t_f	h_w/t_w
Q235	<23	<107	<23	<96
Q345	<19	<91	<19	<81

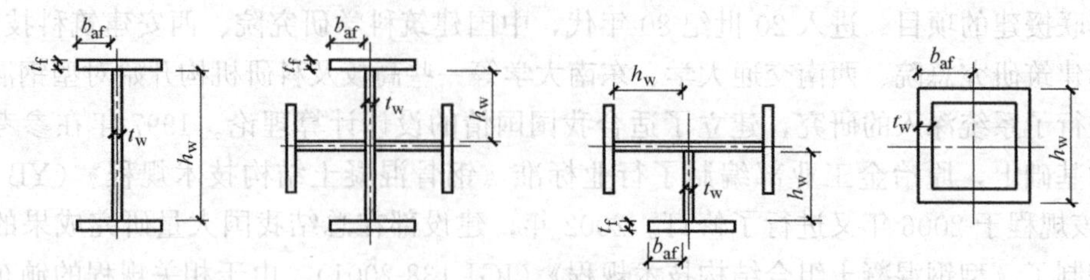

图 5-3　型钢板件宽厚比

（7）在需要设置栓钉的部位，可按弹性方法计算型钢翼缘外表面处的剪应力，相应于该剪应力的剪力由栓钉承担；栓钉承载力应按国家标准《钢结构设计规范》（GB 50017）的规定计算。型钢上设置的抗剪栓钉的直径规格宜选用 19mm 和 22mm，其长度不宜小于 4 倍栓钉直径，栓钉间距不宜小于 6 倍栓钉直径。

5.2　型钢混凝土梁

5.2.1　试验研究

型钢混凝土结构与钢筋混凝土结构的显著区别之一是型钢与混凝土的粘结力远远小于钢筋与混凝土的粘结力。型钢与混凝土的粘结力大约只相等于光面钢筋粘结力的 45%，因此在钢筋混凝土构件中都认为钢筋与混凝土是共同工作的，直至构件破坏。而在型钢混凝土结构中，由于粘结滑移的存在，将影响到构件的破坏形态、计算假定、构件承载能力及刚度裂缝。为了揭示型钢混凝土梁的受力性能，国内外学者进行了大量的试验研究。

图 5-4 为典型的型钢混凝土梁试验，通过分配梁两点集中对称加载，截面配置实腹型钢。

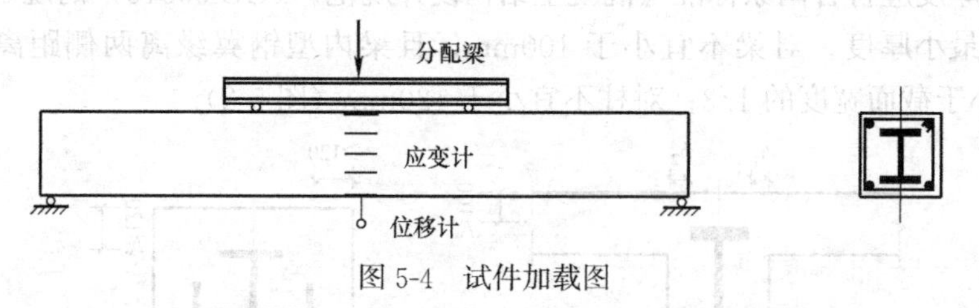

图 5-4　试件加载图

图 5-5 所示为两点集中加载的型钢混凝土梁跨中弯矩-挠度曲线。当荷载为极限荷载的 15%～20%时，试件首先在纯弯段开始出现裂缝。随着荷载的增加，裂缝开展。但是裂缝发展到型钢下翼缘附近，并不随荷载的增加而继续发展。大约加载到极限荷载的 50%左右，裂缝基本出齐。裂缝首先在纯弯段出现，然后在剪跨段出现，均表现为一致的竖向裂缝。只有加载到一定阶段，剪跨段的裂缝逐渐指向加载点而转向斜裂缝。剪跨比越小，这种现象愈明显。由于裂缝发展的“停滞”，所以虽然构件已经开裂，但荷载-跨中挠度曲线并无明显的转折点，如图 5-5 所示。

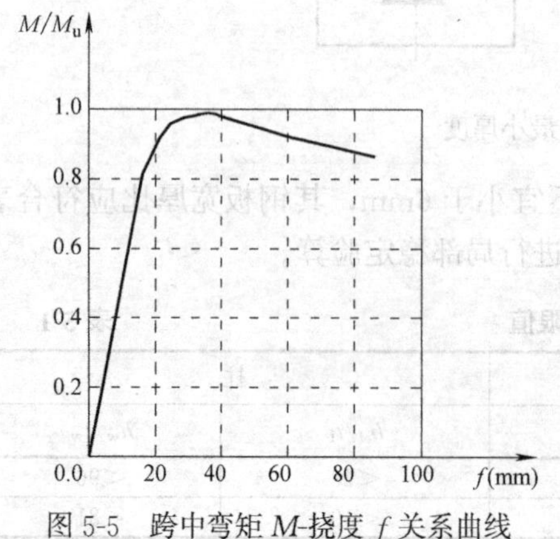

图 5-5　跨中弯矩 M-挠度 f 关系曲线

裂缝发展所以“停滞”的原因，主要是因为型钢刚度较大，裂缝发展到下翼缘附近，即受到型钢的阻止。同时与钢筋混凝土构件相比，型钢在梁宽与高度方向均更大范围地约束着混凝土的受拉变形。尤其在型钢腹板与翼缘之间的“核心”混凝土，受到一定程度的约束，使其具有较大的刚度。当荷载加大到一定程度，型钢受拉翼缘开始屈服，并且随之腹板沿高度方向也继续屈服，此时，裂缝迅速发展，有的可发展到型钢上翼缘附近。继续加载到极限荷载的80%左右，受压翼缘高度处出现水平的粘结裂缝，随着荷载的进一步增加，断续的水平裂缝贯通，保护层混凝土剥落，受压区混凝土被压碎而构件破坏。受压区型钢保护层越小，粘结劈裂破坏越为明显。对于型钢全部和大部分处于受拉区的构件，这种粘结滑移影响并不明显。

试件的破坏形态均为弯曲型破坏。首先是型钢受拉翼缘屈服，然后逐渐沿着腹板高度屈服，最后由于受压型钢屈服，受压混凝土压碎而破坏。同时，根据型钢在截面中配置的位置不同，受压区破坏分两种情况：（1）沿梁全高配置型钢，特别是受压区保护层较小时，粘结劈裂裂缝严重，最后因保护层剥落，混凝土压碎而破坏，如图 5-6 所示。（2）对于仅在受拉区配置型钢，或虽有部分型钢在受压区，但上部型钢翼缘的混凝土保护层厚度较大时，无明显的劈裂裂缝产生，混凝土压碎情况和普通钢筋混凝土适筋梁破坏情况相似，如图 5-7 所示。

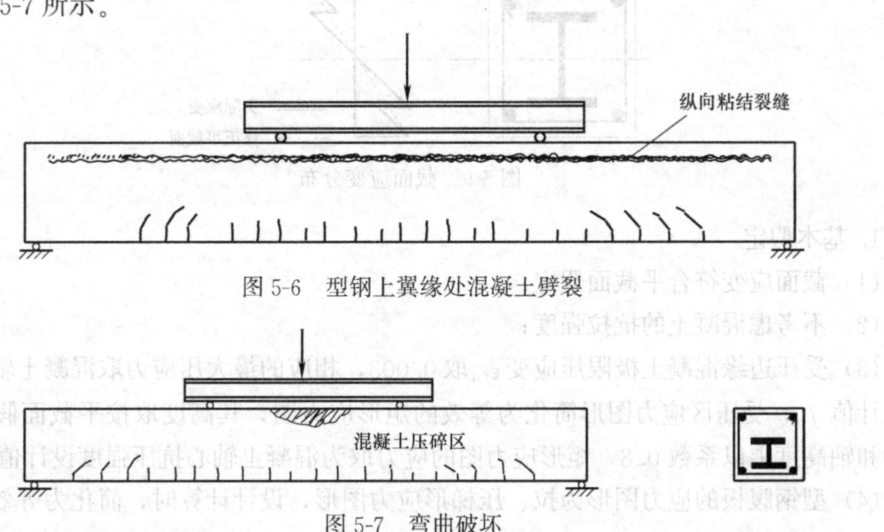

图 5-6　型钢上翼缘处混凝土劈裂

图 5-7　弯曲破坏

利用沿截面高度在混凝土表面粘贴的长标距电阻应变片，测得构件纯弯段的平均应变，如图 5-8 所示。可见在加载初期，截面应变能很好地符合平截面假定。但到后期，平截面假定显然已不成立。主要表现为受拉区边缘的应变滞后，这是因为型钢和混凝土发生了较大的滑移，从而发生了内力重分布。

5.2.2　型钢混凝土梁正截面受弯承载力计算

如前所述，由于型钢混凝土梁在加载后期发生了较大的粘结滑移，显然截面应变已经不符合平截面假定，在型钢上下翼缘处发生了应变突变，如图 5-9 所示，但是采用平均应变的平截面假定，可给构件的计算带来极大的方便。因此为简化计算，可采用一修正的平截面代替实际多折线的截面应变分布。修正的原则是截面受压区高度不变，同时保持实际承载力不变。

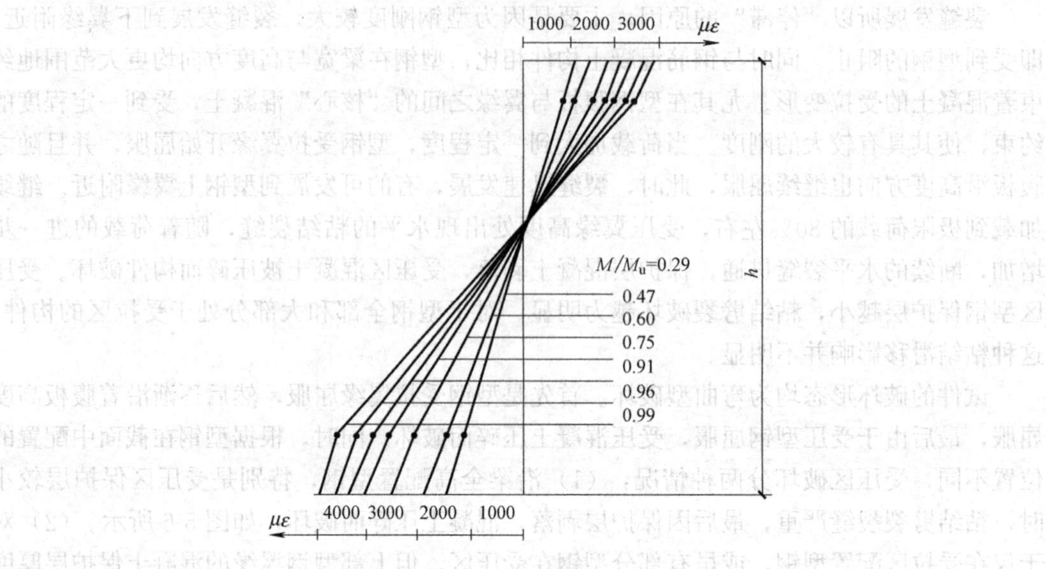

图 5-8　截面平均应变

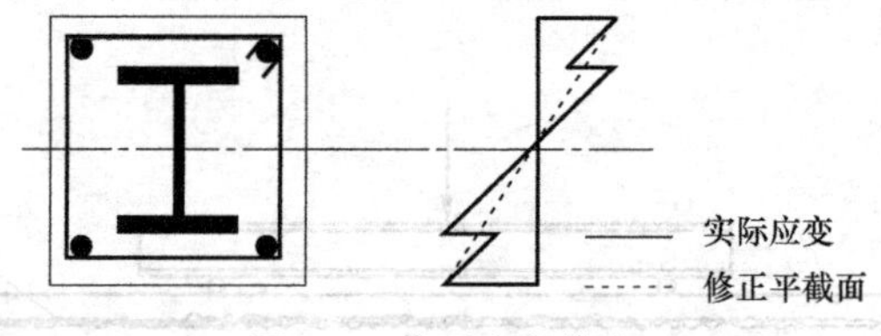

图 5-9　截面应变分布

1. 基本假定

(1) 截面应变符合平截面假定;

(2) 不考虑混凝土的抗拉强度;

(3) 受压边缘混凝土极限压应变 ε_{cu} 取 0.003，相应的最大压应力取混凝土轴心抗压强度设计值 f_c，受压区应力图形简化为等效的矩形应力图，其高度取按平截面假定所确定的中和轴高度乘以系数 0.8，矩形应力图的应力取为混凝土轴心抗压强度设计值;

(4) 型钢腹板的应力图形为拉、压梯形应力图形，设计计算时，简化为等效矩形应力图形;

(5) 钢筋应力取等于钢筋应变与其弹性模量的乘积，但不大于其强度设计值，受拉钢筋和型钢受拉翼缘的极限拉应变 ε_{su} 取 0.01。

2. 受弯承载力计算

型钢混凝土框架梁截面受弯承载力计算简图如图 5-10 所示，其受弯承载能力按下列公式计算:

$$M \leqslant \alpha_1 f_c bx\left(h_0-\frac{x}{2}\right)+f'_y A'_s(h_0-a'_s)+f'_a A'_{af}(h_0-a'_a)+M_{aw} \tag{5-1}$$

$$\alpha_1 f_c bx+f'_y A'_s+f'_a A'_{af}-f_y A_s-f_a A_{af}+N_{aw}=0 \tag{5-2}$$

当 $\delta_1 h_0 < 1.25x$，$\delta_2 h_0 > 1.25x$ 时

$$N_{aw}=[2.5\xi-(\delta_1+\delta_2)]t_w h_0 f_a \tag{5-3}$$

$$M_{aw}=\left[\frac{1}{2}(\delta_1^2+\delta_2^2)-(\delta_1+\delta_2)+2.5\xi-(1.25\xi)^2\right]t_w h_0^2 f_a \tag{5-4}$$

$$\xi_b=\frac{0.8}{1+\frac{f_y+f_a}{2\times0.003E_s}} \tag{5-5}$$

混凝土受压区高度 x 尚应符合下列公式要求：

$$x\leqslant\xi_b h_0 \tag{5-6}$$

$$x\geqslant a_a'+t_f \tag{5-7}$$

式中 ξ——相对受压区高度，$\xi=x/h_0$；

ξ_b——相对界限受压区高度，$\xi_b=x_b/h_0$；

x_b——界限受压区高度；

M_{aw}——型钢腹板承受的轴向合力对型钢受拉翼缘和纵向受拉钢筋合力点的力矩；

N_{aw}——型钢腹板承受的轴向合力；

δ_1——型钢腹板上端至截面上边距离与 h_0 的比值；

δ_2——型钢腹板下端至截面上边距离与 h_0 的比值；

t_w——型钢腹板厚度；

t_f——型钢翼缘厚度；

h_0——型钢受拉翼缘和纵向受拉钢筋合力点至混凝土受压边缘距离。

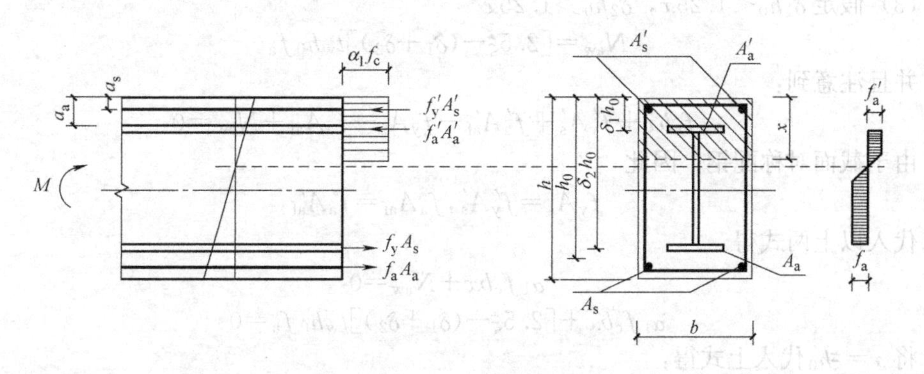

图 5-10 型钢混凝土梁受弯承载力计算

【例题 5-1】 型钢混凝土梁的截面尺寸为 $b=450$mm，$h=850$mm，如图 5-11 所示，混凝土采用 C30，型钢采用 Q345 钢，其型号为热轧 H 型钢 HZ600（截面尺寸为 600mm×220mm×12mm×19mm），钢筋采用 HRB335（4Φ25）。试计算此梁所能承受的极限弯矩。

【解】 HRB335 钢筋，抗拉强度设计值 $f_y=300\text{N/mm}^2$；Q345 型钢，抗拉强度设计值 $f_a=315\text{N/mm}^2$

（1）计算界限相对受压区高度

$$\xi_b=\frac{0.8}{1+\frac{f_y+f_a}{2\times0.003E_s}}=\frac{0.8}{1+\frac{300+315}{2\times0.003\times2.0\times10^5}}=0.529$$

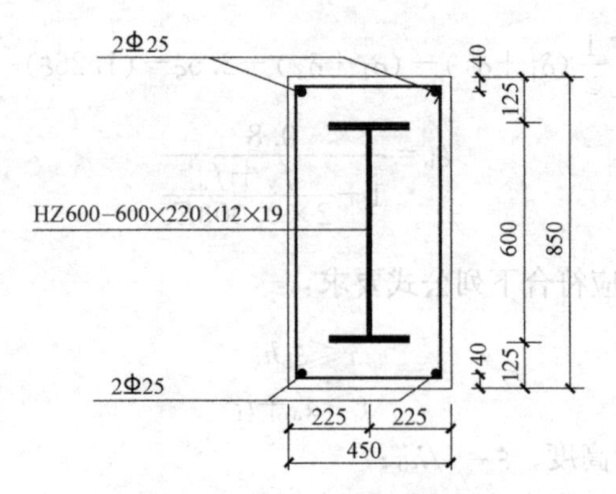

图 5-11　截面及配钢图

(2) 计算有效高度

$$a=\frac{2\times982\times300\times40+220\times19\times315\times\left(125+\frac{19}{2}\right)}{2\times982\times300+220\times19\times315}=105.3\text{mm}$$

$$h_0=h-a=850-105.3=744.7\text{mm}$$

$$\delta_1=\frac{125}{h_0}=\frac{125}{744.7}=0.168$$

$$\delta_2=\frac{850-125}{h_0}=\frac{725}{744.7}=0.974$$

(3) 假定 $\delta_1 h_0<1.25x$，$\delta_2 h_0>1.25x$

$$N_{aw}=[2.5\xi-(\delta_1+\delta_2)]t_w h_0 f_a$$

并且注意到：

$$\alpha_1 f_c bx+f'_y A'_s+f'_a A'_{af}-f_y A_s-f_a A_{af}+N_{aw}=0$$

由于截面对称配钢，因此

$$f_y A_s=f'_y A'_s, f_a A_{af}=f'_a A'_{af}$$

代入以上两式得

$$\alpha_1 f_c bx+N_{aw}=0$$

$$\alpha_1 f_c bx+[2.5\xi-(\delta_1+\delta_2)]t_w h_0 f_a=0$$

将 $x=\xi h_0$ 代入上式得：

$$\alpha_1 f_c b\xi h_0+[2.5\xi-(\delta_1+\delta_2)]t_w h_0 f_a=0$$

$$1.0\times14.3\times450\times744.7\times\xi+[2.5\xi-(0.168+0.974)]\times12\times744.7\times315=0$$

求解得：$\xi=0.2718$

$$x=\xi h_0=202.3\text{mm}$$

$\delta_1 h_0=125<1.25x=252\text{mm}$，$\delta_2 h_0=725>1.25x=252\text{mm}$，故假定成立

并且满足：$x=202.3<\xi_b h_0=0.529\times744.7=394\text{mm}$

$$x=202.3>a'_a+t_f=125+19=144\text{mm}$$

$$M_{aw}=\left[\frac{1}{2}(\delta_1^2+\delta_2^2)-(\delta_1+\delta_2)+2.5\xi-(1.25\xi)^2\right]t_w h_0^2 f_a$$

$$=\left[\frac{1}{2}(0.168^2+0.974^2)-(0.168+0.974)+2.5\times0.2718-(1.25\times0.2718)^2\right]\times12\times744.7^2\times315$$

$$=-187.57\text{kN}\cdot\text{m}$$

$$M \leqslant \alpha_1 f_c bx\left(h_0-\frac{x}{2}\right)+f'_y A'_s(h_0-a'_s)+f'_a A'_{af}(h_0-a'_a)+M_{aw}$$

$$=1.0\times14.3\times450\times202.3\times\left(744.7-\frac{202.3}{2}\right)+300\times982\times(744.7-40)$$

$$+315\times220\times19\times(744.7-125)+M_{aw}$$

$$=1673.76\text{kN}\cdot\text{m}$$

故此型钢混凝土梁的受弯承载力为：$M_u=1673.76\text{kN}\cdot\text{m}$。

5.2.3 型钢混凝土梁斜截面受剪承载力计算

1. 型钢混凝土梁斜截面破坏形态

试验研究表明，型钢混凝土梁的斜截面破坏形态主要有斜压破坏、剪切粘结破坏和剪压破坏。

(1) 斜压破坏

当剪跨比很小（$\lambda<1.5$）时，梁上的正应力不大，而剪应力相对较大，在梁腹部的主拉应力使剪跨段产生许多大致平行的斜裂缝，将混凝土分割成若干斜压短柱。由于型钢混凝土梁中型钢腹板沿梁高连续配置，混凝土开裂后，型钢腹板承担着斜裂缝面上混凝土释放出来的应力，同时对混凝土的拉压变形起到有效的约束作用，在斜压混凝土被压碎前，腹部型钢已经屈服，梁的最终破坏形态表现为斜压混凝土的压碎脱落。破坏形态如图5-12所示。

(2) 剪切粘结破坏

当剪跨比较小（$\lambda=1.5\sim2.0$）时，混凝土受压区和型钢受拉翼缘较大的正应力导致混凝土保护层与型钢翼缘界面产生较大的剪切应力，由于型钢与混凝土界面的粘结强度较低，当混凝土保护层较小，易产生水平的剪切粘结裂缝，若箍筋配置不足时，就会发生剪切粘结破坏。梁的最终破坏形态表现为保护层混凝土脱落，如图 5-13 所示。

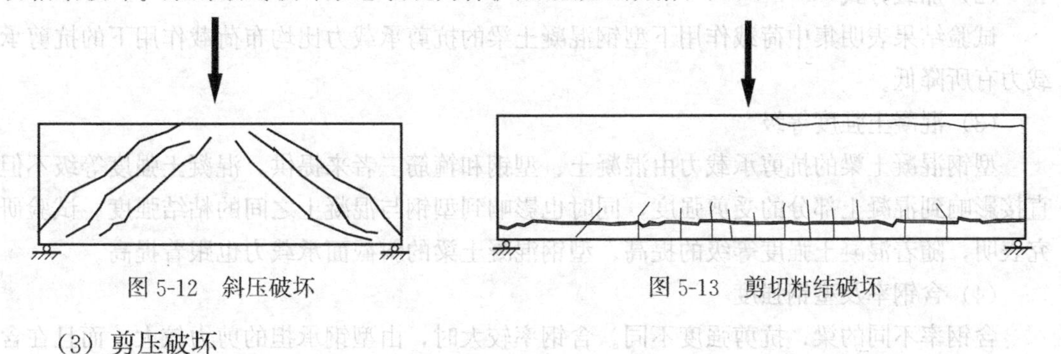

图 5-12 斜压破坏　　图 5-13 剪切粘结破坏

(3) 剪压破坏

当剪跨比较大（$\lambda\geqslant2.0$）时，梁的承载力往往由弯曲应力起控制作用。荷载作用下，当混凝土受拉边缘应力达到混凝土的抗拉强度时，首先出现垂直的弯曲裂缝，此后，随着荷载的增大，垂直裂缝斜向延伸，并指向加载点，最后在正应力和剪应力的共同作用下，剪压区混凝土达到弯剪复合应力作用下的强度，剪压区混凝土被压碎，梁破坏，如图5-14所示。

2. 型钢混凝土梁斜截面承载力的影响因素

影响型钢混凝土梁斜截面承载力有诸多因素，包括梁的剪跨比、加载方式、混凝土强度等级、型钢的含钢率以及型钢强度、截面配箍率等。

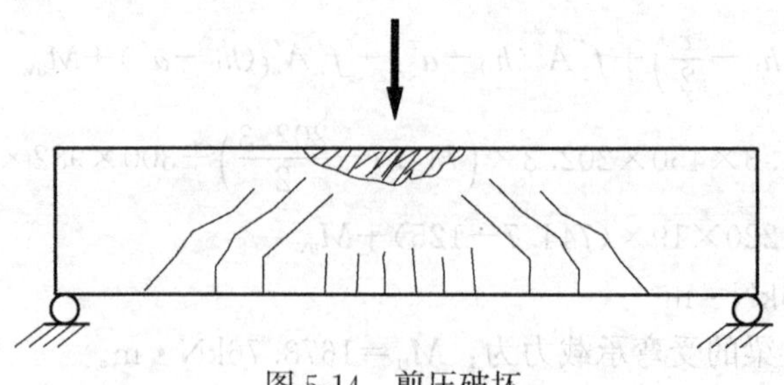

图 5-14　剪压破坏

(1) 剪跨比影响

剪跨比 $\lambda=M/(Vh_0)$ 的变化实质上反映了梁上弯、剪应力作用下的相关关系，随着剪跨比的改变，梁的破坏形态逐渐发生变化。试验实测的梁斜截面受剪承载力与剪跨比的关系如图 5-15 所示，可见斜截面受剪承载力随着剪跨比的增大而降低。

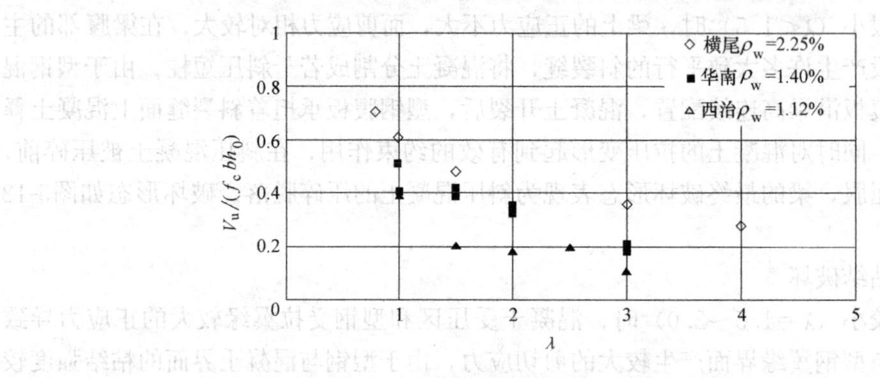

图 5-15　剪跨比对斜截面受剪承载力的影响

(2) 加载方式

试验结果表明集中荷载作用下型钢混凝土梁的抗剪承载力比均布荷载作用下的抗剪承载力有所降低。

(3) 混凝土强度等级

型钢混凝土梁的抗剪承载力由混凝土、型钢和箍筋三者来提供，混凝土强度等级不但直接影响到混凝土部分的受剪强度，同时也影响到型钢与混凝土之间的粘结强度。试验研究表明，随着混凝土强度等级的提高，型钢混凝土梁的斜截面承载力也跟着提高。

(4) 含钢率及型钢强度

含钢率不同的梁，抗剪强度不同。含钢率较大时，由型钢承担的剪力较大，而且在含钢量较大的梁中，被约束的混凝土也较多，这对提高混凝土的强度和变形能力十分有利。同时试验结果也表明，在型钢含钢率相同的情况下，提高型钢的强度能有效提高构件的斜截面承载能力。

(5) 截面配箍率

与普通的钢筋混凝土梁类似，型钢混凝土梁中的箍筋可以直接承担部分剪力，同时也能约束内部混凝土，改善型钢与混凝土之间的粘结性能。试验研究表明，随着截面配箍率的增加，型钢混凝土梁的斜截面受剪承载力亦增大。

3. 型钢混凝土梁斜截面受剪承载力计算

与普通钢筋混凝土梁类似，为了防止型钢混凝土梁发生脆性较大的斜压破坏，型钢混凝土梁的受剪截面应符合下列条件：

$$V_b \leqslant 0.45 f_c b h_0 \tag{5-8}$$

$$\frac{f_a t_w h_w}{f_c b h_0} \geqslant 0.10 \tag{5-9}$$

式中 V_b——型钢混凝土梁的剪力设计值；

f_c——混凝土的轴心抗压强度设计值；

f_a——型钢的屈服强度设计值；

b、h_0——分别为型钢混凝土梁的截面宽度和有效高度；

t_w、h_w——分别为型钢腹板的厚度和高度。

型钢为充满型实腹型钢的型钢混凝土梁，其斜截面受剪承载力应按下列公式计算：

均布荷载作用下的型钢混凝土梁

$$V_b \leqslant 0.08 f_c b h_0 + f_{yv} \frac{A_{sv}}{s} h_0 + 0.58 f_a t_w h_w \tag{5-10}$$

集中荷载作用下的型钢混凝土梁

$$V_b \leqslant \frac{0.2}{\lambda + 1.5} f_c b h_0 + f_{yv} \frac{A_{sv}}{s} h_0 + \frac{0.58}{\lambda} f_a t_w h_w \tag{5-11}$$

式中 f_{yv}——箍筋强度设计值；

A_{sv}——配置在同一截面内箍筋各肢的全部截面面积；

s——沿构件长度方向上箍筋的间距；

λ——计算截面剪跨比，λ 可取 $\lambda = a/h_0$，a 为计算截面至支座截面或节点边缘的距离，计算截面取集中荷载作用点处的截面。当 $\lambda < 1.4$ 时，取 $\lambda = 1.4$；当 $\lambda > 3$ 时，取 $\lambda = 3$。

【例题 5-2】 有一型钢混凝土简支梁，计算跨度为 12m，承受均布荷载，其中永久荷载的设计值为 24.5kN/m（包括梁的自重），可变荷载的设计值为 60kN/m，经正截面受弯承载力计算，拟配 Q345 级热轧 H 型钢 HZ600（截面为 600mm×220mm×12mm×19mm），HRB335 级 4Φ25 钢筋，混凝土采用 C30，截面配钢如图 5-16 所示。试验算其斜截面受剪承载力，并配置箍筋。

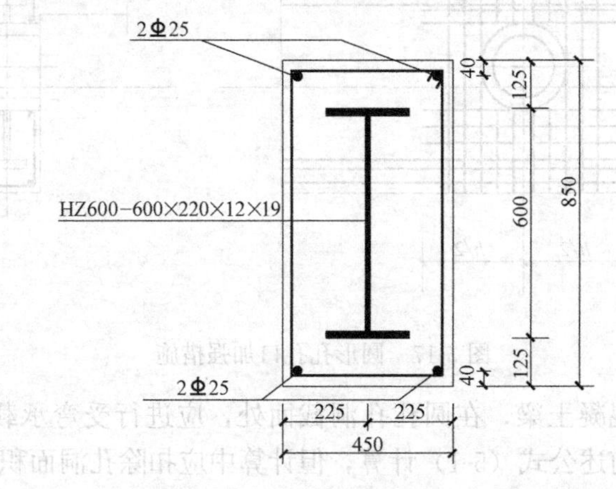

图 5-16 截面及配钢图

【解】梁上永久荷载设计值与可变荷载设计值之和为：

$$g+q=24.5+60=84.5\text{kN/m}$$

梁上最大剪力设计值

$$V_{\max}=\frac{1}{2}(g+q)l=\frac{1}{2}\times84.5\times12=507\text{kN}$$

$$0.45f_{c}bh_{0}=0.45\times14.3\times450\times744.7=2156\text{kN}$$

$$V_{\max}=507\text{kN}<0.45f_{c}bh_{0}=2156\text{kN}，满足要求$$

$$\frac{f_{a}t_{w}h_{w}}{f_{c}bh_{0}}=\frac{315\times12\times562}{14.3\times450\times744.7}=0.44>0.10，满足要求$$

由 $V_{b}=0.08f_{c}bh_{0}+f_{yv}\frac{A_{sv}}{s}h_{0}+0.58f_{a}t_{w}h_{w}$，得：

$$507\times10^{3}=0.08\times14.3\times450\times744.7+f_{yv}\frac{A_{sv}}{s}h_{0}+0.58\times315\times12\times562$$

$$f_{yv}\frac{A_{sv}}{s}h_{0}=-1108\text{kN}<0$$

故箍筋可以按构造配置，拟配双肢 $\phi8@200$。

5.2.4 腹部开孔型钢混凝土梁

在实际工程中，工业厂房或民用建筑中由于受到工艺设备或使用等需要，特别是一些复杂管线的穿行，经常出现在型钢混凝土梁腹部开孔的情况。

当型钢混凝土梁需要开孔时，开孔的孔位宜设置在剪力较小截面附近，最好采用圆形孔，当孔洞位于离支座 1/4 跨度以外时，圆形孔的直径不宜大于 0.4 倍梁高，且不宜大于型钢截面高度的 0.7 倍；当孔洞位于离支座 1/4 跨度以内时，圆孔的直径不宜大于 0.3 倍梁高，且不宜大于型钢截面高度的 0.5 倍。孔洞周边宜设置钢套管，管壁厚度不宜小于梁型钢腹板厚度，套管与梁型钢腹板连接的角焊缝高度宜取 0.7 倍腹板厚度；腹板孔周围两侧宜各焊上厚度稍小于腹板厚度的环形补强板，其环板宽度应取 75～125mm；且孔边应加设构造箍筋和水平筋，如图 5-17 所示。

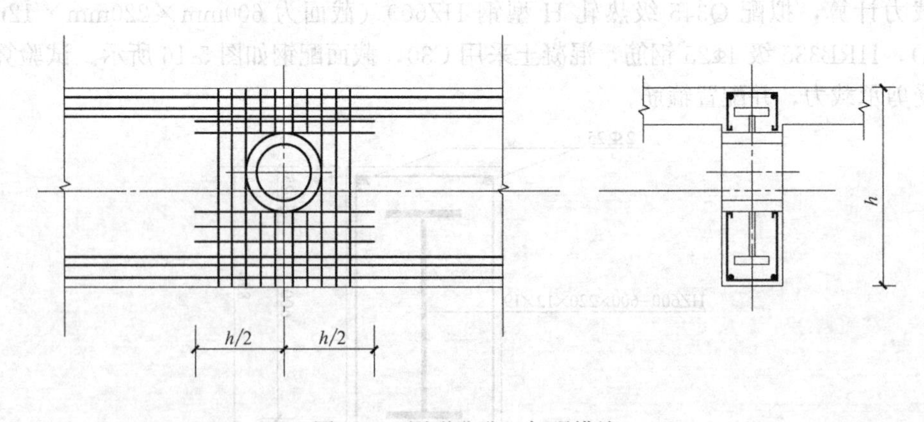

图 5-17 圆形孔孔口加强措施

对于开孔的型钢混凝土梁，在圆孔孔洞截面处，应进行受弯承载力和受剪承载力计算，受弯承载力可按前述公式（5-1）计算，但计算中应扣除孔洞面积。

开孔的型钢混凝土梁孔洞截面处的受剪承载力计算公式如下：

$$V_b \leqslant 0.08 f_c b h_0 \left(1-1.6\frac{D_h}{h}\right)+0.58 f_a t_w (h_w - D_h)\gamma + \sum f_{yv} A_{sv} \tag{5-12}$$

式中　γ——孔边条件系数，孔边设置钢套管时取1.0，不设钢套管时取0.85；

D_h——圆孔孔洞直径；

$\sum f_{yv} A_{sv}$——从孔中心到两侧1/2梁高范围内加强箍筋的受剪承载力。

5.2.5　型钢混凝土梁的挠度计算

1. 型钢混凝土梁的刚度计算

对于弹性材料，构件在使用阶段应力应变呈直线关系，刚度EI为常数。与弹性材料不同，型钢混凝土梁是弹塑性构件，随着荷载的变化，梁的刚度发生了改变，并且与含钢量等因素有关。对于型钢混凝土梁，如果能求得其刚度值B，则仍可采用结构力学方法计算其变形（挠度）。

试验研究结果表明，型钢混凝土梁中由于配置了型钢，在达到开裂荷载以后，在荷载-挠度曲线上并没有明显的转折点，这与普通的钢筋混凝土梁不同，梁中配置的型钢对提高梁的刚度有明显的作用，随着截面含钢率的增大，这种作用愈加明显。因此在计算型钢混凝土梁的刚度时要考虑型钢的贡献。

对型钢混凝土梁，当梁的纵向受拉钢筋配筋率为0.3%～1.5%范围时，荷载效应的标准组合作用下，构件的短期刚度B_s可按下式计算：

$$B_s=\left(0.22+3.75\frac{E_s}{E_c}\rho_s\right)E_c I_c + E_a I_a \tag{5-13}$$

按荷载效应标准组合并考虑荷载长期作用影响的刚度B，可按下式计算：

$$B=\frac{M_k}{M_q(\theta-1)+M_k}B_s \tag{5-14}$$

式中　E_c——混凝土弹性模量；

E_a——型钢弹性模量；

I_c——按截面尺寸计算的混凝土截面惯性矩；

I_a——型钢的截面惯性矩；

M_k——按荷载效应的标准组合计算的弯矩值；

M_q——按荷载效应的准永久组合计算的弯矩值；

θ——考虑荷载长期效应组合对挠度增大的影响系数。当$\rho_s'=0$时，$\theta=2.0$；当$\rho_s'=\rho_s$时，$\theta=1.6$；中间数值按线性内插法确定；

ρ_s、ρ_s'——分别为纵向受拉钢筋和纵向受压钢筋配筋率，$\rho_s=A_s/bh_0$、$\rho_s'=A_s'/bh_0$。

2. 型钢混凝土梁挠度的计算原则

（1）型钢混凝土梁在正常使用极限状态下的挠度，可根据上述公式（5-14）计算得出的刚度，再采用结构力学的方法计算得到型钢混凝土梁的挠度；

（2）在计算等截面梁时，可假定型钢混凝土梁中各同号弯矩区段内的刚度相等，其值取用各区段内最大弯矩处截面的刚度；

（3）型钢混凝土梁的挠度计算应按荷载效应的标准组合并考虑荷载长期作用影响的刚度B进行计算；

（4）若型钢混凝土梁在制作时预先起拱，并且使用上也允许，则取计算挠度减去预先起拱值为实际挠度值；

(5) 上述方法所求得型钢混凝土梁的挠度，不应大于表 5-2 规定的最大挠度限值。

型钢混凝土梁的挠度限值　　表 5-2

跨　度	挠度限值(以计算跨度 l_0 计算)	跨　度	挠度限值(以计算跨度 l_0 计算)
$l_0<7$m	$l_0/200(l_0/250)$	$l_0>9$m	$l_0/300(l_0/400)$
7m$\leqslant l_0\leqslant$9m	$l_0/250(l_0/300)$		

注：表中括号中的数值适用于使用上对挠度有较高要求的构件。

5.2.6　型钢混凝土梁的裂缝宽度验算

1. 型钢混凝土梁的裂缝开展

型钢混凝土梁的裂缝开展机理，与普通钢筋混凝土梁类似，裂缝的出现和发展呈现以下特征：

(1) 试验表明，对承受两点对称荷载的型钢混凝土梁，当荷载达到极限荷载的15%～20%左右时，首先在梁弯矩最大的纯弯段出现竖向裂缝；当荷载达到极限荷载的 50%左右时，裂缝基本稳定。在型钢下翼缘附近，混凝土受刚度较大的型钢的约束，其向上的发展缓慢。

(2) 型钢混凝土梁的剪跨段一般先出现竖向裂缝，加载到一定阶段则逐渐发展为指向加载点的斜向裂缝，剪跨比越小，这种现象越明显。

(3) 型钢混凝土梁的平均裂缝间距较普通钢筋混凝土梁大，但其裂缝宽度的开展却小一些。

2. 型钢混凝土梁的裂缝宽度计算原则

(1) 型钢混凝土梁的最大裂缝宽度，应按荷载效应的标准组合并考虑荷载长期作用的影响进行计算。

(2) 考虑裂缝宽度分布的不均匀性和荷载长期作用影响的最大裂缝宽度（按 mm 计）应按下列公式计算（图 5-18）：

$$w_{\max}=2.1\psi\frac{\sigma_{sa}}{E_s}\left(1.9c+0.08\frac{d_e}{\rho_{te}}\right) \tag{5-15}$$

$$\psi=1.1(1-M_c/M_k) \tag{5-16}$$

$$M_c=0.235bh^2f_{tk} \tag{5-17}$$

$$\sigma_{sa}=\frac{M_k}{0.87(A_sh_{0s}+A_{af}h_{0f}+kA_{aw}h_{0w})} \tag{5-18}$$

$$d_e=\frac{4(A_s+A_{af}+kA_{aw})}{u} \tag{5-19}$$

$$u=n\pi d_s+(2b_f+2t_f+2kh_{aw})\times0.7 \tag{5-20}$$

$$\rho_{te}=\frac{A_s+A_{af}+kA_{aw}}{0.5bh} \tag{5-21}$$

式中　c——纵向受拉钢筋的混凝土保护层厚度；

ψ——考虑型钢翼缘作用的钢筋应变不均匀系数；当 $\psi<0.4$ 时，取 $\psi=0.4$；当 $\psi>1.0$ 时，取 $\psi=1.0$；

k——型钢腹板影响系数，其值取梁受拉侧 1/4 梁高范围中腹板高度与整个腹板高度的比值；

d_e、ρ_{te}——考虑型钢受拉翼缘与部分腹板及受拉钢筋的有效直径、有效配箍率；

σ_{sa}——考虑型钢受拉翼缘与部分腹板及受拉钢筋的钢筋应力值；

M_c——混凝土截面的抗裂弯矩；

M_k——按荷载效应标准组合计算的截面弯矩值；

A_s、A_{af}——纵向受力钢筋、型钢受拉翼缘面积；

A_{aw}、h_{aw}——型钢腹板面积、高度；

h_{0s}、h_{0f}、h_{0w}——纵向受拉钢筋、型钢受拉翼缘、kA_{aw}截面重心至混凝土截面受压边缘的距离，如图 5-18 所示；

n——纵向受拉钢筋数量；

u——纵向受拉钢筋和型钢受拉翼缘与部分腹板周长之和。

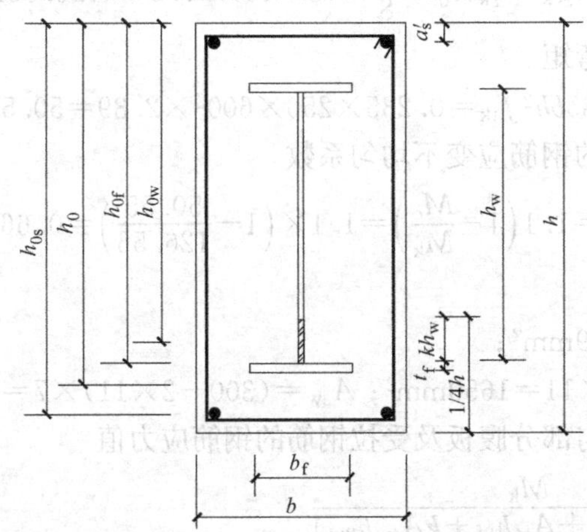

图 5-18 计算型钢混凝土梁裂缝宽度的截面特性

(3) 型钢混凝土梁的最大裂缝宽度，不应大于表 5-3 规定的最大裂缝宽度限值。

最大裂缝宽度限值（mm） **表 5-3**

构件工作条件	最大裂缝宽度限值	构件工作条件	最大裂缝宽度限值
室内正常环境	0.3	露天或室内高湿度环境	0.2

【例题 5-3】 已知型钢混凝土矩形截面简支梁，处于室内正常环境，计算跨度 $l_0=7.5\text{m}$，截面尺寸 $b\times h=250\text{mm}\times600\text{mm}$，截面配钢如图 5-19 所示，混凝土强度等级 C40（$f_{tk}=2.39\text{N/mm}^2$，$E_c=3.25\times10^4\text{N/mm}^2$），焊接型钢 $H\times B\times t_w\times t_a=300\text{mm}\times150\text{mm}\times7\text{mm}\times11\text{mm}$，采用 Q345 钢材焊接（$f_a=315\text{N/mm}^2$，$E_a=2.06\times10^5\text{N/mm}^2$），钢筋采用 HRB335 级（$f_y=300\text{N/mm}^2$，$E_s=2.0\times10^5\text{N/mm}^2$），钢筋的混凝土保护层厚度 $c=30\text{mm}$，该梁承受的永久荷载标准值 $g_k=8\text{kN/m}$，可变荷载标准值 $q_k=10\text{kN/}$

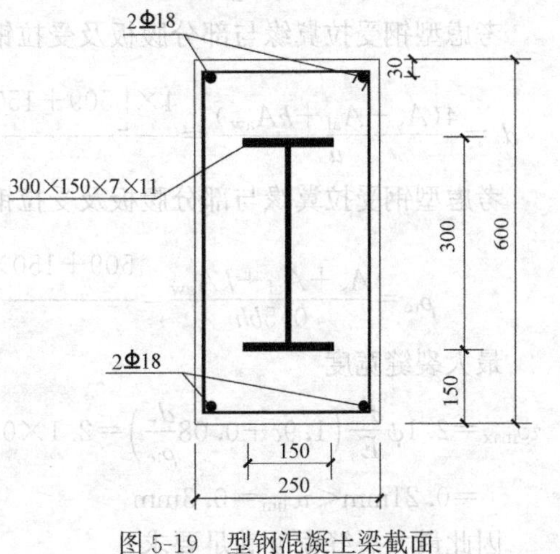

图 5-19 型钢混凝土梁截面

m，可变荷载的准永久值系数 $\psi_q=0.4$。试验算该梁的最大裂缝宽度以及挠度是否满足要求。

【解】 (1) 裂缝宽度验算

截面特性各特征高度

$$h_0=h-a_s=600-30-9=561\text{mm}$$

$$h_{0f}=h-a_a=600-150-5.5=444.5\text{mm}$$

$$h_{0w}=600-150-11-\frac{300-2\times11}{4}=369.5\text{mm}$$

按荷载效应的标准组合计算的弯矩值

$$M_k=\frac{1}{8}(g_k+q_k)l_0^2=\frac{1}{8}\times(8+10)\times7.5^2=126.56\text{kN}\cdot\text{m}$$

混凝土截面的抗裂弯矩

$$M_c=0.235bh^2f_{tk}=0.235\times250\times600^2\times2.39=50.55\text{kN}\cdot\text{m}$$

考虑型钢翼缘作用的钢筋应变不均匀系数

$$\psi=1.1\left(1-\frac{M_c}{M_k}\right)=1.1\times\left(1-\frac{50.55}{126.56}\right)=0.661$$

受拉区钢材面积

2Φ18 钢筋，$A_s=509\text{mm}^2$；

$$A_{af}=150\times11=1650\text{mm}^2；A_{aw}=(300-2\times11)\times7=1946\text{mm}^2$$

考虑型钢受拉翼缘与部分腹板及受拉钢筋的钢筋应力值

$$\sigma_{sa}=\frac{M_k}{0.87(A_sh_{0s}+A_{af}h_{0f}+kA_{aw}h_{0w})}$$

$$=\frac{126.56\times10^6}{0.87\times(509\times561+165\times444.5+\frac{1}{4}\times1946\times369.5)}=270.06\text{N/mm}^2$$

纵向受拉钢筋和型钢受拉翼缘与部分腹板周长之和

$$u=n\pi d_s+(2b_f+2t_f+2kh_{aw})\times0.7$$

$$=2\times3.14\times18+\left[2\times150+2\times11+2\times\frac{1}{4}\times(300-2\times11)\right]\times0.7=435.74\text{mm}$$

考虑型钢受拉翼缘与部分腹板及受拉钢筋的有效直径

$$d_e=\frac{4(A_s+A_{af}+kA_{aw})}{u}=\frac{4\times\left[509+150\times11+\frac{1}{4}\times(300-2\times11)\times7\right]}{435.74}=24.285\text{mm}$$

考虑型钢受拉翼缘与部分腹板及受拉钢筋的有效配箍率

$$\rho_{te}=\frac{A_s+A_{af}+kA_{aw}}{0.5bh}=\frac{509+150\times11+\frac{1}{4}\times(300-2\times11)\times7}{0.5\times250\times600}=0.0353$$

最大裂缝宽度

$$w_{max}=2.1\psi\frac{\sigma_{sa}}{E_s}\left(1.9c+0.08\frac{d_e}{\rho_{te}}\right)=2.1\times0.661\times\frac{270.06}{2.0\times10^5}\times\left(1.9\times30+0.08\times\frac{24.285}{0.0353}\right)$$

$$=0.21\text{mm}<w_{lim}=0.3\text{mm}$$

因此最大裂缝宽度满足要求。

(2) 挠度验算

混凝土截面惯性矩

$$I_c=\frac{1}{12}\times250\times600^3=4.5\times10^9\,mm^4$$

型钢的截面惯性矩

$$I_a=2\times\left[\frac{1}{12}\times150\times11^3+150\times11\times\left(\frac{300-11}{2}\right)^2\right]+\frac{1}{12}\times7\times(300-11\times2)^3$$

$$=8.147\times10^7\,mm^4$$

截面受拉、受压钢筋配筋率

$$\rho_s=\rho_s'=\frac{A_s}{bh_0}=\frac{509}{250\times561}=0.363\%$$

此型钢混凝土梁的纵向受拉钢筋配筋率在 0.3%～1.5%范围内，则在荷载效应的标准组合作用下构件的短期刚度 B_s 为：

$$B_s=\left(0.22+3.75\frac{E_s}{E_c}\rho_s\right)E_cI_c+E_aI_a$$

$$=\left(0.22+3.75\times\frac{2.0\times10^5}{3.25\times10^4}\times0.00363\right)\times3.25\times10^4\times4.5\times10^9+2.06\times10^5\times8.147\times10^7$$

$$=6.12\times10^{13}\,N\cdot mm^2$$

按荷载效应的准永久组合计算的弯矩值

$$M_q=\frac{1}{8}(g_k+\psi_qq_k)l_0^2=\frac{1}{8}\times(8+0.4\times10)\times7.5^2=84.38kN\cdot m$$

由于截面对称配筋，$\rho_s'=\rho_s$，故荷载长期效应组合对挠度增大的影响系数 $\theta=1.6$。按荷载效应标准组合并考虑荷载长期作用影响的刚度 B 为：

$$B=\frac{M_k}{M_q(\theta-1)+M_k}B_s=\frac{126.56}{84.38\times(1.6-1)+126.56}\times6.12\times10^{13}=4.371\times10^{13}\,N\cdot mm^2$$

则可得此型钢混凝土简支梁的挠度为：

$$f=\frac{5}{48}\cdot\frac{M_kl_0^2}{B}=\frac{5}{48}\times\frac{126.56\times10^6\times7.5^2\times10^6}{4.371\times10^{13}}=16.97mm<\frac{1}{250}l_0=30mm$$

因此挠度也满足要求。

5.2.7 型钢混凝土梁的构造要求

(1) 型钢混凝土框架梁的截面宽度不宜小于 300mm；截面的高度和宽度的比值不宜大于 4。

(2) 梁中纵向受拉钢筋不宜超过两排，其配筋率宜大于 0.3%，直径宜取 16～25mm，净距不宜小于 30mm 和 1.5d(d 为钢筋的最大直径)；梁的上部和下部纵向钢筋伸入节点的锚固构造要求应符合国家标准《混凝土结构设计规范》(GB 50010) 的规定。

(3) 型钢混凝土框架梁的截面高度大于或等于 500mm 时，在梁的两侧沿高度方向每隔 200mm，应设置一根纵向腰筋，且腰筋与型钢间宜配置拉结钢筋。

(4) 型钢混凝土框架梁在支座处和上翼缘受有较大固定集中荷载处，应在型钢腹板两侧对称设置支承加劲肋。

(5) 型钢混凝土框架梁中箍筋的配置应符合国家标准《混凝土结构设计规范》(GB 50010) 的规定；考虑地震作用组合的型钢混凝土框架梁，梁端应设置箍筋加密区。在箍筋加密区长度内，箍筋宜配置复合箍筋，其箍筋肢距，可按国家标准《混凝土结构设计规范》(GB 50010) 的规定适当放松。

(6) 对于转换层大梁或托柱梁等主要承受竖向重力荷载的梁，梁端型钢上翼缘宜增设栓钉。

(7) 配置桁架式型钢的型钢混凝土框架梁，其压杆的长细比宜小于120。

5.3 型钢混凝土柱

型钢混凝土柱是在混凝土中主要配置轧制或焊接的型钢，根据工程需要可以采取不同的配钢形式，如图5-1所示，可分为实腹式配钢或空腹式配钢两种。在实腹式配钢的型钢混凝土柱中需要配适量的纵向钢筋和箍筋，这些钢筋一方面也可以参与受力，但主要是起到约束混凝土从而提高型钢与混凝土之间的粘结作用。对于配角钢骨架的空腹式型钢混凝土柱，一般在四角角钢之间焊接水平腹杆和斜腹杆，这些腹杆能起到提高施工阶段角钢骨架的稳定性，承担剪力并具有相当于栓钉的作用提高了纵向角钢与混凝土之间的粘结力，故配角钢的空腹型钢混凝土柱可以不另设纵向钢筋和箍筋，采用与普通钢筋混凝土柱相同的混凝土保护层厚度，在需要时可以凿去较小的混凝土保护层，焊接各种小型附件，这对焊接大量附件的电厂、化工厂等工业建筑来说极为方便。

5.3.1 轴心受压柱

型钢混凝土柱作为结构中重要的承重构件，可能处于受压、压弯、压弯剪或者压弯剪扭等复合受力状态。不论是较单一或复杂的受力状态，轴向力是计算型钢混凝土柱承载能力时最主要的因素。

当柱子仅受轴力时，则为轴心受压柱；当柱子同时承受轴力和弯矩时，为偏心受压柱。无论是轴心受压或者是偏心受压的柱，达到承载能力极限状态时，可能会发生两种形式的破坏，即材料破坏和失稳破坏。发生材料破坏时，混凝土和钢材均能达到各自的材料强度，发生失稳破坏时，混凝土和钢材尚未达到屈服强度，柱子由于变形过大、不可收敛而破坏。在这两者中，对承载能力来说，材料破坏要比失稳破坏大，故在实际工程中，一般通过采取一定的措施防止柱子发生失稳破坏，充分发挥材料的强度。

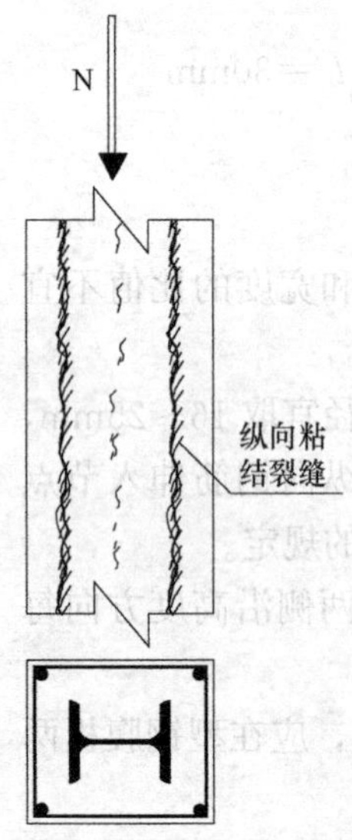

图5-20 型钢混凝土柱轴心受压

试验研究表明型钢混凝土轴心受压柱与普通的钢筋混凝土轴心受压柱的受力破坏过程有许多相似之处，但也存在不同。相似之处表现为：在荷载加载初期，型钢、钢筋和混凝土都能较好地共同工作，变形协调；随着荷载的增大，在柱子外表面产生纵向裂缝，荷载继续增加，纵向裂缝逐渐贯通，把整个型钢混凝土柱分解成若干个小柱发生裂缝破坏。在配钢量合适的情况下，纵向的型钢和钢筋都能达到受压屈服强度。不同之处主要表现为：当荷载加到极限荷载的80%之后，型钢与混凝土的粘结滑移明显，一般表现为型钢翼缘处有明显的纵向裂缝。试件破坏时，纵向型钢达到屈服，但不出现整体失稳或局部屈曲现象，故在型钢混凝土柱中不必设任何防止钢材屈曲的加劲板。轴心受压型钢混凝土柱的破坏形态如图5-20所示。

试验实测结果也表明：尽管在高应力时型钢与混凝土之间存在粘结滑移现象，但在配钢合理情况下，在柱子达到承载能力极限状态时，混凝土的应力仍然达到混凝土的轴心抗压强度 f_c，也就是说对于型钢混凝土轴心受压柱，粘结滑移的增大对构件的极限承载能力没有影响。一方面型钢对混凝土的约束使混凝土抗压强度提高；另一方面粘结滑移现象使外部混凝土过早破坏，这对承载力不利；有利和不利两个方面相互抵消，故型钢混凝土柱的轴心受压承载力可以不考虑粘结的影响。

在工程设计中，为了减少粘结滑移的影响，对于实腹配钢（如配工字钢、H 型钢、无缀杆连接的双槽钢、十字形型钢等）的型钢混凝土柱应当具有比钢筋混凝土更大的混凝土保护层厚度，同时必须配置一定数量的纵向钢筋和箍筋。

试验结果表明：轴心受压的型钢混凝土柱在达到承载能力极限状态时，纵向型钢、钢筋能达到受压屈服强度，混凝土达到轴心抗压强度 f_c，故型钢混凝土柱的轴心受压承载力可按下式计算：

$$N \leqslant \varphi(\alpha_1 f_c A_c + f'_y A'_s + f'_a A_a) \tag{5-22}$$

式中 f_c——混凝土轴心抗压强度设计值；

α_1——混凝土强度系数，当混凝土强度等级不超过 C50 时，$\alpha_1 = 1.0$，当混凝土强度等级为 C80 时，$\alpha_1 = 0.8$，其间按线性插值法确定；

A_c——混凝土的净截面面积，$A_c = A - (A'_s + A_a)$；

f'_y——纵向钢筋的抗压强度设计值；

A'_s——纵向受压钢筋的总截面面积；

f'_a——型钢的抗压强度设计值；

A_a——型钢的有效净截面面积，应扣除因孔洞等削弱的部分；

φ——型钢混凝土柱的稳定系数。稳定系数 φ 是用来考虑型钢混凝土长柱的承载能力比相同条件下的短柱低这一不利因素。φ 可按表 5-4 确定。

型钢混凝土柱的稳定系数 **表 5-4**

l_0/i	≤28	35	42	48	55	62	69	76	83	90	97
φ	1.0	0.98	0.95	0.92	0.87	0.81	0.75	0.70	0.65	0.60	0.56
l_0/i	104	111	118	125	132	139	146	153	160	167	174
φ	0.52	0.48	0.44	0.40	0.36	0.32	0.29	0.26	0.23	0.21	0.19

表中：l_0 为型钢混凝土柱的计算长度，可根据两端支承情况，按照《混凝土结构设计规范》(GB 50010) 取用，i 为柱子的最小回转半径，可按下式计算：

$$i = \sqrt{\frac{I_0}{A_0}} \tag{5-23}$$

I_0 为换算截面的惯性矩，可按下式计算：

$$I_0 = I_c + \alpha_a I_a + \alpha_s I_s \tag{5-24}$$

A_0 为换算截面面积，按下式计算：

$$A_0 = A_c + \alpha_a A_a + \alpha_s A_s \tag{5-25}$$

式中 I_c——混凝土净截面对通过换算截面重心的弱轴的惯性矩；

I_a——型钢对通过换算截面重心的弱轴的惯性矩；

I_s——纵向钢筋对通过换算截面重心的弱轴的惯性矩；

$\alpha_a = E_a/E_c$；

$\alpha_s = E_s/E_c$；

E_a、E_s、E_c 分别为型钢、钢筋和混凝土的弹性模量。

【例题 5-4】 某多层型钢混凝土框架结构，底层中间柱按轴心受压构件计算，柱的计算长度为 $l_0 = 6.0\text{m}$，承受的轴心压力设计值 $N = 7000\text{kN}$，经初步方案设计拟采用图 5-21 所示的型钢混凝土柱截面，尺寸为 $b \times h = 600\text{mm} \times 600\text{mm}$，混凝土强度等级为 C40（$\alpha_1 = 1.0$，$f_c = 11.9\text{N/mm}^2$，$E_c = 3.25 \times 10^4 \text{N/mm}^2$），型钢 $H \times B \times t_w \times t_a$（$296\text{mm} \times 199\text{mm} \times 7\text{mm} \times 11\text{mm}$），焊接型钢采用 Q345 钢材（$f_a = 315\text{N/mm}^2$，$E_a = 2.06 \times 10^5 \text{N/mm}^2$），钢筋采用 HRB335（$f_y = 300\text{N/mm}^2$，$E_s = 2.0 \times 10^5 \text{N/mm}^2$）。试验算此型钢混凝土柱能否满足轴心受压承载力要求。

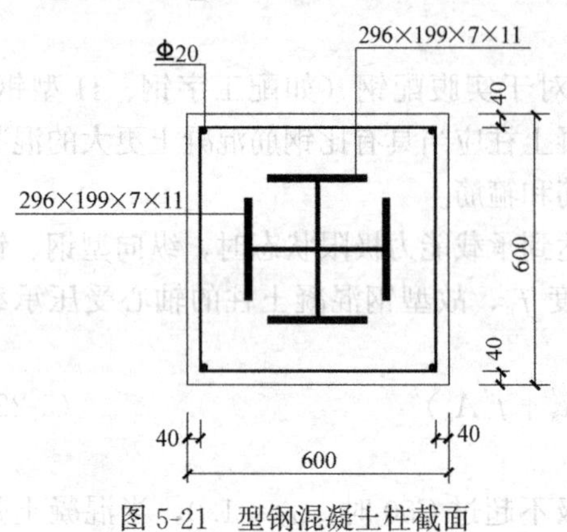

图 5-21 型钢混凝土柱截面

【解】 型钢截面面积：$A_a = 2 \times (296 \times 7 + 199 \times 11) = 8522\text{mm}^2$

钢筋截面面积：$A'_s = 4 \times \dfrac{3.14 \times 20^2}{4} = 1256\text{mm}^2$

混凝土截面面积：$A_c = A - (A_a + A'_s) = 600 \times 600 - 8522 - 1256 = 350222\text{mm}^2$

$$\alpha_a = E_a/E_c = 6.338;\ \alpha_s = E_s/E_c = 6.153$$

截面的回转半径：$i = \sqrt{\dfrac{I_0}{A_0}}$

$$I_0 = I_c + \alpha_a I_a + \alpha_s I_s = \frac{1}{12} \times 600 \times 600^3 + (\alpha_a - 1) I_a + (\alpha_s - 1) I_s$$

其中：$I_a = 2 \times \dfrac{1}{12} \times 199 \times 11^3 + 2 \times 199 \times 11 \times \left(\dfrac{296-11}{2}\right)^2 + \dfrac{1}{12} \times 7 \times (296 - 11 \times 2)^3$

$$+ 2 \times \frac{1}{12} \times 11 \times 199^3 + \frac{1}{12} \times (296 - 11 \times 2) \times 7^3 = 115400151\text{mm}^4$$

$$I_s = 4 \times \frac{1}{4} \times 3.14 \times 20^2 \times \left(\frac{1}{2} \times 600 - 40\right)^2 = 84905600\text{mm}^4$$

故 $I_0 = \dfrac{1}{12} \times 600 \times 600^3 + (6.338 - 1) I_a + (6.153 - 1) I_s = 11853524565\text{mm}^4$

$$A_0 = A_c + \alpha_a A_a + \alpha_s A_s = 350222 + 6.338 \times 8522 + 6.153 \times 1256 = 411962.6\text{mm}^2$$

$$i = \sqrt{\frac{I_0}{A_0}} = \sqrt{\frac{11853524565}{411962.6}} = 169.6\text{mm}$$

$$l_0/i = 6000/169.6 = 35.4$$

查表 5-4 得 $\varphi = 0.98$

$N = \varphi(\alpha_1 f_c A_c + f'_y A'_s + f'_a A_a) = 0.98 \times (1.0 \times 11.9 \times 350222 + 300 \times 1256 + 315 \times 8522)$

$= 7084\text{kN} > 7000\text{kN}$

故此柱满足轴心受压承载力要求。

5.3.2 偏心受压柱

偏心受压柱作为一种压弯构件，同时承受轴力 N 和弯矩 M 的作用，既具有受压构件的性能又具有受弯构件的性能。偏心距 $e_0=M/N$，反映了轴力和弯矩之间的相互关系，当 $e_0\to 0$，$M\to 0$ 时，构件趋向于轴心受压性能，当 $e_0\to\infty$ 时，$N\to 0$，构件趋向于纯弯性能，可见偏心距 e_0 是影响偏心受压柱受力性能的主要因素。同时型钢混凝土偏压柱与普通的钢筋混凝土柱一样，由于弯矩的存在，柱将产生侧向变形，在轴压力作用下柱中会产生一个附加弯矩，这种附加弯矩引起的二阶效应主要取决于柱的长细比 l_0/i（或 l_0/b、l_0/d）。

1. 试验研究

从 20 世纪 80 年代开始，国内的西安建筑科技大学、东南大学、西南交通大学、冶金部建筑研究总院等研究机构对型钢混凝土偏心受压柱进行了大量的试验研究。研究结果表明：截面的偏心距、长细比、混凝土保护层厚度、型钢的配钢形式和配钢率对偏心受压柱的承载能力均有影响。

与普通钢筋混凝土偏压柱类似，型钢混凝土偏压柱的相对偏心距 e_0/h 是影响构件破坏形态的主要因素，根据相对偏心距 e_0/h 的不同，型钢混凝土柱的破坏形态可分为受压破坏和受拉破坏，以及居于两者之间的界限破坏。

（1）受压破坏（也称小偏心受压破坏）

当相对偏心距 e_0/h 较小时，型钢混凝土柱一般发生受压破坏。主要表现为：当轴压力增加到一定程度时，距离轴压力较近一侧的受压区混凝土边缘达到混凝土的极限压应变值，混凝土被压碎剥落，纵向钢筋和型钢外露，柱宣告破坏。此时，距离轴压力较近一侧的纵向钢筋和型钢翼缘都能达到屈服；而距离轴压力较远一侧的混凝土、钢筋和型钢可能受压也可能受拉，但均达不到屈服。

（2）受拉破坏（也称大偏心受压破坏）

当相对偏心距 e_0/h 较大时，型钢混凝土柱一般发生受拉破坏。主要表现为：当轴压力增加到一定程度时，距离轴压力较远一侧的混凝土受拉开裂，出现与柱轴线垂直的水平裂缝。随着荷载的继续增大，受拉钢筋和型钢受拉翼缘相继屈服，此时，受压区边缘混凝土尚未达到极限压应变，荷载仍可继续增加，直至受压区边缘混凝土达到极限压应变，逐渐压碎剥落，柱最终破坏。此时在一般情况下（型钢受压翼缘的混凝土保护层厚度 a_s' 很大或受压区高度 x 特别小时除外）受压钢筋与型钢的受压翼缘均能达到屈服强度，型钢腹板不论是受压区还是受拉区，一般都是部分屈服部分不屈服。

（3）界限破坏

对型钢混凝土柱而言，界限破坏是指混凝土受压区边缘纤维的应变达到其极限压应变的同时，型钢受拉翼缘也达到屈服应变，柱子宣告破坏。由于小偏压破坏时，混凝土边缘纤维达到极限压应变，而型钢受拉（或受压较小侧）翼缘的应变尚小于型钢的屈服应变，大偏压破坏时当型钢受拉翼缘达到屈服应变，而受压区边缘混凝土应变尚小于极限压应变，可见界限破坏正好是小偏压破坏和大偏压破坏的界限，故称界限破坏。

通过在试件表面粘贴电阻应变片，可以量测截面的应变分布情况。试验实测结果表明：在荷载不超过最大荷载的 80%以前，型钢混凝土偏压柱的截面应变能较好地符合平截面假定，当荷载达到最大荷载的 80%～90%以后，由于型钢与混凝土产生了较大的滑移，在混凝土与型钢的交界面处，混凝土与型钢应变之间有一个由于滑移产生的突变，平截面假定已经不能成立。

2. 偏心受压柱的正截面受压承载力计算

(1) 基本假定

① 截面应变保持平面；

② 不考虑混凝土的抗拉强度；

③ 受压边缘混凝土极限压应变 ε_{cu} 取 0.003，相应的最大压应力取混凝土轴心受压强度设计值 f_c，受压区应力图形简化为等效矩形应力图，其高度取按平截面假定所确定的中和轴高度乘以系数 0.8，矩形应力图的应力取为混凝土轴心抗压强度设计值；

④ 型钢腹板的应力图形为拉、压梯形应力图形，设计计算时，简化为等效矩形应力图形；

⑤ 钢筋应力取等于钢筋应变与其弹性模量的乘积，但不大于其强度设计值，受拉钢筋和型钢受拉翼缘的极限拉应变 ε_{su} 取 0.01。

(2) 计算公式

型钢截面为充满型实腹型钢的型钢混凝土框架柱，其偏心受压构件的正截面受压承载力（图 5-22）应按下列公式计算：

$$N \leqslant \alpha_1 f_c bx + f'_y A'_s + f'_a A'_{af} - \sigma_s A_s - \sigma_a A_{af} + N_{aw} \tag{5-26}$$

$$Ne \leqslant \alpha_1 f_c bx\left(h_0 - \frac{x}{2}\right) + f'_y A'_s (h_0 - a'_s) + f'_a A'_{af}(h_0 - a'_a) + M_{aw} \tag{5-27}$$

$$e = \eta e_i + \frac{h}{2} - a \tag{5-28}$$

$$e_i = e_0 + e_a \tag{5-29}$$

式中 e——轴向力作用点至纵向受拉钢筋和型钢受拉翼缘的合力点之间的距离；

e_0——轴向力对截面重心的偏心距，取 $e_0 = M/N$；

e_a——考虑荷载位置不定性、材料不均匀，施工偏差等引起的附加偏心距，其值取 20mm 和偏心方向截面尺寸的 1/30 两者中的较大值；

η——偏心受压构件考虑挠曲影响的轴向力偏心距的增大系数，当长细比 l_0/h（或 l_0/d）小于或等于 8 时，取 $\eta = 1.0$。

当 $\delta_1 h_0 < 1.25x$，$\delta_2 h_0 > 1.25x$ 时，

$$N_{aw} = [2.5\xi - (\delta_1 + \delta_2)] t_w h_0 f_a \tag{5-30}$$

$$M_{aw} = \left[\frac{1}{2}(\delta_1^2 + \delta_2^2) - (\delta_1 + \delta_2) + 2.5\xi - (1.25\xi)^2\right] t_w h_0^2 f_a \tag{5-31}$$

当 $\delta_1 h_0 < 1.25x$，$\delta_2 h_0 < 1.25x$ 时，

$$N_{aw} = (\delta_2 - \delta_1) t_w h_0 f_a \tag{5-32}$$

$$M_{aw} = \left[\frac{1}{2}(\delta_1^2 - \delta_2^2) + (\delta_2 - \delta_1)\right] t_w h_0^2 f_a \tag{5-33}$$

受拉边或受压较小边的钢筋应力 σ_s 和型钢翼缘应力 σ_a 可按下列条件公式计算：

当 $x \leqslant \xi_b h_0$ 时，为大偏心受压构件，取 $\sigma_s = f_y$，$\sigma_a = f_a$；

当 $x > \xi_b h_0$ 时，为小偏心受压构件，

$$\sigma_s = \frac{f_y}{\xi_b - 0.8}\left(\frac{x}{h_0} - 0.8\right) \tag{5-34}$$

$$\sigma_a = \frac{f_a}{\xi_b - 0.8}\left(\frac{x}{h_0} - 0.8\right) \tag{5-35}$$

ξ_b 为界限相对受压区高度：

$$\xi_b = \frac{0.8}{1 + \frac{f_y + f_a}{2 \times 0.003 E_s}} \tag{5-36}$$

对于型钢混凝土柱，其正截面偏心受压承载力计算时，应考虑构件在弯矩作用平面内挠曲对轴向力偏心距的影响，应将轴向力对截面重心的偏心距 e_0 乘以偏心距增大系数 η。

$$\eta = 1 + \frac{1}{1400 e_0 / h}\left(\frac{l_0}{h}\right)^2 \zeta_1 \zeta_2 \tag{5-37}$$

式中 l_0——构件的计算长度；

ζ_1——偏心受压构件的截面曲率修正系数，$\zeta_1 = \frac{0.5 f_c A}{N}$，当 $\zeta_1 > 1$ 时，取 $\zeta_1 = 1$；

ζ_2——考虑构件长细比对截面曲率的影响系数，$\zeta_2 = 1.15 - 0.01 \frac{l_0}{h}$，当 $\frac{l_0}{h} < 15$ 时，取 $\zeta_2 = 1.0$。

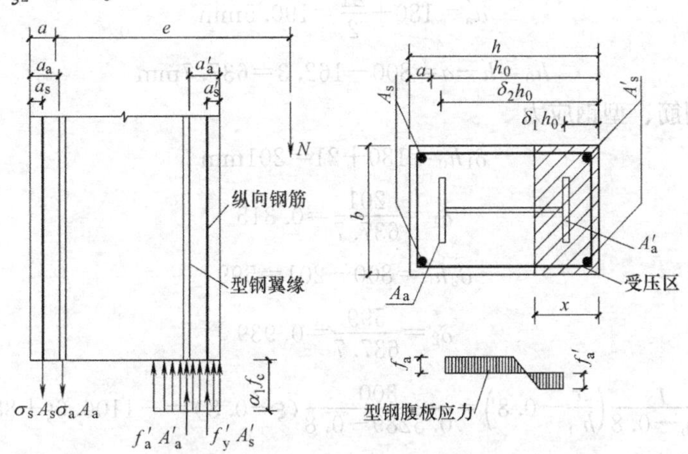

图 5-22 型钢混凝土柱的正截面承载力计算

【例题 5-5】 某型钢混凝土柱承受轴压力设计值 $N = 7000\text{kN}$ 和绕强轴的弯矩设计值 $M = 1220\text{kN} \cdot \text{m}$，采用图 5-23 所示的柱截面，尺寸为 $b \times h = 800\text{mm} \times 800\text{mm}$，混凝土采用 C40（$\alpha_1 = 1.0$，$\beta_1 = 0.8$，$f_c = 19.1\text{N/mm}^2$），型钢为 Q345 钢材（$f_a = 315\text{N/mm}^2$），钢筋采用 HRB335（$f_y = 300\text{N/mm}^2$，$E_s = 2.0 \times 10^5\text{N/mm}^2$）。试验算此柱正截面受压承载力是否满足要求。

【解】 （1）计算界限相对受压区高度 ξ_b

$$\xi_b = \frac{0.8}{1 + \frac{f_y + f_a}{2 \times 0.03 E_s}} = \frac{0.8}{1 + \frac{300 + 315}{2 \times 0.03 \times 2 \times 10^5}} = 0.5289$$

（2）计算截面的有效高度 h_0

4Φ20：$A_s = 1256\text{mm}^2$；2Φ20：$A_s = 628\text{mm}^2$；6Φ20：$A_s = 1884\text{mm}^2$

$$a = \frac{1256 \times 300 \times 40 + 628 \times 300 \times 110 + 315 \times 300 \times 21 \times \left(180 + \frac{21}{2}\right)}{1256 \times 300 + 628 \times 300 + 300 \times 21 \times 315} = 162.3\text{mm}$$

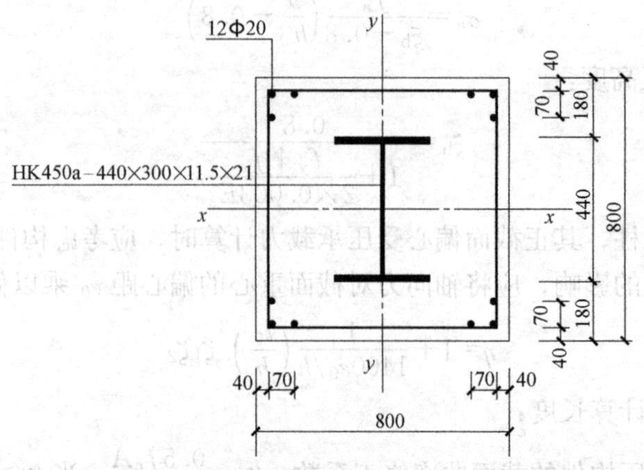

图 5-23 型钢混凝土柱的截面尺寸及配钢

$$a_s'=\frac{1256\times300\times40+628\times300\times110}{300\times(1256+628)}=63\text{mm}$$

$$a_a'=180+\frac{21}{2}=190.5\text{mm}$$

则 $$h_0=h-a=800-162.3=637.7\text{mm}$$

(3) 计算钢筋、型钢应力

$$\delta_1 h_0=180+21=201\text{mm}$$

$$\delta_1=\frac{201}{637.7}=0.315$$

$$\delta_2 h_0=800-201=599$$

$$\delta_2=\frac{599}{637.7}=0.939$$

$$\sigma_s=\frac{f_y}{\xi_b-0.8}\left(\frac{x}{h_0}-0.8\right)=\frac{300}{0.5289-0.8}(\xi-0.8)=-1106.6\xi+885.28$$

$$\sigma_a=\frac{f_a}{\xi_b-0.8}\left(\frac{x}{h_0}-0.8\right)=\frac{315}{0.5289-0.8}(\xi-0.8)=-1161.9\xi+929.5$$

(4) 初步判别大小偏压

假定 $\delta_1 h_0<1.25x$，$\delta_2 h_0>1.25x$

$$N_{aw}=[2.5\xi-(\delta_1+\delta_2)]t_w h_0 f_a=[2.5\xi-(0.315+0.939)]\times11.5\times637.7\times315$$
$$=5775170.6\xi-2896825.6$$

将已知数据代入平衡条件

$$N=\alpha_1 f_c bx+f_y'A_s'+f_a'A_{af}'-\sigma_s A_s-\sigma_a A_{af}+N_{aw}$$
$$=19.1\times800\times637.7\xi+300\times1884+315\times300\times21-(-1106.6\xi+885.28)\times1884$$
$$-(-1161.9\xi+929.5)\times300\times21+5775170.6\xi-2896825.6$$

将 $N=7000\times10^3$ 代入得：

$$\xi=0.5966>\xi_b=0.5289，为小偏压$$

$$x=\xi h_0=0.5966\times637.7=380.45\text{mm}$$

$$\sigma_s=-1106.6\xi+885.28=225.1\text{N/mm}^2<f_y=300\text{N/mm}^2$$

$$\sigma_a = -1161.9\xi + 929.5 = 236.3\text{N/mm}^2 < f_y = 315\text{N/mm}^2$$

$$\delta_1 h_0 = 201 < 1.25x = 1.25 \times 380.45 = 475.56\text{mm}$$

$$\delta_2 h_0 = 599 > 1.25x = 1.25 \times 380.45 = 475.56\text{mm}$$

符合假定。

(5) 承载力计算

$$M_{aw} = \left[\frac{1}{2}(\delta_1^2 + \delta_2^2) - (\delta_1 + \delta_2) + 2.5\xi - (1.25\xi)^2\right] t_w h_0^2 f_a$$

$$= \left[\frac{1}{2}(0.315^2 + 0.939^2) - (0.315 + 0.939) + 2.5 \times 0.5966 - (1.25 \times 0.5966)^2\right] \times$$

$$11.5 \times 637.7^2 \times 315 = 253127926\text{N} \cdot \text{mm}$$

$$\alpha_1 f_c bx(h_0 - x/2) + f'_y A'_s(h_0 - a'_s) + f'_a A'_{af}(h_0 - a'_a) + M_{aw} = 19.1 \times 800 \times 379.8 \times$$

$$\left(637.7 - \frac{380.45}{2}\right) + 300 \times 1884 \times (637.7 - 63) + 315 \times 300 \times 21 \times (637.7 - 190.5) + M_{aw}$$

$$= 4062268122\text{N} = 4062.27\text{kN} \cdot \text{m} > M = 1220\text{kN} \cdot \text{m}$$

满足要求。

3. 配十字形型钢的型钢混凝土柱正截面承载力的简化计算

对于配十字形型钢的正方形型钢混凝土柱，当其满足以下两个条件时，可以采取近似的计算方法。

(1) 双轴对称带翼缘十字形型钢，型钢为 Q235 钢材；

(2) 纵向钢筋为 HRB335 普通热轧钢筋，沿柱周边均匀布置，或布置于柱的四个角部，如图 5-24 所示。

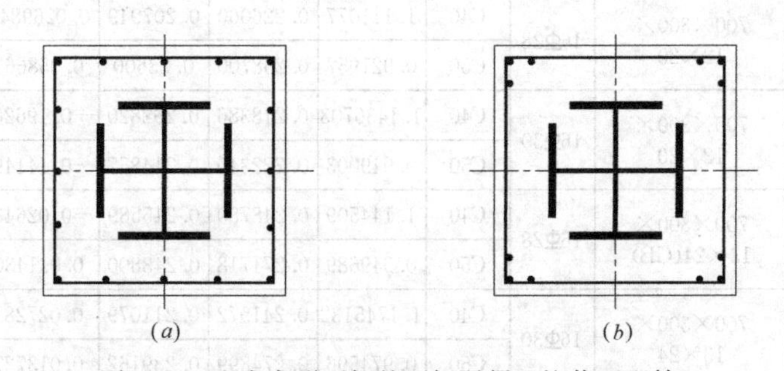

图 5-24 配十字形型钢的型钢混凝土柱截面配筋

(a) 纵向钢筋沿柱周边均匀布置；(b) 纵向钢筋布置于四个角部

对于符合上述条件的配十字形型钢的型钢混凝土柱正截面承载力可以不分大小偏心受压，可按下列公式和表 5-5、表 5-6 进行计算：

$$\widetilde{M} = \frac{M}{\alpha_1 f_c b h_0^2} \tag{5-38}$$

$$\widetilde{N} = \frac{N}{\alpha_1 f_c b h_0} \tag{5-39}$$

$$\widetilde{M} = C + A\widetilde{N} - B\widetilde{N}^2 \tag{5-40}$$

$$C = D + E\rho f_y / f_c - F(\rho f_y / f_c)^2 \tag{5-41}$$

式中 M——弯矩设计值，计算时应考虑偏心距增大系数；

N——轴向压力设计值；

b——柱截面宽度；

h_0——柱截面有效高度；

f_c——混凝土轴心受压强度设计值；

ρ——型钢和纵向钢筋总配筋率；

f_y——钢筋抗拉强度设计值；

A、B、C、D、E、F——计算系数，可按表 5-5、表 5-6 采用。

对给出的 $\rho f_y/f_c$ 系数的计算，可以在$(\rho f_y/f_c-0.07)\sim(\rho f_y/f_c+0.07)$的范围内应用，其误差在允许范围之内。

配置十字形型钢周边均匀布置纵向钢筋的构件　　　表 5-5

编号	$h\times b$	$H\times B\times t_w\times t_a$	钢筋	混凝土等级	$\rho f_y/f_c$	A	B	D	E	F
SIZP-1	850×850	600×200×11×17(GB)	16Φ30	C40	1.070502	0.317988	0.250404	−0.000256	0.32118	0.028541
				C50	0.842736	0.358127	0.286564	0.07263	0.116955	0.101747
SIZP-2	850×850	616×202×13×25	16Φ30	C40	1.199936	0.329833	0.249950	−0.003757	0.299307	0.021076
				C50	0.993577	0.330636	0.263038	0.001076	0.257297	0.021179
SIZP-3	850×850	600×200×11×17(GB)	16Φ25	C40	0.885051	0.319946	0.256438	−0.005302	0.310974	0.036812
				C50	0.734404	0.353211	0.284924	−0.015576	0.336163	0.052217
SIZP-4	900×900	700×300×12×20(GB)	16Φ26	C40	1.080732	0.248720	0.219107	0.0114416	0.286459	0.031007
				C50	0.896778	0.282202	0.248054	0.001145	0.308007	0.042755
SIZP-5	900×900	700×300×12×20	16Φ28	C40	1.111077	0.226060	0.207949	0.0269842	0.279092	0.0255012
				C50	0.921957	0.258700	0.23600	0.058663	0.234952	0.015063
SIZP-6	900×900	700×300×12×20	16Φ30	C40	1.1436703	0.218386	0.202820	−0.196268	0.732939	0.247143
				C50	0.949003	0.222340	0.214857	−0.141491	0.638726	0.210270
SIZP-7	950×950	700×300×13×24(GB)	16Φ28	C40	1.144509	0.248780	0.215589	−0.026430	0.415558	0.105417
				C50	0.949689	0.271718	0.243800	0.011430	0.302128	0.35273
SIZP-8	950×950	700×300×13×24	16Φ30	C40	1.1745132	0.241972	0.211079	0.027281	0.278637	0.22420
				C50	0.974596	0.274899	0.239162	0.013727	0.303111	0.033463
SIZP-9	1000×1000	700×300×13×24	16Φ32	C40	1.125492	0.278190	0.288415	0.014809	0.307116	0.029023
				C50	0.9339186	0.311001	0.256273	0.007717	0.322241	0.036944
SIZP-10	1000×1000	700×300×13×24	16Φ34	C40	1.1573396	0.270159	0.223210	0.012968	0.308211	0.027569
				C50	0.9603456	0.30344	0.251159	0.007997	0.328610	0.038027
SIZP-11	1100×1100	800×300×13×26(GB*)	16Φ34	C40	1.028324	0.239752	0.222256	0.024504	0.325387	0.036428
				C50	0.853290	0.273169	0.250089	0.030950	0.306420	0.023156
SIZP-12	1200×1200	900×300×16×28(GB*)	16Φ34	C40	0.960787	0.255056	0.236698	0.021229	0.322962	0.034860
				C50	0.797249	0.288002	0.264555	0.037424	0.303601	0.036115
SIZP-13	1300×1300	900×300×16×28(GB*)	16Φ34	C40	0.846047	0.290631	0.257123	0.025179	0.326841	0.33330
				C50	0.702039	0.324138	0.284725	0.028775	0.304515	0.009663

注：GB、GB* 指国标规定的型钢截面尺寸。

配置十字形型钢角部布置纵向钢筋的构件　　　　　表 5-6

编号	$h\times b$	$H\times B\times t_w\times t_a$	钢筋	混凝土等级	$\rho f_y/f_c$	A	B	D	E	F
SIZP-1	700×700	396×199×7×11(GB)	12Φ20	C40	0.776173	0.326841	0.254979	0.000507	0.0375104	0.069412
				C50	0.644059	0.363262	0.282978	−0.010062	0.406210	0.094315
SIZP-2	700×700	406×201×9×16	12Φ20	C40	0.976344	0.283921	0.223097	−0.023087	0.400703	0.082147
				C50	0.810580	0.320752	0.254376	0.004109	0.348051	0.057134
SIZP-3	800×800	500×200×10×16(GB)	12Φ20	C40	0.837292	0.347275	0.266303	0.003352	0.322011	0.039849
				C50	0.694775	0.379387	0.293499	−0.006238	0.347142	0.056267
SIZP-4	800×800	506×201×11×19(GB)	12Φ25	C40	0.913367	0.319286	0.253662	0.004566	0.311178	0.033578
				C50	0.757900	0.351994	0.281703	−0.0061973	0.336781	0.048779
SIZP-5	850×850	574×204×14×28	12Φ25	C40	1.240840	0.236861	0.192068	0.022378	0.268992	0.023496
				C50	1.03564	0.291511	0.219800	0.026153	0.726579	−0.233737
SIZP-6	850×850	600×200×11×17	12Φ28	C40	0.8729142	0.322946	0.261924	0.003183	0.315781	0.035209
				C50	0.724331	0.54204	0.289407	0.004654	0.331916	0.042793
SIZP-7	900×900	596×199×10×15	12Φ30	C40	0.757178	0.337239	0.274675	0.027866	0.308265	0.033937
				C50	0.628397	0.364428	0.299341	0.009966	0.325945	0.018920
SIZP-8	900×900	600×200×11×17	12Φ32	C40	0.8505068	0.317286	0.259884	0.003489	0.347497	0.041536
				C50	0.705740	0.349742	0.286970	−0.005071	0.375361	0.061810
SIZP-9	950×950	600×200×11×17	12Φ32	C40	0.779463	0.326331	0.265154	0.013287	0.336858	0.030116
				C50	0.646789	0.360246	0.0292325	0.032854	0.350635	0.098303
SIZP-10	950×950	600×200×11×17	12Φ34	C40	0.806624	0.316734	0.260635	0.004639	0.376759	0.051442
				C50	0.669326	0.350408	0.287461	−0.017978	0.427562	0.076907

注：GB 指国标规定的型钢截面尺寸。

【例题 5-6】 某一配置十字形型钢的型钢混凝土方形柱，承受轴向压力设计值 $N=3000$kN，弯矩设计值 $M=350$kN·m，其混凝土强度等级为 C40，x、y 方向均配 Q235 型钢 $H\times B\times t_w\times t_a$(396mm×199mm×7mm×11mm)，纵向钢筋为 HRB335 钢筋 12Φ20，截面配筋情况如图 5-25 所示，试验算该柱是否安全。

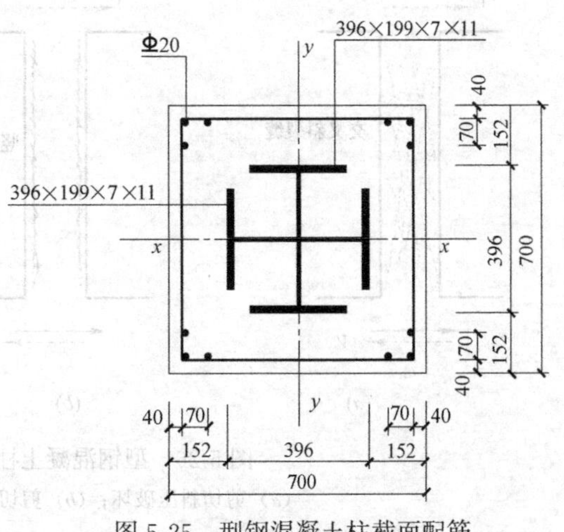

图 5-25　型钢混凝土柱截面配筋

【解】 (1) 查表确定相关系数，查表 5-6 得

$A=0.326841$、$B=0.254979$、$D=0.000507$、$E=0.0375104$、$F=0.069412$、$\rho f_y/f_c=0.776173$

$$C=D+E\rho f_y/f_c-F(\rho f_y/f_c)^2$$
$$=0.000507+0.0375104\times0.776173-0.069412\times0.776173^2$$

$$=-0.0122$$

(2) 计算柱截面有效高度

$$a=\frac{2\times628\times300\times40+2\times314\times300\times110+199\times112\times628\times300\times40+2\times314\times300\times110+199\times11\times\left(152+\frac{11}{2}\right)\times215}{2\times628\times300+2\times314\times300+199\times11\times215}$$

$$=108.4\text{mm}$$

$$h_0=h-a=700-108.4=591.6\text{mm}$$

将已知轴力 $N=3000\text{kN}$ 代入下式计算：

$$\widetilde{N}=\frac{N}{\alpha_1 f_c bh_0}=\frac{3000\times10^3}{1.0\times19.1\times700\times591.6}=0.3792815$$

$$\widetilde{M}=C+A\widetilde{N}-B\widetilde{N}^2=-0.01222+0.326841\times0.3792815-0.254979\times0.3792815^2$$
$$=0.0750649$$

由 $\widetilde{M}=\dfrac{M}{\alpha_1 f_c bh_0^2}$ 得

$$M=\alpha_1 f_c bh_0^2\widetilde{M}=1.0\times19.1\times700\times591.6^2\times0.0750649=391256629\text{N}\cdot\text{mm}$$
$$=391.25\text{kN}\cdot\text{m}>350\text{kN}\cdot\text{m}$$

故此型钢混凝土柱正截面承载力满足要求，构件安全。

4. 型钢混凝土偏压柱的斜截面受剪承载力计算

(1) 破坏形态

试验研究表明，型钢混凝土柱的破坏形态与构件的剪跨比有关，根据不同的剪跨比，型钢混凝土柱的破坏形态主要有剪切斜压破坏、剪切粘结破坏和弯剪破坏三种形态。

① 剪切斜压破坏

当型钢混凝土柱的剪跨比 $\lambda<1.5$ 时，容易发生剪切斜压破坏。在水平剪力作用下，在柱受剪平面出现对角线方向交叉斜裂缝，这些交叉斜裂缝把表面混凝土分割成菱形块，混凝土被压碎，柱破坏，如图 5-26 (*a*) 所示。

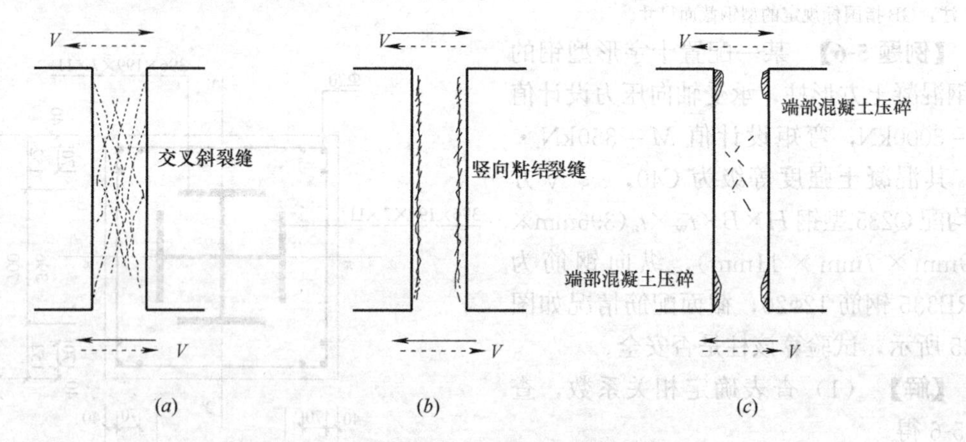

图 5-26 型钢混凝土柱的斜截面破坏形态

(*a*) 剪切斜压破坏；(*b*) 剪切粘结破坏；(*c*) 弯剪破坏

② 剪切粘结破坏

当型钢混凝土柱的剪跨比 $\lambda=1.5\sim2$ 之间时，容易发生剪切粘结破坏。在水平剪力作用下，首先在柱根部出现水平裂缝，此后，随着荷载的增大，水平裂缝发展很慢，并且出现新的斜向裂缝，斜向裂缝延伸至型钢翼缘外侧时转变为竖向裂缝，随着荷载的继续增大，这些竖向裂缝先后贯通，形成竖向的粘结裂缝，把型钢外侧混凝土剥开，柱宣告破坏，如图 5-26（*b*）所示。

③ 弯剪破坏

当型钢混凝土柱的剪跨比 $\lambda>2.5$ 时，容易发生弯剪破坏。在水平剪力作用下，首先在柱端出现水平裂缝，在反复荷载作用下，水平裂缝连通，与斜裂缝相交叉，此后，随着荷载的增大，柱端部混凝土压碎，柱宣告破坏，如图 5-26（*c*）所示。

（2）型钢混凝土柱斜截面受剪承载力的影响因素

影响型钢混凝土柱斜截面受剪承载力大小的因素有剪跨比、轴压比、箍筋的配筋率和混凝土的强度等级等。

① 剪跨比影响

试验研究表明，剪跨比对试件的破坏形态有明显影响，同时也对其斜截面承载力有影响，一般来说型钢混凝土柱的斜截面承载力随着剪跨比的增大而减小。

② 轴压比影响

型钢混凝土柱中，轴向压力对抑制柱中斜裂缝的出现和开展起到一定的有利作用，因此，使柱的斜截面承载力有一定程度的提高，在一定的范围内［轴压比 $n=N/(f_cA)\leqslant 0.5$］，随着轴压比的增大，型钢混凝土柱的斜截面承载力增大。

③ 箍筋配筋率的影响

型钢混凝土柱中的箍筋，不但可以直接承担剪力，同时还能约束混凝土，提高型钢与混凝土之间的粘结能力，从而间接地提高其斜截面承载力，一般地说，随着构件配箍率的提高，型钢混凝土柱的斜截面承载力也提高。

④ 混凝土强度等级的影响

由上述型钢混凝土柱的破坏形态可知，无论发生何种类型的斜截面破坏，均与混凝土的破坏有关，提高混凝土的强度等级，不但可以直接提高混凝土本身的抗压强度，同时也能改善型钢与混凝土之间的粘结性能，可以有效地提高构件发生斜截面破坏时的承载能力。

（3）型钢混凝土柱的斜截面承载力计算公式

$$V_c\leqslant\frac{0.20}{\lambda+1.5}f_cbh_0+f_{yv}\frac{A_{sv}}{s}h_0+\frac{0.58}{\lambda}f_at_wh_w+0.07N \tag{5-42}$$

式中 λ——型钢混凝土柱的计算剪跨比，对一般框架结构，λ 可取上下柱端较大弯矩设计值 M 与对应的剪力设计值 V 和柱截面有效高度 h_0 的比值，即 $\lambda=M/(Vh_0)$；当框架结构中的框架柱的反弯点在柱层高范围内时，柱剪跨比 λ 也可采用 1/2 柱净高与柱截面有效高度 h_0 的比值，$\lambda=L/(2h_0)$；当 $\lambda<1$ 时，取 $\lambda=1$；当 $\lambda>3$ 时，取 $\lambda=3$；

N——考虑地震作用组合的框架柱的轴向压力设计值，当 $N>0.3f_cA_c$ 时，取 $N=0.3f_cA_c$；

f_{yv}、A_{sv}——分别为箍筋的抗拉强度设计值和同一水平截面各肢箍筋截面面积之和；

s——箍筋的竖向间距；

h_w、t_w、f_a——分别为型钢的截面高度、腹板厚度和型钢钢材的抗拉强度设计值；

V_c——型钢混凝土柱的受剪承载力设计值。

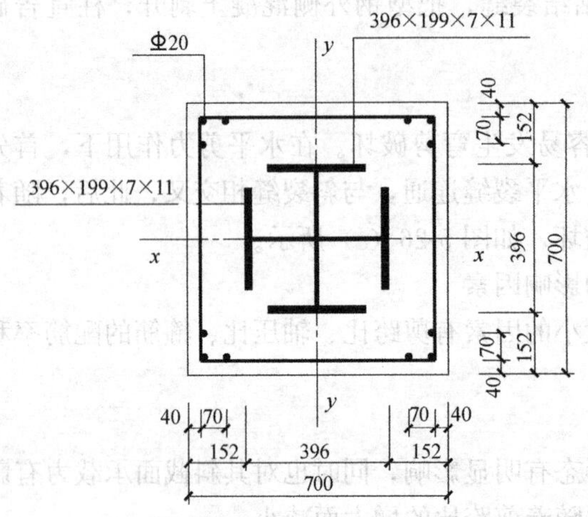

图 5-27 型钢混凝土柱截面配钢

为了避免发生型钢混凝土柱的剪切斜压破坏，其受剪截面尚应符合以下两个条件：

$$V_c \leqslant 0.45 f_c b h_0 \tag{5-43}$$

$$\frac{f_a t_w h_w}{f_c b h_0} \geqslant 0.10 \tag{5-44}$$

【例题 5-7】 某一型钢混凝土框架柱净高为 3.6m，截面尺寸为 700mm×700mm，需要承受的剪力设计值为 $V_c=750$kN，轴力设计值为 $N=1200$kN，经正截面承载力计算，采用图 5-27 所示的配钢情况，混凝土强度等级为 C40，图中型钢为 $H\times B\times t_w\times t_a=396\text{mm}\times 199\text{mm}\times 7\text{mm}\times 11\text{mm}$，采用 Q345 钢材，纵向钢筋为 HRB335 钢筋 12Φ20。试计算该型钢混凝土柱的箍筋用量。

【解】 (1) 计算柱截面有效高度

$$a=\frac{2\times628\times300\times40+2\times314\times300\times110+199\times112\times628\times300\times40+2\times314\times300\times110+199\times11\times\left(152+\frac{11}{2}\right)\times315}{2\times628\times300+2\times314\times300+199\times11\times315}$$
$$=117.8\text{mm}$$

$$h_0=h-a=700-117.8=582.2\text{mm}$$

(2) 验算受剪截面是否符合以下两个条件：

$$0.45f_cbh_0=0.45\times19.1\times700\times582.2=3502.8\text{N}$$

$$V_c=750\text{kN}<0.45f_cbh_0=3502.8\text{kN}，满足要求。$$

$$\frac{f_a t_w h_w}{f_c b h_0}=\frac{315\times7\times(396-22)}{19.1\times700\times582.2}=0.1059>0.10，满足要求。$$

(3) 计算该框架柱的剪跨比

$$\lambda=L/(2h_0)=3600/(2\times582.2)=3.08>3，取\lambda=3$$

$$N=1200\text{kN}<0.3f_cA_c=0.3\times19.1\times700\times700=2807.7\text{kN}$$

(4) 计算箍筋用量

将 $V_c=750$kN，$N=1200$kN 代入下式计算：

$$V_c=\frac{0.20}{\lambda+1.5}f_cbh_0+f_{yv}\frac{A_{sv}}{s}h_0+\frac{0.58}{\lambda}f_at_wh_w+0.07N$$

$$750\times10^3=\frac{0.20}{3+1.5}\times19.1\times700\times582.8+f_{yv}\frac{A_{sv}}{s}h_0+\frac{0.58}{3}\times315\times7\times(396-22)+0.07\times1200\times10^3$$

解之得：$f_{yv}\frac{A_{sv}}{s}h_0=160251\text{N}$

选用 HPB235 钢筋作为箍筋，$f_{yv}=210\text{N/mm}^2$，代入并计算得

$$\frac{A_{sv}}{s}=1.28$$

若采用ϕ10 双肢箍筋，则 $A_{sv}=2\times78.5=157\text{mm}^2$

$$s=\frac{157}{1.28}=122.6\text{mm}$$

实配双肢ϕ10@100 箍筋。

5.3.3 型钢混凝土柱的一般构造要求

1. 截面形式及尺寸

型钢混凝土柱截面一般采用方形或者矩形，有时也采用圆形或多边形。对于单向偏心受压的柱（如边柱），配置的型钢一般是单向对称配置，对于双向偏心受压的柱（如中柱），双向对称配钢。为了便于配置型钢，满足型钢的保护层厚度要求，型钢混凝土柱的截面尺寸不宜过小，常见的方形柱截面尺寸大于 400mm×400mm。

2. 材料强度要求

（1）混凝土强度等级不宜小于 C30，采用较高强度的混凝土可以减小柱子的截面尺寸，节约钢材，同时能充分发挥型钢混凝土柱中型钢的作用。

（2）型钢宜采用 Q235 碳素结构钢和 Q345 低合金高强度结构钢。

（3）纵向钢筋宜采用 HRB335、HRB400 级热轧钢筋。

（4）箍筋宜采用 HPB235、HRB335 级钢筋。

3. 纵向型钢

为了体现型钢混凝土柱承载能力比钢筋混凝土柱承载能力高的特点，柱中的全部纵向型钢的配钢率不应小于 4%，同时也不宜大于 10%，含钢率过大，型钢与混凝土之间的粘结破坏特征显著，型钢与混凝土不能协同工作，构件的极限承载能力反而下降。合理的配钢率为 5%～8%。

4. 纵向钢筋、箍筋

（1）型钢混凝土柱中纵向受力钢筋的直径不宜小于 16mm。

（2）纵筋与型钢的净间距不宜小于 30mm。

（3）全部纵向受力钢筋的配筋率不宜小于 0.8%。

（4）纵向钢筋一般设在柱的角部，但每个角上不宜多于 5 根。

（5）为了提高型钢混凝土框架柱的抗震性能，抗震设计时，宜采用封闭箍筋，其末端应有 135°弯钩，弯钩端头平直段长度不应小于 10 倍箍筋直径。

5. 混凝土保护层厚度

型钢混凝土柱中型钢的混凝土保护层最小厚度不宜小于 120mm。纵向受力钢筋的混凝土保护层最小厚度应符合国家标准《混凝土结构设计规范》（GB 50010）的规定。

5.4 型钢混凝土梁、柱节点

节点是连接梁和柱的关键部位，型钢混凝土梁、柱节点处受力复杂，型钢及钢筋交汇，钢筋密集，施工相对困难。因此，对于型钢混凝土梁、柱节点要有严格的构造要求，力求做到构造简单，传力明确，便于混凝土浇捣和配筋。

工程中常见下列三种型钢混凝土梁、柱连接的节点形式：

（1）型钢混凝土柱与型钢混凝土梁的连接；

(2) 型钢混凝土柱与钢筋混凝土梁的连接；

(3) 型钢混凝土柱与钢梁的连接。

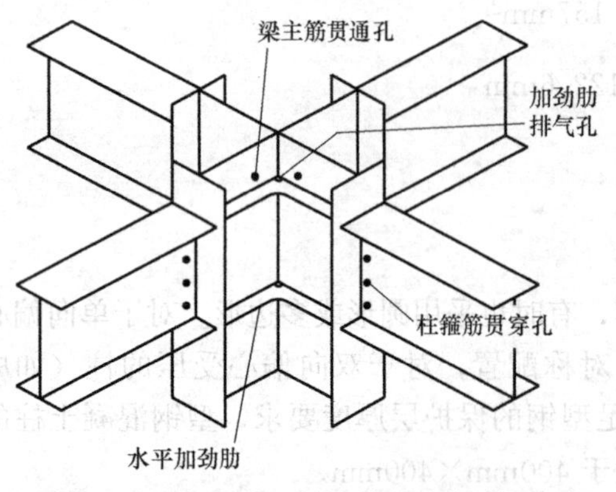

图 5-28 型钢混凝土梁柱节点及水平加劲肋

型钢混凝土柱与型钢混凝土梁、钢筋混凝土梁、钢梁的连接，柱内型钢宜采用贯通型，柱内型钢的拼接构造应满足钢结构的连接要求。型钢柱沿高度方向，在对应于型钢梁的上、下翼缘处或钢筋混凝土梁的上下边缘处，应设置水平加劲肋，加劲肋形式宜便于混凝土浇筑，水平加劲肋应与梁端型钢翼缘等厚，且厚度不宜小于12mm（图 5-28）。

型钢混凝土柱与钢筋混凝土梁或型钢混凝土梁的梁柱节点应采用刚性连接，梁的纵向钢筋应伸入柱节点，且应满足钢筋锚固要求。柱内型钢的截面形式和纵向钢筋的配置，宜便于梁纵向钢筋的贯穿，设计上应减少梁纵向钢筋穿过柱内型钢柱的数量，且不宜穿过型钢翼缘，也不应与柱内型钢直接焊接连接（图 5-29）；当必须在柱内型钢腹板上预留贯穿孔时，型钢腹板截面损失率宜小于腹板面积的 25%；当必须在柱内型钢翼缘上预留贯穿孔时，宜按柱端最不利组合的 M、N 验算预留孔截面的承载能力，不满足承载力要求时，应进行补强。

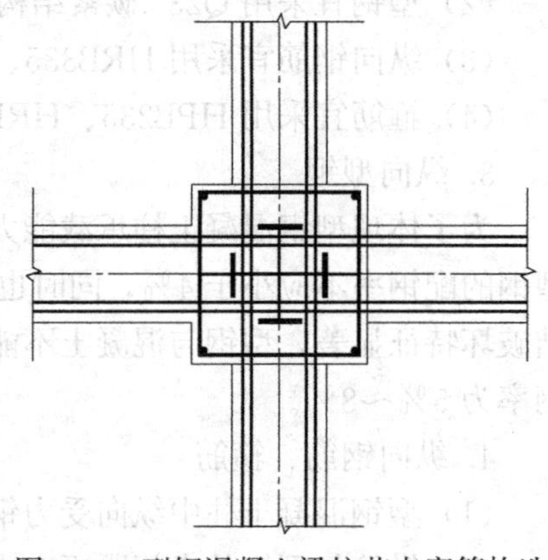
图 5-29 型钢混凝土梁柱节点穿筋构造

钢筋混凝土梁与型钢混凝土柱的连接也可在柱型钢上设置工字钢牛腿，钢牛腿的高度不宜小于 0.7 倍梁高，梁纵向钢筋中一部分钢筋可与钢牛腿焊接或搭接，其长度应满足钢筋内力传递要求，如图 5-30 所示；当采用搭接时，钢牛腿上、下翼缘应设置两排栓钉，其间距不应小于 100mm。从梁端至牛腿端部以外 1.5 倍梁高范围内，箍筋应满足国家标准《混凝土结构设计规范》GB 50010 梁端箍筋加密区的要求。

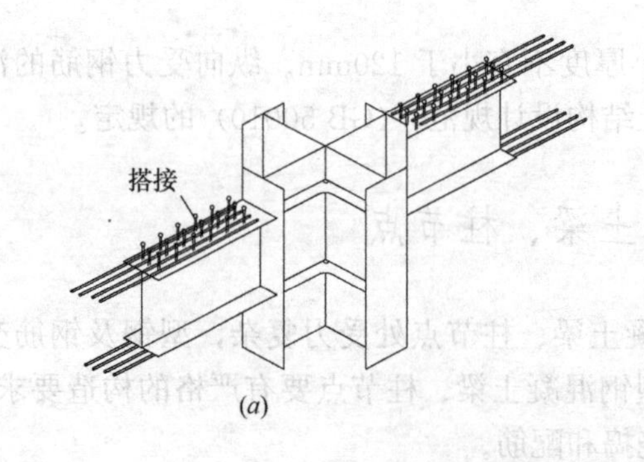

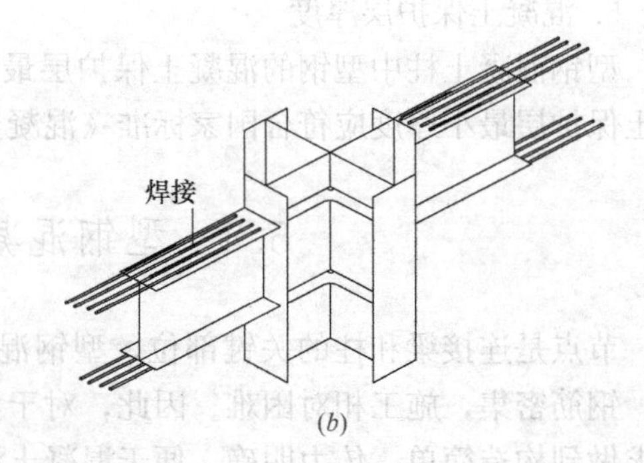

图 5-30 型钢混凝土梁柱节点钢筋连接构造

(*a*) 搭接；(*b*) 焊接

型钢混凝土柱与型钢混凝土梁或钢梁连接时，其柱内型钢与梁内型钢或钢梁的连接应采用刚性连接，且梁内型钢翼缘与柱内型钢翼缘应采用全熔透焊缝连接；梁腹板与柱宜采用摩擦型高强度螺栓连接；悬臂梁段与柱应采用全焊接连接。具体连接构造应符合国家标准《钢结构设计规范》(GB 50017）以及行业标准《高层民用建筑钢结构技术规程》(JGJ 99）的要求（图 5-31）。

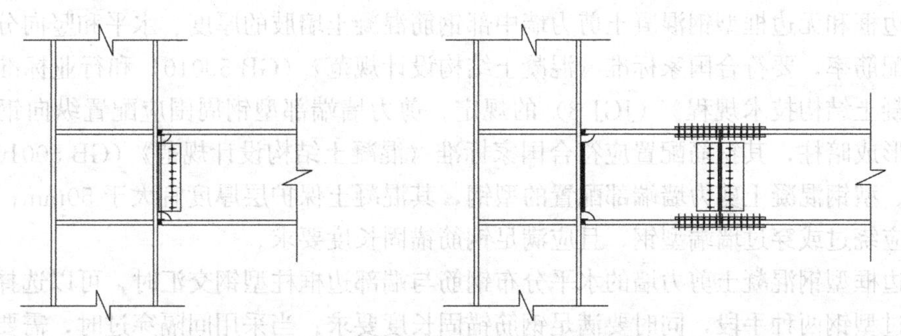

图 5-31　型钢混凝土梁与柱连接构造

在跨度较大的框架结构中，当采用型钢混凝土梁和钢筋混凝土柱时，梁内的型钢应伸入柱内，且应采取可靠的支承和锚固措施，保证型钢混凝土梁端承受的内力向柱中传递，其连接构造宜经专门试验确定。

框架梁和框架柱的纵向受力钢筋在框架节点区的锚固和搭接应符合国家标准《混凝土结构设计规范》(GB 50010）的规定。

5.5　型钢混凝土剪力墙

5.5.1　型钢混凝土剪力墙的基本形式及构造要求

型钢混凝土剪力墙通常是指在墙肢端部配置型钢的钢筋混凝土剪力墙，与普通钢筋混凝土剪力墙相比，由于配置了型钢，构件的承载力显著提高，延性也有明显改善。型钢混凝土剪力墙可分为无边框型钢混凝土剪力墙和有边框型钢混凝土剪力墙两种，其基本形式如图 5-32 所示。

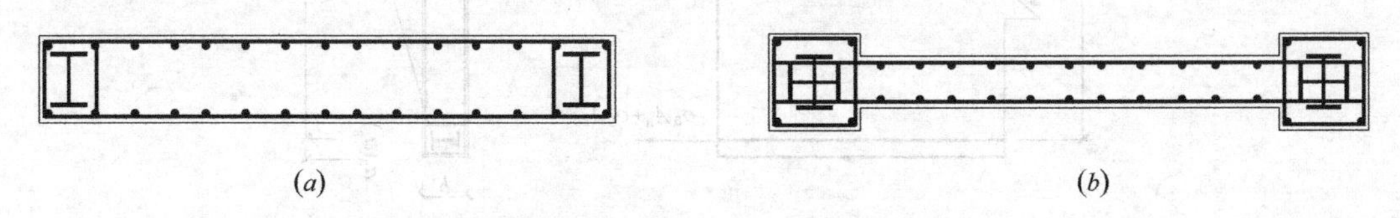

(*a*)　　(*b*)

图 5-32　型钢混凝土剪力墙截面示意图

(*a*) 无边框型钢混凝土剪力墙；(*b*) 有边框型钢混凝土剪力墙

无边框型钢混凝土剪力墙由设置于暗柱中的型钢与钢筋混凝土剪力墙组成，可用于剪力墙及核心筒结构。无边框型钢混凝土剪力墙端部配置型钢时，应使型钢的强轴与墙轴线平行，以增强型钢混凝土墙的平面外刚度。

有边框型钢混凝土剪力墙一般由型钢混凝土边框柱、边框梁和内部的钢筋混凝土剪力墙腹板整体浇筑而成，可用于框架一剪力墙结构，由于有边框型钢混凝土剪力墙有边框型钢混凝土梁柱对中间腹板的约束，对提高剪力墙的整体受力性能有利。

无论是有边框型钢混凝土剪力墙或者是无边框型钢混凝土剪力墙均要求腹板内钢筋的端部有可靠的锚固。水平钢筋可以与型钢焊接，不仅能保证钢筋具有良好的锚固性能，而且能加强型钢与混凝土的粘结作用，对提高型钢与混凝土的协同工作十分有利。剪力墙边框柱中型钢通常承受的轴力很大，对于高层建筑，为了充分发挥型钢的作用，应使型钢端部有可靠的锚固，且至少应从结构首层向下延伸一层。

有边框和无边框型钢混凝土剪力墙中部钢筋混凝土墙肢的厚度、水平和竖向分布钢筋的最小配筋率，要符合国家标准《混凝土结构设计规范》(GB 50010) 和行业标准《高层建筑混凝土结构技术规程》(JGJ 3) 的规定。剪力墙端部型钢周围应配置纵向钢筋和箍筋，以形成暗柱，其箍筋配置应符合国家标准《混凝土结构设计规范》(GB 50010) 的有关规定。型钢混凝土剪力墙端部配置的型钢，其混凝土保护层厚度宜大于 50mm；水平分布钢筋应绕过或穿过墙端型钢，且应满足钢筋锚固长度要求。

有边框型钢混凝土剪力墙的水平分布钢筋与端部边框柱型钢交汇时，可以选择绕过型钢或穿过型钢两种手段，同时要满足钢筋锚固长度要求；当采用间隔穿过时，需要另加补强钢筋。周边柱的型钢、纵向钢筋、箍筋配置应符合前述型钢混凝土柱的设计要求，周边梁可采用型钢混凝土梁或钢筋混凝土梁；当不设周边梁时，应设置钢筋混凝土暗梁，暗梁高度可取 2 倍墙厚。

5.5.2 型钢混凝土剪力墙的正截面承载力计算

试验表明：偏心受压型钢混凝土剪力墙在达到极限承载力时，端部型钢能达到屈服强度，型钢屈服后，剪力墙下部混凝土达到极限压应变值被压碎，型钢周围的混凝土剥落，试件破坏。

对于有边框和无边框的型钢混凝土剪力墙，其正截面偏心受压承载力可按下列公式计算（图 5-33）：

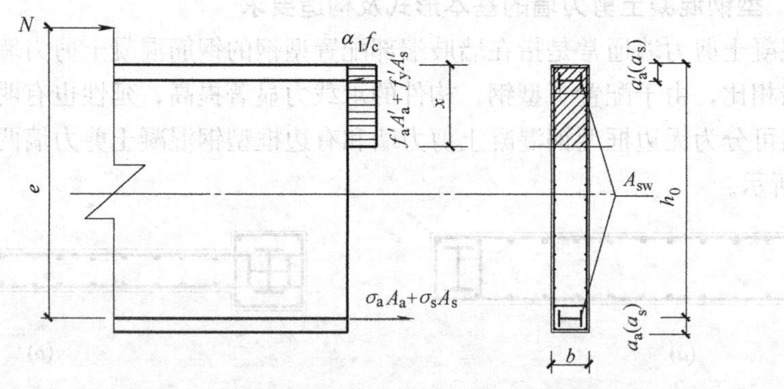

图 5-33 剪力墙正截面偏心受压承载力计算

$$N \leqslant \alpha_1 f_c \xi b h_0 + f'_a A'_a + f'_y A'_s - \sigma_a A_a - \sigma_s A_s + N_{sw} \quad (5\text{-}45)$$

$$Ne \leqslant \alpha_1 f_c \xi (1-0.5\xi) b h_0^2 + f'_y A'_s (h_0 - a'_s) + f'_a A'_a (h_0 - a'_a) + M_{sw} \quad (5\text{-}46)$$

$$N_{sw} = \left(1 + \frac{\xi - 0.8}{0.4w}\right) f_{yw} \cdot A_{sw} \quad (5\text{-}47)$$

$$M_{sw} = \left[0.5 - \left(\frac{\xi - 0.8}{0.8w}\right)^2\right] f_{yw} A_{sw} h_{sw} \quad (5\text{-}48)$$

$$\xi = \frac{x}{h_0} \quad (5\text{-}49)$$

$$w=\frac{h_{sw}}{h_0} \tag{5-50}$$

式中 A_a、A_a'——分别为剪力墙受拉端、受压端配置的型钢全部截面面积；

x、ξ——分别为型钢混凝土剪力墙水平截面的混凝土受压区高度和相对受压区高度；

A_{sw}——剪力墙竖向分布钢筋总面积；

f_{yw}——剪力墙竖向分布钢筋的设计强度；

N_{sw}——剪力墙竖向分布钢筋所承担的轴向力，当$\xi>0.8$时，取$N_{sw}=f_{yw}\cdot A_{sw}$；

M_{sw}——剪力墙竖向分布钢筋合力对型钢截面重心的力矩，当$\xi>0.8$时，$M_{sw}=0.5f_{yw}A_{sw}h_{sw}$；

w——剪力墙竖向分布钢筋配置高度h_{sw}与截面有效高度h_0的比值；

b——剪力墙宽度；

h_0——型钢受拉翼缘和纵向受拉钢筋合力点至混凝土受压边缘的距离；

e——轴向力作用点到型钢受拉翼缘和纵向受拉钢筋合力点的距离。

【例题 5-8】 已知某一无边框型钢混凝土剪力墙，根据构造要求初步确定其截面尺寸及型钢、钢筋如图 5-34 所示。混凝土强度等级为 C40，I10 型钢采用 Q345 钢材，竖向分布钢筋ϕ8@150，分布钢筋配置高度为 800mm，采用 HPB235 级钢筋，作用在该剪力墙的竖向压力和弯矩设计值分别为$N=2000$kN，$M=1300$kN·m。试验算该型钢混凝土剪力墙是否安全。

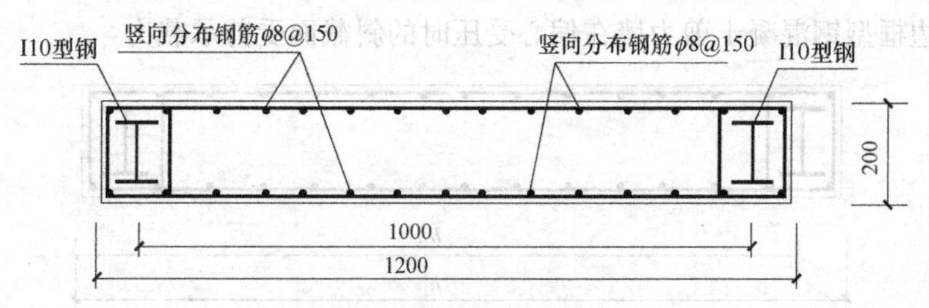

图 5-34 型钢混凝土剪力墙截面图

【解】 (1) 截面及材料参数

$A_a=A_a'=1205\text{mm}^2$，$A_s=A_s'=201.2\text{mm}^2$，$a_a=a_a'=100$mm，$a_s=a_s'=30$mm，$h_0=h-a_a=1200-100=1100$mm，$f_c=19.1\text{N/mm}^2$，$f_y=f_y'=210\text{N/mm}^2$，$f_a=f_a'=315\text{N/mm}^2$，$E_s=2.0\times10^5\text{N/mm}^2$，$E_a=2.06\times10^5\text{N/mm}^2$

双排配置竖向分布钢筋ϕ8@150，则竖向分布钢筋的配筋率：$\rho_s=\dfrac{50.3\times2}{200\times150}=0.335\%$

剪力墙竖向分布钢筋总面积：$A_{sw}=800\times200\times0.335\%=536\text{mm}^2$

$$w=\frac{h_{sw}}{h_0}=\frac{800}{1100}=0.727$$

(2) 计算受压区高度

$$\xi_b=\frac{0.8}{1+\dfrac{f_y+f_a}{2\times0.003E_s}}=\frac{0.8}{1+\dfrac{210+315}{2\times0.003\times2.0\times10^5}}=0.557$$

先假设剪力墙为大偏心受压，即受拉型钢达到屈服，则由式 (5-45)、式 (5-47) 得：

$$N=\alpha_1 f_c \xi b h_0+f'_a A'_a+f'_s A'_s-f_a A_a-f_s A_s+\left(1+\frac{\xi-0.8}{0.4\omega}\right) f_{yv} A_{sw}$$

$$x=\frac{N-f'_a A'_a-f'_s A'_s+f_a A_a+f_s A_s-f_{yv} A_{sw}(1-2/\omega)}{\alpha_1 f_c b+f_{yv} A_{sw}/(0.4 h_{sw})}=\frac{N-f_{yv} A_{sw}(1-2/\omega)}{\alpha_1 f_c b+f_{yv} A_{sw}/(0.4 h_{sw})}$$

$$=\frac{2000\times10^3-210\times560\times(1-2/0.727)}{1.0\times19.1\times200+210\times560/(0.4\times800)}=526.8\text{mm}<\xi_b h_0=612.7\text{mm}$$

由以上计算可知，该型钢混凝土剪力墙属于大偏心受压，假定成立。

(3) 计算受弯承载力

$$\xi=x/h_0=526.8/1100=0.479$$

$$M_{sw}=\left[0.5-\left(\frac{\xi-0.8}{0.8w}\right)^2\right] f_{yw} A_{sw} h_{sw}=\left[0.5-\left(\frac{0.478-0.8}{0.8\times0.727}\right)^2\right]\times210\times560\times800$$

$$=18381162\text{N}\cdot\text{mm}$$

$$Ne\leqslant\alpha_1 f_c \xi(1-0.5\xi) b h_0^2+f'_y A'_s(h_0-a'_s)+f'_a A'_a(h_0-a'_a)+M_{sw}$$

$$=1.0\times19.1\times0.479\times(1-0.5\times0.479)\times200\times800^2+210\times201.2\times(1200-30)$$

$$+315\times1205\times(1200-100)+18381162$$

$$=1375.9\text{kN}\cdot\text{m}>1300\text{kN}\cdot\text{m}$$

故该型钢混凝土剪力墙能满足正截面承载力要求，安全。

5.5.3 型钢混凝土剪力墙的斜截面受剪承载力计算

型钢混凝土剪力墙的剪力设计值 V_w 要符合下列条件：

$$V_w\leqslant0.25 f_c bh \tag{5-51}$$

(1) 无边框型钢混凝土剪力墙在偏心受压时的斜截面受剪承载力

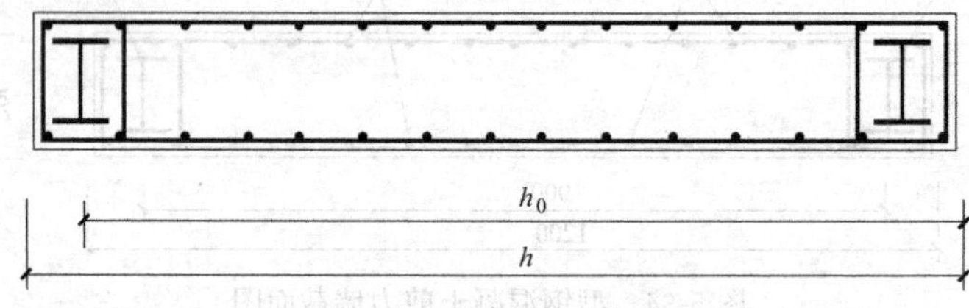

图 5-35 无边框型钢混凝土剪力墙受剪承载力计算

无边框型钢混凝土剪力墙在偏心受压时的斜截面受剪承载力（图 5-35）可按下式计算：

$$V_w=\frac{1}{\lambda-0.5}\left(0.05 f_c b h_0+0.13N\frac{A_w}{A}\right)+f_{yv}\frac{A_{sh}}{s}h_0+\frac{0.4}{\lambda}f_a A_a \tag{5-52}$$

式中 λ——计算截面处的剪跨比，$\lambda=\dfrac{M}{Vh_0}$；当 $\lambda<1.5$ 时，取 1.5；当 $\lambda>2.2$ 时，取 2.2；

N——考虑地震作用组合的剪力墙轴向压力设计值，当 $N>0.2f_c bh$ 时，取 $N=0.2f_c bh$；

A——剪力墙的截面面积，当有翼缘时，在计算翼缘部分的有效面积时，翼缘的计算宽度取以下三者中的最小值：剪力墙厚度加两侧各 6 倍翼缘墙的厚度、墙间距的一半和剪力墙肢总高度的 1/20；

A_w——T 形、工形截面剪力墙腹板的截面面积，对矩形截面剪力墙，取 $A_w=A$；

A_{sh}——配置在同一水平截面内的水平分布钢筋的全部截面面积；

A_a——剪力墙一端暗柱中型钢截面面积；

s——水平分布钢筋的竖向间距。

（2）有边框的型钢混凝土剪力墙斜截面受剪承载力计算：

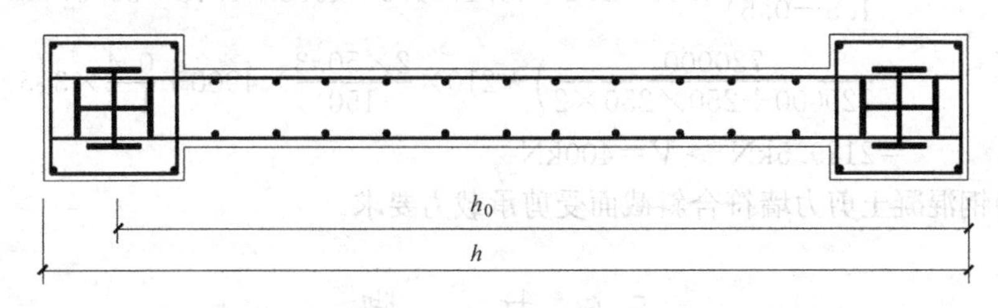

图 5-36　有边框型钢混凝土剪力墙受剪承载力计算

有边框型钢混凝土剪力墙在偏心受压时的斜截面受剪承载力（图 5-36）可按下式计算：

$$V_w=\frac{1}{\lambda-0.5}\left(0.05\beta_r f_c b h_0+0.13N\frac{A_w}{A}\right)+f_{yv}\frac{A_{sh}}{s}h_0+\frac{0.4}{\lambda}f_a A_a \qquad (5\text{-}53)$$

式中　β_r——周边柱对混凝土墙体的约束系数，取 $\beta_r=1.2$。

【例题 5-9】　已知某一有边框型钢混凝土剪力墙，该剪力墙的弯矩、剪力和轴力设计值分别为 $M=2000\text{kN}\cdot\text{m}$，$V=400\text{kN}$，$N=3500\text{kN}$。根据建筑及构造要求初步确定其截面尺寸及型钢、钢筋如图 5-37 所示。混凝土强度等级为 C40，I10 型钢采用 Q345 钢材，分布钢筋为双层双向 $\phi 8@150$，采用 HPB235 级钢筋。试验算该型钢混凝土剪力墙的斜截面抗剪承载力能否满足设计要求。

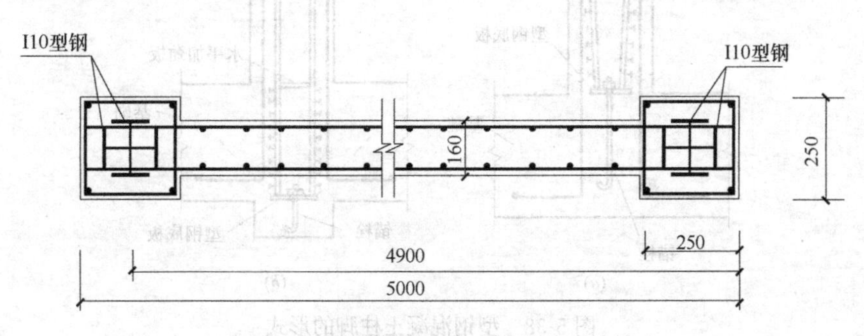

图 5-37　型钢混凝土剪力墙斜截面计算

【解】（1）截面及材料参数

$A_a=A'_a=2410\text{mm}^2$，$a_a=a'_a=100\text{mm}$，$h_0=h-a_a=5000-100=4900\text{mm}$，$f_c=19.1\text{N/mm}^2$，$f_{yv}=210\text{N/mm}^2$，$f_a=315\text{N/mm}^2$，$A_w=4500\times160=720000\text{mm}^2$

（2）验算截面是否符合要求

$$V=400\text{kN}<0.25f_c bh=0.25\times19.1\times160\times5000=3820\text{kN}$$

故截面满足抗剪要求。

（3）计算该型钢剪力墙的抗剪承载力

$$\lambda=\frac{M}{Vh_0}=\frac{2000\times10^6}{400\times10^3\times4900}=1.02<1.5\text{，取 }\lambda=1.5$$

$$N = 3500\text{kN} > 0.2 f_c bh = 0.2 \times 19.1 \times 160 \times 5000 = 3056\text{kN}，取 N = 3056\text{kN}$$

$$V_w = \frac{1}{\lambda - 0.5}\left(0.05\beta_r f_c bh_0 + 0.13N\frac{A_w}{A}\right) + f_{yv}\frac{A_{sh}}{s}h_0 + \frac{0.4}{\lambda}f_a A_a$$

$$= \frac{1}{1.5 - 0.5}\left(0.05 \times 1.2 \times 19.1 \times 160 \times 4900 + 0.13 \times 3056 \times 10^3 \times \frac{720000}{720000 + 250 \times 250 \times 2}\right) + 210 \times \frac{2 \times 50.3}{150} \times 4900 + \frac{0.4}{1.5} \times 315 \times 2410$$

$$= 2129.5\text{kN} > V = 400\text{kN}$$

故该型钢混凝土剪力墙符合斜截面受剪承载力要求。

5.6 柱　　脚

型钢混凝土柱的柱脚分为埋入式柱脚和非埋入式柱脚两种形式。型钢不埋入基础内部，型钢柱下部有钢底板，采用地脚螺栓将钢板锚固在基础或基础梁顶，称为非埋入式柱脚，如图 5-38（*a*）所示。将柱型钢伸入基础内部，称为埋入式柱脚，如图 5-38（*b*）所示。由于埋入式柱脚相对于非埋入式柱脚更容易保证柱脚的嵌固，因此在抗震设防的结构中，当型钢混凝土柱脚做在刚度较大的地下室顶板以上时，宜优先采用埋入式柱脚。

埋入式柱脚的埋置深度不应小于 3 倍型钢柱的截面高度。在柱脚部位和柱向上一层的范围内，型钢翼缘外侧宜设置栓钉，栓钉直径不宜小于 $\phi 19$，间距不宜大于 200mm，且栓钉至型钢钢板边缘的距离宜大于 50mm。

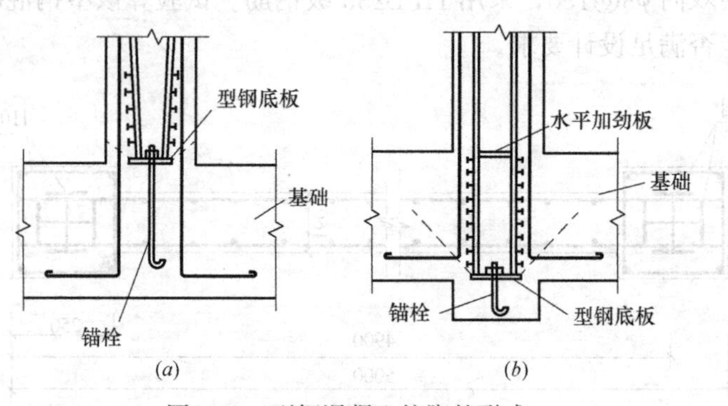

图 5-38　型钢混凝土柱脚的形式

（*a*）非埋入式柱脚；（*b*）埋入式柱脚

本 章 小 结

（1）型钢混凝土结构具有承载能力高、刚度大、抗震性能好等系列优点，广泛适用于高层、超高层建筑，大跨、重载结构和高耸结构等，特别是地震高烈度区的上述建（构）筑物。

（2）型钢混凝土构件中，型钢与混凝土之间的粘结力较小，对承载能力、变形及裂缝有影响，由于型钢与混凝土之间存在滑移，故对实腹配钢的型钢混凝土构件而言，在接近极限强度时平截面假定已经不成立，但为了方便构件的极限承载力计算，可以采用减小混凝土极限压应变的修正平截面假定，从而使计算大大简化。

（3）型钢混凝土柱与普通的钢筋混凝土柱类似，根据偏心距的不同，可以发生大偏心受压和小偏心受压破坏。根据破坏时的应力图形可以得出各种破坏时的型钢混凝土柱正截面承载能力计算公式。

（4）节点和柱脚在型钢混凝土结构中非常重要，是结构的关键部位，受力复杂，除了进行必要的承载力计算外，采取合理的构造措施也非常必要。

（5）型钢混凝土剪力墙分为无边框型钢混凝土剪力墙和有边框型钢混凝土剪力墙两种，由于配置了型钢，构件的承载力显著提高，延性也有明显改善。

思考题

1. 简述型钢混凝土构件的特点及适用范围。

2. 实腹式型钢混凝土构件中除了配有型钢外，还配置了一定的构造纵向钢筋和箍筋，这些构造纵向钢筋和箍筋对构件的受力起到哪些作用？

3. 型钢与混凝土界面之间的滑移，对型钢混凝土构件的受力性能有何影响？

4. 型钢混凝土柱与普通钢筋混凝土柱在轴心受压和大小偏心受压极限承载力计算上有何异同？

5. 型钢混凝土剪力墙为什么主要在两个端部配置型钢？

6. 简述型钢混凝土结构的构造要求及其意义。

习　题

1. 某型钢混凝土简支梁，计算跨度为 9m，承受均布荷载，其中永久荷载的设计值为 20kN/m（包括梁的自重），可变荷载的设计值为 50kN/m，截面尺寸为 450mm×850mm，对称配置 Q345 级热轧 H 型钢 HZ600（截面为 600mm×220mm×12mm×19mm），4Φ25 纵向钢筋（HRB335）和双肢 ϕ8@200 箍筋（HPB235），混凝土采用 C40。试验算其正截面受弯承载力、斜截面受剪承载力是否满足要求？

2. 已知型钢混凝土矩形截面简支梁，处于室内正常环境，计算宽度 $l_0=9.0$m，截面尺寸 $b\times h=$ 400mm×700mm，对称配钢 $H\times B\times t_w\times t_a$（400mm×250mm×8mm×12mm）和 4Φ22 纵向钢筋，混凝土强度等级 C40，型钢采用 Q345，钢筋采用 HRB335 级，钢筋的混凝土保护层厚度 $c=30$mm，该梁承受的永久荷载标准值 $g_k=12$kN/m，可变荷载标准值 $q_k=15$kN/m，试验算该梁的最大裂缝宽度是否满足要求？

3. 某多层型钢混凝土框架结构，底层中间柱按轴心受压构件计算，柱的计算长度为 l_0，承受的轴心压力设计值 $N=10000$kN，截面尺寸为 $b\times h=650$mm×650mm，混凝土强度等级为 C40，双向对称配置型钢 $H\times B\times t_w\times t_a$（350mm×200mm×8mm×12mm）和 4Φ25 纵向钢筋，型钢采用 Q345 钢材，钢筋采用 HRB335。试验算此型钢混凝土柱能否满足轴心受压承载力要求？

4. 某一配置十字形型钢的型钢混凝土方形柱，承受轴向压力设计值 $N=4000$kN，弯矩设计值 $M=$ 500kN·m，截面尺寸为 $b\times h=700$mm×700mm，其混凝土强度等级为 C40，x、y 方向均配 Q345 型钢 $H\times B\times t_w\times t_a$（396mm×199mm×7mm×11mm），纵向钢筋为 HRB335 钢筋 4 Φ20，试验算该柱是否安全。

5. 某型钢混凝土柱承受轴压力设计值 $N=5000$kN，和绕强轴 x 的弯矩设计值 $M=1020$kN·m，截面尺寸为 $b\times h=700$mm×700mm，混凝土采用 C40，x 方向配 Q345 型钢 $H\times B\times t_w\times t_a$（396mm×199mm×7mm×11mm），纵向钢筋为 HRB335 钢筋 4Φ20，试验算此柱正截面受压承载力是否满足要求。

6. 已知某一无边框型钢混凝土剪力墙，根据构造要求初步确定其截面尺寸及型钢、钢筋如图 5-39 所示。混凝土强度等级为 C40，I10 型钢采用 Q345 钢材，竖向分布钢筋 ϕ8@100，分布钢筋配置高度为 800mm，采用 HPB235 级钢筋，作用在该剪力墙的竖向压力和弯矩设计值分别为 $N=2500$kN，$M=1200$kN·m。试验算该型钢混凝土剪力墙是否安全。

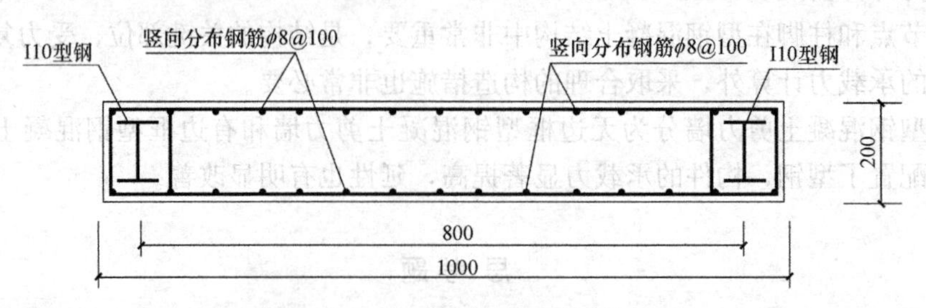

图 5-39　型钢混凝土剪力墙截面图

第6章 钢管混凝土结构

6.1 概 述

钢管混凝土（concrete-filled steel tube，简称为CFST，也有日本等国学者将其简称为CFT）是指在钢管中填充混凝土、且钢管及其核心混凝土能共同承受外荷载作用的组合结构构件。按截面形式不同，可分为圆钢管混凝土、矩形钢管混凝土和多边形钢管混凝土等。目前工程中最常用的三种主要截面形式如图6-1所示。

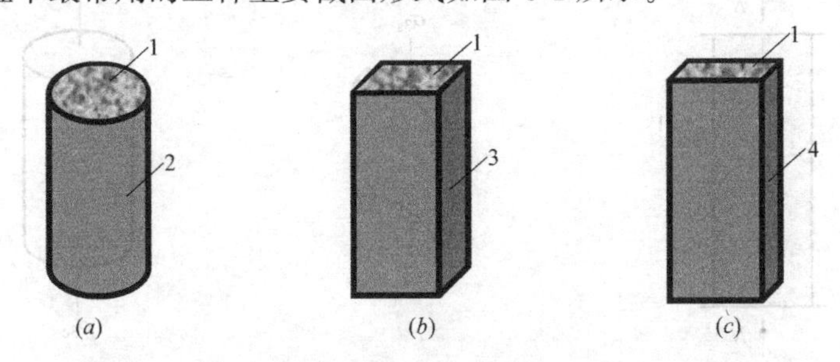

图6-1 钢管混凝土常用截面形式

(*a*) 圆钢管混凝土；(*b*) 方钢管混凝土；(*c*) 矩形钢管混凝土

1—混凝土；2—圆钢管；3—方钢管；4—矩形钢管

需要指出的是，近年来还有一些学者开始研究一种和上述钢管混凝土非常类似的构件，即钢管约束混凝土。其截面形式和钢管混凝土相同，但节点构造不同，即节点区域上层和下层的钢管并不直接贯通连接，导致钢管约束混凝土的钢管在结构使用过程中基本不直接承担或很少直接承担纵向荷载，而主要起对混凝土提供约束的作用。因而一般而言，截面相同的钢管约束混凝土可具有比钢管混凝土更高的强度或更好的延性。但由于钢管约束混凝土的施工和节点构造较为复杂，目前在工程实践中的应用还不多见，本书将不对其做更深入介绍。

6.1.1 钢管混凝土的基本原理

众所周知，混凝土在材料组成上属于非匀质体，其硬化后内部天生存在微细裂缝，在本质上通常被认为是一种脆性或准脆性材料，尤其是在混凝土强度较高的情况下。若对混凝土施加侧向约束力，则混凝土的强度和变形能力可得到大大提高，形成所谓的受约束混凝土，并具有一定的塑性变形能力。

钢管混凝土的基本工作原理可以以圆钢管混凝土轴心受压短柱为例来加以说明。当其受图6-2（*a*）所示的轴压力N作用时，随着轴压力的增大，钢管和核心混凝土的纵向应力和纵向应变也都开始增大，二者同时产生环向变形。环向应变与纵向应变的关系为：

$$\varepsilon_{1s}=\mu_s\varepsilon_{3s},\varepsilon_{1c}=\mu_c\varepsilon_{3c} \tag{6-1}$$

式中 ε_{1s}、ε_{3s}——分别为钢管的环向和纵向应变；

ε_{1c}、ε_{3c}——分别为核心混凝土的环向和纵向应变；

μ_s、μ_c——分别为钢材和混凝土的泊松比（横向变形系数）。

钢材的泊松比 μ_s 在弹性阶段基本为常数（一般可取为 0.283），进入塑性阶段（即应力达到屈服强度 f_y）时，增大到 0.5。混凝土的泊松比 μ_c 则为变数，由低应力时的 0.17 左右逐渐增大到 0.5，并由于裂缝扩展导致其继续增长，在达到极限状态时 μ_c 甚至大于 1.0。

在轴压力 N 的作用下，钢管和核心混凝土的纵向变形协调，即 $\varepsilon_{3s}=\varepsilon_{3c}$。在初始受力阶段，由于混凝土的泊松比 μ_c 小于钢材的泊松比 μ_s，由式（6-1）可见，此时 $\varepsilon_{1s}>\varepsilon_{1c}$，即钢管的环向应变大于混凝土的环向应变，因而钢管与混凝土之间不会发生挤压，甚至出现空隙，二者也就不存在相互作用，钢管与核心混凝土各自独立工作，共同承受纵向压力，分别如图 6-2（b）和（c）所示。

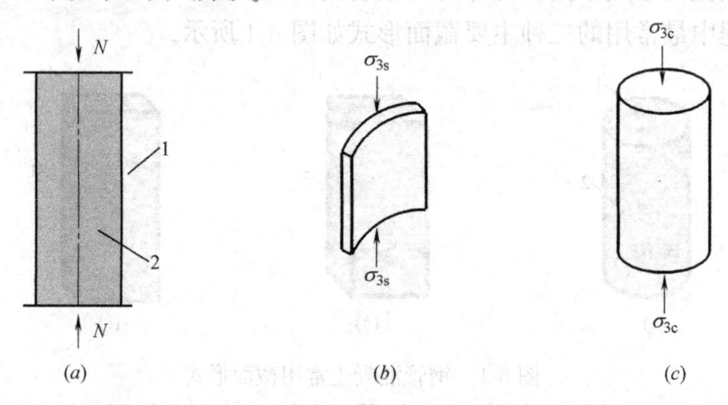

图 6-2　受荷初期钢管和混凝土的受力状态示意图

（a）受压钢管混凝土；（b）钢管受力；（c）混凝土受力

1—钢管；2—混凝土

随着纵向应变的继续增加，混凝土内部发生微裂并不断发展，很快 μ_c 接近并等于 μ_s。随后当钢管应力超过钢材比例极限后，$\mu_c>\mu_s$，由式（6-1）可见，此时 $\varepsilon_{1c}>\varepsilon_{1s}$。这说明，此时钢管混凝土在压力 N 作用下，混凝土向外扩张的横向变形（侧向膨胀）大于钢管向外的横向变形。当钢管和混凝土界面重新接触后，钢管即开始限制混凝土的侧向变形，从而在钢管与混凝土之间产生了相互的作用力，此力被称为约束力 p。最终钢管纵向受压（σ_{3s}）、径向受压（σ_{2s}）而环向受拉（σ_{1s}），而混凝土则处于三向受压（σ_{3c}、σ_{2c} 和 σ_{1c}）状态，如图 6-3 所示，显然此时钢材和混凝土二者均处于三向应力状态。

当混凝土处于三向受压状态、钢管达到屈服而开始发展塑性后，对于普通的钢管混凝土而言，钢管所受的径向应力比钢管平面内的应力要小得多，钢管的应力状态可近似为纵向受压、环向受拉的受力状态。按照 Von Mises 屈服条件：

$$\sigma_{1s}^2+\sigma_{1s}\sigma_{3s}+\sigma_{3s}^2=f_y^2 \tag{6-2}$$

随着钢管环向拉应力 σ_{1s} 的不断增大，其纵向压应力 σ_{3s} 相应不断减小，在钢管与核心混凝土之间产生纵向应力的重分布。一方面，钢管承受的纵向压力不断减小；另一方面，核心混凝土因受到钢管一定的约束而具有更高的抗压强度，钢材从仅承受纵向压应力转变为同时承受纵向压应力和环向拉应力的状态。最后，当钢管和核心混凝土所能承担的纵向压力之和达到极限值时，钢管混凝土进入破坏阶段。

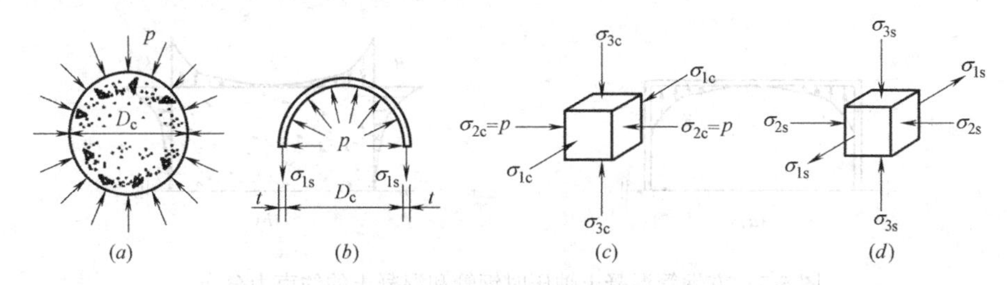

图 6-3　钢管和混凝土出现相互作用后的钢管和混凝土受力状态示意图

（*a*）混凝土；（*b*）钢管；（*c*）混凝土单元；（*d*）钢材单元

由以上分析可以看出，与普通钢筋混凝土或型钢混凝土柱相比，钢管混凝土柱的本质特征在于钢管可对混凝土产生较强的约束作用，这种约束作用使得材料的力学性能有别于其在单向受力（无约束作用）下的力学性能。归纳起来，钢管混凝土的基本原理有两点：①由于钢管对核心混凝土的约束作用使得核心混凝土处于三向受力状态，从而使核心混凝土具有更高的抗压强度和抗压缩变形能力；②钢管管壁的稳定性提高，不易发生局部屈曲。在钢管内填充混凝土后，借助内填混凝土的支撑作用可改变空钢管的失稳模态，提高钢管壁的几何稳定性，从而使得钢材的强度能得到充分利用，并提高构件延性性能。图 6-4 所示为填充混凝土与否对轴压方钢管局部屈曲模态的影响，其中虚线所示为发生局部屈曲后的钢管。可见填充混凝土后，钢管只能发生向外的鼓曲，这有别于不填充混凝土的空钢管。

还需要指出的是，不同截面形状的钢管对混凝土的约束效果是不一样的。圆形截面稳定性较好，对混凝土的约束效果也最好；其次是多边形截面；再次是矩形截面（包含方形截面）。由于组成矩形截面的钢板在自身受荷以及混凝土侧向膨胀挤压作用下较易发生如图 6-4（*b*）所示的面外变形，因此作为一种特殊的矩形钢管混凝土截面形式——方钢管混凝土，其钢管对混凝土的约束要优于截面高宽比大于 1 的其他矩形钢管混凝土。为了进一步说明钢管截面形状对混凝土约束效果的影响，图 6-5 绘出了轴压情况下方钢管在不同位置处对混凝土的约束力变化情况示意图。可见，方钢管在角部对混凝土的约束力较大，从而使得约束后的混凝土在角部和截面核心部位强度较高。而图 6-3（*a*）所示的圆钢管混凝土在轴压时其钢管对混凝土产生均匀约束。因而从约束的角度而言，圆钢管较其他截面形状的钢管应用效果更好。需要指出的是，虽然在我国早期主要应用圆钢管混凝土，但由于方、矩形钢管混凝土节点连接方便、建筑空间较易处理和可粘贴经济的防火板材等原因，近年来其工程应用不断呈增加趋势，已成为和圆钢管混凝土应用同样广泛的钢管混凝土主要构件形式之一。

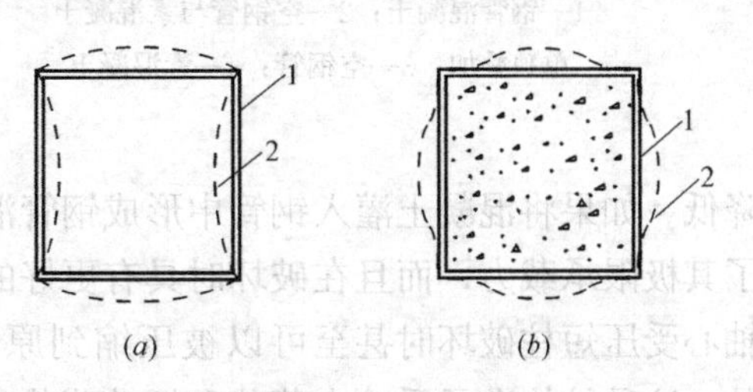

图 6-4　填充混凝土与否对轴压方钢管局部屈曲模态的影响

（*a*）空钢管；（*b*）方钢管混凝土

1—屈曲前；2—屈曲后

在轴压情况下，钢管混凝土材料尤其是其混凝土的受压力学性能可得到更为充分的发挥和利用，此时钢管可以对混凝土提供最大限度的约束作用。因此钢管混凝土比较适于用作轴心受压或荷载偏心较小的偏心受压构件。在有些情况下，如荷载偏心距较大或构件承受的弯矩过大时，宜采用由多肢钢管

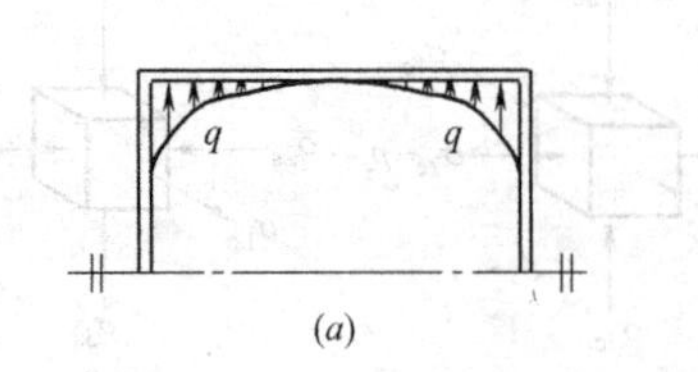

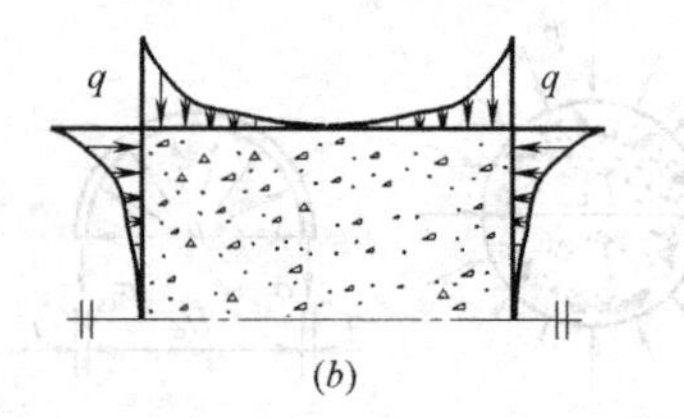

图 6-5　方钢管混凝土轴压时钢管和混凝土的约束力分布

(a) 钢管；(b) 混凝土

混凝土柱组成的格构式构件。

6.1.2　钢管混凝土的基本特点

钢管混凝土利用钢管和混凝土两种材料在受力过程中的相互作用，不仅可以弥补两种材料各自的缺点，而且能够充分发挥二者的优点，具有承载力高、塑性韧性好、刚度大、抗震性能好、施工快速方便等一系列的优点。

1. 承载力高

如前所述，钢管混凝土中的钢管通过约束作用提高了混凝土的强度，同时由于填充了混凝土也可避免或延缓钢管过早发生局部屈曲，有利于钢材的强度得到充分发挥。总之，两种材料能协同工作，充分发挥彼此的长处，从而使钢管混凝土具有很高的承载力。在通常情况下，组合构件的承载力要高于钢管和核心混凝土的单独承载力之和，产生所谓"1+1>2"的"组合"效果。

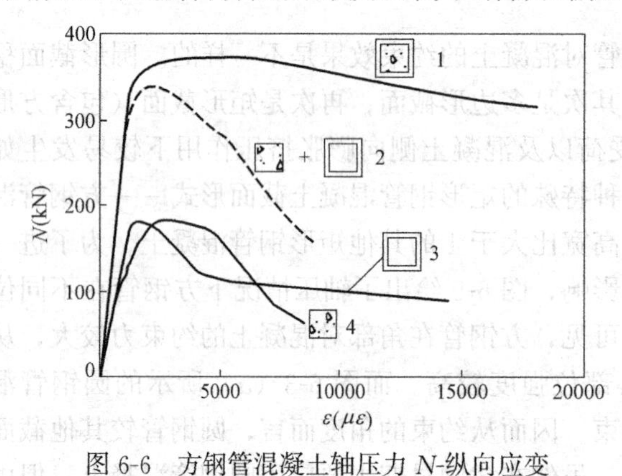

图 6-6　方钢管混凝土轴压力 N-纵向应变 ε 关系曲线

1—钢管混凝土；2—空钢管与素混凝土单独叠加；3—空钢管；4—素混凝土

图 6-6 所示为日本学者完成的一组轴压试验结果，分别进行了空钢管、素混凝土和方钢管混凝土柱的对比试验。试验中空钢管和素混凝土试件的截面面积和材性与钢管混凝土试件中的钢管与混凝土完全相同。可见，钢管混凝土组合构件的承载力和延性均明显高于空钢管和混凝土单独承受外荷载的情况，这充分说明了钢管对混凝土的约束给构件力学性能带来了有利影响。

2. 塑性和韧性好

混凝土脆性较大，对于高强度混凝土更是如此，导致其工作的可靠性大为降低。如果将混凝土灌入钢管中形成钢管混凝土，核心混凝土在钢管的约束下，不但提高了其极限承载力，而且在破坏时具有更好的塑性变形能力。试验结果表明，圆钢管混凝土轴心受压短柱破坏时甚至可以被压缩到原长的 2/3，但仍没有呈现脆性破坏的特征。此外，这种结构在承受冲击荷载和振动荷载时，也具有很好的韧性。由于钢管混凝土具有良好的塑性和韧性，因而抗震性能良好。

3. 施工方便

与现浇钢筋混凝土柱相比，采用钢管混凝土柱没有绑扎钢筋、支模和拆模等工序，施工简便。因管内无钢筋，混凝土容易浇灌和振捣密实。特别是目前采用泵送混凝土、高位抛落免振捣混凝土和免振自密实混凝土等施工工艺，更可加速钢管混凝土构件的施工进度。与预制钢筋混凝土构件相比，不需要构件预制场地。

与钢结构构件相比，组成钢管混凝土构件的钢管壁厚一般均较小，现场拼接对焊简便快捷。且由于空钢管构件的自重小，可以大大减少运输和吊装等费用。

4. 耐火性能较好

和钢材相比，混凝土是热的不良导体。当火灾发生时，由于混凝土升温速度较慢，因而残余承载力较高，同时还可产生一定的吸热作用。这种组成钢管混凝土的钢管和核心混凝土之间相互帮助、协同互补、共同工作的优势，使这种结构较钢结构具有更好的耐火性能，因而可降低防火造价。另外，在火灾后，钢材的强度可以得到不同程度的恢复，同时结构的整体性也较好，这不仅为结构的加固补强提供了一个较安全的工作环境，也可减少补强工作量，降低维修费用。由于钢管混凝土具有较好的耐火性能及火灾后可修复性能，因此更容易实现发生小火时结构不破坏、在一般火灾作用后可尽快修复，而发生大火时结构不倒塌的目标。

5. 经济效果好

作为一种较为合理的构件形式，采用钢管混凝土可以很好地发挥钢材和混凝土两种材料的特性和潜力，使材料性能得到更为充分和合理的发挥，因此，钢管混凝土可取得良好的综合经济效果。

大量工程实践表明：采用钢管混凝土的承压构件与普通钢筋混凝土承压构件相比，在保持钢材用量相近和承载能力相同的条件下，构件的横截面面积可减小一半，有利于增加建筑的有效使用面积，且混凝土用量以及构件自重相应减少50%左右；和钢结构相比，在保持自重相近和承载能力相同的条件下，可节约钢材50%左右，同时焊接工作量也可大幅度减少。

6.1.3 钢管混凝土的发展和应用

1. 钢管混凝土的发展

钢管混凝土是在SRC及螺旋配筋混凝土的基础上演变和发展起来的。它在国外最早应用于铁路桥桥墩，随后又被广泛用做单层或多层工业厂房的结构柱。我国于1966年首次成功地将钢管混凝土柱用于北京地铁工程中的“北京站”和“前门站”站台柱。20世纪70年代，钢管混凝土结构又在冶金、造船、电力等行业的单层厂房和重型构架中得到成功应用。20世纪80年代更进一步在多层建筑的框架结构中开始采用钢管混凝土柱。进入20世纪90年代后，钢管混凝土在大跨度拱桥结构和高层、超高层建筑中得到愈来愈广泛的应用。目前我国已成为世界上应用钢管混凝土结构最为广泛的国家之一。随着高性能钢材和高性能混凝土材料的出现和发展，近年来钢管混凝土也开始向高性能化方向发展，高性能钢管混凝土开始逐步得到工程应用。

为适应钢管混凝土的工程实践发展需要，国内外颁布了多本专门针对钢管混凝土结构设计或包含其设计内容的组合结构设计规范或规程。这些标准的颁布为钢管混凝土结构在实际工程中的推广应用进一步创造了有利条件。

2. 钢管混凝土的应用概况

目前钢管混凝土已在单层和多层工业厂房、地下工程、高炉和锅炉构架、各种支架、送变电构架及地铁站台柱等方面得到较为广泛应用。由于钢管混凝土具有的良好力学性能，近年来更加受到工程师和业主们的青睐，开始逐渐在拱桥和高层、超高层建筑中得到应用。总之，钢管混凝土从某种意义上一方面可被看做是一种高强、高性能的组合材料；另一方面也是一种高效施工技术。

(1) 单层和多层工业厂房

在我国和前苏联的一些单层厂房排架柱中，格构式钢管混凝土柱得到较为广泛而有效的应用，这是由于格构式柱可将整个构件所受的弯矩转化为各单肢的轴向受力，充分发挥了钢管混凝土良好的受压性能。图 6-7 所示为宝钢某电炉废钢车间的内景，可见其中采用的是钢管混凝土格构柱。

图 6-7　宝钢某电炉废钢车间内景

(2) 设备构架柱、各种支架柱和栈桥柱

在各种工业用平台或构筑物中，其下部支柱一般都承受很大的轴压荷载，因而采用钢管混凝土柱比较合理。

(3) 地下建筑

在设计地下建筑、地铁车站、地下车库等重载柱时，均要求这些柱子的截面尺寸尽量缩减，以增大建筑空间，减少对人流、车流和视线的阻碍而获得最佳的建筑效果。在这些场合采用钢管混凝土柱非常适合。

(4) 送变电杆塔

档距大的高压输电杆塔或微波塔，也可采用钢管混凝土构件作立柱。例如，1986 年在沿葛洲坝水电站输出线路上及繁昌变电所 500kV 变电构架中都采用了钢管混凝土柱。

(5) 桁架压杆

在桁架压杆中采用钢管混凝土可充分利用这类结构适合抗压的特点，从而达到节省钢材、减少投资的目的。

(6) 桩

钢管混凝土桩可在一些软土地基上的高层建筑、桥梁和码头等的基础中得到应用。例如 20 世纪 90 年代的宝钢三期工程试验并应用了钢管混凝土桩技术。

(7) 大跨结构和空间结构

公共建筑如会议展览中心、机场航站楼、体育馆等由于其功能的特殊性，对大跨度、大空间的要求不断增加。由于钢管混凝土承载力高，其可以直接被用作柱构件承受上部屋盖结构传下的巨大荷载，这方面的工程有山东滨州国际会展中心和日本北九州多功能赛车场等。近年来，尚有研究者开始研究在大跨和空间结构中直接采用钢管混凝土制作曲线形的空间桁架屋盖结构。这样在满足建筑物大跨度要求的同时，还可取得良好的建筑效果和经济效益。

(8) 商业广场、多层办公楼及住宅

采用钢管混凝土具有施工方便、施工速度快的特点。和钢结构相比，可减少单位面积耗钢量，降低结构综合造价。此外，由于钢管混凝土柱刚度大，在多层办公楼或住宅中应用时变形小、稳定性好，可很好地满足结构正常使用的要求。

(9) 高层和超高层建筑

钢管混凝土可用作高层和超高层建筑中的柱结构及其抗侧力体系，其主要优点有：①构件截面小，节约建筑材料，增加使用空间；构件自重减轻，可减小基础负担，降低基础造价。②抗震性能好。③耐火性能优于钢结构，相对于钢结构可降低防火造价。④可采用“逆作法”或“半逆作法”的施工方法，加快施工速度等。

我国从20世纪80年代后期开始将钢管混凝土应用于高层建筑。开始时仅在建筑的部分柱中采用，后来发展到大部分以至全部柱均采用钢管混凝土。我国在高层建筑中应用钢管混凝土较早且影响较大的工程包括1999年建成的深圳赛格广场和2001年建成的杭州瑞丰国际商务大厦，它们分别采用了圆钢管混凝土和方钢管混凝土。图6-8所示为瑞丰国际商务大厦结构封顶后的情景。

(10) 钢管混凝土在拱桥中的应用

钢管混凝土常被用作拱桥的拱肋。具体应用可根据钢管表皮是否外露分为两类：一类是钢管表皮外露，在钢管内填混凝土。钢管与核心混凝土共同作为结构的主要受力构件，同时也可作为施工时的劲性骨架，这类桥梁一般称为钢管混凝土拱桥；另一类是将钢管分别内填和外包混凝土，钢管表皮不外露。钢管主要作为施工时的劲性骨架，先内灌混凝土，形成钢管混凝土后再外包钢筋混凝土形成设计断面，这类桥梁一般称为钢管混凝土劲性骨架拱桥。

我国采用钢管混凝土拱桥是从20世纪80年代开始的。四川旺苍县东河大桥是国内第一座采用钢管混凝土拱肋的公路拱桥。此后，钢管混凝土拱桥在我国公路和城市桥梁中的应用发展十分迅速，目前应用已超过百座以上，取得了良好的经济效益和社会效益。钢管混凝土拱桥的建造可充分利用钢管混凝土优越的施工性能，配合采用图6-9所示的转体施工工艺，可大大提高拱桥的跨越能力。

图6-8 瑞丰国际商务大厦结构封顶后的情景

图6-9 施工过程中的下牢溪大桥

6.2 钢管混凝土构件设计

6.2.1 钢管混凝土相关设计规范简介

由于钢管混凝土结构具有的突出优点，其在国内外的工程实践中已经得到了广泛应用，这进一步推动了钢管混凝土结构科学研究的发展和相关设计规范的制定。

目前国际上可用于钢管混凝土结构设计的主要规范包括：欧洲规范EC4 (2004)、澳大利亚规范AS 5100（2004）、美国混凝土协会规范ACI 318（2008）、美国钢结构协会规范AISC（2010）、英国规范BS 5400（2005）和日本建筑学会规范AIJ（2008）等。

我国目前虽还没有出台钢管混凝土结构设计的相关国家规范，但我国是世界上钢管混凝土结构得到最广泛应用的国家之一，因而相关科学研究十分活跃，并提出了相应不同的钢管混凝土结构设计方法。自1989年至今，我国已颁布了十余本有关钢管混凝土结构设计的行业或地方标准，如国家建筑材料工业局标准《钢管混凝土结构设计与施工规程》（JCJ 01—89）、中国工程建设标准化协会标准《钢管混凝土结构设计与施工规程》（CECS 28：90）、中华人民共和国电力行业标准《钢-混凝土组合结构设计规程》（DL/T 5085—1999）、中华人民共和国国家军用标准《战时军港抢修早强型组合结构技术规程》（GJB 4142—2000）、中国工程建设标准化协会标准《矩形钢管混凝土结构技术规程》（CECS 159：2004）、福建省工程建设标准《钢管混凝土结构技术规程》（DBJ/T 13-51—2010）、天津市工程建设标准《天津市钢结构住宅设计规程》（DB 29-57—2003）、江西省工程建设标准《钢管混凝土结构技术规程》（DB36/J001—2007）、内蒙古自治区工程建设标准《钢管混凝土结构技术规程》（DBJ 03-28—2008）、甘肃省工程建设标准《钢管混凝土结构技术规程》（DB62/T25-3041—2009）、河北省工程建设标准《钢管混凝土结构技术规程》（DB13（J）/T84—2009）和辽宁省工程建设标准《钢管混凝土结构技术规程》（DB21/T 1746—2009）等。

为了学习的方便和理论体系的完整性，本书在后面叙述的内容主要基于福建省工程建设标准《钢管混凝土结构技术规程》（DBJ/T 13-51—2010），同时在相关章节中也适当介绍了中国工程建设标准化协会标准《钢管混凝土结构设计与施工规程》（CECS 28：90）和《矩形钢管混凝土结构技术规程》（CECS 159：2004）的有关设计方法。为便于叙述，以下分别将上述三本规程简称为DBJ/T 13-51—2010、CECS 28：90和CECS 159：2004。此外，由于方钢管混凝土为矩形钢管混凝土的一种特例，为叙述方便，下文除特意提到外，将不再区分方钢管混凝土。

6.2.2 钢管混凝土结构材料和设计指标

钢管混凝土是由钢管和混凝土两种性质完全不同的材料所组成，不仅钢管和混凝土材料本身的性质对钢管混凝土性能的影响很大，而且二者几何特性和物理特性参数如何“匹配”，也将对钢管混凝土构件的力学性能起着非常重要的影响。因此，适当地确定组成钢管混凝土的钢管及其核心混凝土的材料性能，对于合理设计钢管混凝土结构非常重要。

1. 材料

(1) 钢管

在进行钢管混凝土结构设计时其钢管材料的选用应符合现行国家标准《钢结构设计规范》（GB 50017）的有关规定，应根据结构的重要性、荷载特征、结构形式、应力状态、连接方法、钢材厚度和工作环境等因素综合考虑。通常钢管可采用Q235、Q345、Q390和Q420钢材。钢材应具有抗拉强度、伸长率、屈服强度和硫、磷含量的合格保证，对焊接结构还应具有碳含量的合格保证。对处于外露环境，且对大气腐蚀有特殊要求或受腐蚀性气态和固态介质作用的钢管混凝土结构，宜采用耐候钢。此外，还可根据实际情况选用高性能耐火建筑用钢。

制作钢管混凝土的圆钢管宜采用螺旋焊接管或直缝焊接管，也可采用无缝管。无缝管通常价格较高且壁较厚，可根据实际需要确定是否采用。矩形钢管则宜采用直缝焊接管或冷弯型钢钢管。在采用钢板卷制成直缝焊接管时，应采用对接坡口焊缝，不允许采用钢板搭接的角焊缝。此外为保证钢管制作质量，钢管的纵向接长焊缝应尽量减少。对接焊缝及角对接焊缝至少应符合二级焊缝质量检验标准，这样在工厂制作和工艺有保证的条件下，焊缝都可达到与母材等强度的要求。现场对接焊缝应100%探伤检测。当钢管壁厚超过40mm且采用焊接连接节点时，为防止钢材的层状撕裂应采用Z向钢，其材质应符合现行国家标准《厚度方向性能钢板》(GB/T 5313) 的有关规定。

(2) 混凝土

制作钢管混凝土时，可根据实际需要和施工条件选择在钢管内填充普通混凝土、高性能混凝土或钢纤维混凝土。高性能混凝土是目前发展比较成熟的混凝土新技术，可配合混凝土泵送顶升浇筑法采用，可提高施工工效。而钢纤维混凝土通过在混凝土中添加钢纤维可降低混凝土的收缩值，同时可提高构件的延性及抗火性能。由于钢管本身是封闭的，多余水分不能排出，因而在设计混凝土的配合比时应控制混凝土的水灰比不大于0.45。为了方便施工，可掺减水剂，坍落度宜为160～180mm。

从减小变形和经济角度考虑，钢管混凝土结构构件中的混凝土强度等级不宜低于C30。为充分发挥钢管和混凝土的性能，钢材和混凝土的选择可参照下列材料组合：Q235钢配C30或C40混凝土；Q345钢配C40、C50或C60混凝土；Q390和Q420钢配C50或C60级及以上等级的混凝土。

2. 几个重要设计参数

(1) 含钢率

钢管混凝土构件截面的含钢率 α 是指钢管横截面面积与内填混凝土横截面面积的比值，即：

$$\alpha = A_s / A_c \tag{6-3}$$

式中 A_c——钢管内混凝土的横截面面积；

A_s——钢管的横截面面积。

(2) 约束效应系数

为描述钢管和混凝土二者之间的相互作用，近似反映钢管混凝土构件中钢管对核心混凝土约束作用的大小，引入约束效应系数。其标准值用 ξ 表示，设计值用 ξ_0 表示，具体表达式如下：

$$\xi = \frac{A_s f_y}{A_c f_{ck}} \tag{6-4a}$$

$$\xi_0 = \frac{A_s f}{A_c f_c} \tag{6-4b}$$

式中 f_y——钢材的屈服强度；

f——钢材的抗拉、抗压和抗弯强度设计值；

f_{ck}、f_c——分别为混凝土的轴心抗压强度标准值和设计值。

对某一特定的钢管混凝土截面，约束效应系数 ξ 可反映钢管混凝土组合截面的几何特征和组成材料的物理特性。ξ 值越大，表明钢材所占比例越大，混凝土的比例相对较小；反之，ξ 值越小，表明钢材所占比例越小，混凝土的比例相对较大。在工程常用参数范围内，约束效应系数ξ对钢管混凝土性能的影响主要表现在：ξ值越大，则在受力过程中，钢管对核心混凝土提供的约束作用越强，混凝土强度和延性的增加相对较大；反之，ξ值越小，则在受力过程中，钢管对核心混凝土提供的约束作用随之减小，混凝土强度和延性的提高就越少。

一般情况下，钢管混凝土的约束效应系数标准值ξ不宜大于4，也不宜小于0.3。建议$\xi \geqslant 0.3$，是为了防止混凝土强度等级高时钢管的约束能力不足导致构件易发生脆性破坏。如出现$\xi > 4$，则一种可能是钢管壁厚选择过大，导致设计不经济；另一种情况是填充的混凝土强度过低，使结构可能在使用荷载下产生塑性变形，因此也不宜使钢管混凝土的ξ值过高。

当钢管混凝土用作地震区的多层、高层和超高层框架结构柱时，为保证钢管混凝土构件具有良好的延性，圆钢管混凝土构件的ξ值不应小于0.6，矩形钢管混凝土构件的ξ值不应小于1。

（3）径厚比和高厚比

为了防止钢管混凝土的钢管壁过薄而导致钢管在正常使用阶段管壁发生局部失稳，有必要对钢管的径厚比或高厚比进行限制。圆钢管的径厚比是指圆钢管外直径D与壁厚t的比值，矩形钢管高厚比是指矩形钢管最大外边长D与壁厚t的比值。由于核心混凝土的支承作用，钢管混凝土钢管壁的稳定性会较空钢管有所提高。因此规定对于钢管混凝土，钢管的D/t值不得大于无混凝土时相应限值的1.5倍，即：对于圆钢管混凝土，$D/t \leqslant 150 \cdot (235/f_y)$；对于矩形钢管混凝土，$D/t \leqslant 60\sqrt{235/f_y}$。

（4）长细比

除了材料性能和截面特征外，另一个反映钢管混凝土构件性质的重要参数是其长细比。钢管混凝土构件的长细比λ按下列公式计算：

$$\lambda = 4L_0/D \quad \text{（圆钢管混凝土）} \tag{6-5a}$$

$$\lambda = 2\sqrt{3}L_0/D \quad \text{（矩形钢管混凝土绕强轴弯曲）} \tag{6-5b}$$

$$\lambda = 2\sqrt{3}L_0/B \quad \text{（矩形钢管混凝土绕弱轴弯曲）} \tag{6-5c}$$

式中　L_0——构件的计算长度，$L_0 = \mu L$；L为构件的实际长度；μ为考虑柱端约束条件的计算长度系数，可按照现行国家标准《钢结构设计规范》（GB 50017）中的相关规定确定；

D——圆钢管外直径或矩形钢管长边边长；

B——矩形钢管短边边长。

为了避免钢管混凝土构件柔度过大，在本身重力荷载作用下产生过大的挠度和运输、安装过程中造成弯曲，以及在动力荷载作用下产生较大振动，有必要规定钢管混凝土构件的容许长细比。该限值可按照现行国家标准《钢结构设计规范》（GB 50017）的有关规定确定。

3. 钢管混凝土的刚度

构件的刚度是进行结构分析和设计的重要参数。钢管混凝土作为一种组合构件，其刚度的取值方法直接影响到其结构体系的受力分析准确与否。

（1）组合轴压刚度

采用数值分析方法，可计算出钢管混凝土轴心受压短柱的平均轴压应力 σ_{sc}（$=N/A_{sc}$，N 为轴压力；$A_{sc}=A_s+A_c$，为钢管混凝土横截面面积；A_s 和 A_c 分别为钢管和核心混凝土的横截面面积）-纵向应变 ε 关系曲线，如图6-10所示。

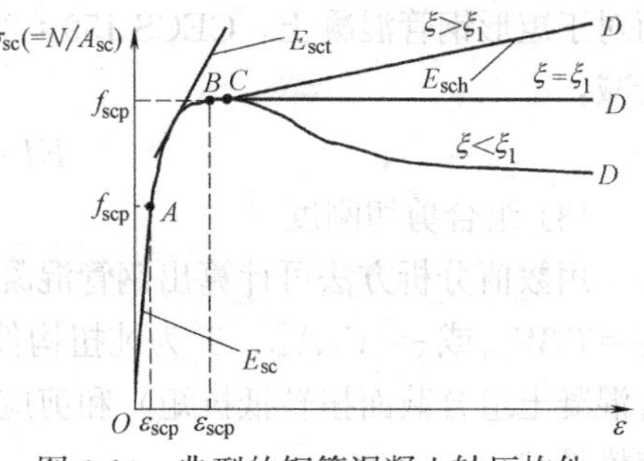

图 6-10　典型的钢管混凝土轴压构件 σ_{sc}-ε 关系

钢管混凝土的组合轴压弹性模量 E_{sc} 可定义为：

$$E_{sc}=f_{scp}/\varepsilon_{scp} \quad (6\text{-}6)$$

式中　f_{scp}、ε_{scp}——分别为名义轴压比例极限及其对应的应变，确定方法如下：

对于圆钢管混凝土：

$$f_{scp}=[0.192(f_y/235)+0.488]\cdot f_{scy} \quad (6\text{-}7)$$

$$\varepsilon_{scp}=3.25\times10^{-6}f_y \quad (6\text{-}8)$$

对于矩形钢管混凝土：

$$f_{scp}=[0.263\cdot(f_y/235)+0.365\cdot(30/f_{cu})+0.104]\cdot f_{scy} \quad (6\text{-}9)$$

$$\varepsilon_{scp}=3.01\times10^{-6}f_y \quad (6\text{-}10)$$

式（6-7）和式（6-9）中，f_{scy} 为钢管混凝土轴心受压时的强度指标，按式（6-20）计算；f_y 和 f_{cu} 以 N/mm^2 为单位代入。

基于式（6-6），福建省工程标准 DBJ/T 13-51—2010 给出了钢管混凝土轴压刚度（EA）的计算公式如下：

$$EA=E_{sc}A_{sc} \quad (6\text{-}11)$$

和 DBJ/T 13-51—2010 的刚度计算方法有所不同，CECS 28：90 和 CECS 159：2004 在规定圆钢管混凝土或矩形钢管混凝土的轴压刚度时均采用了叠加的方法，按照下式进行计算：

$$EA=E_sA_s+E_cA_c \quad (6\text{-}12)$$

式中　E_s、E_c——钢材和混凝土的弹性模量，分别按现行国家标准《钢结构设计规范》（GB 50017）和《混凝土结构设计规范》（GB 50010）的规定取值。

（2）组合弹性抗弯刚度

对于钢管混凝土构件抗弯刚度 EI 的取值方法，目前国内外各规程的规定不尽相同。考虑到构件受弯时混凝土开裂和受压区混凝土发展塑性的可能，对混凝土的抗弯刚度贡献宜适当折减。研究结果表明，圆形钢管对其核心混凝土的约束效果要优于矩形钢管，对其混凝土部分的抗弯刚度的折减可略小。福建省工程建设标准 DBJ/T 13-51—2010 给出钢管混凝土组合弹性抗弯刚度的计算公式为：

$$EI=E_sI_s+\alpha_0\cdot E_cI_c \quad (6\text{-}13)$$

式中　I_s、I_c——分别为钢管和混凝土在所计算方向的截面惯性矩；

α_0——混凝土抗弯刚度折减系数，对于圆钢管混凝土，$\alpha_0=0.8$；对于矩形钢管混凝土，$\alpha_0=0.6$。

CECS 28：90 规定圆钢管混凝土的抗弯刚度按照以下叠加方法计算：

$$EI=E_sI_s+E_cI_c \quad (6\text{-}14)$$

而对于矩形钢管混凝土，CECS 159：2004 计算抗弯刚度时将混凝土对刚度的贡献进行了折减：

$$EI=E_sI_s+0.8E_cI_c \tag{6-15}$$

(3) 组合剪切刚度

用数值分析方法可计算出钢管混凝土受纯扭或纯剪切作用时，钢管混凝土名义剪应力（$\tau=T/W_{sct}$ 或 $\tau=V/A_{sc}$，T 为纯扭构件所受的扭矩，V 为纯剪构件所受的剪力，W_{sct} 为钢管混凝土组合截面扭转抵抗矩）和剪应变 γ 的关系曲线，并在此基础上确定钢管混凝土剪变模量 G_{sc}：

$$G_{sc}=\tau_{scp}/\gamma_{scp} \tag{6-16}$$

式中 τ_{scp}、γ_{scp}——分别为名义抗剪比例极限及其对应的剪应变，分别按式（6-17）和式（6-18）计算。

$$\tau_{scp}=\left\{\left[0.149\left(\frac{f_y}{235}\right)+0.322\right]-\left[0.842\left(\frac{f_y}{235}\right)^2-1.775\left(\frac{f_y}{235}\right)+0.933\right]\alpha^{0.933}\right\}\cdot\left(\frac{30}{f_{cu}}\right)^{0.032}\cdot\tau_{scy} \tag{6-17}$$

$$\gamma_{scp}=0.595\frac{f_y}{E_s}+\frac{0.07(f_{cu}-30)}{E_c} \tag{6-18}$$

式中 τ_{scy}——钢管混凝土组合抗剪强度标准值，按式（6-22）计算；

f_{cu}——混凝土立方体抗压强度。

确定了钢管混凝土剪变模量 G_{sc}，即可按下式计算钢管混凝土的组合剪切刚度：

$$GA=G_{sc}A_{sc} \tag{6-19}$$

4. 钢管混凝土的强度指标

(1) 组合轴压强度

按照曲线形状的不同，图 6-10 所示的钢管混凝土轴压时的平均应力 σ_{sc}-纵向应变 ε 关系曲线可分为三类：当 $\xi>\xi_1$ 时，曲线具有强化段，且 ξ 越大，强化的幅度越大；当 $\xi\approx\xi_1$ 时，曲线基本趋于平缓；当 $\xi<\xi_1$ 时，曲线在达到某一峰值点后进入下降段，且 ξ 越小，下降的幅度越大，下降段出现得也越早。ξ_1 的大小与钢管混凝土的截面形状有关：对于圆形截面构件，$\xi_1\approx1$；对于方、矩形截面构件，$\xi_1\approx4.5$。

由此可见，设计钢管混凝土首先需要定义其轴压强度承载力。定义时可依据以下两个原则：

1) σ_{sc}-ε 关系曲线的弹塑性段基本结束。

2) 钢管及其核心混凝土基本都达到了极限状态。

按照上述强度承载力定义方法，钢管混凝土的组合轴压强度标准值 f_{scy} 按下式计算：

$$f_{scy}=(1.14+1.02\xi)\cdot f_{ck}\text{（圆钢管混凝土）} \tag{6-20a}$$

$$f_{scy}=(1.18+0.85\xi)\cdot f_{ck}\text{（矩形钢管混凝土）} \tag{6-20b}$$

式中 f_{ck}——混凝土的轴心抗压强度标准值；

ξ——构件的约束效应系数 $\left(\xi=\dfrac{A_sf_y}{A_cf_{ck}}\right)$；

f_y——钢材的屈服强度；

A_c、A_s——分别为混凝土和钢管的横截面面积。

在工程常用参数范围内，以上定义的 f_{scy} 对应的钢管混凝土纵向应变范围大致为 $2500\mu\varepsilon \sim 5000\mu\varepsilon$。当 ξ 值较小时，f_{scy} 基本对应曲线上的峰值应力。

在式（6-20）中引入钢材和混凝土的材料分项系数后，即得钢管混凝土组合轴压强度设计值 f_{sc} 的计算公式。

$$f_{sc} = (1.14 + 1.02\xi_0) \cdot f_c \text{（圆钢管混凝土）} \quad (6\text{-}21a)$$

$$f_{sc} = (1.18 + 0.85\xi_0) \cdot f_c \text{（矩形钢管混凝土）} \quad (6\text{-}21b)$$

式中 f_c——混凝土的轴心抗压强度设计值；

ξ_0——构件截面的约束效应系数设计值（$\xi_0 = \alpha \cdot f / f_c$）；

f——钢材的抗拉、抗压和抗弯强度设计值；

α——构件截面含钢率（$\alpha = A_s / A_c$）。

需要指出的是，我国现行国家标准《钢结构设计规范》（GB 50017）对每种牌号钢材按照钢板厚度从薄到厚共分为了四组。而式（6-21）只适用于第一组钢材，即钢管壁厚 $t \leqslant 16$mm 的情况。当 $t > 16$mm 时，由于规范规定的钢材屈服点与第一组钢材有所不同，f_{sc} 值应按式（6-21）计算后乘以换算系数 k_1 后确定。对 Q235 和 Q345 钢，$k_1 = 0.96$；对 Q390 和 Q420 钢，$k_1 = 0.94$。

（2）组合抗剪强度

钢管混凝土构件在扭矩作用下，可计算得到其截面平均剪应力 $\tau (= T / W_{sct})$-截面最大剪应变 γ 的关系曲线，如图 6-11 所示，其中，τ 为截面平均剪应力，γ 为截面最大剪应变。考虑到截面变形和塑性发展，可以剪应变达到 $\gamma_{scy} = 1500 + 20 f_{cu} + 3500\sqrt{\alpha}$（$\mu\varepsilon$）对应的剪应力 τ 为钢管混凝土的组合抗剪强度 τ_{scy}，即对应图 6-11 上的 B' 点，此时钢管混凝土的外钢管一般也达到了其屈服强度。

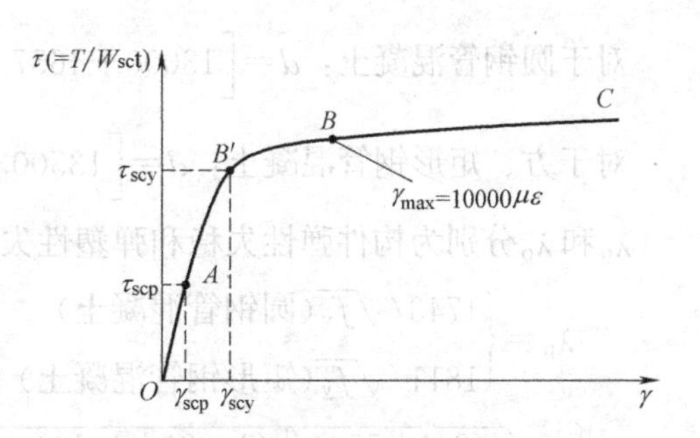

图 6-11 纯扭构件典型 τ-γ 关系曲线

τ_{scy} 主要与截面含钢率 α、约束效应系数 ξ 和组合轴压强度 f_{scy} 有关，可按下式计算：

$$\tau_{scy} = (0.422 + 0.313\alpha^{2.33}) \cdot \xi^{0.134} \cdot f_{scy} \text{（圆钢管混凝土）} \quad (6\text{-}22a)$$

$$\tau_{scy} = (0.455 + 0.313\alpha^{2.33}) \cdot \xi^{0.25} \cdot f_{scy} \text{（矩形钢管混凝土）} \quad (6\text{-}22b)$$

在式（6-22）中引入钢材和混凝土的材料分项系数后，即得钢管混凝土组合剪切强度设计值 τ_{sc} 的计算公式。

$$\tau_{sc} = (0.422 + 0.313\alpha^{2.33}) \cdot \xi_0^{0.134} \cdot f_{sc} \text{（圆钢管混凝土）} \quad (6\text{-}23a)$$

$$\tau_{sc} = (0.455 + 0.313\alpha^{2.33}) \cdot \xi_0^{0.25} \cdot f_{sc} \text{（矩形钢管混凝土）} \quad (6\text{-}23b)$$

当钢管壁厚 $t \leqslant 16$mm 时，τ_{sc} 值由式（6-23）进行计算。当 $t > 16$mm 时，τ_{sc} 值应按式（6-23）计算后乘以换算系数 k_1 后确定。对 Q235 和 Q345 钢，$k_1 = 0.96$；对 Q390 和 Q420 钢，$k_1 = 0.94$。

6.2.3 钢管混凝土构件承载力验算

钢管混凝土在工程中的应用主要采用单肢柱的形式，但在受弯矩较大的情况下，也采用由多根钢管混凝土柱肢通过缀板或钢管等缀材连接而成的格构式构件。本节主要介绍单肢柱的计算方法，格构柱的计算将在 6.2.4 节予以介绍。

1. 轴心受压构件

在计算钢管混凝土轴心受压构件的稳定承载力时，可考虑构件存在计算长度千分之一的初挠度，按偏心受压构件的方法计算钢管混凝土构件轴心受压时的临界力 $N_{u,cr}$，从而可求得稳定系数 $\varphi=N_{u,cr}/N_u$，N_u 为钢管混凝土轴压短柱的强度承载力。

影响稳定系数 φ 的主要因素有长细比 λ、含钢率 α、钢材屈服强度 f_y 和混凝土强度 f_{cu}。对于矩形钢管混凝土，当截面高宽比 $\beta=D/B$ 不大于 2 时，其对稳定系数 φ 的影响不大。

钢管混凝土柱典型的 φ-λ 关系曲线如图 6-12 所示。为简化计算，可近似将图 6-12 所示的 φ-λ 关系曲线分为三个阶段，即：当 $\lambda\leqslant\lambda_o$ 时，稳定系数 $\varphi=1$，构件属强度破坏；当 $\lambda_o<\lambda\leqslant\lambda_p$ 时，构件失去稳定时钢管混凝土截面处于弹塑性阶段；当 $\lambda>\lambda_p$ 时，构件属弹性失稳。通过回归分析的方法，可导出 φ 的计算公式如下：

$$\varphi=\begin{cases}1(\lambda\leqslant\lambda_o)\\ a\lambda^2+b\lambda+c(\lambda_o<\lambda\leqslant\lambda_p)\\ d/(\lambda+35)^2(\lambda>\lambda_p)\end{cases}\tag{6-24}$$

式中 $a=\dfrac{1+(35+2\cdot\lambda_p-\lambda_o)\cdot e}{(\lambda_p-\lambda_o)^2}$；$b=e-2\cdot a\cdot\lambda_p$；$c=1-a\cdot\lambda_o^2-b\cdot\lambda_o$；$e=\dfrac{-d}{(\lambda_p+35)^3}$；

对于圆钢管混凝土：$d=\left[13000+4657\cdot\ln\left(\dfrac{235}{f_y}\right)\right]\cdot\left(\dfrac{25}{f_{ck}+5}\right)^{0.3}\cdot\left(\dfrac{\alpha}{0.1}\right)^{0.05}$；

对于方、矩形钢管混凝土：$d=\left[13500+4810\cdot\ln\left(\dfrac{235}{f_y}\right)\right]\cdot\left(\dfrac{25}{f_{ck}+5}\right)^{0.3}\cdot\left(\dfrac{\alpha}{0.1}\right)^{0.05}$；

λ_p 和 λ_o 分别为构件弹性失稳和弹塑性失稳的界限长细比：

$$\lambda_p=\begin{cases}1743/\sqrt{f_y}(\text{圆钢管混凝土})\\ 1811/\sqrt{f_y}(\text{矩形钢管混凝土})\end{cases}\tag{6-25}$$

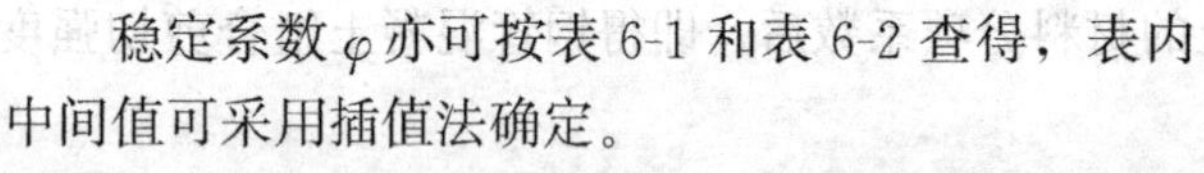

$$\lambda_o=\begin{cases}\pi\sqrt{(420\xi+550)/[(1.02\xi+1.14)\cdot f_{ck}]}\\ (\text{圆钢管混凝土})\\ \pi\sqrt{(220\xi+450)/[(0.85\xi+1.18)\cdot f_{ck}]}\\ (\text{矩形钢管混凝土})\end{cases}\tag{6-26}$$

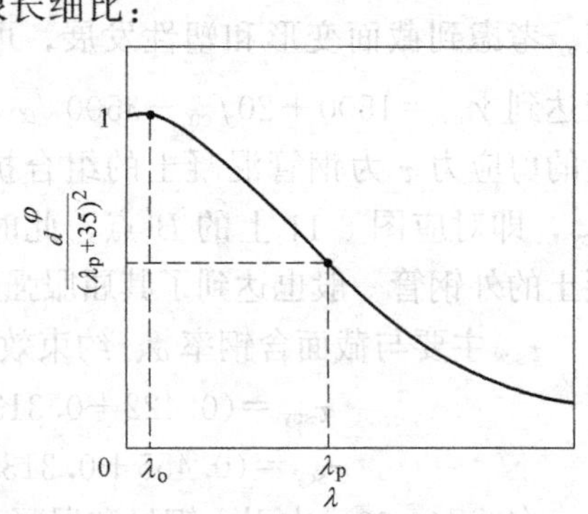

图 6-12 典型的 φ-λ 关系曲线

稳定系数 φ 亦可按表 6-1 和表 6-2 查得，表内中间值可采用插值法确定。

圆钢管混凝土稳定系数 φ 值 **表 6-1**

钢材牌号	混凝土强度等级	α	λ									
			10	30	50	70	90	110	130	150	170	190
Q235	C30	0.04	1.000	0.923	0.828	0.739	0.654	0.575	0.456	0.362	0.295	0.245
		0.08	1.000	0.930	0.843	0.758	0.675	0.595	0.472	0.375	0.306	0.254
		0.12	1.000	0.935	0.852	0.769	0.688	0.608	0.481	0.383	0.312	0.259
		0.16	1.000	0.938	0.858	0.778	0.697	0.616	0.488	0.388	0.316	0.263
		0.20	1.000	0.941	0.863	0.784	0.704	0.623	0.494	0.393	0.320	0.266

续表

钢材牌号	混凝土强度等级	α	λ									
			10	30	50	70	90	110	130	150	170	190
Q235	C40	0.04	1.000	0.901	0.795	0.699	0.613	0.536	0.424	0.338	0.275	0.228
		0.08	1.000	0.908	0.809	0.717	0.632	0.555	0.439	0.349	0.285	0.236
		0.12	1.000	0.913	0.818	0.728	0.644	0.566	0.448	0.357	0.290	0.241
		0.16	1.000	0.916	0.824	0.736	0.653	0.574	0.455	0.362	0.295	0.245
		0.20	1.000	0.919	0.829	0.742	0.660	0.581	0.460	0.366	0.298	0.247
	C50	0.04	1.000	0.886	0.773	0.674	0.586	0.510	0.404	0.322	0.262	0.217
		0.08	1.000	0.893	0.787	0.691	0.605	0.528	0.418	0.333	0.271	0.225
		0.12	1.000	0.898	0.795	0.701	0.616	0.539	0.427	0.340	0.277	0.230
		0.16	1.000	0.901	0.801	0.709	0.624	0.547	0.433	0.345	0.281	0.233
		0.20	1.000	0.904	0.806	0.715	0.631	0.553	0.438	0.348	0.284	0.236
	C60	0.04	1.000	0.872	0.754	0.651	0.562	0.488	0.386	0.307	0.250	0.208
		0.08	1.000	0.879	0.767	0.667	0.580	0.505	0.400	0.318	0.259	0.215
		0.12	1.000	0.884	0.775	0.677	0.591	0.515	0.408	0.325	0.264	0.219
		0.16	1.000	0.887	0.781	0.684	0.599	0.523	0.414	0.329	0.268	0.223
		0.20	1.000	0.890	0.785	0.690	0.605	0.529	0.419	0.333	0.271	0.225
	C70	0.04	0.999	0.860	0.738	0.632	0.542	0.469	0.372	0.296	0.241	0.200
		0.08	0.999	0.868	0.750	0.648	0.560	0.486	0.385	0.306	0.249	0.207
		0.12	1.000	0.872	0.758	0.657	0.570	0.496	0.393	0.312	0.254	0.211
		0.16	1.000	0.876	0.764	0.665	0.578	0.503	0.398	0.317	0.258	0.214
		0.20	1.000	0.879	0.769	0.670	0.583	0.509	0.403	0.320	0.261	0.217
	C80	0.04	0.995	0.851	0.724	0.616	0.526	0.454	0.360	0.286	0.233	0.193
		0.08	0.995	0.858	0.737	0.632	0.543	0.470	0.372	0.296	0.241	0.200
		0.12	0.996	0.863	0.744	0.641	0.553	0.480	0.380	0.302	0.246	0.204
		0.16	0.996	0.866	0.750	0.648	0.560	0.487	0.385	0.307	0.250	0.207
		0.20	0.997	0.869	0.755	0.654	0.566	0.492	0.390	0.310	0.253	0.210
Q345	C30	0.04	1.000	0.937	0.851	0.760	0.664	0.509	0.393	0.313	0.255	0.211
		0.08	1.000	0.947	0.870	0.784	0.687	0.527	0.407	0.324	0.264	0.219
		0.12	1.000	0.953	0.882	0.798	0.701	0.538	0.415	0.330	0.269	0.223
		0.16	1.000	0.958	0.891	0.808	0.711	0.545	0.421	0.335	0.273	0.226
		0.20	1.000	0.962	0.897	0.816	0.719	0.551	0.426	0.339	0.276	0.229
	C40	0.04	1.000	0.911	0.811	0.713	0.618	0.474	0.366	0.291	0.237	0.197
		0.08	1.000	0.921	0.829	0.736	0.640	0.491	0.379	0.301	0.245	0.204
		0.12	1.000	0.927	0.840	0.749	0.653	0.501	0.387	0.308	0.250	0.208
		0.16	1.000	0.932	0.848	0.759	0.663	0.508	0.392	0.312	0.254	0.211
		0.20	1.000	0.936	0.855	0.766	0.670	0.514	0.397	0.316	0.257	0.213
	C50	0.04	1.000	0.893	0.784	0.683	0.589	0.451	0.349	0.277	0.226	0.187
		0.08	1.000	0.903	0.802	0.704	0.610	0.467	0.361	0.287	0.234	0.194
		0.12	1.000	0.909	0.812	0.717	0.622	0.477	0.368	0.293	0.239	0.198
		0.16	1.000	0.914	0.820	0.726	0.631	0.484	0.374	0.297	0.242	0.201
		0.20	1.000	0.918	0.827	0.733	0.638	0.489	0.378	0.301	0.245	0.203
	C60	0.04	1.000	0.876	0.760	0.656	0.563	0.431	0.333	0.265	0.216	0.179
		0.08	1.000	0.886	0.777	0.676	0.583	0.447	0.345	0.274	0.223	0.185
		0.12	1.000	0.892	0.788	0.688	0.595	0.456	0.352	0.280	0.228	0.189
		0.16	1.000	0.897	0.795	0.697	0.603	0.462	0.357	0.284	0.231	0.192
		0.20	1.000	0.901	0.801	0.704	0.610	0.468	0.361	0.287	0.234	0.194
	C70	0.04	0.998	0.862	0.740	0.634	0.542	0.415	0.320	0.255	0.208	0.172
		0.08	0.998	0.872	0.757	0.653	0.561	0.430	0.332	0.264	0.215	0.178

续表

钢材牌号	混凝土强度等级	α	λ									
			10	30	50	70	90	110	130	150	170	190
Q345	C70	0.12	0.999	0.878	0.767	0.665	0.572	0.438	0.339	0.269	0.219	0.182
		0.16	1.000	0.883	0.774	0.674	0.581	0.445	0.343	0.273	0.223	0.185
		0.20	1.000	0.887	0.780	0.680	0.587	0.450	0.347	0.276	0.225	0.187
	C80	0.04	0.994	0.850	0.724	0.616	0.524	0.402	0.310	0.247	0.201	0.167
		0.08	0.994	0.860	0.740	0.634	0.543	0.416	0.321	0.255	0.208	0.173
		0.12	0.995	0.866	0.750	0.646	0.554	0.424	0.328	0.261	0.212	0.176
		0.16	0.996	0.871	0.757	0.654	0.562	0.430	0.332	0.264	0.215	0.179
		0.20	0.997	0.875	0.763	0.661	0.568	0.435	0.336	0.267	0.218	0.181
Q390	C30	0.04	1.000	0.941	0.857	0.763	0.650	0.483	0.373	0.297	0.242	0.201
		0.08	1.000	0.952	0.878	0.788	0.673	0.500	0.386	0.307	0.250	0.208
		0.12	1.000	0.959	0.891	0.803	0.686	0.510	0.394	0.313	0.255	0.212
		0.16	1.000	0.964	0.900	0.814	0.696	0.518	0.400	0.318	0.259	0.215
		0.20	1.000	0.969	0.907	0.822	0.704	0.523	0.404	0.321	0.262	0.217
	C40	0.04	1.000	0.913	0.815	0.715	0.605	0.450	0.347	0.276	0.225	0.187
		0.08	1.000	0.925	0.834	0.738	0.627	0.466	0.360	0.286	0.233	0.193
		0.12	1.000	0.932	0.846	0.752	0.639	0.475	0.367	0.292	0.238	0.197
		0.16	1.000	0.937	0.855	0.762	0.649	0.482	0.372	0.296	0.241	0.200
		0.20	1.000	0.941	0.862	0.770	0.656	0.487	0.376	0.299	0.244	0.202
	C50	0.04	1.000	0.895	0.786	0.683	0.576	0.428	0.331	0.263	0.214	0.178
		0.08	1.000	0.906	0.805	0.705	0.597	0.444	0.343	0.272	0.222	0.184
		0.12	1.000	0.913	0.817	0.718	0.609	0.453	0.350	0.278	0.226	0.188
		0.16	1.000	0.918	0.825	0.728	0.618	0.459	0.355	0.282	0.230	0.191
		0.20	1.000	0.922	0.832	0.736	0.625	0.464	0.359	0.285	0.232	0.193
	C60	0.04	1.000	0.877	0.761	0.655	0.551	0.409	0.316	0.252	0.205	0.170
		0.08	1.000	0.888	0.779	0.676	0.570	0.424	0.327	0.260	0.212	0.176
		0.12	1.000	0.895	0.790	0.689	0.582	0.433	0.334	0.266	0.216	0.180
		0.16	1.000	0.900	0.798	0.698	0.590	0.439	0.339	0.270	0.220	0.182
		0.20	1.000	0.905	0.805	0.705	0.597	0.444	0.343	0.273	0.222	0.184
	C70	0.04	0.998	0.862	0.740	0.632	0.530	0.394	0.304	0.242	0.197	0.164
		0.08	0.998	0.873	0.758	0.652	0.549	0.408	0.315	0.250	0.204	0.169
		0.12	0.999	0.880	0.768	0.665	0.560	0.416	0.321	0.256	0.208	0.173
		0.16	1.000	0.885	0.776	0.673	0.568	0.422	0.326	0.259	0.211	0.175
		0.20	1.000	0.890	0.783	0.680	0.574	0.427	0.330	0.262	0.214	0.177
	C80	0.04	0.994	0.850	0.723	0.613	0.513	0.381	0.294	0.234	0.191	0.158
		0.08	0.994	0.860	0.740	0.633	0.531	0.395	0.305	0.242	0.197	0.164
		0.12	0.995	0.867	0.751	0.645	0.542	0.403	0.311	0.247	0.201	0.167
		0.16	0.996	0.872	0.758	0.653	0.550	0.409	0.316	0.251	0.204	0.170
		0.20	0.997	0.877	0.764	0.660	0.556	0.413	0.319	0.254	0.207	0.172
Q420	C30	0.04	1.000	0.943	0.860	0.764	0.629	0.467	0.361	0.287	0.234	0.194
		0.08	1.000	0.955	0.882	0.789	0.651	0.484	0.374	0.297	0.242	0.201
		0.12	1.000	0.963	0.895	0.804	0.664	0.494	0.381	0.303	0.247	0.205
		0.16	1.000	0.968	0.905	0.815	0.674	0.501	0.387	0.308	0.251	0.208
		0.20	1.000	0.973	0.912	0.824	0.681	0.506	0.391	0.311	0.253	0.210
	C40	0.04	1.000	0.915	0.816	0.714	0.586	0.435	0.336	0.267	0.218	0.181
		0.08	1.000	0.927	0.837	0.738	0.606	0.451	0.348	0.277	0.225	0.187
		0.12	1.000	0.934	0.849	0.752	0.619	0.460	0.355	0.282	0.230	0.191
		0.16	1.000	0.940	0.858	0.762	0.628	0.466	0.360	0.287	0.233	0.194
		0.20	1.000	0.945	0.865	0.770	0.635	0.472	0.364	0.290	0.236	0.196

续表

钢材牌号	混凝土强度等级	α	λ									
			10	30	50	70	90	110	130	150	170	190
Q420	C50	0.04	1.000	0.895	0.787	0.682	0.558	0.415	0.320	0.255	0.207	0.172
		0.08	1.000	0.907	0.807	0.704	0.577	0.429	0.331	0.264	0.215	0.178
		0.12	1.000	0.915	0.819	0.718	0.589	0.438	0.338	0.269	0.219	0.182
		0.16	1.000	0.920	0.827	0.728	0.598	0.444	0.343	0.273	0.222	0.185
		0.20	1.000	0.925	0.834	0.736	0.605	0.449	0.347	0.276	0.225	0.187
	C60	0.04	1.000	0.877	0.761	0.653	0.533	0.396	0.306	0.243	0.198	0.165
		0.08	1.000	0.889	0.780	0.675	0.552	0.410	0.317	0.252	0.205	0.170
		0.12	1.000	0.896	0.791	0.688	0.563	0.419	0.323	0.257	0.209	0.174
		0.16	1.000	0.902	0.800	0.697	0.571	0.425	0.328	0.261	0.212	0.176
		0.20	1.000	0.906	0.806	0.705	0.578	0.429	0.332	0.264	0.215	0.178
	C70	0.04	0.998	0.862	0.739	0.630	0.513	0.381	0.294	0.234	0.191	0.158
		0.08	0.998	0.873	0.757	0.651	0.531	0.395	0.305	0.242	0.197	0.164
		0.12	0.998	0.880	0.769	0.663	0.542	0.403	0.311	0.247	0.201	0.167
		0.16	0.999	0.886	0.777	0.672	0.550	0.408	0.315	0.251	0.204	0.170
		0.20	1.000	0.891	0.783	0.679	0.556	0.413	0.319	0.254	0.207	0.172
	C80	0.04	0.994	0.849	0.721	0.611	0.496	0.369	0.285	0.227	0.185	0.153
		0.08	0.994	0.860	0.739	0.631	0.514	0.382	0.295	0.235	0.191	0.159
		0.12	0.995	0.867	0.750	0.643	0.524	0.390	0.301	0.239	0.195	0.162
		0.16	0.996	0.873	0.758	0.652	0.532	0.395	0.305	0.243	0.198	0.164
		0.20	0.997	0.877	0.765	0.659	0.538	0.400	0.309	0.246	0.200	0.166

矩形钢管混凝土稳定系数 φ 值　　表 6-2

钢材牌号	混凝土强度等级	α	λ									
			10	30	50	70	90	110	130	150	170	190
Q235	C30	0.04	1.000	0.917	0.824	0.737	0.655	0.579	0.473	0.376	0.306	0.254
		0.08	1.000	0.924	0.838	0.756	0.676	0.599	0.490	0.390	0.317	0.263
		0.12	1.000	0.928	0.847	0.767	0.688	0.611	0.500	0.398	0.324	0.269
		0.16	1.000	0.931	0.853	0.775	0.697	0.620	0.507	0.403	0.328	0.273
		0.20	1.000	0.934	0.858	0.781	0.704	0.627	0.513	0.408	0.332	0.276
	C40	0.04	1.000	0.896	0.793	0.699	0.615	0.540	0.441	0.351	0.285	0.237
		0.08	1.000	0.902	0.806	0.716	0.634	0.558	0.456	0.363	0.296	0.245
		0.12	1.000	0.907	0.814	0.727	0.645	0.570	0.466	0.370	0.302	0.250
		0.16	1.000	0.910	0.820	0.734	0.654	0.578	0.472	0.376	0.306	0.254
		0.20	1.000	0.912	0.824	0.740	0.660	0.584	0.478	0.380	0.309	0.257
	C50	0.04	1.000	0.881	0.772	0.674	0.588	0.514	0.420	0.334	0.272	0.226
		0.08	1.000	0.888	0.785	0.691	0.607	0.532	0.435	0.346	0.282	0.234
		0.12	1.000	0.892	0.792	0.701	0.618	0.543	0.443	0.353	0.287	0.238
		0.16	1.000	0.895	0.798	0.708	0.626	0.551	0.450	0.358	0.291	0.242
		0.20	1.000	0.898	0.803	0.714	0.632	0.557	0.455	0.362	0.295	0.245
	C60	0.04	0.996	0.868	0.753	0.652	0.565	0.492	0.401	0.319	0.260	0.216
		0.08	0.996	0.875	0.766	0.668	0.582	0.509	0.415	0.330	0.269	0.223
		0.12	0.996	0.879	0.773	0.678	0.593	0.519	0.424	0.337	0.275	0.228
		0.16	0.996	0.882	0.778	0.685	0.601	0.526	0.430	0.342	0.279	0.231
		0.20	0.996	0.885	0.783	0.690	0.607	0.532	0.435	0.346	0.282	0.234
	C70	0.04	0.992	0.857	0.738	0.634	0.546	0.473	0.386	0.307	0.250	0.208
		0.08	0.992	0.864	0.750	0.649	0.563	0.490	0.400	0.318	0.259	0.215

续表

钢材牌号	混凝土强度等级	α	λ									
			10	30	50	70	90	110	130	150	170	190
Q235	C70	0.12	0.992	0.868	0.757	0.659	0.573	0.500	0.408	0.324	0.264	0.219
		0.16	0.992	0.871	0.762	0.665	0.580	0.507	0.414	0.329	0.268	0.222
		0.20	0.993	0.874	0.767	0.671	0.586	0.512	0.418	0.333	0.271	0.225
	C80	0.04	0.988	0.848	0.725	0.619	0.530	0.458	0.373	0.297	0.242	0.201
		0.08	0.988	0.855	0.737	0.634	0.546	0.474	0.387	0.308	0.250	0.208
		0.12	0.988	0.859	0.744	0.643	0.556	0.484	0.395	0.314	0.256	0.212
		0.16	0.989	0.862	0.749	0.650	0.563	0.491	0.400	0.318	0.259	0.215
		0.20	0.989	0.865	0.753	0.655	0.569	0.496	0.405	0.322	0.262	0.218
Q345	C30	0.04	1.000	0.931	0.848	0.761	0.669	0.529	0.408	0.325	0.265	0.220
		0.08	1.000	0.941	0.867	0.784	0.692	0.547	0.423	0.336	0.274	0.227
		0.12	1.000	0.947	0.878	0.798	0.706	0.559	0.431	0.343	0.279	0.232
		0.16	1.000	0.952	0.886	0.808	0.716	0.567	0.438	0.348	0.284	0.235
		0.20	1.000	0.956	0.893	0.816	0.724	0.573	0.443	0.352	0.287	0.238
	C40	0.04	1.000	0.906	0.809	0.715	0.623	0.493	0.380	0.303	0.246	0.205
		0.08	1.000	0.916	0.827	0.736	0.645	0.510	0.394	0.313	0.255	0.212
		0.12	1.000	0.922	0.837	0.749	0.658	0.520	0.402	0.320	0.260	0.216
		0.16	1.000	0.926	0.845	0.759	0.668	0.528	0.408	0.324	0.264	0.219
		0.20	1.000	0.930	0.851	0.766	0.675	0.534	0.412	0.328	0.267	0.222
	C50	0.04	1.000	0.889	0.783	0.685	0.594	0.469	0.362	0.288	0.235	0.195
		0.08	1.000	0.898	0.800	0.706	0.615	0.486	0.375	0.298	0.243	0.202
		0.12	1.000	0.904	0.810	0.718	0.627	0.496	0.383	0.304	0.248	0.206
		0.16	1.000	0.909	0.818	0.727	0.636	0.503	0.388	0.309	0.252	0.209
		0.20	1.000	0.912	0.824	0.734	0.643	0.508	0.393	0.312	0.254	0.211
	C60	0.04	0.995	0.873	0.760	0.659	0.568	0.448	0.346	0.275	0.224	0.186
		0.08	0.995	0.882	0.777	0.678	0.588	0.464	0.358	0.285	0.232	0.193
		0.12	0.995	0.888	0.786	0.690	0.600	0.474	0.366	0.291	0.237	0.197
		0.16	0.995	0.892	0.794	0.699	0.608	0.481	0.371	0.295	0.240	0.200
		0.20	0.996	0.896	0.799	0.706	0.615	0.486	0.375	0.299	0.243	0.202
	C70	0.04	0.991	0.859	0.741	0.637	0.547	0.431	0.333	0.265	0.216	0.179
		0.08	0.991	0.869	0.757	0.656	0.566	0.447	0.345	0.274	0.223	0.185
		0.12	0.991	0.874	0.767	0.667	0.577	0.456	0.352	0.280	0.228	0.189
		0.16	0.992	0.879	0.774	0.676	0.586	0.462	0.357	0.284	0.231	0.192
		0.20	0.993	0.883	0.779	0.682	0.592	0.467	0.361	0.287	0.234	0.194
	C80	0.04	0.987	0.848	0.726	0.619	0.529	0.417	0.322	0.256	0.209	0.173
		0.08	0.987	0.857	0.741	0.638	0.548	0.432	0.334	0.265	0.216	0.179
		0.12	0.988	0.863	0.750	0.649	0.559	0.441	0.341	0.271	0.221	0.183
		0.16	0.988	0.868	0.757	0.657	0.567	0.447	0.346	0.275	0.224	0.186
		0.20	0.989	0.871	0.762	0.663	0.573	0.452	0.349	0.278	0.226	0.188
Q390	C30	0.04	1.000	0.936	0.855	0.765	0.666	0.502	0.388	0.308	0.251	0.209
		0.08	1.000	0.947	0.875	0.789	0.690	0.520	0.401	0.319	0.260	0.216
		0.12	1.000	0.954	0.887	0.804	0.704	0.530	0.410	0.326	0.265	0.220
		0.16	1.000	0.959	0.896	0.814	0.714	0.538	0.416	0.331	0.269	0.223
		0.20	1.000	0.963	0.903	0.823	0.722	0.544	0.420	0.334	0.272	0.226
	C40	0.04	1.000	0.909	0.813	0.717	0.621	0.468	0.361	0.287	0.234	0.194
		0.08	1.000	0.920	0.832	0.740	0.643	0.484	0.374	0.297	0.242	0.201
		0.12	1.000	0.927	0.844	0.754	0.656	0.494	0.382	0.304	0.247	0.205
		0.16	1.000	0.932	0.852	0.763	0.665	0.501	0.387	0.308	0.251	0.208
		0.20	1.000	0.936	0.859	0.771	0.673	0.507	0.391	0.311	0.254	0.210

续表

钢材牌号	混凝土强度等级	α	λ									
			10	30	50	70	90	110	130	150	170	190
Q390	C50	0.04	0.999	0.891	0.786	0.686	0.591	0.445	0.344	0.274	0.223	0.185
		0.08	0.999	0.901	0.804	0.708	0.612	0.461	0.356	0.283	0.231	0.192
		0.12	0.999	0.908	0.815	0.721	0.625	0.471	0.363	0.289	0.235	0.195
		0.16	0.999	0.913	0.823	0.730	0.634	0.477	0.369	0.293	0.239	0.198
		0.20	1.000	0.917	0.830	0.738	0.641	0.483	0.373	0.297	0.242	0.200
	C60	0.04	0.995	0.874	0.762	0.659	0.565	0.426	0.329	0.262	0.213	0.177
		0.08	0.995	0.884	0.779	0.679	0.585	0.441	0.340	0.271	0.220	0.183
		0.12	0.995	0.891	0.790	0.692	0.597	0.450	0.347	0.276	0.225	0.187
		0.16	0.995	0.896	0.797	0.701	0.606	0.456	0.352	0.280	0.228	0.189
		0.20	0.996	0.900	0.804	0.708	0.612	0.461	0.356	0.283	0.231	0.192
	C70	0.04	0.991	0.860	0.741	0.636	0.544	0.410	0.316	0.252	0.205	0.170
		0.08	0.991	0.870	0.758	0.656	0.563	0.424	0.327	0.260	0.212	0.176
		0.12	0.991	0.876	0.769	0.668	0.574	0.433	0.334	0.266	0.216	0.180
		0.16	0.992	0.881	0.776	0.677	0.583	0.439	0.339	0.270	0.220	0.182
		0.20	0.992	0.885	0.782	0.683	0.589	0.444	0.343	0.273	0.222	0.184
	C80	0.04	0.987	0.848	0.725	0.617	0.526	0.396	0.306	0.243	0.198	0.165
		0.08	0.987	0.858	0.741	0.637	0.545	0.410	0.317	0.252	0.205	0.170
		0.12	0.987	0.864	0.751	0.648	0.556	0.419	0.323	0.257	0.209	0.174
		0.16	0.988	0.869	0.758	0.657	0.564	0.425	0.328	0.261	0.213	0.176
		0.20	0.989	0.873	0.764	0.663	0.570	0.430	0.332	0.264	0.215	0.178
Q420	C30	0.04	1.000	0.939	0.858	0.766	0.654	0.486	0.375	0.298	0.243	0.202
		0.08	1.000	0.951	0.880	0.791	0.677	0.503	0.388	0.309	0.252	0.209
		0.12	1.000	0.958	0.892	0.806	0.691	0.513	0.396	0.315	0.257	0.213
		0.16	1.000	0.964	0.902	0.817	0.701	0.521	0.402	0.320	0.261	0.216
		0.20	1.000	0.968	0.909	0.826	0.709	0.527	0.407	0.323	0.263	0.219
	C40	0.04	1.000	0.911	0.815	0.717	0.609	0.453	0.350	0.278	0.226	0.188
		0.08	1.000	0.922	0.835	0.741	0.630	0.469	0.362	0.288	0.234	0.195
		0.12	1.000	0.930	0.847	0.755	0.643	0.478	0.369	0.294	0.239	0.199
		0.16	1.000	0.935	0.856	0.765	0.653	0.485	0.375	0.298	0.243	0.201
		0.20	1.000	0.939	0.863	0.773	0.660	0.490	0.379	0.301	0.245	0.204
	C50	0.04	0.999	0.892	0.787	0.686	0.580	0.431	0.333	0.265	0.216	0.179
		0.08	0.999	0.903	0.806	0.708	0.601	0.446	0.345	0.274	0.223	0.185
		0.12	0.999	0.910	0.818	0.721	0.613	0.455	0.352	0.280	0.228	0.189
		0.16	0.999	0.915	0.826	0.731	0.622	0.462	0.357	0.284	0.231	0.192
		0.20	1.000	0.920	0.833	0.738	0.629	0.467	0.361	0.287	0.234	0.194
	C60	0.04	0.992	0.861	0.742	0.634	0.516	0.384	0.296	0.236	0.192	0.159
		0.08	0.995	0.885	0.780	0.679	0.574	0.427	0.329	0.262	0.213	0.177
		0.12	0.995	0.892	0.791	0.691	0.586	0.435	0.336	0.267	0.218	0.181
		0.16	0.995	0.897	0.799	0.701	0.594	0.442	0.341	0.271	0.221	0.183
		0.20	0.996	0.902	0.806	0.708	0.601	0.446	0.345	0.274	0.223	0.185
	C70	0.04	0.991	0.860	0.741	0.634	0.533	0.396	0.306	0.243	0.198	0.165
		0.08	0.991	0.870	0.758	0.655	0.552	0.410	0.317	0.252	0.205	0.170
		0.12	0.991	0.877	0.769	0.667	0.563	0.419	0.323	0.257	0.209	0.174
		0.16	0.992	0.882	0.777	0.676	0.572	0.425	0.328	0.261	0.213	0.176
		0.20	0.992	0.886	0.783	0.683	0.578	0.430	0.332	0.264	0.215	0.178
	C80	0.04	0.987	0.847	0.724	0.615	0.516	0.384	0.296	0.236	0.192	0.159
		0.08	0.987	0.858	0.741	0.635	0.534	0.397	0.307	0.244	0.199	0.165
		0.12	0.987	0.865	0.751	0.647	0.545	0.405	0.313	0.249	0.203	0.168
		0.16	0.988	0.870	0.759	0.656	0.553	0.411	0.317	0.253	0.206	0.171
		0.20	0.989	0.874	0.765	0.663	0.559	0.416	0.321	0.255	0.208	0.173

(1) DBJ/T 13-51—2010 规程

DBJ/T 13-51—2010 规程规定钢管混凝土轴心受压构件的承载力应满足下式的要求：

$$N \leqslant \varphi N_u \tag{6-27}$$

$$N_u = f_{sc} A_{sc} \tag{6-28}$$

式中 N——钢管混凝土受到的轴压力设计值；

N_u——钢管混凝土轴心受压构件的强度承载力设计值；

φ——轴心受压构件稳定系数，按照式（6-24）进行计算，或按表 6-1 和表 6-2 查得；

f_{sc}——钢管混凝土组合轴压强度设计值，按照式（6-21）进行计算；

A_{sc}——钢管混凝土构件的组合截面面积。

(2) CECS 28：90 规程

CECS 28：90 规程规定圆钢管混凝土轴心受压构件的承载力验算公式如下：

$$N \leqslant N_u \tag{6-29}$$

$$N_u = \varphi_l \varphi_e N_0 \tag{6-30}$$

$$N_0 = f_c A_c (1 + \sqrt{\theta} + \theta) \tag{6-31}$$

$$\theta = f A_s / f_c A_c \tag{6-32}$$

式中 N_u——钢管混凝土柱的承载力设计值；

N_0——钢管混凝土轴心受压短柱的承载力设计值；

θ——钢管混凝土的套箍指标；

A_c、f_c——核心混凝土的横截面面积和抗压强度设计值；

A_s、f——钢管的横截面面积和抗拉强度设计值；

φ_l——考虑长细比影响的承载力折减系数，按下式计算：

$$\varphi_l = 1 - 0.115\sqrt{l_e/d - 4}\ (\text{当}\ l_e/d > 4\text{时}) \tag{6-33a}$$

$$\varphi_l = 1\ (\text{当}\ l_e/d \leqslant 4\text{时}) \tag{6-33b}$$

式中 d——圆钢管外直径；

l_e——柱的等效计算长度；

φ_e——考虑偏心率影响的承载力折减系数，对于轴心受压构件 $\varphi_e = 1$。

(3) CECS 159：2004 规程

对于矩形钢管混凝土，CECS 159：2004 规程给出了如下承载力验算公式：

$$N \leqslant \varphi N_u \tag{6-34}$$

$$\varphi = 1 - 0.65\lambda_0^2\ (\text{当}\ \lambda_0 \leqslant 0.215\text{时}) \tag{6-35a}$$

$$\varphi = \frac{1}{2\lambda_0^2}\left[(0.965 + 0.3\lambda_0 + \lambda_0^2) - \sqrt{(0.965 + 0.3\lambda_0 + \lambda_0^2)^2 - 4\lambda_0^2}\right]\ (\text{当}\ \lambda_0 > 0.215\text{时}) \tag{6-35b}$$

$$\lambda_0 = \frac{\lambda}{\pi}\sqrt{\frac{f_y}{E_s}} \tag{6-36}$$

$$\lambda = L_0 / r_0 \tag{6-37}$$

$$r_0 = \sqrt{\frac{I_s + I_c E_c / E_s}{A_s + A_c f_c / f}} \tag{6-38}$$

式中 N_u——钢管混凝土构件的强度承载力设计值，$N_u = fA_s + f_cA_c$；

φ——轴心受压构件稳定系数；

λ_0——相对长细比；

λ——矩形钢管混凝土轴心受压构件的长细比；

L_0——轴心受压构件的计算长度；

r_0——矩形钢管混凝土轴心受压构件截面的当量回转半径。

【例题 6-1】 设有一圆钢管混凝土轴心受压柱，圆钢管截面尺寸为 $D \times t = 273\text{mm} \times 8\text{mm}$，采用 Q235 钢材，$f = 215\text{N/mm}^2$，混凝土强度等级为 C40，$f_c = 19.1\text{N/mm}^2$，柱两端铰支，柱长 $L = 5\text{m}$，计算其在轴压荷载作用下的极限承载力设计值。

【解】 先确定有关基本参数：

钢管横截面面积 $A_s = \frac{\pi}{4}(273^2 - 257^2) = 6660\text{mm}^2$，混凝土横截面面积 $A_c = \frac{\pi}{4} \times 257^2 = 51874\text{mm}^2$，构件组合截面面积 $A_{sc} = A_s + A_c = 58534\text{mm}^2$。

柱为两端铰支，则计算长度：$L_0 = L = 5\text{m}$

(1) 按 DBJ/T 13-51-2010 方法计算承载力

截面含钢率：$\alpha = A_s / A_c = 6660/51874 = 0.1284$

约束效应系数设计值：$\xi_0 = \alpha \cdot f / f_c = 0.1284 \times 215/19.1 = 1.445$

按照式 (6-21a) 计算组合轴压强度设计值：

$$f_{sc} = (1.14 + 1.02\xi_0) \cdot f_c = (1.14 + 1.02 \times 1.445) \times 19.1 = 49.9\text{N/mm}^2$$

长细比：$\lambda = 4L_0/D = 4 \times 5000/273 = 73.3$

查表 6-1，经插值计算得稳定系数 $\varphi = 0.714$

根据式 (6-27)，该柱的轴压极限承载力 $N_u = \varphi f_{sc} A_{sc} = 0.714 \times 49.9 \times 58534\text{N} = 2085.5\text{kN}$

(2) 按 CECS 28：90 方法计算承载力

套箍指标：$\theta = fA_s/(f_cA_c) = 215 \times 6660/(19.1 \times 51874) = 1.445$

轴压短柱的承载力设计值 N_0：

$$N_0 = A_c f_c (1 + \sqrt{\theta} + \theta) = 51874 \times 19.1 \times (1 + \sqrt{1.445} + 1.445)\text{N} = 3613.5\text{kN}$$

由于该柱为两端铰支的轴心受压柱，故等效计算长度 $l_e = L_0 = 5\text{m}$

因 $l_e/d = 5/0.273 = 18.32 > 4$，故有

$$\varphi_l = 1 - 0.115\sqrt{l_e/d - 4} = 1 - 0.115\sqrt{18.32 - 4} = 0.565$$

对于轴心受压柱，$\varphi_e = 1$，所以按照式 (6-30) 可计算此柱的极限承载力为：

$$N_u = \varphi_l \varphi_e N_0 = 0.565 \times 1 \times 3613.5 = 2041.6\text{kN}$$

【例题 6-2】 设有一方钢管混凝土轴心受压柱，方钢管截面尺寸为 $B \times t = 350\text{mm} \times 8\text{mm}$，采用 Q235 钢材，$f = 215\text{N/mm}^2$，混凝土强度等级为 C40，$f_c = 19.1\text{N/mm}^2$，柱两端铰支，柱长 $L = 5\text{m}$，计算其在轴压荷载作用下的极限承载力设计值。

【解】 先确定有关基本参数：

组合截面面积 $A_{sc} = B^2 = 350 \times 350 = 122500\text{mm}^2$，混凝土横截面面积 $A_c = (B - 2t)^2 = (350 - 2 \times 8)^2 = 111556\text{mm}^2$，钢管横截面面积 $A_s = A_{sc} - A_c = 10944\text{mm}^2$。截面总惯性矩 $I_{sc} = B^4/12 = 1250520833\text{mm}^4$，混凝土截面惯性矩 $I_c = (B - 2t)^4/12 = 1037061761\text{mm}^4$，钢管截面惯性矩 $I_s = I_{sc} - I_c = 213459072\text{mm}^4$。钢材弹性模量 $E_s = 2.06 \times 10^5\text{N/mm}^2$，混

凝土弹性模量 $E_c=3.25\times10^4\text{N/mm}^2$。

柱为两端铰支，则计算长度 $L_0=L=5\text{m}$

(1) 按 DBJ/T 13-51—2010 方法计算承载力

截面含钢率：$\alpha=A_s/A_c=10944/111556=0.098$

约束效应系数设计值：$\xi_b=\alpha\cdot f/f_c=0.098\times215/19.1=1.103$

按照式 (6-21b) 计算组合轴压强度设计值：

$$f_{sc}=(1.18+0.85\xi_b)\cdot f_c=(1.18+0.85\times1.103)\times19.1=40.445\text{N/mm}^2$$

长细比：$\lambda=2\sqrt{3}L_0/B=2\sqrt{3}\times5000/350=49.5$

查表 6-2，经插值计算得稳定系数 $\varphi=0.814$

按照式 (6-27)，该柱的轴压极限承载力 $N_u=\varphi f_{sc}A_{sc}=0.814\times40.445\times122500\text{N}=4033\text{kN}$

(2) 按 CECS 159：2004 方法计算承载力

截面当量回转半径：$r_0=\sqrt{\dfrac{I_s+I_cE_c/E_s}{A_s+A_cf_c/f}}=134.5\text{mm}$

长细比：$\lambda=L_0/r_0=5000/134.5=37.2$

$$\lambda_0=\frac{\lambda}{\pi}\sqrt{\frac{f_y}{E_s}}=\frac{37.2}{\pi}\sqrt{\frac{235}{2.06\times10^5}}=0.40$$

将 λ_0 代入式 (6-35b) 计算得到稳定系数 $\varphi=0.909$

柱轴压强度承载力：$N_{uc}=fA_s+f_cA_c=215\times10944+19.1\times111556\text{N}=4483.7\text{kN}$

按式 (6-34) 计算该柱的极限承载力设计值为：

$$N_u=\varphi N_{uc}=0.909\times4483.7=4075.7\text{kN}$$

2. 轴心受拉构件

由于混凝土的抗拉强度通常仅为其抗压强度的 1/10 左右，因而钢管混凝土不适于用作受拉构件，设计中应该尽量避免，但有时仍然会无法完全避免钢管混凝土处于受拉状态。当钢管混凝土构件受轴心拉力作用时，不同规程提供的承载力计算公式的差别在于是否考虑了钢管与混凝土之间的组合作用对抗拉强度的贡献。实际上虽然混凝土直接提供的抗拉承载力很小，但其能限制钢管在拉力作用下直径的减小，从而使钢材处于双向应力状态，有利于提高钢材的强度承载力。

采用数值方法，可计算获得钢管混凝土轴心受拉时的拉力和纵向拉应变关系曲线。定义钢管混凝土轴心受拉计算系数 γ_{ts} 如下：

$$\gamma_{ts}=\frac{N_{tu}}{N_{su}} \tag{6-39}$$

式中 N_{tu}、N_{su}——分别为钢管混凝土抗拉强度和钢管的抗拉强度。

分析结果表明，γ_{ts} 与截面含钢率有关，而与核心混凝土强度关系不大，在 $\alpha=0.04\sim0.2$、Q235～Q420 钢、C30～C80 混凝土范围内，圆钢管混凝土的 γ_{ts} 值变化范围为 1.1～1.2，矩形钢管混凝土的 γ_{ts} 值变化范围为 1.05～1.15。

为简化计算，DBJ/T 13-51—2010 规程规定钢管混凝土轴心受拉构件的轴向拉力设计值应满足下式要求：

$$N \leqslant N_{tu} \tag{6-40}$$

$$N_{tu}=1.1 f A_s \text{(圆钢管混凝土)} \tag{6-41a}$$

$$N_{tu}=1.05 f A_s \text{(矩形钢管混凝土)} \tag{6-41b}$$

式中 N——钢管混凝土轴心拉力设计值；

N_{tu}——钢管混凝土轴心受拉构件的承载力设计值。

CECS 159：2004 规程在计算矩形钢管混凝土轴心受拉构件的承载力时忽略了混凝土的贡献，只考虑钢管承受拉力。由此得到承载力验算公式如下：

$$N \leqslant f A_{sn} \tag{6-42}$$

式中 A_{sn}——钢管扣除螺栓孔等洞口削弱面积后的横截面净面积。

3. 受弯构件

典型钢管混凝土受弯构件的弯矩 M-曲率 φ 关系曲线如图 6-13 所示。可见，虽然钢管混凝土在受弯时其材料力学性能利用不充分，但构件仍表现出良好的承载力和塑性性能。即使在截面受拉区边缘纤维应变 ε_{max} 达到 $10000\mu\varepsilon$ 后，构件抵抗弯矩的能力仍有继续增加的趋势。考虑到构件的受力状态和正常使用要求，以钢管最大纤维应变 ε_{max} 达到 $10000\mu\varepsilon$ 时的弯矩为钢管混凝土的抗弯承载力 M_u。

M_u 主要和构件截面抗弯模量 W_{sc}、约束效应系数 ξ 及组合轴压强度指标 f_{scy} 有关。如果定义抗弯承载力计算系数 $\gamma_m=M_u/(W_{sc}\cdot f_{scy})$，则可通过数值计算获得 γ_m 与 ξ 之间的关系。通过对计算结果的回归分析，可获得抗弯承载力计算系数 γ_m 的表达式：

$$\gamma_m=\begin{cases}1.1+0.48\ln(\xi+0.1) & \text{(圆钢管混凝土)}\\ 1.04+0.48\ln(\xi+0.1) & \text{(矩形钢管混凝土)}\end{cases} \tag{6-43}$$

基于上述分析，DBJ/T 13-51—2010 给出钢管混凝土受弯构件的承载力验算公式：

$$M \leqslant M_u \tag{6-44}$$

$$M_u=\gamma_m W_{sc} f_{sc} \tag{6-45}$$

式中 M——所计算构件段范围内的最大弯矩设计值；

M_u——构件的极限弯矩；

f_{sc}——钢管混凝土组合轴压强度设计值，按式（6-21）确定；

γ_m——构件截面抗弯塑性发展系数，按式（6-43）计算；

W_{sc}——钢管混凝土构件截面抗弯模量；

对于圆钢管混凝土，$W_{sc}=\pi\cdot D^3/32$；

对于矩形钢管混凝土，当绕强轴弯曲时：$W_{sc}=BD^2/6$；

当绕弱轴弯曲时：$W_{sc}=B^2D/6$。

对于矩形钢管混凝土构件，可能存在两个对称轴方向都有弯矩作用的情况，此时构件的抗弯承载力应满足矩形钢管混凝土双向受弯构件的要求：

$$\left(\frac{M_x}{M_{ux}}\right)^{1.8}+\left(\frac{M_y}{M_{uy}}\right)^{1.8} \leqslant 1 \tag{6-46}$$

式中 M_x、M_y——分别为所计算构件段范围内两个主轴方向的最大弯矩设

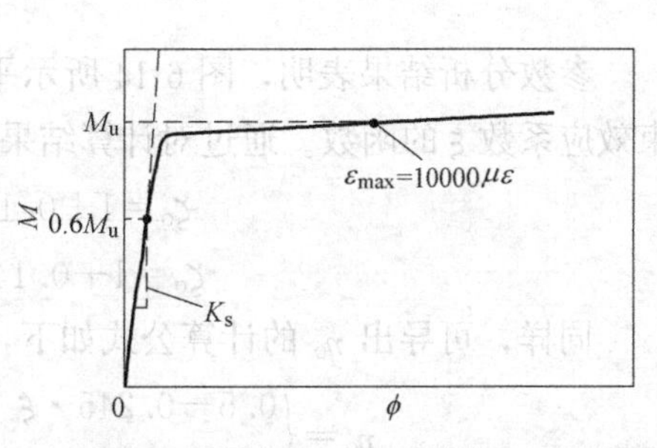

图 6-13 纯弯构件弯矩 M-曲率 ϕ 关系

计值；

M_{ux}、M_{uy}——分别为构件绕两个主轴方向的极限弯矩值，可根据式（6-45）按两个主轴方向分别计算。

CECS 28：90 规程和 CECS 159：2004 规程在计算圆钢管混凝土和矩形钢管混凝土的抗弯承载力时均可依照相应的压弯构件计算公式取轴力为零来进行计算。

4. 压弯构件

由于制造误差及初始缺陷影响等因素的存在，完全理想的轴心受压构件是不存在的，工程中的钢管混凝土构件大多属于偏心受力构件，且多为偏心受压。

典型的钢管混凝土短柱 N/N_u-M/M_u 强度相关关系曲线上都存在一平衡点 A（图 6-14），这和钢筋混凝土压弯构件的力学性能相类似，为大偏心受压和小偏心受压的分界点。令 A 点的横、纵坐标值分别为 ζ_o 和 η_o。参数分析表明，在其他条件相同的情况下，钢材屈服强度 f_y 和含钢率 α 越大，A 点越向里靠，即 ζ_o 和 η_o 都有减小的趋势；混凝土强度 f_{cu} 越高，A 点越向外移，即 ζ_o 和 η_o 都有增大的趋势。上述变化规律是因为 f_y 和 α 越大，意味着钢管对钢管混凝土的"贡献"越大，混凝土的"贡献"越小；而 f_{cu} 越高，意味着混凝土对钢管混凝土的"贡献"越大，此时钢管混凝土构件的力学性能和钢筋混凝土构件越相像。

图 6-15 所示为构件长细比 λ 对 N/N_u-M/M_u 关系的影响规律。可见，随着 λ 的增大，钢管混凝土压弯构件的极限承载力呈现出逐渐降低的趋势，且随着构件长细比的增大，二阶效应的影响逐渐变得显著，A 点逐渐向里靠，即 ζ_o 和 η_o 值呈现出逐渐减小的趋势；随着 λ 的继续增大，A 点在 N/N_u-M/M_u 关系曲线上表现得越来越不明显。

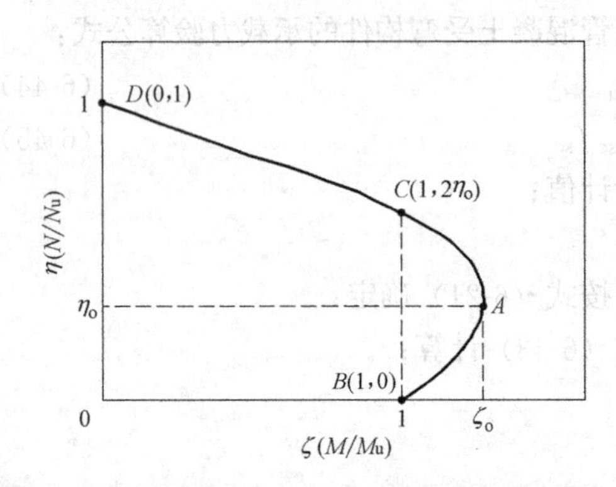

图 6-14 典型的 N/N_u-M/M_u 强度相关关系曲线

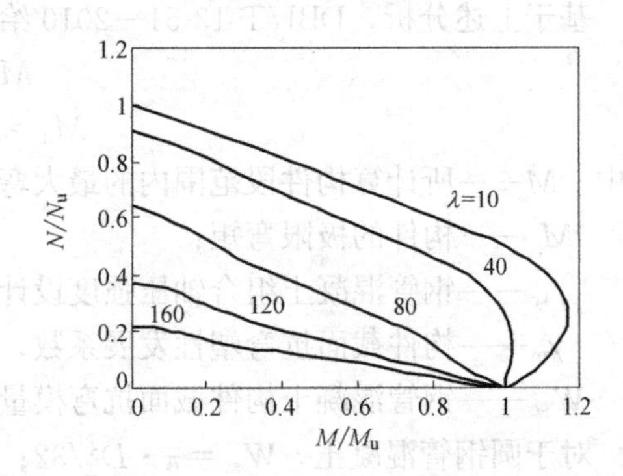

图 6-15 长细比对 N/N_u-M/M_u 关系曲线的影响（α=0.1，Q390 钢，C60 混凝土）

参数分析结果表明，图 6-14 所示平衡点 A 的横、纵坐标值 ζ_o 和 η_o 可近似表示为约束效应系数 ξ 的函数。通过对计算结果的回归分析，可导出 ζ_o 的计算公式如下：

$$\zeta_o=1+0.18\xi^{-1.15}\text{（圆钢管混凝土）} \tag{6-47a}$$

$$\zeta_o=1+0.14\xi^{-1.3}\text{（矩形钢管混凝土）} \tag{6-47b}$$

同样，可导出 η_o 的计算公式如下：

$$\eta_o=\begin{cases}0.5-0.245\cdot\xi & \text{（当}\xi\leqslant0.4\text{时）}\\ 0.1+0.14\cdot\xi^{-0.84} & \text{（当}\xi>0.4\text{时）}\end{cases}\text{（圆钢管混凝土）} \tag{6-48a}$$

$$\eta_o=\begin{cases}0.5-0.318\cdot\xi & (\text{当}\ \xi\leqslant 0.4\text{时})\\0.1+0.13\cdot\xi^{-0.81} & (\text{当}\ \xi>0.4\text{时})\end{cases}(\text{矩形钢管混凝土}) \tag{6-48b}$$

分析结果表明，图 6-14 所示的钢管混凝土典型的 N/N_u-M/M_u 强度相关关系曲线大致分为两部分，可用两个数学表达式来描述，即

(1) DC 段（即 $N/N_u\geqslant 2\eta_o$ 时）：可近似采用直线方程来描述

$$\frac{N}{N_u}+a\cdot\left(\frac{M}{M_u}\right)=1 \tag{6-49a}$$

(2) CAB 段（即 $N/N_u<2\eta_o$ 时）：可近似采用抛物线方程来描述

$$-b\cdot\left(\frac{N}{N_u}\right)^2-c\cdot\left(\frac{N}{N_u}\right)+\left(\frac{M}{M_u}\right)=1 \tag{6-49b}$$

式中　a、b、c——计算系数。$a=1-2\eta_o$；$b=\dfrac{1-\zeta_o}{\eta_o^2}$；$c=\dfrac{2\cdot(\zeta_o-1)}{\eta_o}$；

N_u——轴压强度承载力，$N_u=A_{sc}f_{scy}$，f_{scy} 由式（6-20）确定；

M_u——抗弯承载力，$M_u=\gamma_m W_{sc}f_{scy}$，$\gamma_m$ 由式（6-43）确定。

考虑构件长细比的影响，可得到钢管混凝土压弯构件 N/N_u-M/M_u 相关方程如下：

$$\begin{cases}\dfrac{1}{\varphi}\cdot\dfrac{N}{N_u}+\dfrac{a}{d}\cdot\left(\dfrac{M}{M_u}\right)=1 & (\text{当}\ N/N_u\geqslant 2\varphi^3\cdot\eta_o\text{时})\\-b\cdot\left(\dfrac{N}{N_u}\right)^2-c\cdot\left(\dfrac{N}{N_u}\right)+\dfrac{1}{d}\cdot\left(\dfrac{M}{M_u}\right)=1 & (\text{当}\ N/N_u<2\varphi^3\cdot\eta_o\text{时})\end{cases} \tag{6-50}$$

式中　a、b、c——计算系数，$a=1-2\varphi^2\cdot\eta_o$；$b=\dfrac{1-\zeta_o}{\varphi^3\cdot\eta_o^2}$；$c=\dfrac{2\cdot(\zeta_o-1)}{\eta_o}$；

$d=\begin{cases}1-0.4\cdot\left(\dfrac{N}{N_E}\right) & (\text{圆钢管混凝土})\\1-0.25\cdot\left(\dfrac{N}{N_E}\right) & (\text{矩形钢管混凝土})\end{cases}$，$1/d$ 是考虑二阶效应的影响对弯矩的放大系数；

N_E——欧拉临界力。$N_E=\pi^2\cdot E_{sc}\cdot A_{sc}/\lambda^2$，$E_{sc}$ 按式（6-6）确定；φ 为轴心受压稳定系数，按照式（6-24）进行计算，或按表 6-1 和表 6-2 查得。

对于矩形钢管混凝土双向压弯构件，将 M/M_u 以 $\sqrt[1.8]{(M_x/M_{ux})^{1.8}+(M_y/M_{uy})^{1.8}}$、$\varphi$ 以 φ_{xy}（$=\sqrt{(\varphi_x^2+\varphi_y^2)/2}$）代入式（6-50），即得到在 N、M_x 和 M_y 共同作用下双向压弯构件 N/N_u-M_x/M_{ux}-M_y/M_{uy} 相关方程，即

当 $N/N_u\geqslant 2\varphi_{xy}^3\cdot\eta_o$ 时

$$\frac{1}{\varphi_{xy}}\cdot\frac{N}{N_u}+\frac{a}{d}\cdot\left(\sqrt[1.8]{(M_x/M_{ux})^{1.8}+(M_y/M_{uy})^{1.8}}\right)=1 \tag{6-51a}$$

当 $N/N_u<2\varphi_{xy}^3\cdot\eta_o$ 时

$$-b\cdot\left(\frac{N}{N_u}\right)^2-c\cdot\left(\frac{N}{N_u}\right)+\frac{1}{d}\cdot\left(\sqrt[1.8]{(M_x/M_{ux})^{1.8}+(M_y/M_{uy})^{1.8}}\right)=1 \tag{6-51b}$$

式中　φ_{xy}——矩形钢管混凝土双向压弯构件的稳定系数。

以下简要介绍各规程给出的钢管混凝土压弯构件的计算方法。

(1) DBJ/T 13-51—2010 规程

基于式（6-50）所示的钢管混凝土压弯构件 N/N_u-M/M_u 相关方程，DBJ/T 13-51—2010 规定钢管混凝土构件在一个平面内同时承受压力和弯矩共同作用时的承载力验算公

式如下：

$$\frac{N}{\varphi \cdot N_u}+\left(\frac{a}{d}\right)\cdot\frac{\beta_m \cdot M}{M_u}\leqslant 1 \quad (当 N/N_u \geqslant 2\varphi^3\eta_0 时) \tag{6-52a}$$

$$\frac{-b \cdot N^2}{{N_u}^2}-\frac{c \cdot N}{N_u}+\left(\frac{1}{d}\right)\frac{\beta_m \cdot M}{M_u}\leqslant 1 \quad (当 N/N_u < 2\varphi^3\eta_0 时) \tag{6-52b}$$

式中　a、b、c——计算系数；$a=1-2\varphi^2 \cdot \eta_0$，$b=\frac{1-\zeta_0}{\varphi^3 \cdot \eta_0^2}$，$c=\frac{2\cdot(\zeta_0-1)}{\eta_0}$；

对于圆钢管混凝土：$d=1-0.4\cdot\left(\frac{N}{N_E}\right)$；

对于矩形钢管混凝土：$d=1-0.25\cdot\left(\frac{N}{N_E}\right)$；

M——所计算构件段范围内的最大弯矩；

N_u——钢管混凝土轴压构件的抗压承载力设计值，按式（6-28）计算；

M_u——钢管混凝土纯弯构件的抗弯承载力设计值，按式（6-45）计算；

N_E——欧拉临界力，$N_E=\pi^2 \cdot E_{sc} \cdot A_{sc}/\lambda^2$；

φ——弯矩作用平面内的轴心受压构件稳定系数；

β_m——等效弯矩系数，按照现行国家标准《钢结构设计规范》（GB 50017）的规定取值如下：

① 在计算方向内有侧移的框架柱和悬臂构件 $\beta_m=1$；

② 在计算方向内无侧移的框架柱和两端支承的构件，当无横向荷载作用时，$\beta_m=0.65+0.35M_2/M_1$，其中 M_1 和 M_2 为端弯矩，使构件产生同向曲率时取同号，使构件产生反向曲率时取异号，且 $|M_1|\geqslant|M_2|$；当有端弯矩和横向荷载同时作用时，使构件产生同向曲率时，$\beta_m=1$，使构件产生反向曲率时，$\beta_m=0.85$；当无端弯矩但有横向荷载作用时，$\beta_m=1$。

另外，对于绕强轴弯曲的矩形钢管混凝土压弯构件，除了按式（6-52）验算弯矩作用平面内的稳定性，还需按下式验算弯矩作用平面外的稳定性：

$$\frac{N}{\varphi \cdot N_u}+\frac{\beta_m M}{1.4 \cdot M_u}\leqslant 1 \tag{6-53}$$

式中各参数的含义同前式（6-52）。

对于承受双向压弯的矩形钢管混凝土构件，其承载力可把式（6-52）和式（6-53）中的$\frac{M}{M_u}$项以$\left[\left(\frac{M_x}{M_{ux}}\right)^{1.8}+\left(\frac{M_y}{M_{uy}}\right)^{1.8}\right]^{1/1.8}$代入进行验算。其中，$M_{ux}$，$M_{uy}$分别为构件绕强轴和弱轴的极限弯矩值，按式（6-45）计算。

（2）CECS 28：90 规程

CECS 28：90 在验算圆钢管混凝土压弯构件的极限承载力时，其验算公式和轴心受压构件的验算公式（6-29）完全一致，只是此时考虑偏心率影响的承载力折减系数 φ_e 不再取 1，而是按照下式计算：

$$\varphi_e=1/(1+1.85e_0/r_c) \quad (当 e_0/r_c \leqslant 1.55 时) \tag{6-54a}$$

$$\varphi_e = 0.4/(e_0/r_c) \quad (\text{当} \ e_0/r_c > 1.55\text{时}) \tag{6-54b}$$

$$e_0 = M_2/N \tag{6-55}$$

式中 e_0——柱两端轴向压力偏心距之较大者；

r_c——钢管的内半径；

M_2——柱两端弯矩设计值之较大者。

(3) CECS 159：2004 规程

CECS 159：2004 规定在验算矩形钢管混凝土压弯构件的承载力时，应分别验算其强度承载力和稳定承载力。

对弯矩作用在一个主平面内的矩形钢管混凝土压弯构件，其强度承载力应满足下列条件：

$$\frac{N}{N_{un}} + (1-\alpha_c)\frac{M}{M_{un}} \leqslant 1 \tag{6-56}$$

同时应满足下式要求：

$$\frac{M}{M_{un}} \leqslant 1 \tag{6-57}$$

$$M_{un} = [0.5A_{sn}(h-2t-d_n) + bt(t+d_n)]f \tag{6-58}$$

$$d_n = \frac{A_s - 2bt}{(b-2t)\dfrac{f_c}{f} + 4t} \tag{6-59}$$

式中 N——轴向压力设计值；

N_{un}——轴心受压时净截面受压承载力设计值，$N_{un} = fA_{sn} + f_cA_c$；

M——所计算构件段范围内的最大弯矩设计值；

M_{un}——只有弯矩作用时净截面的受弯承载力设计值；

α_c——混凝土工作承担系数，$\alpha_c = f_cA_c/(fA_s + f_cA_c)$，且应控制在 0.1～0.7 之间；

b、h——分别为矩形钢管混凝土截面平行、垂直于弯矩轴的边长；

A_{sn}——钢管截面有削弱时的净截面面积，如无削弱则 $A_{sn} = A_s$；

f——钢管抗弯强度设计值；

t——钢管壁厚；

d_n——钢管混凝土构件管内混凝土受压区高度。

对于弯矩作用在一个主平面内（例如绕 x 轴）的矩形钢管混凝土压弯构件，其弯矩作用平面内的稳定性应满足下列条件：

$$\frac{N}{\varphi_x \cdot N_u} + (1-\alpha_c) \cdot \frac{\beta_m M_x}{\left(1-0.8\dfrac{N}{N'_{Ex}}\right)M_{ux}} \leqslant 1 \tag{6-60}$$

$$M_{ux} = [0.5A_s(h-2t-d_n) + bt(t+d_n)]f \tag{6-61}$$

$$N'_{Ex} = \frac{N_{Ex}}{1.1} \tag{6-62}$$

$$N_{Ex} = N_u \frac{\pi^2 E_s}{\lambda_x^2 f} \tag{6-63}$$

并应满足下式的要求：

$$\frac{\beta_m M_x}{\left(1-0.8\frac{N}{N'_{Ex}}\right)M_{ux}} \leqslant 1 \tag{6-64}$$

对于弯矩作用在绕 x 轴主平面内的矩形钢管混凝土压弯构件，除了需要满足在弯矩作用平面内的稳定性要求外，还需要满足其弯矩作用平面外（绕 y 轴）的稳定条件：

$$\frac{N}{\varphi_y \cdot N_u}+\frac{\beta_m M_x}{1.4M_{ux}} \leqslant 1 \tag{6-65}$$

以上式（6-60）～式（6-65）中各参数含义如下：

φ_x、φ_y——分别为弯矩作用平面内和平面外的轴心受压构件稳定系数，按式（6-35）计算；

N_{Ex}——欧拉临界力；

M_{ux}——只有弯矩 M_x 作用时截面的受弯承载力设计值；

β_m——等效弯矩系数，和式（6-52）中的 β_m 取值方法相同。

这里需要注意的是在计算受弯承载力时，式（6-58）与式（6-61）二者表达式形式基本相同，但在验算构件强度时采用了钢管的净面积 A_{sn}，而在验算构件稳定时则采用钢管全截面面积 A_s。

对于双向压弯的矩形钢管混凝土构件，其强度承载力应满足下式的要求：

$$\frac{N}{N_{un}}+(1-\alpha_c)\frac{M_x}{M_{unx}}+(1-\alpha_c)\frac{M_y}{M_{uny}} \leqslant 1 \tag{6-66}$$

同时应满足下式要求：

$$\frac{M_x}{M_{unx}}+\frac{M_y}{M_{uny}} \leqslant 1 \tag{6-67}$$

式中　N——轴向压力设计值；

M_x、M_y——分别为所计算构件段范围内的绕 x、y 轴作用的最大弯矩设计值；

M_{unx}、M_{uny}——分别为绕 x、y 轴的净截面受弯承载力设计值，按式（6-58）计算；

α_c——混凝土工作承担系数。

双向压弯的矩形钢管混凝土构件，其稳定承载力应分别核算其绕 x 轴和 y 轴的稳定性。其中绕 x 轴的稳定性应满足下式的要求：

$$\frac{N}{\varphi_x \cdot N_u}+(1-\alpha_c)\cdot\frac{\beta_x M_x}{\left(1-0.8\frac{N}{N'_{Ex}}\right)M_{ux}}+\frac{\beta_y M_y}{1.4M_{uy}} \leqslant 1 \tag{6-68}$$

同时，还应满足下式的要求：

$$\frac{\beta_x M_x}{\left(1-0.8\frac{N}{N'_{Ex}}\right)M_{ux}}+\frac{\beta_y M_y}{1.4M_{uy}} \leqslant 1 \tag{6-69}$$

双向压弯的矩形钢管混凝土构件绕 y 轴的稳定性应满足下式的要求：

$$\frac{N}{\varphi_y \cdot N_u}+\frac{\beta_x M_x}{1.4M_{ux}}+(1-\alpha_c)\cdot\frac{\beta_y M_y}{\left(1-0.8\frac{N}{N'_{Ey}}\right)M_{uy}} \leqslant 1 \tag{6-70}$$

同时还应满足下式的条件：

$$\frac{\beta_x M_x}{1.4M_{ux}}+\frac{\beta_y M_y}{\left(1-0.8\frac{N}{N'_{Ey}}\right)M_{uy}} \leqslant 1 \tag{6-71}$$

式（6-68）～式（6-71）中：

φ_x、φ_y——分别为绕主轴 x 轴、绕主轴 y 轴的轴心受压构件稳定系数，按式（6-35）计算；

β_x、β_y——分别为在计算稳定方向对 M_x、M_y 的等效弯矩系数，其与式（6-52）中的 β_m 取值方法相同；

M_{ux}、M_{uy}——分别为绕 x、y 轴的受弯承载力设计值，按式（6-61）计算。

【例题 6-3】 两端铰支圆钢管混凝土柱的截面尺寸及所用材料同例题 6-1，该柱承受偏心作用的压力设计值 $N=900\text{kN}$，荷载偏心距 $e=100\text{mm}$，试验算该柱承载力是否满足设计要求。

【解】 首先确定有关基本参数。

由例题 6-1 可知：该柱横截面总面积 $A_{sc}=58534\text{mm}^2$。钢材屈服强度 $f_y=235\text{N/mm}^2$，混凝土轴心抗压强度标准值 $f_{ck}=26.8\text{N/mm}^2$。柱计算长度 $L_0=5\text{m}$。

作用在柱上的弯矩设计值为：$M=Ne=900\times0.1=90\text{kN}\cdot\text{m}$，等效弯矩系数 $\beta_m=1$。

（1）按 DBJ/T 13-51—2010 方法计算

由例题 6-1 可知：柱截面含钢率 $\alpha=0.1284$，约束效应系数设计值 $\xi_0=1.445$，组合轴压强度设计值 $f_{sc}=49.9\text{N/mm}^2$，柱长细比 $\lambda=73.3$，稳定系数 $\varphi=0.714$。

约束效应系数标准值：$\xi=\alpha\cdot f_y/f_{ck}=0.1284\times235/26.8=1.126$

组合轴压强度标准值：$f_{scy}=(1.14+1.02\xi)f_{ck}=61.3\text{N/mm}^2$

轴压强度极限承载力设计值：$N_u=f_{sc}A_{sc}=49.9\times58534\text{N}=2920.8\text{kN}$

按照式（6-43）计算抗弯承载力计算系数：$\gamma_m=1.1+0.48\ln(\xi+0.1)=1.1+0.48\ln(1.126+0.1)=1.198$

构件截面抗弯模量：$W_{sc}=\pi D^3/32=3.14\times273^3/32=1996492\text{mm}^3$

构件的抗弯极限承载力为：$M_u=\gamma_m W_{sc}f_{sc}=1.198\times1996492\times49.9=119.4\text{kN}\cdot\text{m}$

根据式（6-7）和式（6-8），$f_{scp}=0.68f_{scy}=41.7\text{N/mm}^2$，$\varepsilon_{scp}=707.35\times10^{-6}$，故由式（6-6）得 $E_{sc}=f_{scp}/\varepsilon_{scp}=58952\text{N/mm}^2$。

平衡点坐标：$\eta_0=0.1+0.14\xi^{-0.84}=0.1+0.14\times1.126^{-0.84}=0.227$

$$\zeta_0=1+0.18\xi^{-1.15}=1+0.18\times1.126^{-1.15}=1.157$$

因为 $N/N_u=900/2920.8=0.308>2\varphi^3\eta_0=2\times0.714^3\times0.227=0.165$，因此应按照式（6-52$a$）验算构件的稳定承载力。

$$a=1-2\varphi^2\eta_0=1-2\times0.714^2\times0.227=0.769$$

$$\begin{aligned}d&=1-0.4(N/N_E)=1-0.4[N/(\pi^2E_{sc}A_{sc}/\lambda^2)]\\&=1-0.4\times[900\times10^3/(3.14^2\times58952\times58534/73.3^2)]=0.943\end{aligned}$$

$$\frac{N}{\varphi N_u}+\frac{a}{d}\frac{\beta_m\cdot M}{M_u}=\frac{900}{0.714\times2920.8}+\frac{0.769}{0.943}\cdot\frac{90}{119.4}=0.43+0.578=1.046>1$$

可见，此偏心受压构件的稳定承载力不能满足设计要求。

（2）按 CECS 28：90 方法计算

由例题 6-1 可知：套箍指标 $\theta=1.445$，短柱的轴压承载力设计值 $N_0=3613.5\text{kN}$，等效计算长度 $l_e=5\text{m}$，$\varphi_l=0.565$。

核心混凝土的横截面半径：$r_c=257/2=128.5\text{mm}$

$e_0 = e = 100\text{mm}$，则 $e_0/r_c = 100/128.5 = 0.778 < 1.55$，故可按式（6-54*a*）计算考虑偏心率影响的承载力折减系数

$$\varphi_e = 1/(1+1.85e_0/r_c) = 1/(1+1.85\times0.778) = 0.410$$

所以此偏心受压柱的极限承载力为：

$$N_u = \varphi_l \varphi_e N_0 = 0.565\times0.410\times3613.5 = 837.1\text{kN} < N = 900\text{kN}$$

可见，按照CECS 28：90方法计算，柱的承载力同样不满足设计要求。

【例题 6-4】 两端铰支的方钢管混凝土柱，其截面尺寸及所用材料同例题6-2。该柱承受偏心作用的压力设计值 $N=3000\text{kN}$，单轴作用的荷载偏心距 $e=100\text{mm}$，试验算该柱承载力是否满足设计要求。

【解】 首先确定有关基本参数。

由例题6-2可知：该柱横截面总面积 $A_{sc}=122500\text{mm}^2$，钢管横截面面积 $A_s=10944\text{mm}^2$，钢材屈服强度 $f_y=235\text{N/mm}^2$，混凝土轴心抗压强度标准值 $f_{ck}=26.8\text{N/mm}^2$。柱计算长度 $L_0=5\text{m}$。

作用在柱上的弯矩设计值为：$M=Ne=3000\times0.1=300\text{kN}\cdot\text{m}$，等效弯矩系数 $\beta_m=1$。

（1）按DBJ/T 13-51—2010方法计算

由例题6-2可知：柱截面含钢率 $\alpha=0.098$，约束效应系数设计值 $\xi_0=1.103$，组合轴压强度设计值 $f_{sc}=40.445\text{N/mm}^2$，柱长细比 $\lambda=49.5$，稳定系数 $\varphi=0.814$。

约束效应系数标准值：$\xi=\alpha\cdot f_y/f_{ck}=0.098\times235/26.8=0.859$

组合轴压强度标准值：$f_{scy}=(1.18+0.85\xi)f_{ck}=51.2\text{N/mm}^2$

轴压强度极限承载力设计值：$N_u=f_{sc}A_{sc}=40.445\times122500\text{N}=4954.5\text{kN}$

按照式（6-43）计算抗弯承载力计算系数：$\gamma_m=1.04+0.48\ln(\xi+0.1)=1.1+0.48\ln(0.859+0.1)=1.08$

构件截面抗弯模量：$W_{sc}=B^3/6=350^3/6=7145833\text{mm}^3$

构件的抗弯极限承载力为：$M_u=\gamma_m W_{sc} f_{sc}=1.08\times7145833\times40.445=312.1\text{kN}\cdot\text{m}$

根据式（6-9）和式（6-10），$f_{scp}=0.64f_{scy}=32.8\text{N/mm}^2$，$\varepsilon_{scp}=707.35\times10^{-6}$，故由式（6-6）得 $E_{sc}=f_{scp}/\varepsilon_{scp}=46370\text{N/mm}^2$。

平衡点坐标：$\eta_0=0.1+0.13\xi^{-0.81}=0.1+0.13\times0.859^{-0.81}=0.247$

$$\zeta_0=1+0.14\xi^{-1.3}=1+0.14\times0.859^{-1.3}=1.17$$

因为 $N/N_u=3000/4954.5=0.606<2\varphi^3\eta_0=2\times0.814^3\times1.231=1.328$，因此应按照式（6-52*b*）验算构件的稳定承载力。

$$b=(1-\zeta_0)/(\varphi^3\eta_0^2)=(1-1.17)/(0.844^3\times1.231^2)=-0.187$$

$$c=2(\zeta_0-1)/\eta_0=2\times(1.17-1)/1.231=0.276$$

$$d=1-0.25(N/N_E)=1-0.25[N/(\pi^2E_{sc}A_{sc}/\lambda^2)]$$

$$=1-0.25\times[3000\times10^3/(3.14^2\times46370\times122500/49.5^2)]=0.967$$

$$\frac{-b\cdot N^2}{N_u{}^2}-\frac{c\cdot N}{N_u}+\frac{1}{d}\frac{\beta_m\cdot M}{M_u}=\frac{0.187\times3000^2}{4954.5^2}-\frac{0.276\times3000}{4954.5}+\frac{1}{0.967}\frac{300}{312.1}=0.895<1$$

可见，此偏心受压构件的稳定承载力满足设计要求。

由于此构件为方形截面，双轴稳定性一致，因此不需要验算平面外稳定。

（2）按 CECS 159：2004 方法计算

由例题 6-2 可知：柱轴压强度承载力 $N_{uc}=4483.7kN$。因没有截面削弱，故净截面受压承载力 $N_{un}=N_{uc}$。

混凝土工作承担系数：$\alpha_c=\dfrac{f_c A_c}{fA_s+f_c A_c}=\dfrac{19.1\times111556}{4483.7\times10^3}=0.48<0.7$，满足要求。

混凝土受压区高度：$d_n=\dfrac{A_s-2bt}{(b-2t)\dfrac{f_c}{f}+4t}=\dfrac{10944-2\times350\times8}{(350-2\times8)\times\dfrac{19.1}{215}+4\times8}=86.65\text{mm}$

截面受弯承载力：
$$\begin{aligned}M_{un}&=[0.5A_{sn}(h-2t-d_n)+bt(t+d_n)]f\\&=[0.5\times10944\times(350-16-86.65)+350\times8\times(8+86.65)]\times215\\&=348\text{kN}\cdot\text{m}\end{aligned}$$

由式（6-56）验算该柱的极限承载力：

$$\frac{N}{N_{un}}+(1-\alpha)\frac{M}{M_{un}}=\frac{3000}{4483.7}+(1-0.48)\times\frac{300}{348}=0.669+0.448=1.117>1$$

因此，按照 CECS 159：2004 方法计算，柱的承载力不满足设计要求。

可以看出，当分别采用 DBJ/T 13-51—2010 和 CECS 159：2004 的公式验算本例题中的方钢管混凝土偏压构件承载力时得出不同的结论。这种差别的主要原因是由于两种规范所采用的压弯相关曲线（*N-M* 曲线）方程不同，DBJ/T 13-51—2010 的 *N-M* 曲线在平衡点附近为抛物线，而 CECS 159：2004 将 *N-M* 曲线在平衡点附近简化为直线。

5. 局部受压构件承载力计算

局部受压是工程结构中一种常见的受力情况，即力作用的面积小于支承构件的截面面积或底面积。在钢管混凝土结构中，可能出现以下局部受压的情况：

（1）钢管混凝土柱对混凝土基础或钢筋混凝土墙梁的局部挤压；

（2）上部结构的钢支座对下部钢管混凝土柱段的局部挤压，或钢管混凝土柱上、下端截面尺寸改变处的局部挤压。

图 6-16 所示为钢管混凝土局部受压时的示意图，其中 N_L 为局部压力，A_L 和 A_c 分别为局部受压面积和核心混凝土的横截面面积。

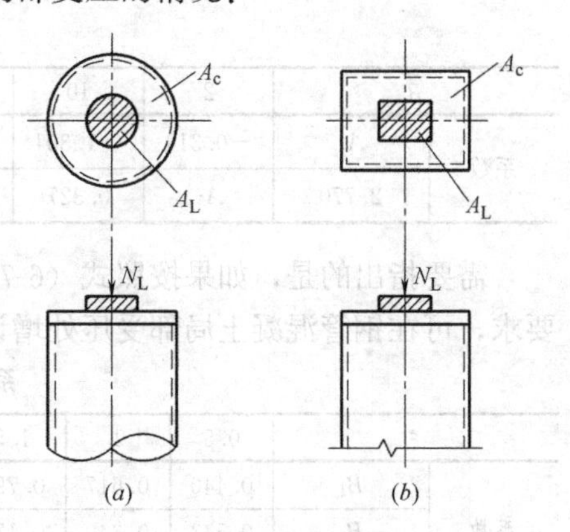

图 6-16　钢管混凝土局部受压示意图

(*a*) 圆钢管混凝土；(*b*) 矩形钢管混凝土

A_L—局部受压面积；A_c—核心混凝土横截面面积

试验结果和理论分析均表明，在局部受压情况下构件的承载力要低于全截面受压时的构件承载力。且局部受压面积 A_L 越小，构件的承载力越低。

钢管混凝土局部受压时其承载力应满足下式要求：

$$N_L\leqslant N_{uL}\tag{6-72}$$

式中　N_L——作用在钢管混凝土上的局部压力设计值；

N_{uL}——钢管混凝土的局部受压承载力设计值，按照下式计算：

$$N_{uL}=K_{Lc}N_u\tag{6-73}$$

$$K_{Lc}=(A_1 \cdot \beta+A_2 \cdot \beta^{0.5}+A_3) \cdot (A_4 \cdot n_r^2+A_5 \cdot n_r+1) \leqslant 1\text{(圆钢管混凝土)} \quad (6\text{-}74a)$$

$$K_{Lc}=(B_1 \cdot \beta^{-1}+B_2 \cdot \beta^{-0.5}+B_3) \cdot (B_4 \cdot n_r+1) \leqslant 1\text{(矩形钢管混凝土)} \quad (6\text{-}74b)$$

$$n_r=1.1 \cdot \left(\frac{E_s \cdot t_a{}^3}{E \cdot D^3}\right)^{0.25} \quad (6\text{-}75)$$

式中 N_u——钢管混凝土轴压承载力设计值，按式（6-28）计算；

K_{Lc}——钢管混凝土局部受压承载力折减系数；

$A_1 \sim A_5$——圆钢管混凝土计算系数，由表 6-3 和表 6-4 查得，和约束效应系数 ξ 或局压面积比 β 有关；

$B_1 \sim B_4$——矩形钢管混凝土计算系数，由表 6-5 和表 6-6 查得，和约束效应系数 ξ 或局压面积比 β 有关；

β——局部受压面积比，$\beta=A_c/A_L$；

n_r——相对刚度半径；

E_s——端板钢材的弹性模量；

t_a——钢管混凝土端板厚度；

E——钢管混凝土折算轴压弹性模量，$E=(E_sA_s+E_cA_c)/A_{sc}$；

D——钢管截面尺寸；对圆钢管取截面外直径，对矩形钢管取$(D+B)/2$。

系数 A_1、A_2、A_3 值 **表 6-3**

ξ		0.5	1	1.5	2	2.5	3	3.5	4	4.5	5
系数	A_1	0.040	0.019	0.004	−0.004	−0.009	−0.010	−0.010	−0.008	−0.008	−0.010
	A_2	−0.411	−0.275	−0.187	−0.140	−0.122	−0.124	−0.134	−0.144	−0.143	−0.121
	A_3	1.360	1.257	1.192	1.159	1.147	1.150	1.159	1.166	1.163	1.142

系数 A_4、A_5 值 **表 6-4**

β		2	10	4	12	6	14	8	16
系数	A_4	−0.314	−1.301	−0.641	−1.474	−0.895	−1.635	−1.110	−1.785
	2.770	A_5	0.327	1.891	0.810	2.198	1.209	2.490	1.564

需要指出的是，如果按照式（6-72）验算钢管混凝土的局部受压承载力不能满足设计要求，可在钢管混凝土局部受压处增设附加的螺旋箍筋以提高局部受压承载力。

系数 B_1、B_2、B_3 值 **表 6-5**

ξ		0.5	1	1.5	2	2.5	3	3.5	4	4.5	5
系数	B_1	0.440	0.617	0.795	0.972	1.149	1.326	1.504	1.681	1.858	2.035
	B_2	0.543	0.340	0.137	−0.067	−0.270	−0.473	−0.676	−0.879	−1.082	−1.285
	B_3	0.017	0.043	0.069	0.095	0.121	0.147	0.173	0.199	0.225	0.251

系数 B_4 值 **表 6-6**

β		2	10	4	12	6	14	8	16
系数	B_4	0.928	2.732	1.533	3.044	1.997	3.330	2.388	3.597

6. 钢管初应力影响的验算

采用先安装数层空钢管、后浇筑管内混凝土的方法施工钢管混凝土结构时，在混凝土硬化前钢管即承受一定的初应力，因此在施工阶段有必要验算空钢管结构的强度和稳定性。

此外，钢管初应力对正常工作状态下钢管混凝土的极限承载力也会产生一定的影响。图6-17所示为是否有初应力存在的情况下钢管混凝土偏压构件的轴压力 N-构件跨中挠度 u_m 的关系曲线。可见在有初应力存在的情况下，钢管混凝土的初始刚度和极限承载力都有所降低，同时极限承载力对应的变形相应增加。这是由于钢管初应力的存在使钢管混凝土提前进入了弹塑性状态，从而降低钢管和混凝土之间的共同工作性能。研究表明，在工程常用参数范围内，钢管初应力的存在可使钢管混凝土构件的极限承载力最多降低20%左右。

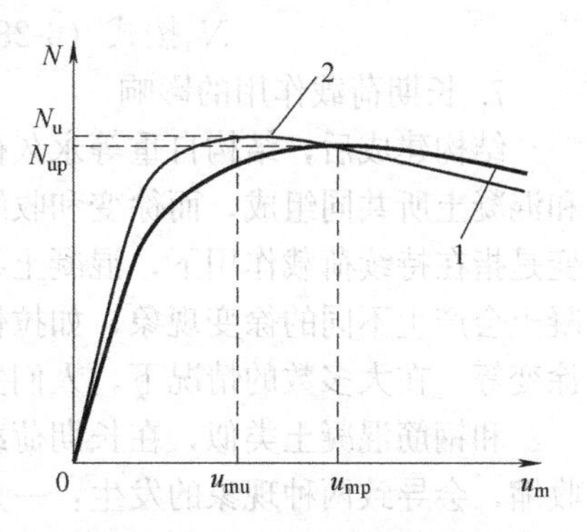

图6-17 钢管初应力对偏压构件 N-u_m 关系曲线的影响

1—有初应力作用；2—无初应力作用

根据规程DBJ/T 13-51—2010，在浇筑混凝土时，由施工阶段荷载引起的钢管初始最大压应力值不宜超过 $0.35\varphi_s f$（其中，φ_s 为空钢管轴心受压时的稳定系数，按《钢结构设计规范》GB 50017取值；f 为钢材的抗压强度设计值）。若超过 $0.35\varphi_s f$，则需要考虑钢管初应力对钢管混凝土构件承载力的影响，即按前述不考虑初应力影响的方法计算获得的承载力需乘以钢管初应力影响系数 k_p。

$$k_p = 1 - f(\lambda_n) \cdot f(e/r) \cdot \beta_0 \tag{6-76}$$

对于圆钢管混凝土：

$$f(\lambda_n)=\begin{cases}0.17\lambda_n - 0.02 & (\text{当 } \lambda_n \leqslant 1\text{时}) \\ -0.13\lambda_n^2 + 0.35\lambda_n - 0.07 & (\text{当 } \lambda_n > 1\text{时})\end{cases} \tag{6-77}$$

$$f(e/r)=\begin{cases}0.75(e/r)^2 - 0.05(e/r) + 0.9 & (\text{当 } e/r \leqslant 0.4\text{时}) \\ -0.15(e/r) + 1.06 & (\text{当 } e/r > 0.4\text{时})\end{cases} \tag{6-78}$$

对于矩形钢管混凝土：

$$f(\lambda_n)=\begin{cases}0.14\lambda_n + 0.02 & (\text{当 } \lambda_n \leqslant 1\text{时}) \\ -0.15\lambda_n^2 + 0.42\lambda_n - 0.11 & (\text{当 } \lambda_n > 1\text{时})\end{cases} \tag{6-79}$$

$$f(e/r)=\begin{cases}1.35(e/r)^2 - 0.04(e/r) + 0.8 & (\text{当 } e/r \leqslant 0.4\text{时}) \\ -0.2(e/r) + 1.08 & (\text{当 } e/r > 0.4\text{时})\end{cases} \tag{6-80}$$

$$\beta_0 = \frac{\sigma_0}{\varphi_s f} \tag{6-81}$$

式中 $f(\lambda_n)$、$f(e/r)$——分别为考虑构件长细比 λ 和荷载偏心率 e/r 影响的函数；

λ_n——计算系数，$\lambda_n = \lambda/80$；

λ——构件的长细比；

e——荷载偏心距；

e/r——荷载偏心率；对圆钢管混凝土，$r=D/2$，D 为钢管外直径；对矩形钢管混凝土，当绕强轴弯曲时，$r=D/2$；当绕弱轴弯曲时，$r=B/2$，D 和 B 分别为矩形钢管混凝土横截面长边和短边的边长；

β_0——钢管初应力系数；

σ_0——钢管中的初应力。

这样，为了使钢管混凝土构件在钢管中存在初应力情况下满足设计要求，其设计内力应满足如下条件，即

$$N \leqslant N_{u,p} = k_p \cdot N_u \tag{6-82}$$

式中 $N_{u,p}$、N_u——分别为考虑和不考虑钢管初应力影响时钢管混凝土柱的极限承载力；N_u按式（6-28）或式（6-30）计算。

7. 长期荷载作用的影响

结构建成后，结构自重等永久荷载会长期作用在钢管混凝土上。钢管混凝土是由钢管和混凝土所共同组成，而徐变和收缩是混凝土在长期荷载作用下的固有特性。混凝土的徐变是指在持续荷载作用下，混凝土结构的变形随时间不断发展的现象。不同应力状态下混凝土会产生不同的徐变现象，如拉伸徐变、扭转徐变、多轴徐变、周期应力徐变、高应力徐变等。在大多数的情况下，人们关心的是混凝土的单轴压缩徐变。

和钢筋混凝土类似，在长期荷载作用下，钢管混凝土由于其核心混凝土的压缩徐变与收缩，会导致两种现象的发生：一是混凝土模量的降低；二是在钢管和核心混凝土之间将产生内力重分布现象，使钢管应力增加，从而可能导致钢材提前进入塑性阶段。因此，长期荷载作用下核心混凝土的徐变与收缩将影响到钢管混凝土构件的整体刚度和承载力。

(1) 长期荷载作用对承载力的影响

在长期荷载作用下，混凝土中的骨料一般认为不产生徐变，徐变主要来自于水泥石，即硬化的水泥浆体。徐变的成因非常复杂，和水分的散失、胶体的流动以及微裂缝的扩展等均有关系。由于组成钢管混凝土的核心混凝土处于密闭状态，同时混凝土和钢管之间存在相互作用，因此和普通钢筋混凝土及素混凝土相比，可以预期长期荷载作用对钢管混凝土的性能影响会有所减小。但在实际工程中钢管混凝土较钢筋混凝土通常更细长。由此长期荷载引起的构件抗弯刚度降低必然促使构件产生附加挠度，从而造成构件承载力的降低。事实上，长期荷载作用对钢管混凝土构件承载力的影响与初应力的影响十分类似，如图 6-17 所示。

福建省工程建设标准《钢管混凝土结构技术规程》（DBJ/T 13-51—2010）规定：当考虑长期荷载作用的影响时，钢管混凝土的承载力应乘以长期荷载作用影响系数 k_{cr}进行折减，即考虑长期荷载作用影响时构件的承载力按下式进行计算：

$$N_{uL} = k_{cr} \cdot N_{uo} \tag{6-83}$$

式中 N_{uL}、N_{uo}——分别为考虑和不考虑长期荷载影响时钢管混凝土构件的极限承载力；

k_{cr}——长期荷载作用影响系数。

在工程常用参数范围内，k_{cr}主要和构件长细比、荷载偏心率以及约束效应系数有关。

对于圆钢管混凝土构件：

$$k_{cr} = \begin{cases} l^{2.5m} \cdot (0.2m^2 - 0.4m + 1) \cdot [1 + 0.3m(1-n)] & (\text{当 } m \leqslant 0.4) \\ l \cdot (0.2m^2 - 0.4m + 1) \cdot \left(1 + \dfrac{1-n}{7.5 + 5.5m^2}\right) & (\text{当 } 0.4 < m \leqslant 1.2) \\ 0.808l \cdot \left(1 + \dfrac{1-n}{7.5 + 5.5m^2}\right) & (\text{当 } m > 1.2) \end{cases} \tag{6-84a}$$

对于矩形钢管混凝土构件：

$$k_{cr} = \begin{cases} l^m \cdot (1 - 0.25m) \cdot [1 + 0.13m \cdot (1-n)] & (\text{当 } m \leqslant 0.4) \\ l^m \cdot (0.13m^2 - 0.3m + 1) \cdot \left(1 + \dfrac{1-n}{15 + 25m^2}\right) & (\text{当 } 0.4 < m \leqslant 1.2) \\ 0.83l^{1.2} \cdot \left(1 + \dfrac{1-n}{15 + 25m^2}\right) & (\text{当 } m > 1.2) \end{cases} \tag{6-84b}$$

式中　l、m、n——计算系数；$m=\lambda/100$；$n=(1+e/r)^{-2}$；对于圆钢管混凝土，$l=\xi^{0.05}$；对于矩形钢管混凝土，$l=\xi^{0.08}$。

(2) 核心混凝土收缩的计算

混凝土的收缩是指由非荷载因素引起的混凝土体积的减小，主要包括化学收缩、塑性收缩、自生体积收缩、干燥收缩、碳化收缩和温度收缩。对于普通混凝土，干燥收缩是主要的，它是造成普通混凝土早期开裂的主要原因；而对高性能混凝土，自生体积收缩也不容忽视。

密闭的钢管可使混凝土的收缩变形大大减小。但在尺寸较大的情况下，混凝土的收缩仍可能导致钢管和混凝土二者在径向产生微小的间隙，从而影响钢管和混凝土的共同工作性能，进而造成构件承载力和工作可靠性的降低。为此，在实际应用钢管混凝土时有可能需要较为准确地计算钢管混凝土中混凝土的收缩量，从而在施工时通过在混凝土中添加一定量的膨胀剂等方法尽量消除混凝土收缩造成的不利影响。

钢管混凝土中核心混凝土收缩的计算可按照式（6-85）进行。该式是基于美国 ACI Committee 209 提供的适用于普通混凝土的收缩计算模型修正而成，但在其中通过 γ_u 系数考虑了钢管对混凝土收缩的制约影响。

$$(\varepsilon_{sh})_t=\frac{t}{35+t}\cdot(\varepsilon_{sh})_u \tag{6-85}$$

式中　t——混凝土的干燥时间（d）；

$(\varepsilon_{sh})_u$——混凝土的收缩应变终值（10^{-6}），按下式计算：

$$(\varepsilon_{sh})_u=780\cdot\gamma_{cp}\cdot\gamma_\lambda\cdot\gamma_{vs}\cdot\gamma_s\cdot\gamma_\psi\cdot\gamma_c\cdot\gamma_\alpha\cdot\gamma_u \tag{6-86}$$

式中　γ_{cp}——干燥前养护时间影响系数，按照表 6-7 确定；

γ_λ——环境湿度影响修正系数，对于钢管混凝土可统一取为 0.3；

γ_{vs}——构件尺寸影响修正系数，为构件体积与表面积之比（V/S，单位为 mm）的函数：

$$\gamma_{vs}=1.2\exp(-0.00472\cdot V/S) \tag{6-87}$$

γ_s——混凝土坍落度（s，单位为 mm）修正系数：

$$\gamma_s=0.89+0.00161s \tag{6-88}$$

对于坍落度较大的情况，如高性能混凝土，$\gamma_{vs}\leqslant1$。

γ_ψ——细骨料影响修正系数，按下式计算：

$$\gamma_\psi=0.3+0.014\psi\ (当\ \psi\leqslant50\%) \tag{6-89a}$$

$$\gamma_\psi=0.9+0.002\psi\ (当\ \psi>50\%) \tag{6-89b}$$

式中　ψ——细骨料占骨料总量的百分数；

γ_c——水泥用量影响修正系数，按下式计算：

$$\gamma_c=0.75+0.00061c \tag{6-90}$$

式中　c——每立方米混凝土中水泥用量（kg/m^3）；

γ_α——混凝土含气量影响修正系数，按下式计算：

$$\gamma_\alpha=0.95+0.008\alpha \tag{6-91}$$

式中　α——混凝土体积含气量的百分数，普通混凝土的 α 值通常为 4～8；

γ_u——钢管对混凝土收缩的制约影响系数，按下式计算：

$$\gamma_u = 0.0002D_{size} + 0.63 \tag{6-92}$$

式中　D_{size}——构件横截面尺寸（mm）；对于圆钢管混凝土，$D_{size}=D$；对于矩形钢管混凝土，$D_{size}=(D+B)/2$，100 mm$\leqslant D_{size}\leqslant$1200mm。

干燥前养护时间对收缩的影响系数 γ_{cp}　　表 6-7

湿养护的天数(d)	1	3	7	14	28	90
γ_{cp}	1.2	1.1	1.0	0.93	0.86	0.75

6.2.4　钢管混凝土格构式柱的设计

1. 格构式柱的组成

钢管混凝土宜用作轴心受压或小偏心受压构件。当轴心受压构件的长度较大，或压弯构件的荷载偏心较大时，为了能充分发挥钢管混凝土抗压性能好的特点，达到节省材料的目的，宜采用格构式截面，把整体构件受到的较大弯矩转化为各分肢承担的轴向力。

钢管混凝土格构式柱通常用于荷载或跨度较大的单层或多层工业厂房中，或者用作各种设备构架柱、支架、栈桥以及送变电杆塔等。目前实际工程中的钢管混凝土格构柱的柱肢多采用圆钢管混凝土。图 6-7 所示为在实际工程中应用的格构式柱。

常用的格构式柱的截面形式有双肢、三肢和四肢柱，如图 6-18 所示。在格构式柱截面上穿过肢件、但不穿过腹杆的轴称为实轴，如图 6-18（a）中的 y 轴。在格构式柱截面上穿过腹杆的轴称为虚轴，如图 6-18（a）中的 x 轴。图 6-18（b）、（c）中的 x 轴和 y 轴均为虚轴。

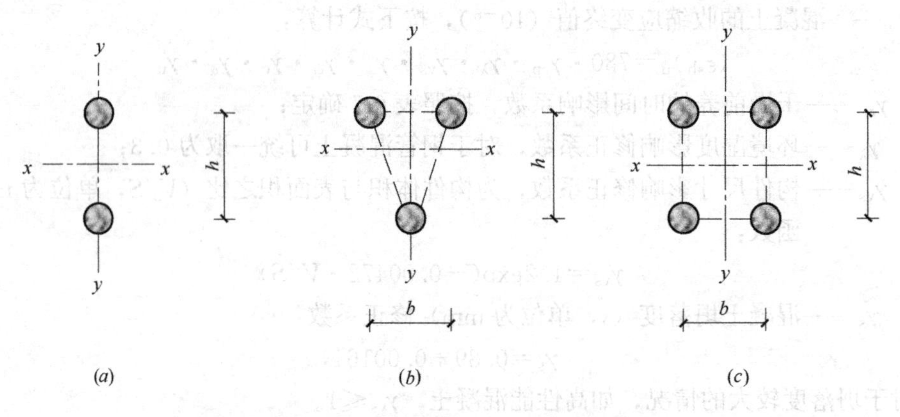

图 6-18　钢管混凝土格构式构件截面示意图

（a）双肢；（b）三肢；（c）四肢

钢管混凝土格构式柱中钢管混凝土柱肢通过腹杆连接，可形成斜腹杆格构式柱和平腹杆格构式柱，分别如图 6-19（a）、（b）所示。对于斜腹杆格构式柱，其腹杆由斜杆组成，也可由斜杆和横杆共同组成。一般腹杆均采用空钢管制作而成。

2. 剪切变形对虚轴稳定性的影响

钢管混凝土单肢柱在轴心受压过程产生的横向剪力及由此产生的附加变形通常均很小，可忽略不计。当格构式轴心受压杆绕实轴发生弯曲失稳时的情况和钢管混凝土单肢柱情况类似。但是当绕虚轴发生弯曲失稳时，因为剪力要由比较柔弱的空钢管腹杆承担，剪切变形较大，导致构件产生较大的附加侧向变形，它引起的构件临界力的降低不容忽视。尤其是对采用平腹杆的钢管混凝土格构式柱，由于平腹杆的刚度远小于柱肢刚度，这种缀材剪切变形的影响更加显著。

和钢结构类似，可采用换算长细比 λ_{0x} 和 λ_{0y} 来分别代替对 x 轴和 y 轴的长细比 λ_x 和 λ_y，以考虑剪切变形对格构式轴心压杆临界力的影响。DBJ/T 13-51—2010 规定的构件换算长细比计算方法由表 6-8 给出，其中构件长细比 λ_x 和 λ_y 按下列公式计算：

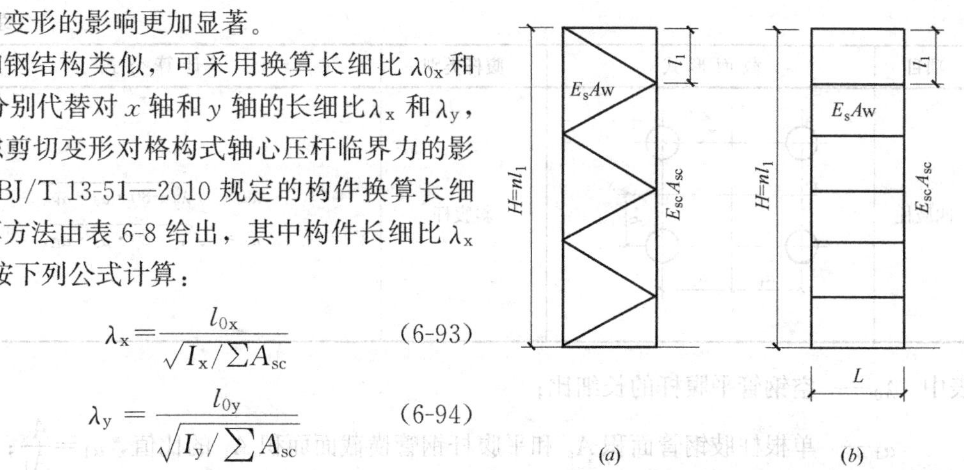

图 6-19 钢管混凝土格构式构件立面示意图

(a) 斜腹杆格构式柱；(b) 平腹杆格构式柱

$$\lambda_x = \frac{l_{0x}}{\sqrt{I_x/\sum A_{sc}}} \tag{6-93}$$

$$\lambda_y = \frac{l_{0y}}{\sqrt{I_y/\sum A_{sc}}} \tag{6-94}$$

$$I_x = \sum_{i=1}^{m}(I_{sc} + b^2 A_{sc}) \tag{6-95}$$

$$I_y = \sum_{i=1}^{m}(I_{sc} + a^2 A_{sc}) \tag{6-96}$$

式中 l_{0x}、l_{0y}——分别为格构式构件对 x 轴和 y 轴的计算长度；

I_x、I_y——分别为格构式构件对 x 轴和 y 轴的截面惯性矩；

A_{sc}——单根钢管混凝土柱肢的横截面面积；

I_{sc}——单根圆钢管混凝土柱肢的截面惯性矩，$I_{sc}=\pi D^4/64$；

a、b——分别为柱肢中心到虚轴 y-y 和 x-x 的距离，如表 6-8 所示（a 取 a_1 或 a_2）；

m——柱肢数。

单肢一个节间的长细比按下式计算：

$$\lambda_1 = \frac{l_1}{\sqrt{I_{sc}/A_{sc}}} \tag{6-97}$$

式中 l_1——柱肢节间距离。

钢管混凝土格构式柱的换算长细比 **表 6-8**

项目	截面形式	腹杆类别	计算公式
双肢柱		平腹杆	$\lambda_{0y}=\sqrt{\lambda_y^2+\frac{\pi^2}{12}\lambda_1^2+\frac{\pi^2\lambda_0^2\cdot\alpha_1\cdot l_1}{6h}\cdot\alpha_{EA}}$
		斜腹杆	$\lambda_{0y}=\sqrt{\lambda_y^2+54\cdot\alpha_d\cdot\alpha_{EA}}$
三肢柱		斜腹杆	$\lambda_{0y}=\sqrt{\lambda_y^2+\frac{42\cdot\alpha_d\cdot\alpha_{EA}}{\cos^2\theta}}$ $\lambda_{0x}=\sqrt{\lambda_x^2+42\cdot\frac{\alpha_d}{1.5-\cos^2\theta}\cdot\alpha_{EA}}$

续表

项目	截面形式	腹杆类别	计算公式
四肢柱	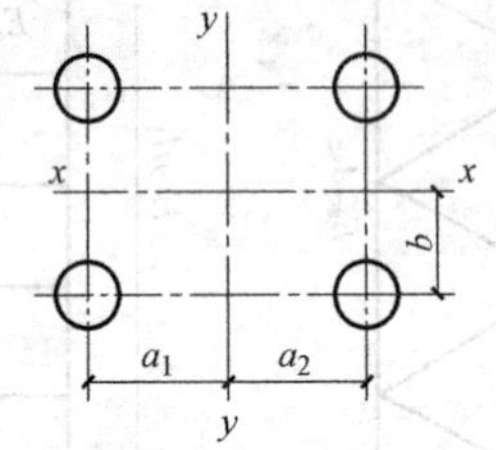	斜腹杆	$\lambda_{0y}=\sqrt{\lambda_y^2+80\cdot\alpha_d\cdot\alpha_{EA}}$ $\lambda_{0x}=\sqrt{\lambda_x^2+80\cdot\alpha_d\cdot\alpha_{EA}}$

表中　λ_0——空钢管平腹杆的长细比；

α_1——单根柱肢钢管面积 A_s 和平腹杆钢管横截面面积 A_1 的比值，$\alpha_1=\dfrac{A_s}{A_1}$；

h——分肢之间的距离；

α_d——单根柱肢钢管面积 A_s 和斜腹杆钢管横截面面积 A_d 的比值，$\alpha_d=\dfrac{A_s}{A_d}$；

α_{EA}——单根柱肢的组合刚度与空钢管刚度的比值，按下式计算：

$$\alpha_{EA}=1+\frac{1}{\alpha_s\cdot\alpha_E} \tag{6-98}$$

式中　α_E——钢材和混凝土的弹性模量比，$\alpha_E=E_s/E_c$；

α_s——单根柱肢的含钢率，$\alpha_s=A_s/A_c$。

3. 格构式柱的设计

当采用斜腹杆形式时，格构式柱的柱肢和腹杆均以轴向受力为主。因此，钢管混凝土格构式柱宜优先采用斜腹杆形式；当柱肢间距较小或有使用要求时，可采用平腹杆形式。当采用斜腹杆形式的格构式柱，斜腹杆和柱肢轴线间夹角宜为 40°～60°的范围，以方便连接和保证焊接质量。对于平腹杆形式的格构式柱，腹杆中心距离不应大于肢柱中心距的 4 倍；腹杆空钢管面积不宜小于一个柱肢钢管面积的 1/4；腹杆的长细比不宜大于单个柱肢长细比的 1/2。

(1) 轴心受压格构式柱

对于轴心受压的格构式柱，应验算柱在两个主轴方向的稳定性是否满足要求，同时还应保证单柱肢稳定性和腹杆满足受力要求。

进行整体稳定验算时，应满足下式要求：

$$N\leqslant\varphi f_{sc}\sum A_{sc} \tag{6-99}$$

式中　φ——格构式柱在两个主轴方向的稳定系数的较小值，按换算长细比查表 6-1 或表 6-2 得到。

当单柱肢长细比 λ_1 符合下列条件时，可不验算单柱肢稳定承载力。

1) 平腹杆格构式构件：$\lambda_1\leqslant 40$ 及 $\lambda_1\leqslant 0.5\lambda_{max}$；

2) 斜腹杆格构式构件：$\lambda_1\leqslant 0.7\lambda_{max}$；

其中　λ_{max}——构件在 x—x 和 y—y 方向换算长细比的较大值。

根据规程 DBJ/T 13-51—2010 的规定，可按下式计算格构式钢管混凝土轴心受压构件的横向剪力设计值：

$$V=\sum A_{sc}f_{sc}/85 \tag{6-100}$$

以上剪力值可认为沿格构式柱全长不变，并采用该剪力值按照现行国家标准《钢结构设计规范》(GB 50017)的有关规定进行腹杆的设计。

(2) 受压弯作用的格构式柱

格构式钢管混凝土构件承受压、弯及其共同作用时，按下式验算弯矩作用平面内的整体稳定承载力：

$$\frac{N}{\varphi\sum A_{sc}f_{sc}}+\frac{\beta_m M}{W_{sc}(1-\varphi N/N_E)f_{sc}}\leqslant 1 \tag{6-101}$$

式中 φ——按换算长细比查得的验算平面内的轴心受压构件稳定系数，由表 6-1 或表 6-2 查得；

A_{sc}、W_{sc}——分别为格构式柱截面总面积和总抵抗矩；

f_{sc}——柱肢组合轴压强度设计值；

N_E——由换算长细比计算得到的欧拉临界力，$N_E=\pi^2\cdot E_{sc}\cdot A_{sc}/\lambda^2$；

E_{sc}——格构式柱的组合轴压弹性模量；

λ——换算长细比，按表 6-8 给出的计算公式确定。

对斜腹杆格构式柱的单肢，可按桁架的弦杆计算。对平腹杆格构式柱的单肢，尚应考虑由剪力引起的局部弯矩影响，且可按偏压构件计算。腹杆所受剪力取实际剪力和按式(6-100)计算剪力二者的较大值。

6.2.5 新型钢管混凝土柱

随着建筑事业的不断发展，在传统钢管混凝土研究的基础上，近年来不断有新型的钢管混凝土组合柱出现，以满足特定条件下工作的需要。这些新型组合柱可分为两类：一类是对传统钢管混凝土柱的发展，如钢管自密实混凝土、薄壁钢管混凝土、中空夹层钢管混凝土等。另一类是结合新材料的出现并适合建筑结构使用的特定需要而提出的，如不锈钢管混凝土、FRP（纤维增强复合材料）约束钢管混凝土等。以下对这些新型钢管混凝土组合柱做一简要介绍。

1. 钢管自密实混凝土

自密实混凝土（Self-consolidating concrete）是一种高性能混凝土，由于具有良好的填充性能，因此更容易填充密实和保证混凝土的浇筑质量。采用自密实混凝土施工时通常无需再对混凝土实施机械振捣，这样可大大降低浇筑混凝土时的劳动强度，加快施工进度，同时还可减轻混凝土施工引起的噪声污染等。

和普通混凝土相比，自密实混凝土具有水灰比低和掺用活性细掺料等特点。将自密实高性能混凝土灌入钢管，形成的钢管自密实混凝土可更为充分地发挥钢材和自密实混凝土两种材料在受力及施工方面的优点。

钢管自密实混凝土构件力学性能与钢管普通混凝土的力学性能总体类似，管内混凝土浇筑时采用自密实与采用振捣密实的构件极限承载力总体上差别不大。因此，钢管普通混凝土构件的设计方法基本上适用于钢管自密实混凝土构件。

2. 薄壁钢管混凝土

在钢管混凝土工程中采用薄壁钢管，可以减少钢材用量，减轻焊接工作量，达到降低工程造价的目的。

薄壁钢管混凝土是相对通常钢管壁较厚的普通钢管混凝土而言的。所谓薄壁钢管是指截面外直径与厚度的比值（对圆钢管）或者长边边长与厚度的比值（对矩形钢管）超过钢结构对其局部屈曲控制的限值或者钢管壁厚小于 3mm 的钢管。薄壁钢管混凝土由于采用了薄壁钢管，在设计时有可能需要考虑钢管产生局部屈曲对构件力学性能的影响。

薄壁钢管混凝土构件的承载力受局部屈曲的影响。这种影响主要体现在两个方面：一方面是使得屈曲部位的钢管部分截面提前退出工作；另一方面是降低了钢管对混凝土的约束作用。试验研究表明，对于轴心受压的薄壁圆钢管混凝土，极限荷载对应的峰值轴向压应变 ε_u 值随钢管径厚比（D/t）的增大而减小。当 D/t 达 125 时，其 ε_u 值接近 $3300\mu\varepsilon$（即普通混凝土的极限压应变），此时钢管对核心混凝土的约束较弱。对于薄壁方钢管混凝土，ε_u 随截面宽厚比 B/t 的变化规律与圆钢管混凝土类似，当截面宽厚比超过 100 时，ε_u 值开始小于钢材达到屈服时的屈服应变，表明钢材还没有进入屈服阶段，钢管就发生了局部屈曲，从而降低了构件的极限承载力。当截面宽厚比更大时，在试件达到峰值荷载时钢材甚至还处于弹性阶段，说明钢材的材料强度没有充分发挥。

由此可见，在进行薄壁钢管混凝土结构的设计时，根据其自身工作机理，应合理确定薄壁钢管的 D/t 或 B/t 限值。分析表明，当钢管混凝土的 D/t 或 B/t 限值按照对应的受压空钢管局部稳定限值的 1.5 倍确定，即满足式（6-102）要求时，可不考虑钢管局部屈曲对钢管与核心混凝土组合作用的影响，按普通钢管混凝土构件的计算方法计算薄壁钢管混凝土的承载力。

$$D/t \leqslant 150 \cdot \left(\frac{235}{f_y}\right) \quad \text{（圆钢管混凝土）} \tag{6-102a}$$

$$D/t \leqslant 60 \cdot \sqrt{\frac{235}{f_y}} \quad \text{（矩形钢管混凝土）} \tag{6-102b}$$

式中　D——圆钢管的外直径或矩形钢管长边的边长。

当钢管壁更薄、超过上述限值时，可因地制宜地采取一些构造措施，以提高薄壁钢管混凝土构件的极限承载力和延性。常用措施有设置纵向加劲肋、约束拉杆和角部隅撑等，分别如图 6-20（a）～（d）所示。目前前两种构造措施已经在国内外的一些实际工程中得到了应用，效果良好。此外，在薄壁钢管混凝土的核心混凝土中掺加一些钢纤维也有利于提高构件的延性性能。

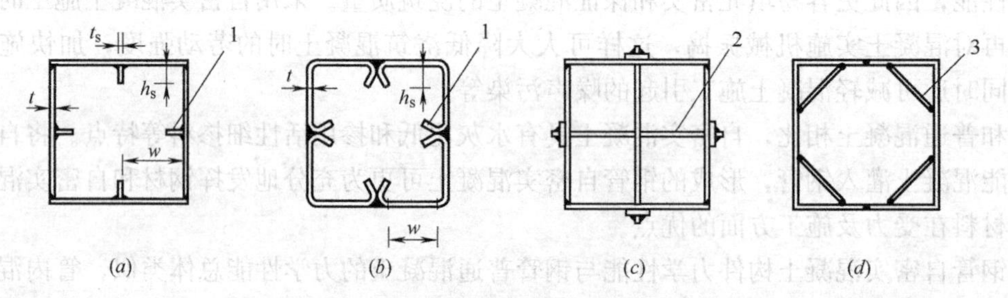

图 6-20　提高钢管稳定性的构造措施

1—纵向加劲肋；2—约束拉杆；3—角部隅撑

3. 中空夹层钢管混凝土

中空夹层钢管混凝土是在两个同心放置的钢管之间浇筑混凝土而形成的组合构件。它是在实心钢管混凝土的基础上发展起来的一种新型的钢管混凝土构件形式。如变换内、外钢管的截面形式组合，可形成多种不同截面形式的中空夹层钢管混凝土，如图 6-21 所示。

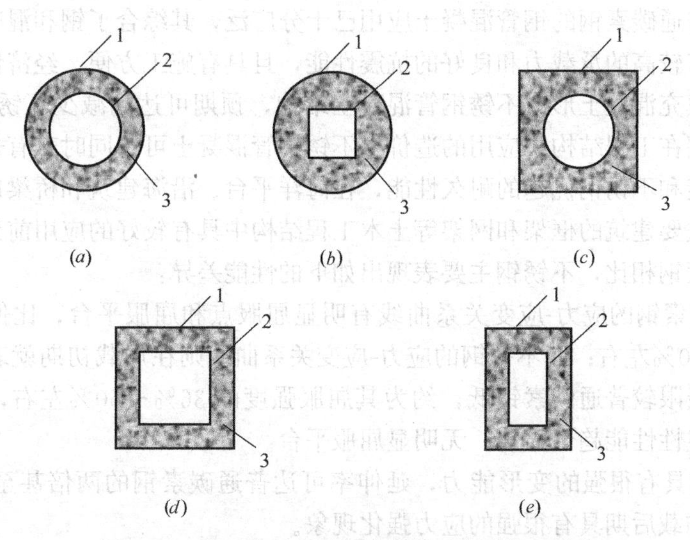

图 6-21 典型中空夹层钢管混凝土构件截面形式

(a) 圆套圆；(b) 圆套方；(c) 方套圆；(d) 方套方；(e) 矩形套矩形

1—外钢管；2—内钢管；3—混凝土

总体上，中空夹层钢管混凝土构件具备实心钢管混凝土的基本优点，还有自重轻和刚度大的特点，且由于其内钢管受到混凝土的保护，使得该类柱可具有更好的耐火性能。由于中空夹层钢管混凝土的上述特点，在某些工程领域有其潜在的应用优势，如用作桥墩、海洋平台结构的支架柱、建筑物中的大直径柱以及其他有关高耸构筑物或其柱构件。此外，中空夹层钢管混凝土还可用作大尺寸的灌注桩等。

中空夹层钢管混凝土的工作性能在通常情况下和实心钢管混凝土基本类似，二者的差别主要取决于内管能否不过早地发生内凹的局部屈曲。在内管径厚比（或高厚比）较小的情况下，此时内管可对混凝土提供足够的支撑作用，使得构件的整体工作行为和实心钢管混凝土类似，否则构件抵抗变形的能力就会低于相应的实心钢管混凝土。

空心率 χ 是影响中空夹层钢管混凝土工作性能的一个重要参数，其定义为：

$$\chi=\frac{D_\mathrm{i}}{D_\mathrm{o}-2t_\mathrm{o}} \tag{6-103}$$

式中 D_i、D_o——分别为内钢管和外钢管的外直径或外边长；

t_o——外钢管的壁厚。

通过对不同截面形式的中空夹层钢管混凝土构件开展的静力、往复荷载和火灾作用下的研究，表明在工程常用的空心率（0～0.5）情况下，中空夹层钢管混凝土构件具有和实心钢管混凝土构件相似的力学性能，而抗火性能则相对更优。对于中空夹层钢管混凝土构件，其承载力可按照适当修正后的实心钢管混凝土构件承载力计算公式进行计算，并在其中考虑内钢管对承载力的贡献。

4. 不锈钢管混凝土

众所周知，不锈钢具有外表美观、耐久性好、维护费用低及耐火性能好等优点，目前已在一些实际工程中开始得到应用。但制约不锈钢在结构工程中广泛使用的主要原因是其造价比常用建筑钢材昂贵。

目前采用普通碳素钢的钢管混凝土应用已十分广泛，其综合了钢和混凝土两种材料的优点，不仅具有较高的承载力和良好的抗震性能，且具有施工方便、经济性好等优点。若在不锈钢管中填充混凝土形成不锈钢管混凝土结构，预期可达到减少不锈钢用量的目的，从而降低不锈钢在工程结构中应用的造价。不锈钢管混凝土可望同时兼有普通钢管混凝土良好的力学性能和不锈钢优越的耐久性能，在海洋平台、沿海建筑和桥梁以及对耐久性要求较高的一些重要建筑的框架和网架等土木工程结构中具有较好的应用前景。

和普通碳素钢相比，不锈钢主要表现出如下的性能差异：

(1) 普通碳素钢的应力-应变关系曲线有明显屈服点和屈服平台，比例极限约为其名义屈服强度的 70%左右；而不锈钢的应力-应变关系曲线则在加载初期就表现出很强的非线性，其比例极限较普通碳素钢低，约为其屈服强度的 36%～60%左右，在达到比例极限后曲线的非线性性能趋于显著，无明显屈服平台。

(2) 不锈钢具有很强的变形能力，延伸率可达普通碳素钢的两倍甚至更高，应力-应变关系曲线在加载后期具有很强的应力强化现象。

(3) 不锈钢的耐火性能优于普通碳素钢。在温度低于 500℃时，不锈钢的屈服强度下降幅度略大于普通钢材；但在 600～800℃时，不锈钢的强度损失要明显低于普通钢材。此外，不锈钢的导热系数和热辐射系数也低于普通钢材，这有利于提高结构的耐火性能和抗火能力。

不锈钢管混凝土目前已在纽约赫斯特大厦和香港昂船洲大桥桥塔中得到了应用。纽约赫斯特大厦于 2006 年建成，共 46 层，为纽约市标志性建筑之一。赫斯特大厦的结构体系采用由不锈钢管混凝土构件组成的斜肋型三角框架体系，使整座建筑具有优美的艺术造型和优越的耐久性能。香港昂船洲大桥建成于 2009 年底，其桥塔总高 298m，桥塔底部采用了钢筋混凝土结构，175～293m 高度处采用了不锈钢管混凝土结构。该桥塔部分采用不锈钢管混凝土旨在提高其美观性、耐久性，并节省维护费用。

5. FRP 约束钢管混凝土

随着钢管混凝土在国内外高层建筑和拱桥结构等工程中的广泛应用，它将越来越多地面临火灾和地震等灾害的考验。此外，在工程中由于设计、施工原因以及建筑功能的改变等，也可能产生对钢管混凝土结构或构件进行修复加固的需求。

众所周知，FRP (Fiber reinforced polymer) 具有轻质、高强、抗腐蚀、耐疲劳和施工方便等优点，因而近年来在土木工程中已得到较为广泛的应用，尤其是用于旧有建筑的修复加固。因此，如将新型的 FRP 材料和钢管混凝土相结合，形成 FRP 约束钢管混凝土，将有可能为钢管混凝土的修复和加固提供一种新选择。

相对钢材和混凝土较长的应用和研究历史而言，FRP 在土木工程中的应用仅有数十年，但发展迅速。FRP 是指以树脂为基体、以纤维或其制品作为增强材料而形成的一种复合材料。FRP 品种繁多，性能各异，用途广泛，目前在国内外土木工程中应用较多的主要有玻璃纤维增强复合材料（GFRP)、碳纤维增强复合材料（CFRP）和芳纶纤维增强复合材料（AFRP）等。FRP 材料具有以下特点：

(1) 抗拉强度高

FRP 的抗拉强度通常都大大超过钢材，可达到甚至超过高强钢丝的强度。在达到极限抗拉强度之前，FRP 一般表现为线弹性。

（2）抗腐蚀性和耐久性好

FRP 材料化学稳定性好，不与一般的酸、碱、盐等化学物质发生反应，因而具有很好的抗腐蚀性和耐久性，尤其适用于在腐蚀性较大环境下工作的结构，可提高结构的使用寿命。

（3）自重轻，施工方便

FRP 密度仅为钢材的 25%或更低，其组分材料纤维柔软、树脂可流动，因而可制成不同的产品形状以适应复杂外形的构件，且搭接方便。

（4）抗剪切强度低

FRP 抗剪切强度较低，通常不超过其抗拉强度的 10%左右，在将 FRP 用作预应力筋或进行 FRP 复合材料的材性试验时，需采用专门研制的锚、夹具。

（5）抗火性能差

目前用于制作 FRP 的树脂材料大都抗火性能较差，其玻璃化转变温度通常仅为 60～80℃，如无防火保护，FRP 材料在高温下将很快丧失其结构的完整性，出现燃烧、剥落等现象。

FRP 约束钢管混凝土柱是在钢管混凝土柱外包 FRP 材料，从而使钢管内的核心混凝土处于 FRP 和钢管的双重约束之下。FRP 约束钢管混凝土是 FRP 约束混凝土和钢管混凝土二者的有机结合，利用 FRP 约束钢管混凝土，不仅可提高钢管混凝土的承载力，还可利用钢管混凝土具有延性较好的特点，弥补 FRP 约束混凝土这方面的不足。在通常情况下，可将 FRP 的纤维沿钢管混凝土的环向缠绕，这样 FRP 可直接起到提供约束的作用。但在必要的情况下，如构件受较大偏心荷载，此时 FRP 部分或全部纤维也可沿构件的纵向分布，起到抗弯的作用。

图 6-22 所示为几种典型的 FRP 约束钢管混凝土截面形式。

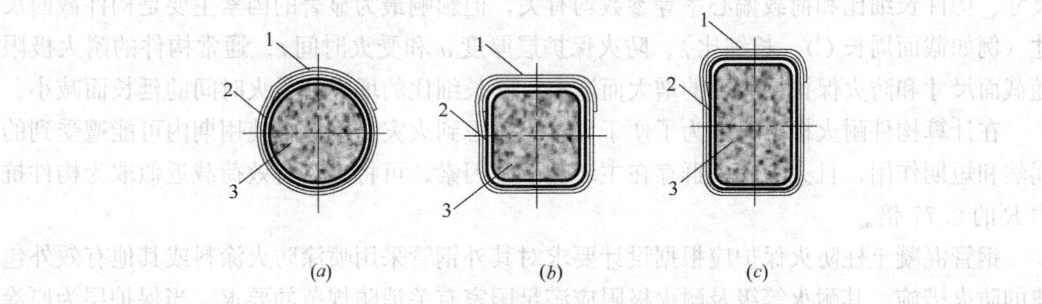

图 6-22　FRP 约束钢管混凝土截面示意图

（a）圆形截面；（b）方形截面；（c）矩形截面

1—FRP；2—钢管；3—混凝土

与钢管混凝土及 FRP 约束混凝土类似，截面形状对 FRP 约束效果的发挥影响较大，FRP 对圆形钢管混凝土的约束要明显优于对矩形钢管混凝土的约束。虽然 FRP 材料的抗拉强度高，但其特点是适于受拉，而不适合受压。因此采用包裹 FRP 的方法对提高轴心受压短柱的承载力最为有效，但当钢管混凝土构件长细比较大或受较大弯矩作用时，FRP

材料的抗拉性能并不能得到很好的发挥，此时单纯 FRP 约束对提高构件的承载力作用不大，因此可采用双向 FRP 加固，即将 FRP 纤维沿构件纵向和环向双向分布，或采用增大截面法等其他更为有效的加固措施。

需要指出的是，除了本节介绍的这些新型钢管混凝土柱外，近年来还有一些其他类型的新型柱不断出现，如采用高强钢材的钢管混凝土、采用再生骨料的钢管再生混凝土、钢筋混凝土内置钢管混凝土的钢管混凝土叠合柱以及和中空夹层混凝土类似的 FRP-混凝土-钢管组合柱等。设计人员可根据实际工程需要加以探索和应用。

6.3 钢管混凝土抗火设计和防火构造措施

火灾会影响工程材料的强度和结构的承载力，导致结构倒塌或严重破坏，造成直接和间接的生命财产损失。火灾往往还会产生不良的社会影响，并造成对环境的污染和破坏。当钢管混凝土柱应用于有防火要求的结构中时，对其进行合理的抗火设计是非常重要和必要的。

6.3.1 钢管混凝土抗火设计

钢管混凝土在建筑中通常被用作柱构件。依据建筑的防火等级要求，柱构件的耐火极限要求从 30min 到 3h 不等。在标准火灾作用下，没有防火保护的空钢管的耐火极限通常都小于 30min。在钢管中填充混凝土后，由于混凝土的导热系数小，同时具有较大的热容，因此在受火时混凝土可起到一定的吸热作用，从而延缓钢材温度的上升，提高其承载力。同时由于混凝土受到了钢管的有效保护，也避免了混凝土在高温下出现爆裂现象。此外，混凝土在高温下的承载力损失要少于钢材。由此钢管混凝土的耐火极限较空钢管而言大为提高，在荷载不大或者耐火极限要求较低的情况下，甚至无需对其提供额外的防火保护。

在火灾作用下，钢管混凝土柱的耐火极限和荷载比、材料强度、截面含钢率、横截面尺寸、构件长细比和荷载偏心率等参数均有关，但影响最为显著的因素主要是构件截面尺寸（例如截面周长 C）、长细比 λ、防火保护层厚度 a 和受火时间 t。通常构件的耐火极限随截面尺寸和防火保护层厚度的增大而增大，随长细比的增大和受火时间的延长而减小。

在计算构件耐火极限时，为了便于计算，考虑到火灾是构件在使用期内可能遭受到的偶然和短期作用，且火灾中人群存在主动疏散等因素，可将火灾有效荷载近似取为构件抗力 R 的 0.77 倍。

钢管混凝土柱防火保护应根据设计要求对其外钢管采用喷涂防火涂料或其他有效外包覆的防火措施，其耐火等级及耐火极限应满足国家有关消防规范的要求。当保护层为厚涂型钢结构防火涂料时，防火涂料性能应符合现行国家标准《钢结构防火涂料》GB 14907 和中国工程建设标准化协会标准《钢结构防火涂料应用技术规范》CECS 24：90 的有关规定。

在确定钢管混凝土柱的防火保护层厚度 a 时，如采用水泥砂浆进行保护，a 按照式（6-104）进行计算；当采用厚涂型防火涂料时，a 按照式（6-111）计算。

（1）采用水泥砂浆进行防火保护

$$a=k_{\mathrm{LR}}\cdot k_1\cdot k_2\cdot C^{-(0.396-0.0045\lambda)} \quad \text{（圆钢管混凝土）} \qquad (6\text{-}104a)$$

$$a = k_{LR} \cdot (220.8t + 123.8) \cdot C^{-(0.3075 - 3.25\times10^{-4}\lambda)} \quad (矩形钢管混凝土) \tag{6-104b}$$

$$k_1 = 135 - 1.12\lambda \tag{6-105}$$

$$k_2 = 1.85t - 0.5t^2 + 0.07t^3 \tag{6-106}$$

$$k_{LR} = \begin{cases} p \cdot n + q & (当 k_t < n < 0.77) \\ 1/(r - s \cdot n) & (当 n \geq 0.77) \end{cases} (当 k_t < 0.77时) \\ \omega \cdot (n - k_t)/(1 - k_t) \quad (当 k_t \geq 0.77时) \tag{6-107}$$

$$p = 1/(0.77 - k_t) \tag{6-108}$$

$$q = k_t/(k_t - 0.77) \tag{6-109}$$

$$r = 3.618 - 0.154 \cdot t; s = 3.4 - 0.2 \cdot t; \omega = 2.5 \cdot t + 2.3 \quad (圆钢管混凝土) \tag{6-110a}$$

$$r = 3.464 - 0.154 \cdot t; s = 3.2 - 0.2 \cdot t; \omega = 5.7 \cdot t \quad (矩形钢管混凝土) \tag{6-110b}$$

式中 a——防火保护层厚度（mm）；

C——截面周长（mm）；

λ——构件长细比；

t——受火时间（h）；

n——火灾荷载比；

k_t——无防火保护构件火灾及常温条件下承载力之比。

（2）采用厚涂型钢结构防火涂料进行防火保护

$$a = k_{LR} \cdot (19.2t + 9.6) \cdot C^{-(0.28 - 0.0019\lambda)} \quad (圆钢管混凝土) \tag{6-111a}$$

$$a = k_{LR} \cdot (149.6t + 22) \cdot C^{-(0.42 + 0.0017\lambda - 2\times10^{-5}\lambda^2)} \quad (矩形钢管混凝土) \tag{6-111b}$$

$$k_{LR} = \begin{cases} p \cdot n + q & (当 k_t < n < 0.77) \\ 1/(3.695 - 3.5 \cdot n) & (当 n \geq 0.77) \end{cases} (当 k_t < 0.77时) \\ \omega \cdot (n - k_t)/(1 - k_t) \quad (当 k_t \geq 0.77时) \tag{6-112}$$

$$p = 1/(0.77 - k_t) \tag{6-113}$$

$$q = k_t/(k_t - 0.77) \tag{6-114}$$

$$\omega = 7.2 \cdot t \quad (圆钢管混凝土)；\omega = 10 \cdot t \quad (矩形钢管混凝土) \tag{6-115}$$

式（6-104）和式（6-111）的适用范围是：Q235～Q420 钢；C30～C80 混凝土；$\alpha = 0.04 \sim 0.2$；$\lambda = 10 \sim 100$；$e/r = 0 \sim 1.5$；$t \leq 3h$；$\beta = 1 \sim 2$；对于圆钢管混凝土，$C = 628 \sim 6280$mm，即横截面外直径 $D = 200 \sim 2000$mm，对于矩形钢管混凝土，$C = 800 \sim 8000$mm，即横截面短边外边长 $B = 200 \sim 2000$mm。

需要指出的是，当火灾荷载比小于或等于 k_t 时，构件无需进行防火保护；否则可按式（6-104）和式（6-111）计算构件所需的防火保护层厚度。

6.3.2 钢管混凝土防火构造措施

火灾作用下，核心混凝土中的自由水和分解水会发生蒸发现象。在受火时间较长时，蒸发的水蒸气会在钢管内产生很大的内压，严重时会导致钢管爆裂。为了保证核心混凝土中水蒸气的及时排放和结构的安全工作，有必要在钢管混凝土柱上间隔一定的距离设置排气孔。

按照规程 DBJ/T 13-51—2010 的规定，每个楼层的柱上均应设置直径为 20mm 的排气孔，其位置宜位于柱与楼板相交位置上方或下方 100mm 处，并沿柱身反对称布设，如

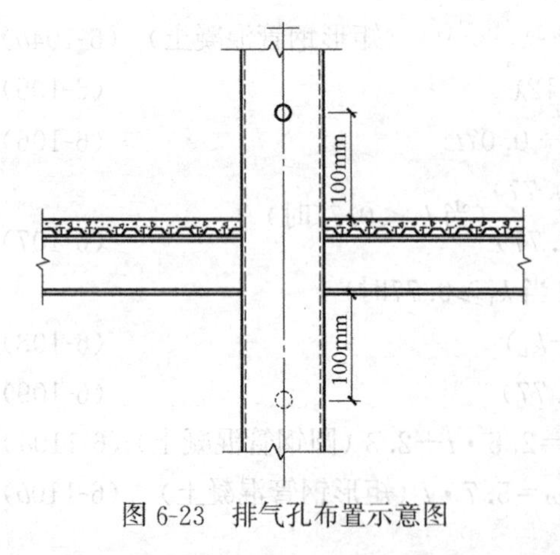

图 6-23 排气孔布置示意图

图 6-23 所示。

在实际工程中，对钢管混凝土进行防火保护的方法有多种，其各自的特点及适用范围如表6-9所示。

选用钢管混凝土结构防火保护方法，应遵循安全可靠、经济合理和实用的原则，并应考虑下述条件：

(1) 防火保护材料在高温下不应产生对人体有毒害作用的烟气；

(2) 在预期的耐火极限内能有效地保护钢管混凝土构件；

(3) 防火保护材料应易于和钢管混凝土构件结合，并对钢管混凝土构件不产生有害影响；

(4) 当钢管混凝土构件受火后发生允许变形时，防火保护材料应不致发生结构性破坏，仍能保持原有的保护作用，直至规定的耐火极限；

(5) 根据现场条件、环境因素、构件的具体情况，选择施工方便，易于保证施工质量的方法。

不同防火保护方法的特点与适应范围 **表 6-9**

方　　法	特点及适应范围
外包混凝土、水泥砂浆或砌筑砖砌体	保护层强度高、耐冲击，占用空间较大，适用于容易碰撞、无护面板的钢管混凝土柱防火保护
涂敷防火涂料	重量轻，施工简便，适用于任何形状，技术成熟，应用最广，但对涂敷的基底和环境条件要求严格
防火板包覆	预制性好，完整性优，性能稳定，表面平整，光洁，装饰性好，施工不受环境条件限制，施工效率高，特别适用于交叉作业和不允许湿法施工的场合
柔性毡状隔热材料包覆	有良好的隔热性和完整性、装饰性，适用于耐火性能要求高，并有较高装饰要求的钢管混凝土柱
复合防火保护*	隔热性好，施工简便，造价低，适用于室内不易受机械伤害和免受水湿的部位

* 指在钢结构表面涂敷防火涂料或采用柔性毡状隔热材料包覆，再用轻质防火板作饰面板。

采用水泥砂浆做防火保护层能取得较好的经济效果，但水泥砂浆的附着力差，且容易开裂和剥落，因此需要采取在钢管外加焊金属网的构造措施，然后再在金属网上抹水泥砂浆，或采用高压喷枪喷射水泥砂浆的施工方法。同样，如采用外包混凝土应在混凝土内配置构造钢筋。金属网抹水泥砂浆以及外包混凝土的钢管混凝土柱典型的防火保护构造分别如图 6-24 和图 6-25 所示。

在选用防火涂料对钢管混凝土进行保护时，应首选厚涂型钢结构防火涂料，不宜选用薄涂型钢结构防火涂料，如果有美观要求等需要采用薄涂型钢结构防火涂料的保护层厚度必须根据实际构件的耐火实验确定。对于露天环境下的钢管混凝土结构，应选用适合室外用的防火涂料，且至少应有一年以上室外钢结构工程应用验证，且涂层性能无明显变化。

在选用防火板作为钢管混凝土构件的防火保护材料时，其构造如图 6-26 所示。防火板的包敷构造必须根据构件形状、构件所处部位，在满足耐火性能的条件下，充分考虑牢

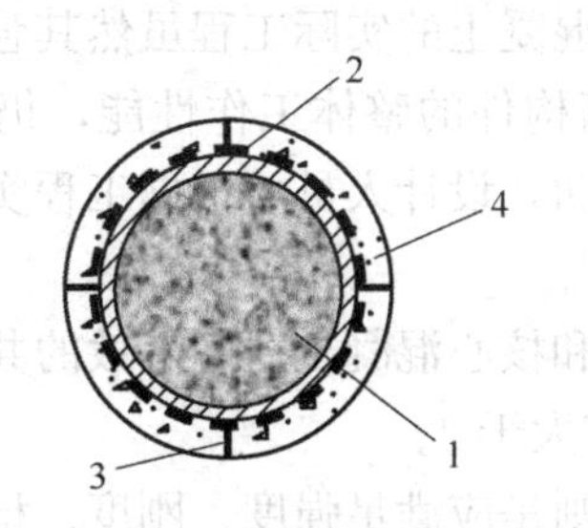

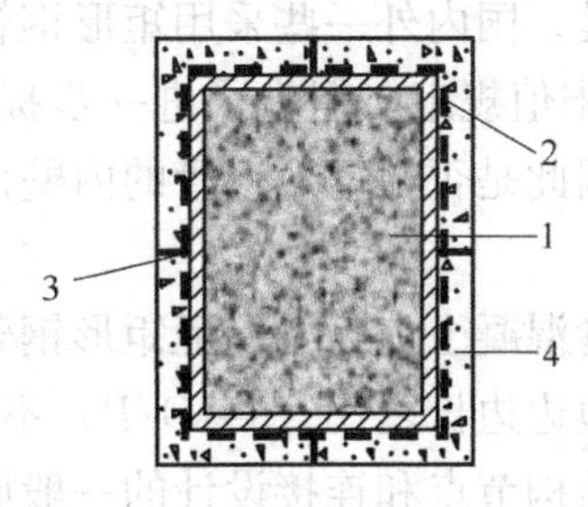

图 6-24　采用金属网抹水泥砂浆的钢管混凝土柱防火保护构造

1—钢管混凝土柱；2—金属网；3—定位钢筋；4—砂浆保护层

固稳定，保证在火灾情况下外界的热气和火焰被有效隔离。固定防火板的龙骨及胶粘剂应为不燃材料，龙骨材料应能便于和构件、防火板连接，胶粘剂应在高温下仍能保持一定的强度。防火板的燃烧性能和物理化学性能应符合有关规范的规定。

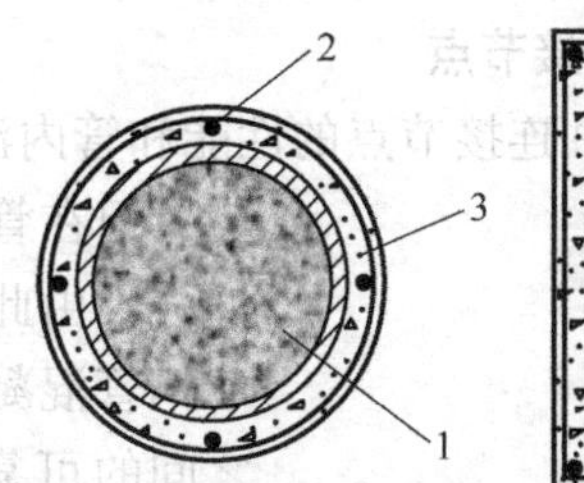

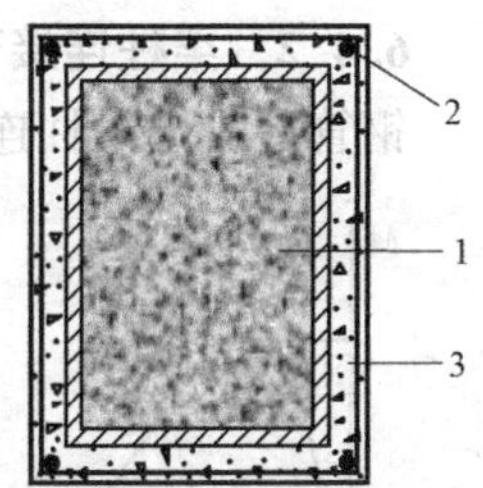

图 6-25　采用外包混凝土的钢管混凝土柱防火保护构造

1—钢管混凝土柱；2—构造钢筋；3—混凝土保护层

对于钢管混凝土结构节点区域，其防火保护层厚度一般不应小于相应的梁和柱防火保护层厚度的最大值。也可根据工程实际情况，对节点区域的温度场和应力场进行分析，在此基础上因地制宜地确定防火保护措施。

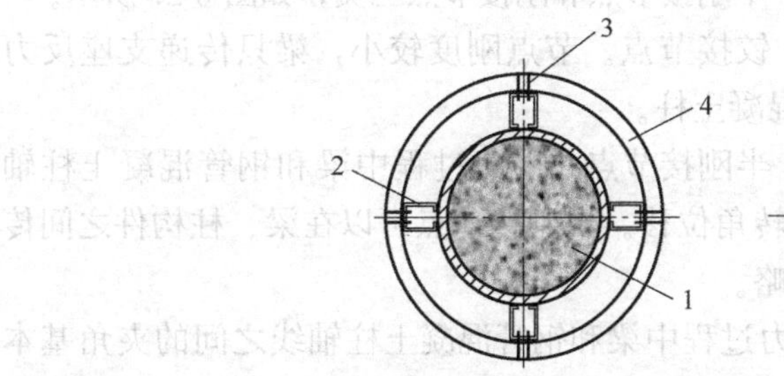

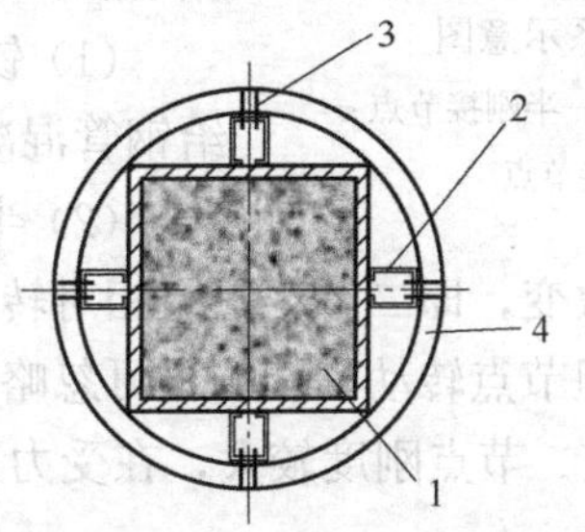

图 6-26　钢管混凝土柱包覆防火板的构造

1—钢管混凝土；2—钢龙骨或防火板支撑件；3—自攻螺钉；4—防火板

6.4　构造和节点连接

6.4.1　一般构造要求

为了保证混凝土浇筑质量和钢管焊接质量，需要规定钢管的最小管径和最小壁厚。钢管的外直径或最小外边长不宜小于 100mm，焊接钢管的壁厚不宜小于 4 mm，冷弯钢管的壁厚不宜小于 3 mm。当不在钢管上设肋或采用其他构造措施时，圆钢管的径厚比或矩形钢管的高厚比不应超过式（6-102）的限值规定。若超过此限值时，可在钢管内壁设置纵向加劲肋形成带肋薄壁钢管混凝土，典型构造如图 6-20（*a*）和（*b*）所示，也可采用其他有效的构造措施提高钢管壁的稳定性。

需要指出的是，国内外一些采用矩形钢管混凝土的实际工程虽然其管壁的高厚比能满足式（6-102）的限值规定，但为了进一步提高构件的整体工作性能，仍在钢管内部设置了纵向加劲肋。因此是否在矩形钢管的内壁设肋，设计人员可根据工程实际情况因地制宜地加以考虑。

对于矩形钢管混凝土，为了保证矩形钢管和核心混凝土之间有效的共同工作，其钢管截面长边边长与短边边长之比（$\beta=D/B$）不宜大于 2。

钢管混凝土结构节点和连接设计的一般原则是应满足强度、刚度、稳定性和抗震的要求，便于制作、安装和管中混凝土的浇筑施工。因此，节点和连接设计应保证力的可靠传递，使钢管和管中混凝土能共同工作。

6.4.2 梁柱连接节点

钢管混凝土梁柱连接节点的性能和管内没有填充混凝土的管结构节点性能总体基本类似。但在管内填充混凝土后，柱及节点区域的刚度大大增强，由此对节点的性能会造成一定的影响。此外，由于钢管混凝土的梁柱连接节点要保证力在钢管和混凝土之间的可靠传递，同时梁可采用钢梁、钢-混凝土组合梁、现浇或预制钢筋混凝土梁等不同形式，因此钢管混凝土梁柱连接节点的形式较多样。

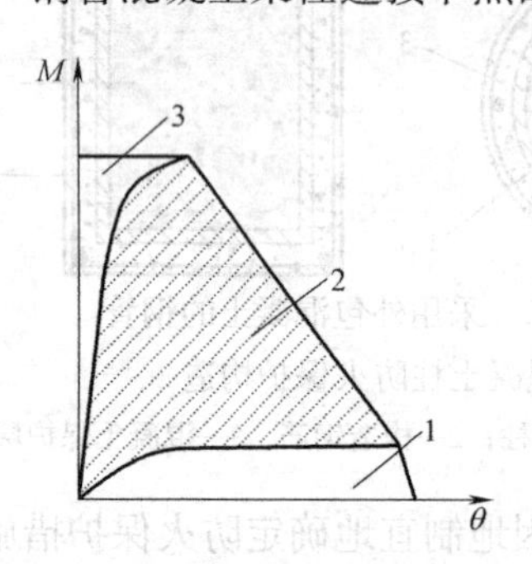

图 6-27 梁柱连接节点的弯矩 M-转角 θ 关系示意图

1—铰接节点；2—半刚接节点；3—刚接节点

和钢结构类似，钢管混凝土结构的梁柱连接节点也可根据节点弯矩 M-转角 θ 关系及刚度的不同，将其分为铰接节点、半刚接节点和刚接节点三类，如图 6-27 所示。

（1）铰接节点。节点刚度较小，梁只传递支座反力给钢管混凝土柱。

（2）半刚接节点。受力过程中梁和钢管混凝土柱轴线的夹角会发生改变，即二者之间有相对转角位移。半刚接节点可以在梁、柱构件之间传递内力和弯矩，但节点转动的影响不可忽略。

（3）刚接节点。节点刚度较大，在受力过程中梁和钢管混凝土柱轴线之间的夹角基本保持不变。

1. 铰接节点

对于铰接节点，梁只传递支座反力给钢管混凝土柱，因此需要设置连接件传递剪力，这类节点的构造相对比较简单。通常情况下，钢梁翼缘与钢管无需焊接，腹板采用高强度摩擦型螺栓与焊接在钢管上的连接板进行连接，如图 6-28 所示。

铰接节点的连接件可根据梁、柱截面形式的不同而采用不同的形式。图 6-28（a）所示是最为简单的直接在柱上焊接钢板连接板。其他形式的连接件还包括穿心钢板、T 形板、单边角钢或双边角钢等。当钢梁传递的梁端剪力较大时，还可以在柱上直接焊接牛腿来承担荷载。

2. 半刚性连接节点

和刚性连接节点相比，采用半刚性连接节点通常可以简化节点的施工，且随着荷载的增大，半刚性连接节点允许结构发生内力重分布。但采用半刚性连接节点的结构其抗侧力刚度会有所降低，因此在设计中需要考虑节点的梁柱夹角发生变化对结构力学性能所造成

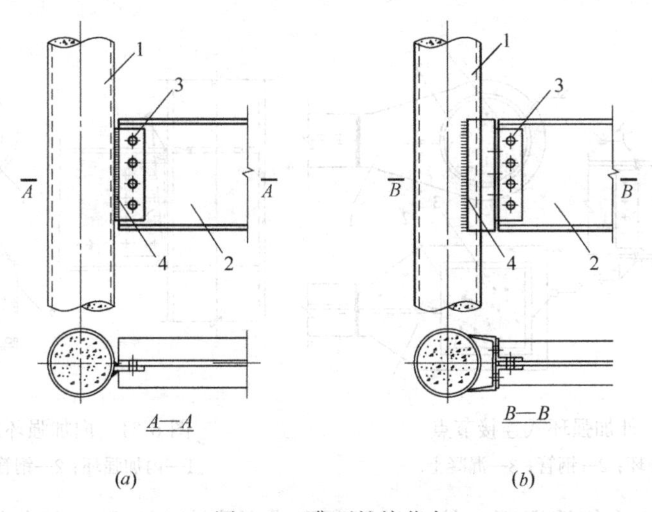

图 6-28　典型铰接节点

1—钢管混凝土柱；2—钢梁；3—螺栓；4—焊缝

的影响。目前国内采用半刚性连接节点的钢管混凝土结构还不多见，但其在工业厂房和层数较低的建筑中有一定的应用前景。

典型的半刚性连接节点为穿心螺栓端板连接节点，如图 6-29 所示。试验研究表明，该节点具有较高的抗弯承载能力、转动刚度，同时还具有良好的耗能能力。

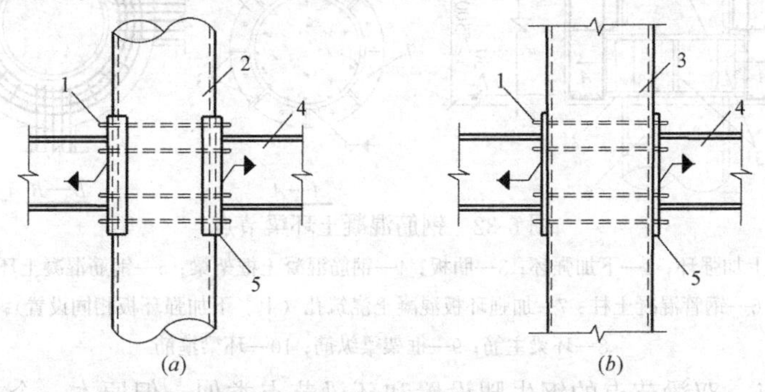

图 6-29　穿心螺栓端板连接节点

1—螺栓；2—圆钢管混凝土柱；3—矩形钢管混凝土柱；4—钢梁；5—端板

3. 刚性连接节点

刚性连接节点是在我国建筑工程中应用广泛的一种节点形式。该类节点的构造设计要保证在受力过程中梁和钢管混凝土柱轴线的夹角始终保持不变，且梁端的弯矩、轴力和剪力要通过合理的构造措施安全可靠地传给钢管混凝土柱身。

(1) 节点构造

当采用钢梁或钢-混凝土组合梁时，刚性节点通常在梁的上、下翼缘平面位置处设置加强环。加强环一般设在管外，如图 6-30 所示。当钢管截面尺寸较大时，在不影响混凝土浇筑的前提下，也可将加强环设在管内，如图 6-31 所示，这样可达到美观和方便使用的目的。或根据实际情况，采用内、外环板混合使用的方式。

当结构采用现浇钢筋混凝土梁时，要保证节点的刚性，可采用环梁节点、双梁节点、纵筋贯通节点、变宽度梁节点和承重销节点等。

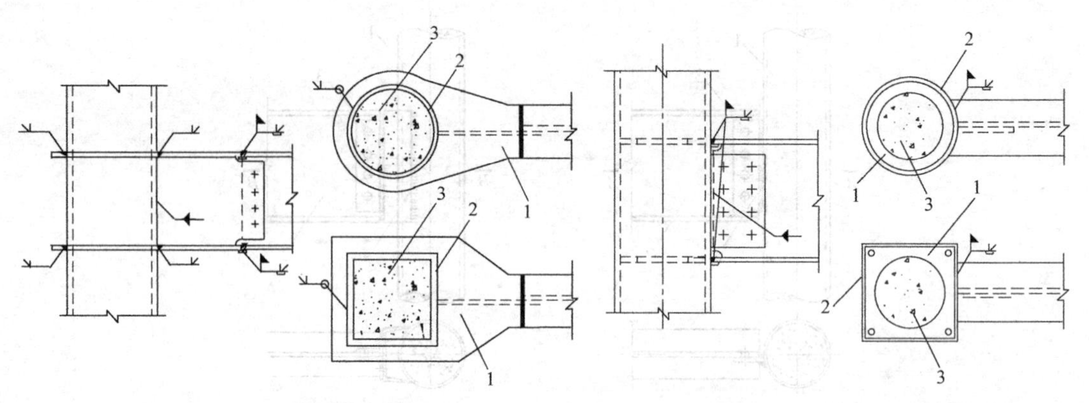

图 6-30　外加强环式连接节点

1—外加强环；2—钢管；3—混凝土

图 6-31　内加强环式连接节点

1—内加强环；2—钢管；3—混凝土

1）环梁节点。在钢管混凝土柱上设置环形或者半穿心牛腿，外包钢筋混凝土环梁，梁端纵筋应锚入环梁内，如图 6-32 所示。当钢筋混凝土梁端剪力较小时，可在柱表面焊接圆钢或带钢抗剪环，代替钢牛腿。

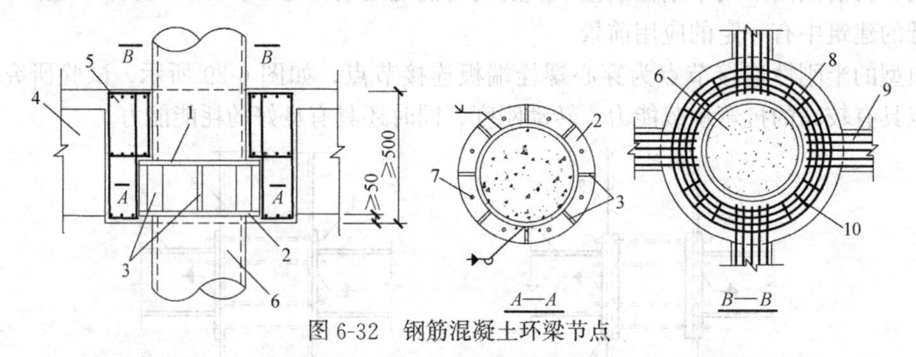

图 6-32　钢筋混凝土环梁节点

1—上加强环；2—下加强环；3—肋板；4—钢筋混凝土框架梁；5—钢筋混凝土环梁；
6—钢管混凝土柱；7—加强环板混凝土浇筑孔（上、下加强环板相同设置）；
8—环梁主筋；9—框架梁纵筋；10—环梁箍筋

2）双梁节点。双梁节点的钢牛腿设置和环梁节点类似，但原本一个方向和柱直接相连的框架梁被分成两根小梁从柱的两侧分别通过，如图 6-33 所示。

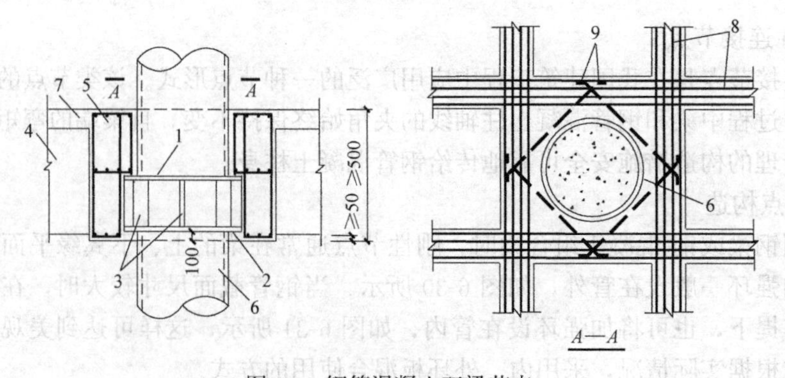

图 6-33 钢筋混凝土双梁节点

1—上加强环；2—下加强环；3—肋板；4—一侧钢筋混凝土双梁；5—另一侧钢筋混凝土双梁；
6—钢管混凝土柱；7—钢筋混凝土楼板；8—双梁纵筋；9—附加角筋

3）纵筋贯通节点。梁纵筋贯穿钢管，如图 6-34 所示。钢管上的梁纵筋孔径可取 1.2d（d 为钢筋直径），外侧孔径宜取 1.5d，最大不应超过 2d，孔中心距不应小于 3d。开孔应在工厂进行。外侧纵筋开孔应比内侧开孔大。圆钢管上每一组孔洞所在弧段对应的圆心角，不应大于 60°，同一水平截面上各孔直径之和不应超过钢管周长的 20%。对于圆钢管，梁端剪力可通过在柱上设置环形钢牛腿进行传递；矩形钢管则可通过设置钢筋混凝土环梁来传递剪力。

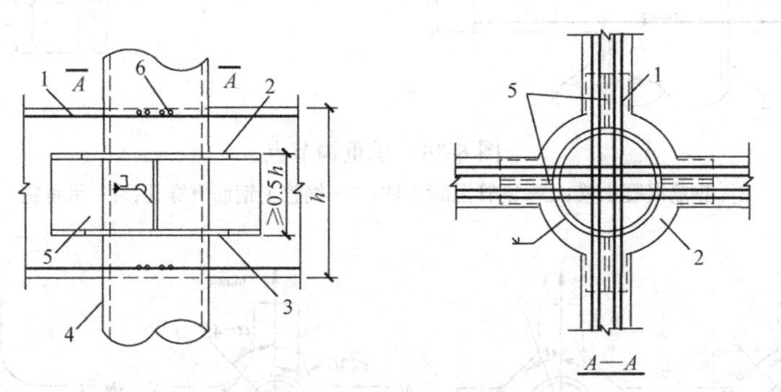

图 6-34　纵筋贯通节点

1—贯穿钢管的梁纵筋；2—上加强环；3—下加强环；4—钢管混凝土柱；5—加劲肋；6—钢管上钢筋贯穿孔

4）变宽度梁节点。对于圆钢管混凝土，当管径较小、梁宽与柱直径相差不大和剪力设计值较大的情况，可采用如图 6-35 所示的变宽度梁节点。如梁纵筋较多，部分纵筋也可直接贯通钢管。

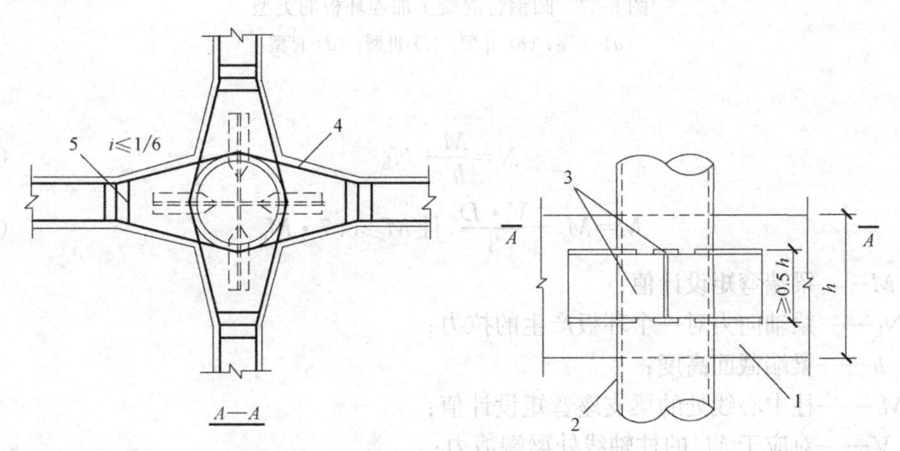

图 6-35　钢筋混凝土变宽度梁节点

1—钢筋混凝土梁；2—钢管混凝土柱；3—穿心牛腿；4—框架梁纵筋（绕过管柱）；5—附加箍筋

5）承重销节点。适用于剪力较大且管径较大的情况，其梁纵筋也直接贯穿钢管（图 6-36）。

（2）加强环板设计

图 6-30 所示的外加强环式节点在国内应用十分广泛，根据钢管截面形状的不同，具体环板构造分别如图 6-37 和图 6-38 所示。以下对加强环板的设计作一简介。

1）加强环板拉力计算。在设计荷载作用下，加强环板在梁方向所受的拉力 N 按下式

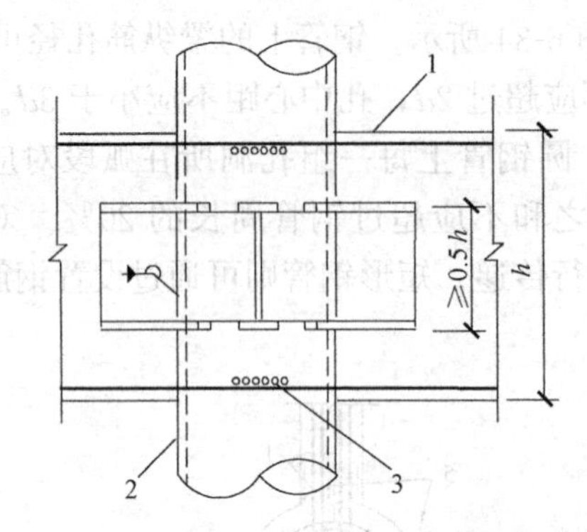

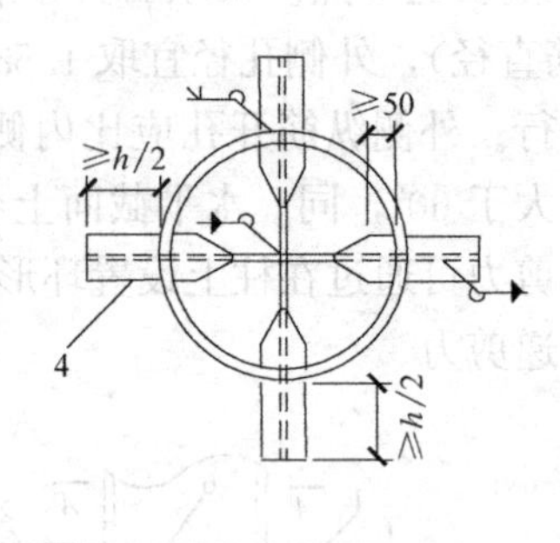

图 6-36　承重销节点

1—钢筋混凝土梁；2—钢管混凝土柱；3—钢管上钢筋贯穿孔；4—承重销

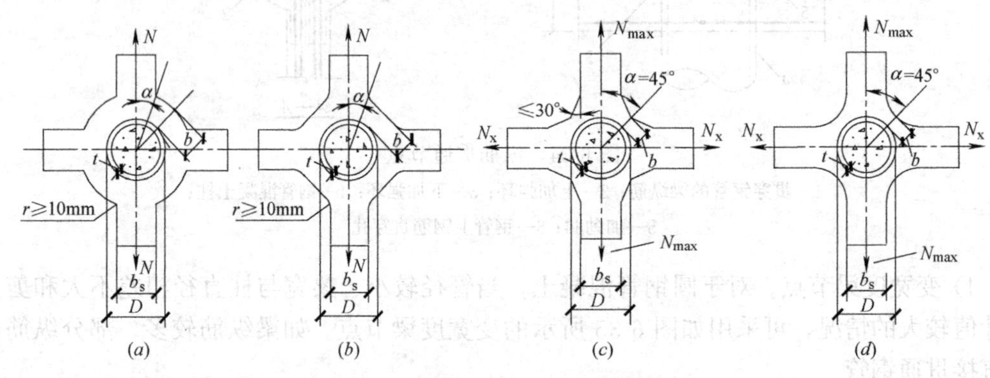

图 6-37　圆钢管混凝土加强环板的类型

(a) Ⅰ型；(b) Ⅱ型；(c) Ⅲ型；(d) Ⅳ型

计算：

$$N=\frac{M}{h}+N_{b} \tag{6-116}$$

$$M=M_{c}-\frac{V\cdot D}{3},且 M\geqslant 0.7\cdot M_{c} \tag{6-117}$$

式中　M——梁端弯矩设计值；

N_b——梁轴向力对一个环板产生的拉力；

h——梁端截面高度；

M_c——柱中心线处的梁支座弯矩设计值；

V——对应于 M_c 的柱轴线处梁端剪力；

D——圆钢管直径或矩形钢管垂直于弯曲轴的边长。

2）加强环板宽度 b_s 和厚度 t_1 的确定。连接钢梁的环板宽度 b_s 宜与梁翼缘等宽，环板厚度 t_1 按梁翼缘板的轴心拉力确定。

3）加强环板控制截面宽度 b 的计算。根据加强环板类型的不同，分别按照以下计算方法确定。

① Ⅰ型和Ⅱ型加强环板，按下式计算：

$$b\geqslant F_{1}(\alpha)\frac{N}{t_{1}f_{1}}-F_{2}(\alpha)b_{e}\frac{tf}{t_{1}f_{1}} \tag{6-118}$$

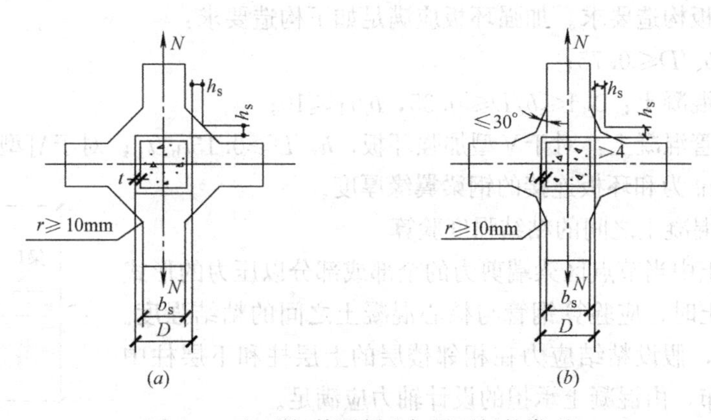

图 6-38　矩形钢管混凝土加强环板的类型

(a) Ⅳ型；(b) Ⅴ型

$$F_1(\alpha)=\frac{0.93}{\sqrt{2\sin^2\alpha+1}} \tag{6-119}$$

$$F_2(\alpha)=\frac{1.74\sin\alpha}{\sqrt{2\sin^2\alpha+1}} \tag{6-120}$$

$$b_e=\left(0.63+0.88\frac{b_s}{D}\right)\sqrt{Dt}+t_1 \tag{6-121}$$

式中　α——拉力 N 作用方向与计算截面的夹角；

b_e——柱肢管壁参加加强环工作的有效宽度（图 6-39）；

t——柱肢管壁厚度；

t_1——加强环板厚度；

f——柱肢钢材抗拉强度设计值；

f_1——加强环板钢材抗拉强度设计值。

② Ⅲ型和Ⅳ型加强环板，按下式计算：

$$b\geqslant(1.44+\beta)\frac{0.392N_{max}}{t_1 f_1}-0.864b_e\frac{tf}{t_1 f_1} \tag{6-122}$$

$$\beta=\frac{N_x}{N_{max}}\leqslant 1 \tag{6-123}$$

式中　β——加强环同时受垂直双向拉力时二者的比值，当加强环单向受拉时，$\beta=0$；

N_{max}——y 方向由最不利效应组合产生的最大拉力；

N_x——x 方向与 N_{max} 同时作用的拉力。

③ Ⅴ型加强环板，其 h_s 的选择应满足下式：

$$\frac{4}{\sqrt{3}}h_s t_1 f_1+2(4t+t_1)tf\geqslant N \tag{6-124}$$

④ Ⅳ型加强环板，其 h_s 除应满足式（6-124）外，还应满足下式：

$$2.62\left(\frac{t}{D}\right)^{2/3}\left(\frac{t_1}{t+h_s}\right)^{2/3}\left(\frac{t+h_s}{D}\right)D^2\frac{f_1}{0.58}\geqslant N \tag{6-125}$$

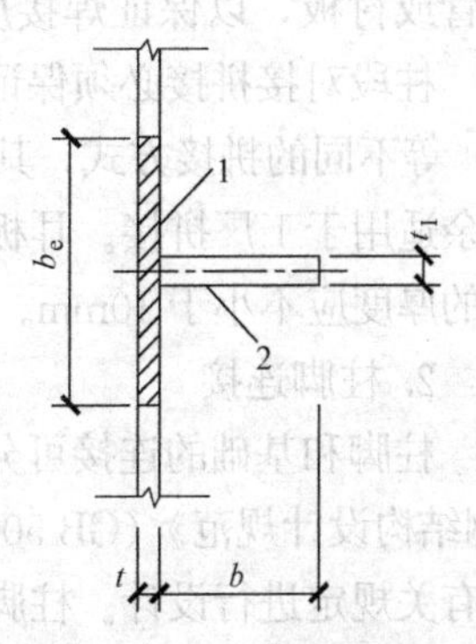

图 6-39　圆形柱肢管壁的有效宽度

1—管壁；2—加强环板

4）加强环板构造要求。加强环板应满足如下构造要求：

① $0.25 \leqslant b_s/D \leqslant 0.75$；

② 圆钢管混凝土：$0.1 \leqslant b/D \leqslant 0.35$，$b/t_1 \leqslant 10$；

③ 矩形钢管混凝土：对于Ⅴ型加强环板，$h_s/D \geqslant 0.15 t_b/t_1$；对于Ⅵ型加强环板，$h_s/D \geqslant 0.1 t_b/t_1$，$t_b$ 为和环板连接的钢梁翼缘厚度。

4. 钢管与混凝土之间的粘结强度验算

钢管混凝土中当节点区梁端剪力的全部或部分以压力的形式传给核心混凝土时，应验算钢管与核心混凝土之间的粘结强度。如图 6-40 所示，假设粘结应力在相邻楼层的上层柱和下层柱中点之间均匀分布，由混凝土承担的设计轴力应满足。

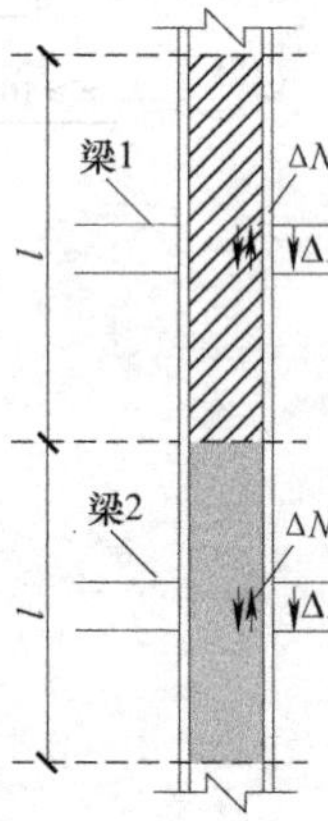

$$\Delta N_{ic} \leqslant \Psi \cdot l \cdot f_b \tag{6-126}$$

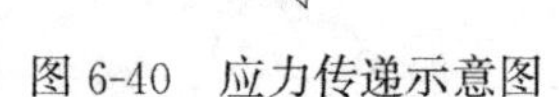

图 6-40　应力传递示意图

式中　ΔN_{ic}——与柱相连的第 i 层楼面梁传给柱的轴向力由核心混凝土承担的部分；

Ψ——钢管内表面截面周长；

l——上下楼层柱中点间的长度；

f_b——钢管和混凝土之间粘结强度设计值，对于圆钢管混凝土，$f_b = 0.225\text{N/mm}^2$；对于矩形钢管混凝土，$f_b = 0.15\text{N/mm}^2$。

在确定 ΔN_{ic} 时假定梁端剪力的合力为 ΔN_1，N_1 为作用在柱上的轴向压力：

（1）当 $N_1 \geqslant 0.85 f_c A_c$ 时，梁端剪力由钢管承担，不需验算粘结强度；

（2）当 $N_1 < 0.85 f_c A_c$，但 $N_1 + \Delta N_1 > 0.85 f_c A_c$ 时，$\Delta N_{1c} = (N_1 + \Delta N_1) - 0.85 f_c A_c$；

（3）当 $N_1 + \Delta N_1 < 0.85 f_c A_c$ 时，$\Delta N_{1c} = \Delta N_1$。

当钢管与混凝土之间的粘结作用不能满足式（6-126）的要求时，应采取相应的构造措施，如在节点部位设置内环板或者抗剪连接件。

6.4.3　其他节点构造

1. 柱子拼接

根据运输和安装条件，钢管混凝土框架柱长度宜按 12m 或多个楼层分段，分段接头位置宜接近反弯点位置，可设置在框架梁梁面以上 1.3m 左右处。上下钢管接头竖焊缝（或斜焊缝），应错开不少于 15 倍钢管壁厚度。钢管对接宜采用坡口全熔透焊接，管内设衬管或衬板，以保证焊接质量。

柱段对接拼接必须保证上、下柱段的轴心对中，可根据具体情况分别采用图 6-41（*a*）～（*e*）等不同的拼接方式，其中图 6-41（*e*）所示为在上、下柱段上设置耳板，适于现场拼焊，其余适用于工厂拼接。耳板用于在拼接时上柱的临时吊装固定，在拼焊完成后予以切除。耳板的厚度应不小于 10mm。

2. 柱脚连接

柱脚和基础的连接可分为埋入式、外包式和外露式三种。柱脚连接可按照现行国家标准《钢结构设计规范》（GB 50017）和现行行业标准《高层民用建筑钢结构技术规程》（JGJ 99）的有关规定进行设计。柱脚下混凝土结构应按照《混凝土结构设计规范》（GB 50010）的有关规定进行承载力验算。

（1）埋入式柱脚

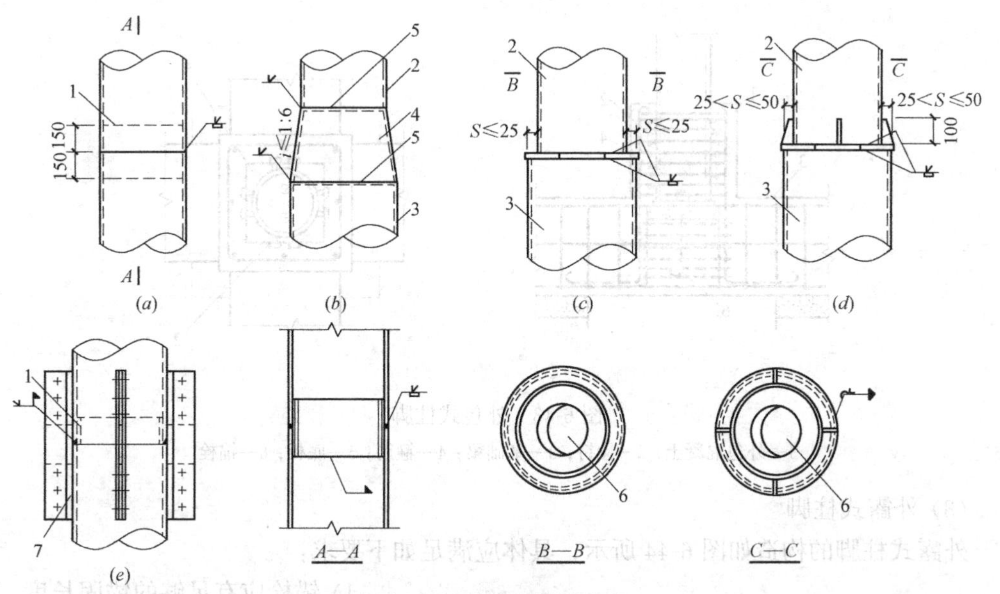

图 6-41　柱常用拼接方式

(a) 等直径；(b) 不等直径（直径差 100mm 以内）；(c) 不等直径（直径差 50mm 以内）；

(d) 不等直径（直径差 50～100mm）；(e) 现场拼接接头

1—内衬管；2—上柱钢管；3—下柱钢管；4—锥形管；5—开孔隔板；6—混凝土浇筑孔；7—耳板

埋入式柱脚的构造如图 6-42 所示。埋入式柱脚底板埋入基础的深度宜为柱截面高度的 3 倍。柱脚底板应采用预埋锚栓连接，必要时可在埋入部分的柱身上设置抗剪件以传递柱子承受的拉力。灌入的混凝土应采用微膨胀细石混凝土，其强度等级应高于基础混凝土。

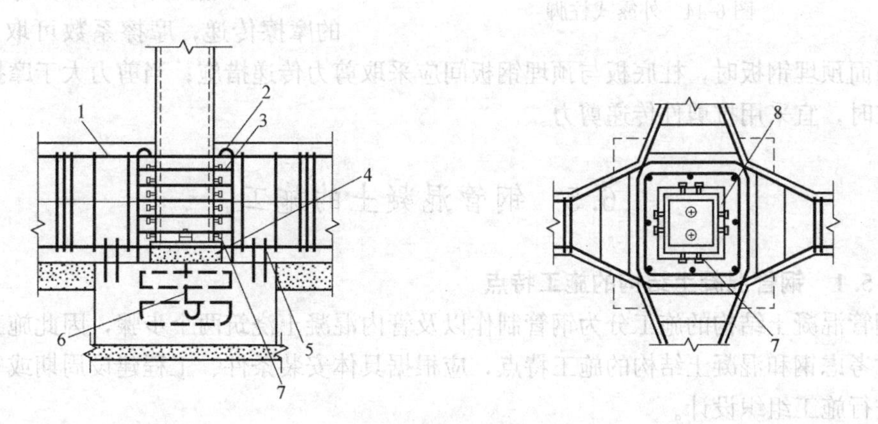

图 6-42　埋入式柱脚

1—基础梁主筋；2—基础直立主筋；3—箍筋；4—柱底砂浆或细石混凝土；5—插筋；

6—锚栓；7—栓钉；8—底板

(2) 外包式柱脚

外包式柱脚的构造如图 6-43 所示。当钢管混凝土柱采用钢筋混凝土外包时，在外包部分的柱身上应设置栓钉，保证外包混凝土与柱共同工作。柱脚部分的轴拉力应由预埋锚栓承受，弯矩应由混凝土承压部分和锚栓共同承受。

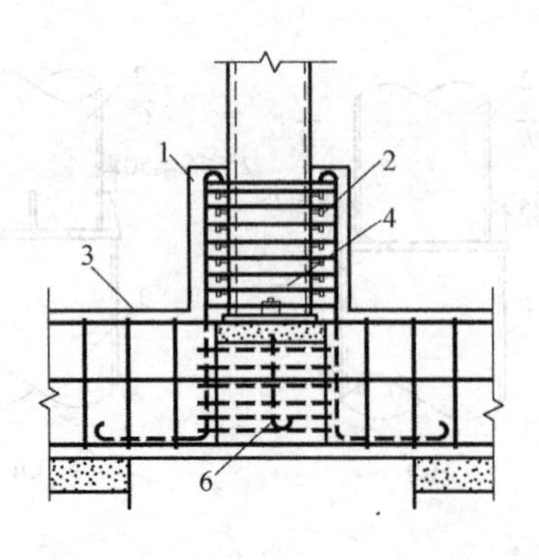

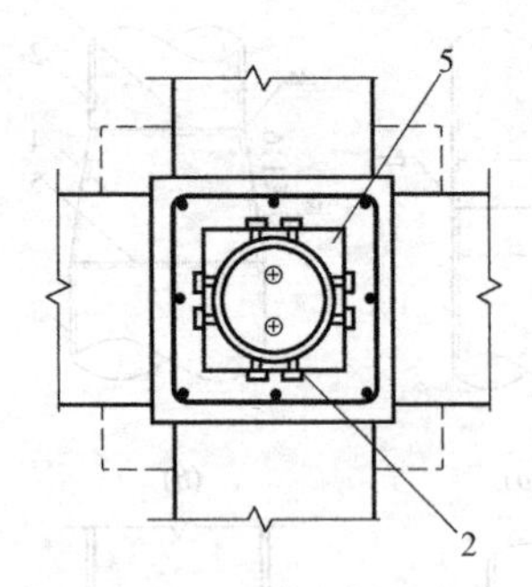

图 6-43　外包式柱脚

1—外包混凝土；2—栓钉；3—基础梁；4—箍筋；5—底板；6—锚栓

(3) 外露式柱脚

外露式柱脚的构造如图 6-44 所示，具体应满足如下要求：

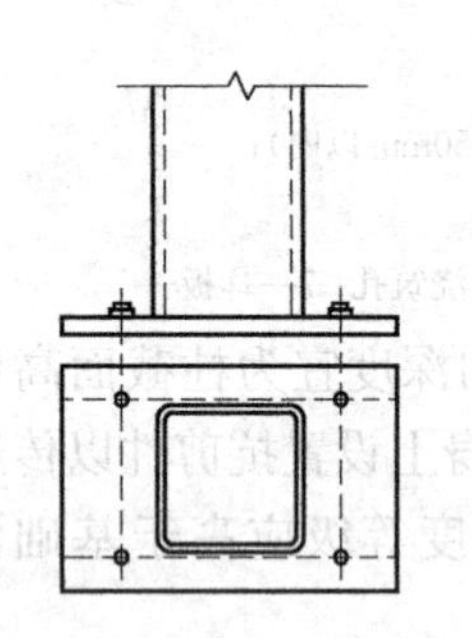
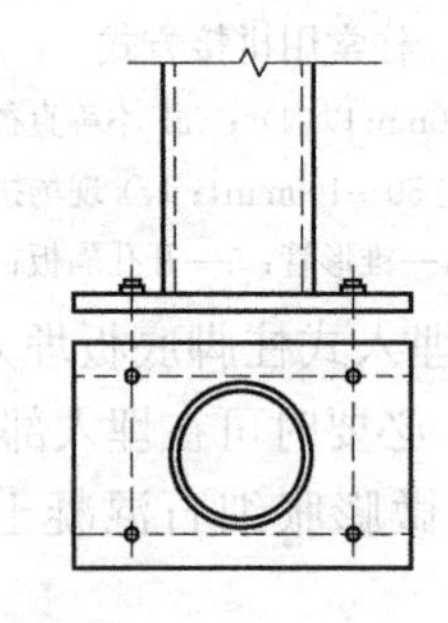

图 6-44　外露式柱脚

1) 锚栓应有足够的锚固长度，防止柱脚在轴拉力或弯矩作用下将锚栓从基础中拔出。锚栓应采用双重螺帽拧紧或采用其他措施防止松动；

2) 底板除满足强度要求外，尚应具有足够的面外刚度；

3) 底板应与基础顶面密切接触；

4) 柱底剪力可由底板与混凝土间的摩擦传递，摩擦系数可取 0.4。当基础顶面预埋钢板时，柱底板与预埋钢板间应采取剪力传递措施；当剪力大于摩擦力或柱脚受拉时，宜采用抗剪件传递剪力。

6.5　钢管混凝土的施工

6.5.1　钢管混凝土结构的施工特点

钢管混凝土结构的施工分为钢管制作以及管内混凝土浇筑两个步骤，因此施工工艺需要同时考虑钢和混凝土结构的施工特点，应根据具体安装条件、工程建设周期或季节变化等来进行施工组织设计。

钢管混凝土结构的施工特点主要体现在以下几方面：

(1) 管内混凝土的浇筑属于隐蔽施工工程，进行混凝土的施工质量检查具有一定难度。因此，在浇筑混凝土前应制订科学的操作程序，施工时严格遵守有关施术技术要求，保证混凝土密实无缺陷。

(2) 钢管长度一般均较长，因而混凝土的施工高度较大。在一般工业建筑中，钢管柱长可达 10～50m；在高层建筑中混凝土的一次浇筑高度甚至可达数百米。因此钢管内混凝土的浇筑可在钢管全部拼接完成后采用泵送顶升浇筑法一次完成。也可采用其他施工方法分段施工，如将钢管每三层分为一段，安装制作完楼盖后再浇筑钢管内混凝土。

(3) 为了避免因在钢管上直接焊接烧伤混凝土，管外如需加焊零部件应在浇筑混凝土前完成焊接。现场浇筑混凝土后，如确有必要，也可在管外加焊一些零部件，但应采用焊接线能量较小的焊接施工工艺。

(4) 钢管混凝土结构的施工可先安装空钢管体系，然后根据工程进度要求再浇筑管内混凝土。采用这种施工程序时，应注意对施工阶段的钢管结构进行强度和稳定性验算，保证整体结构在施工荷载作用下的安全性。

6.5.2 钢管制作

钢管构件应根据施工详图进行放样。放样与号料应预留焊接收缩量和切割、端铣等加工余量。对于高层框架柱尚应预留弹性压缩量，弹性压缩量可由设计或制作单位通过计算并据已有工程经验确定。

螺旋焊接或直缝焊接圆管，以及采用板材焊接的矩形钢管，其焊缝宜采用坡口熔透焊缝。需边缘加工的零件，宜采用精密切割；其焊接坡口加工宜采用自动切割、半自动切割、坡口机、刨边机等方法进行，并应用样板控制坡口角度和尺寸。

钢管构件组装前，各零、部件应经检查合格，组装的允许偏差应符合国家标准《钢结构工程施工质量验收规范》(GB 50205) 的规定。

钢管构件的除锈和涂装应在制作检验合格后进行。构件表面的除锈方法和除锈等级应符合设计规定，其质量要求应符合现行国家标准《涂装前钢材表面锈蚀等级和除锈等级》(GB/T 8923) 的规定。

钢管构件制作完成后，应按照施工图和现行国家标准《钢结构工程施工质量验收规范》(GB 50205) 的规定进行验收，其外形尺寸的允许偏差应符合规范 (GB 50205) 的规定。钢管构件制作完毕后应仔细清除钢管内的杂物，钢管内表面必须保持干净，不得有油渍等污物，应采取适当措施保持管内清洁。制作完毕后的钢管构件，应采取适当保护措施，钢管内表面严重锈蚀时不得使用。

钢管构件在吊装时应控制吊装荷载作用下的变形，吊点的设置应根据钢管构件本身的承载力和稳定性经验算后确定。必要时，应采取临时加固措施。吊装钢管构件时，应将其管口包封，防止异物落入管内。当采用预制钢管混凝土构件时，应待管内混凝土强度达到50%设计强度后，方可进行吊装。钢管构件吊装就位后，应立即进行校正，并采取保证稳定性的措施。

钢管采用现场焊接拼接时，应采取减少焊接残余应力和残余变形的施焊工艺。为方便现场钢管拼接加长，应于接缝处设置附加内衬管。内衬管与钢管的焊缝应满足三级焊缝的质量要求。

6.5.3 混凝土的浇筑与质量检查

钢管内核心混凝土的配合比除应满足强度指标外，尚应注意混凝土坍落度的选择。管截面外径或最小边长为 500mm 以上的钢管混凝土柱，宜采用无收缩混凝土。混凝土配合比应根据混凝土设计等级计算，并通过试验后确定。在浇筑管内混凝土前，应将管内可能存在的异物、积水清除干净。

钢管内混凝土的浇筑可采用泵送顶升浇筑法，也可采用高位抛落免振捣法或手工逐段浇筑法。

当混凝土的浇筑高度在6m以上时，宜优先采用泵送顶升浇筑法。因为该法不仅可以提高施工效率，而且容易保证混凝土密实。泵送顶升浇筑法是在钢管柱适当的位置安装一个带有防回流装置的进料支管，直接与泵车的输送管相连，将混凝土连续不断地自下而上压入钢管，无需振捣，如图6-45所示。为保证混凝土泵送的顺利和安全，钢管的尺寸宜大于或等于进料支管的两倍，并应对泵送顶升浇筑的柱下部入口处的管壁及有关焊缝进行强度验算。此外，泵送混凝土前应用清水冲洗钢管内壁。对于泵送顶升浇筑法，还应注意保证混凝土的配合比满足可泵性要求。

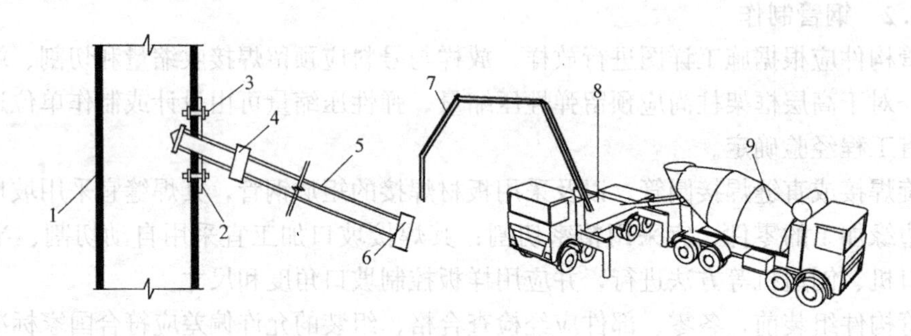

图6-45　泵送顶升施工装置示意

1—钢管；2—端板；3—螺栓；4—止流装置；5—进料支管；6—输送管连接装置；7—输送管；8—混凝土泵车；9—混凝土搅拌车

高位抛落免振捣法适用于管截面最小边长或管径大于350mm、现浇钢筋混凝土梁纵筋未贯通钢管且混凝土浇筑高度为4～8m的情况。对于抛落高度低于4m的区段，应用内部振捣器振实。施工时一次抛落的混凝土量应小于0.7m^3，用料斗装填，料斗的下口尺寸应比钢管截面最小边长或管径小100～200mm，以便于管内空气的排出。为保证混凝土高位抛落后的密实性和均匀性，混凝土坍落度宜大于150mm，且应保证混凝土无泌水和离析现象发生。

手工逐段浇筑法是用串筒或导管将混凝土自钢管上口灌入，用振捣器捣实。首先浇筑一层厚度为100～200mm的与混凝土强度等级相同的水泥砂浆，以封闭管底并使下落的混凝土不致产生弹跳现象。然后将混凝土自柱顶灌入。管截面最小边长或管径大于350mm时，采用内部振捣器进行振捣，每次振捣时间不少于30s，一次浇筑高度不应大于振捣器的有效工作范围，且不宜大于1.5m。管截面最小边长或管径小于350mm时，可采用附着在钢管外部的振捣器进行振捣，振捣位置应随混凝土浇筑进程加以调整。

采用上述不同方法进行混凝土浇筑，当浇筑到钢管顶端时，应使混凝土稍微溢出后再将留有排气孔的封顶板紧压在管端，随即进行点焊，待混凝土强度达到设计值的50%以后，再将封顶板按设计要求进行补焊，或将混凝土浇筑到稍低于管口的位置，待混凝土强度达到设计值的50%后再用相同等级的水泥砂浆添至管口，并按上述方法将封顶板一次封焊到位。混凝土浇筑面出现的泌水要在混凝土初凝前清除，并用原混凝土补浇筑。

钢管内混凝土的浇筑宜连续进行，间歇时间不应超过混凝土的终凝时间。若需要留施工缝时，应将管口封闭。钢管内混凝土施工缝宜留置在层间横隔板下100～200mm处。

钢管混凝土结构内部混凝土浇筑质量可采用敲击钢管的方法来检查其密实度，或采用超声波、γ射线探伤、钻孔进行检测。重要构件或部位，应采用超声波、γ射线探伤或钻孔等措施进行检测。混凝土不密实的部位，应采用局部钻孔压浆法进行补强，并将钻孔补焊封固。

总之，钢管内混凝土的浇筑方法有多种。但无论采用哪种施工方法，都应保证管内混凝土的强度和密实度达到设计要求。这是钢管和混凝土能共同工作，并产生相互作用的重要前提。

本章小结

(1) 钢管混凝土能充分发挥钢和混凝土的组合作用，即钢管可对混凝土提供约束，而混凝土可提高钢管壁的几何稳定性，因而优点显著，可在土木工程中广泛应用。

(2) 针对钢管混凝土结构的设计方法国内外有多种。基于福建省工程建设标准《钢管混凝土结构技术规程》DBJ/T 13-51—2010、中国工程建设标准化协会标准《钢管混凝土结构设计与施工规程》CECS 28：90 和《矩形钢管混凝土结构技术规程》CECS 159：2004 介绍了工程中最为常见的在轴压、轴拉、纯弯和压弯作用下钢管混凝土的承载力验算方法及有关刚度的取值方法。

(3) 局部受压、钢管初应力和长期荷载作用对钢管混凝土的承载力均有一定的影响，在设计中应进行必要的验算。

(4) 介绍了一些新型钢管混凝土柱的基本概念，包括钢管自密实混凝土、薄壁钢管混凝土、中空夹层钢管混凝土、不锈钢管混凝土以及 FRP 约束钢管混凝土等，设计人员可根据实际工程需要加以探索和应用。

(5) 钢管混凝土可采用水泥砂浆和厚涂型钢结构防火涂料进行防火保护，提供了防火保护层的计算方法并介绍了有关防火构造措施。

(6) 介绍了钢管混凝土的一般构造要求以及常用的节点连接形式。

(7) 简介了钢管混凝土结构的施工特点、钢管制作注意事项和混凝土施工及质量检查方法。

思考题

1. 同钢筋混凝土结构和钢结构相比，钢管混凝土结构有何特点和优点？
2. 以轴心受压构件为例，简述钢管混凝土的基本工作原理。
3. 钢管混凝土可应用于哪些土木工程结构？
4. 何谓钢管混凝土的含钢率和约束效应系数？
5. 钢管初应力对钢管混凝土的性能有何影响？
6. 长期荷载对钢管混凝土的性能存在什么样的影响？
7. 简述钢管混凝土格构式柱的分类及其组成特点。
8. 主要的新型钢管混凝土柱都有哪些？简述各自的特点。
9. 对钢管混凝土柱可以采用哪些方法对其进行防火保护？
10. 钢管混凝土结构的施工特点有哪些？
11. 钢管内混凝土的浇筑方法主要有哪些？各有什么适用范围和注意事项？

习　题

1. 某圆形截面钢管混凝土轴心受压短柱，钢管为ϕ250×8mm，Q235钢材，混凝土为C30，柱长L=750mm，计算其强度极限承载力设计值。要求用DBJ/T 13-51—2010和CECS 28：90的公式分别计算并比较。

2. 某方形截面钢管混凝土轴心受压短柱，钢管为□350×8mm，Q235钢材，混凝土为C30，柱长L=1050mm，计算其强度极限承载力设计值。要求用DBJ/T13-51—2010和CECS 159：2004的公式分别计算并比较。

3. 某圆形截面钢管混凝土轴心受压柱，钢管为ϕ400×12mm，Q345钢材，混凝土为C50，柱计算长度L_0=8000mm，轴向压力设计值N=3000kN，试校核其承载力是否满足要求。要求用DBJ/T13-51-2010和CECS28：90的公式分别计算并比较。

4. 某方形截面钢管混凝土轴心受压柱，钢管为□340×10mm，Q345钢材，混凝土为C50，柱计算长度L_0=8000mm，轴向压力设计值N=6000kN，要求用DBJ/T 13-51—2010和CECS 159：2004的公式分别计算并比较。

5. 某圆形截面钢管混凝土偏心受压柱，钢管为ϕ400×10mm，Q345钢材，混凝土为C50，柱计算长度L_0=7500mm，轴向压力设计值N=3500kN，偏心距e=120mm，试校核其承载力是否满足要求。要求用DBJ/T 13-51—2010和CECS28：90的公式分别计算并比较。

6. 某方形截面钢管混凝土偏心受压柱，钢管为□400×10mm，Q345钢材，混凝土为C50，柱计算长度L_0=10000mm，轴向压力设计值N=5500kN，单轴作用的偏心距e=100mm，试校核其承载力是否满足要求。要求用DBJ/T 13-51—2010和CECS159：2004的公式分别计算并比较。

7. 计算条件同习题3，已知k_t<0.77，要求该柱耐火极限达到3h，试分别计算采用水泥砂浆和厚涂型钢结构防火涂料进行防火保护所需要的保护层厚度。

第7章 混合结构设计

7.1 概　　述

钢结构、钢筋混凝土结构和砌体结构等相对单一的结构已经得到了广泛应用。但是近年来，由于建筑物功能和用途的日益多样化和复杂化，采用不同结构构件或不同的结构体系进行组合形成的混合结构房屋已经越来越多。这类混合结构与前述单一的结构类型相比，在改善结构体系的受力性能与抗震性能、降低结构自重、减小构件断面尺寸、加快施工进度及建筑空间的灵活布置方面都有明显的优势，已引起工程界和房屋开发商的广泛关注。目前我国已经建成了一批高度在150～200m的混合结构建筑，如上海的茂大厦、国际航运大厦、新金桥大厦、大连远洋大厦、世界贸易大厦、陕西信息大厦、深圳发展中心、地王大厦、赛格广场、北京京广中心等。还有一些高度超过300m的高层建筑也采用或部分采用了混合结构，如总层数为88层、高420m的上海金茂大厦，是一幢由四周SRC巨型翼柱、钢梁和混凝土核心筒组成的钢-混凝土混合结构。总层数101层、高约500m的上海环球金融中心是目前世界上最高的钢-混凝土混合结构房屋。我国行业标准《钢骨混凝土结构技术规程》YB 9082对于混合结构的定义为：由部分钢骨混凝土（即型钢混凝土）构件和部分钢构件或钢筋混凝土构件组成的结构，而《高层建筑混凝土结构技术规程》JGJ3所称的混合结构是指由钢框架或型钢混凝土框架与钢筋混凝土筒体所组成的共同承受竖向和水平作用的高层建筑结构。概括起来，混合结构可分为不同结构构件的混合化、平面和立面上不同结构体系的混合化两大类。

由不同结构构件组合而成的混合结构，其梁和柱分别采用了不同材质的结构构件，如RC柱和S梁组成的框架结构。这种结构的特征是：结构的竖向刚度和水平刚度均较大，而且使用经济性较好的RC构件作为柱，重量轻且跨度大的S构件作为梁，充分发挥了两种材料各自的性能。这种结构如果用在一般的中、高层房屋中能取得较好的经济效益，多在商业建筑中得到采用。由SRC（或CFT）柱与S梁组成的混合结构，由于柱采用了承载力和延性都非常好的SRC（或CFT）构件，与RC柱相比较，其截面积减小，用于高层建筑中可获得较大的使用空间。

如图7-1所示的由RC核心筒-外围S框架组合而成的混合结构体系为平面混合结构，图7-2所示的下部SRC结构、上部RC结构（或S结构）组合而成的混合结构体系为竖向混合体系。这类结构在受力上的特点表现为：随着建筑物高度的增加，竖向荷载引起的下部楼层的轴力将会增大，并导致地震作用下下部各层的水平剪力增大。

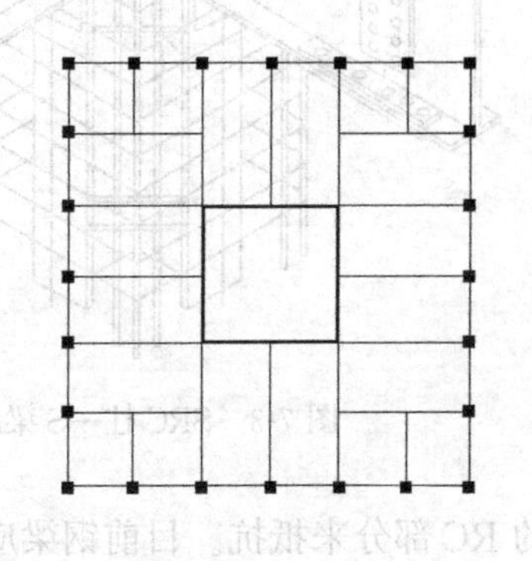
图7-1　外部S框架-RC核心筒

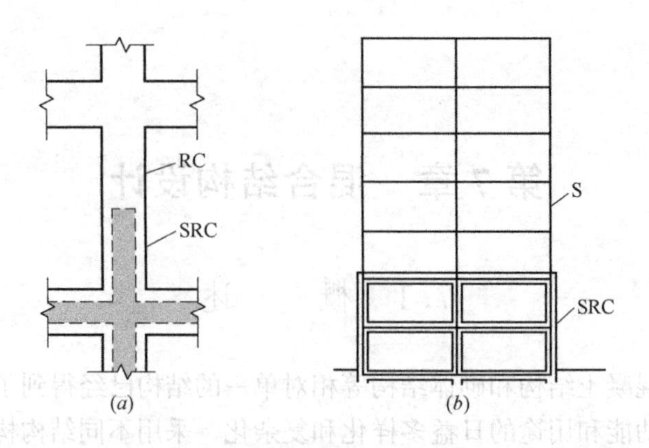

图 7-2 竖向混合结构

(*a*) SRC—RC 结构；(*b*) SRC—S 结构

7.2 不同结构构件组合而成的混合结构

7.2.1 采用 SRC 柱的混合结构

(1) SRC 柱—S 梁混合结构

在框架结构中，对梁、柱有着不同的性能要求，如图 7-3 所示的 SRC 柱—S 梁结构，不仅柱承担较高的轴向压力，而且为了控制地震和水平风荷载作用下结构的变形，采用了刚度较大的 SRC 柱。同时，为了减轻梁自重，获得较大的跨度而采用了钢梁，从而形成 SRC 柱—S 梁混合结构体系。柱内型钢骨架的施工工艺与一般钢结构基本上没有差别，但由于钢骨架外部还有钢筋混凝土，因此应合理地安排整体施工方法及其组织流程。另外，在梁、柱节点处，钢梁和型钢柱相连接，梁柱之间的应力传递机制相当复杂，应当特别重视节点的构造设计。

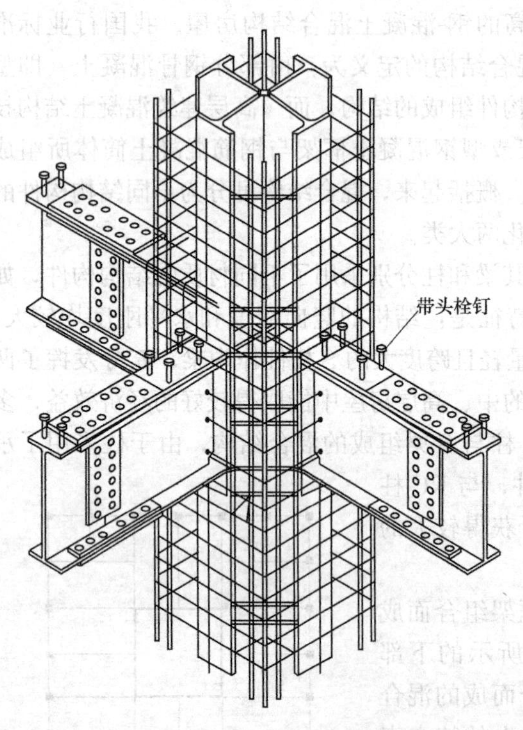

图 7-3 SRC 柱—S 梁结构

图 7-3 也反映了钢梁的端部弯矩（极限状态时为全塑性弯矩）向 SRC 柱中传递时的节点构造。一般而言，在 SRC 柱与钢梁的节点处，应当使应力由钢梁向柱中型钢可靠地传递。由于钢梁的抗弯承载力比柱内型钢的抗弯承载力大，因此梁内弯矩不仅传至柱内型钢，剩余的弯矩将由节点处的 RC 部分来抵抗。目前钢梁应力向梁柱节点部分的混凝土中传递的机理还不是很清楚，但可以确定的是，如果混凝土不能够承担钢梁传来的应力，梁柱节点附近柱的混凝土就会

被局部压坏，节点核心区混凝土则会发生剪切破坏，钢梁的抗弯承载力（全塑性弯矩）就不能得到发挥。日本曾经进行了 SRC 柱—钢梁十字形节点的试验，并以 SRC 柱中型钢承担弯矩的比例作为设计参数。试验表明，当柱内型钢的抗弯承载力与钢梁的抗弯承载力之比小于 40%时，柱的抗弯承载力就不能得到发挥。这时除了计算梁柱节点的抗剪承载力之外，为了避免节点区混凝土的破坏，还应采取必要的加强措施。

（2）SRC 柱—RC 梁混合结构

SRC 柱—RC 梁混合结构如图 7-4 所示。由于梁不承受轴向压力作用，因此在反复荷载作用下即使采用 RC 梁，其滞回曲线也相当饱满。同时为了改善柱的延性性能，往往采用 SRC 柱。这种混合结构与纯粹 SRC 结构相比较，钢材用量减小，工程造价降低，且梁的施工得到简化。

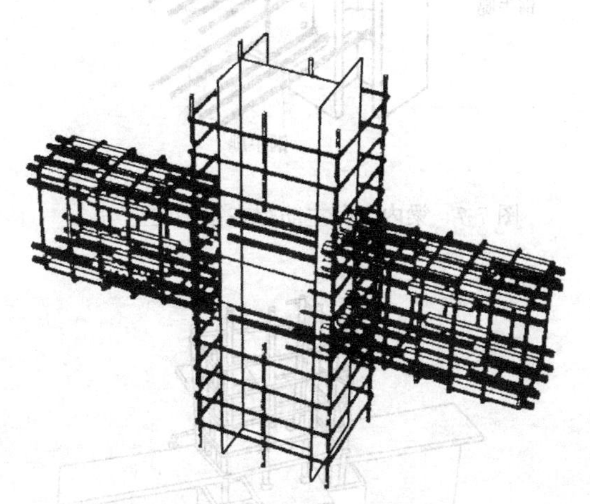
图 7-4　SRC 柱—RC 梁结构

SRC 柱—RC 梁构成的节点，在节点核心区通常采用以下几种构造：

1）梁内纵筋较少时，可直接锚固在节点的钢筋混凝土中；

2）梁主筋直接与型钢柱上的连接套筒连接，如图 7-5 所示；

3）与 SRC 柱连接的梁端设置一段钢梁与梁主筋搭接，如图 7-6 所示；

4）梁内部分主筋焊在钢牛腿上，如图 7-7 所示；

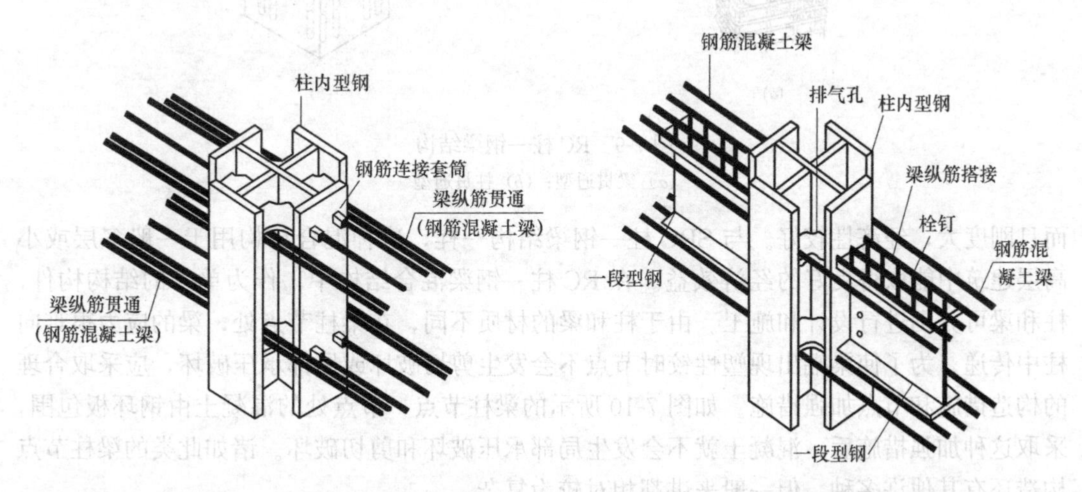

图 7-5　梁主筋与型钢柱通过套筒直接相连　　　　图 7-6　梁端钢梁与柱连接

5）如果梁主筋穿过型钢梁翼缘或腹板，将钢筋在工厂加工时，采用塞焊的方法将钢筋焊在型钢上，在工地将预焊钢筋段的一端用连接套筒与梁主筋连接，如图 7-8 所示。这种工艺便于预制化生产，可以缩短工期。

7.2.2　采用 RC 柱的混合结构

图 7-9 给出了 RC 柱—钢梁混合结构示意图。其优点是：RC 柱能承担较高的轴向力，

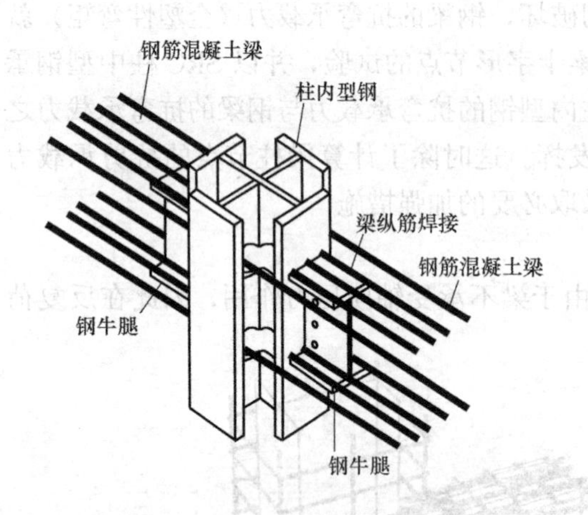

图 7-7 梁内部分主筋焊在钢牛腿上

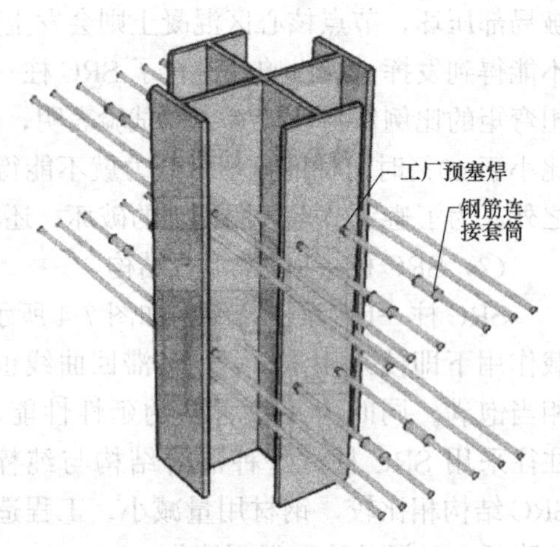

图 7-8 预焊钢筋与梁主筋通过套筒连接

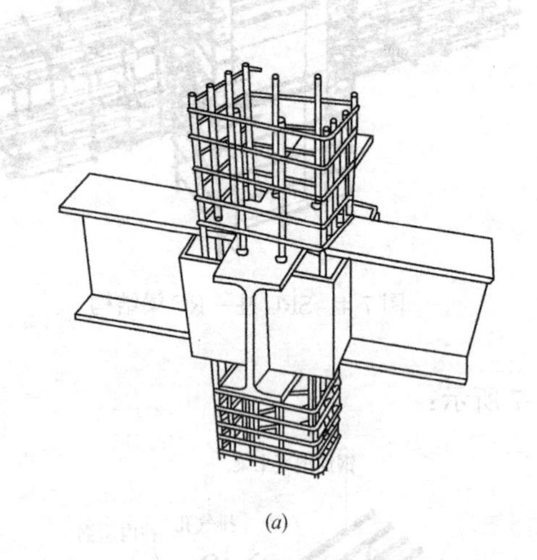

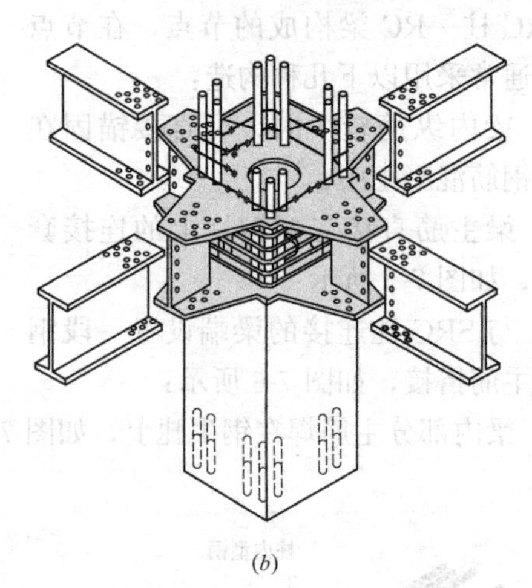

(*a*) (*b*)

图 7-9 RC 柱—钢梁结构

(*a*) 梁贯通型；(*b*) 柱贯通型

而且刚度大，经济性较好。与 SRC 柱—钢梁结构一样，这种混合结构用于一般多层或小高层建筑中能取得良好的经济效益。在 RC 柱—钢梁混合结构中，作为单一的结构构件，柱和梁可分别进行设计和施工。由于柱和梁的材质不同，在梁柱节点处，梁的应力很难向柱中传递。为了使梁端出现塑性铰时节点不会发生剪切破坏或局部承压破坏，应采取合理的构造措施和节点加强措施。如图 7-10 所示的梁柱节点，节点处的混凝土由钢环板包围，采取这种加强措施后，混凝土就不会发生局部承压破坏和剪切破坏。诸如此类的梁柱节点构造还有其他许多种，但一般来讲都相对较为复杂。

7.2.3 采用 CFT 柱的混合结构

(1) CFT 柱—钢梁结构

在 CFT 结构中，一方面由于钢管约束了混凝土，提高了混凝土的强度和变形能力；另一方面混凝土又防止了钢管的屈曲，因此 CFT 结构具有较高的承载力和较大的延性。而且由于混凝土的成本较低，使得结构不仅具有较好的经济性，且与纯钢结构有着基本相同的施工工期。图 7-11 所示为 CFT 柱—钢梁结构，它已越来越多地应用于高层办公楼和

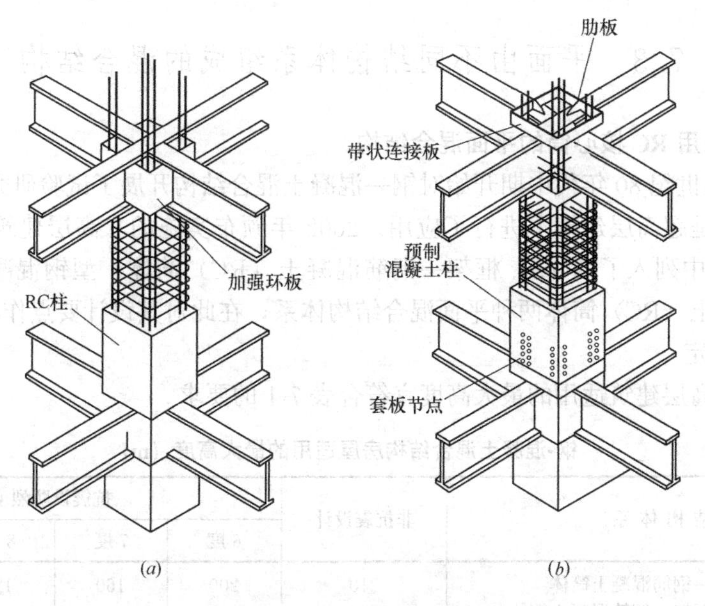

图 7-10 采用节点加强措施的 RC 柱—钢梁结构

(*a*) 用环板加强节点；(*b*) 用条带板加强节点

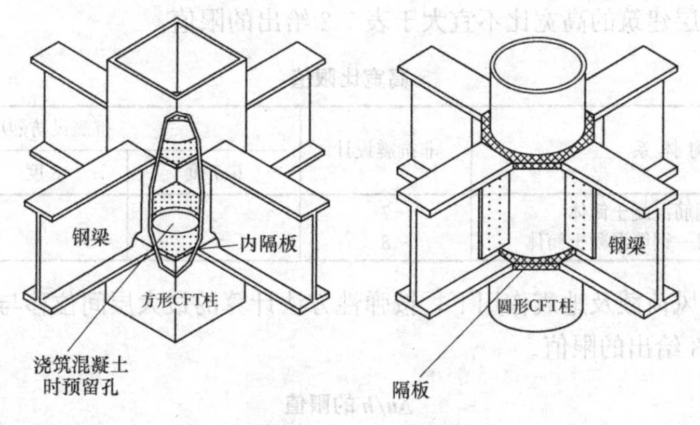

图 7-11 CFT 柱—钢梁结构

商业建筑中，从经济角度上讲，它有望取代纯钢结构。

(2) CFT 柱—SC 梁结构

如上所述，高层办公楼建筑可采用 CFT 柱—钢梁结构。如果把它用于公共住宅，钢梁产生的振动就会影响人居住的环境和舒适度。这时，可采用如图 7-12 所示的 CFT 柱—SC 梁结构，其中用 RC 包裹钢梁，主筋不在柱中锚固。或者采用梁端为纯钢梁的钢骨混凝土（SC）梁。这种 SC 梁的特点是在型钢周围包裹 RC 使得梁的刚度和耐火性能得到提高。从材料利用和经济的角度出发，还可以考虑将梁的主筋在柱中合理地锚固，使之成为 SRC 梁。

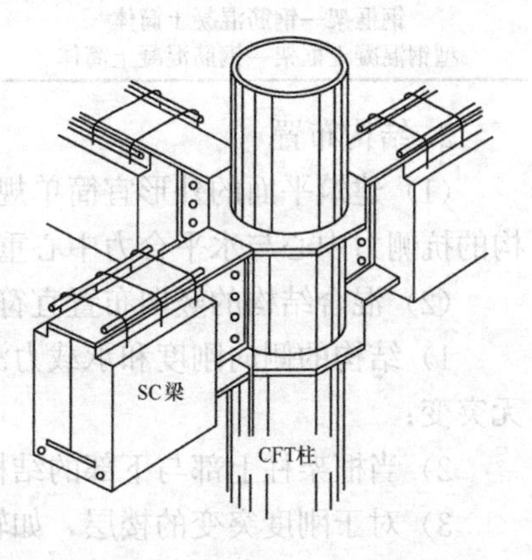

图 7-12 CFT 柱—SC 梁结构

7.3 平面由不同结构体系组成的混合结构

7.3.1 采用RC核心筒的平面混合结构

我国自20世纪80年代中期开始对钢—混凝土混合结构开展了试验研究，并在一些高层建筑，特别是超高层建筑中进行了应用。2002年颁布实施的《高层建筑混凝土结构技术规程》JGJ3中列入了钢（S）框架—钢筋混凝土（RC）筒体、型钢混凝土（SRC）框架—钢筋混凝土（RC）筒体两种平面混合结构体系，在此对其设计要点作一简要介绍。

1. 一般规定

混合结构高层建筑适用的最大高度宜符合表7-1的要求。

钢-混凝土混合结构房屋适用的最大高度（m）　　表7-1

结构体系	非抗震设计	抗震设防烈度			
		6度	7度	8度	9度
钢框架—钢筋混凝土筒体	210	200	160	120	70
型钢混凝土框架—钢筋混凝土筒体	240	220	190	150	70

注：1. 房屋高度指室外地面标高至主要屋面高度，不包括突出屋面的水箱、电梯机房、构架等的高度；
2. 当房屋高度超过表中数值时，结构设计应有可靠依据并采取进一步有效措施。

混合结构高层建筑的高宽比不宜大于表7-2给出的限值。

高宽比限值　　表7-2

结构体系	非抗震设计	抗震设防烈度		
		6、7度	8度	9度
钢框架—钢筋混凝土筒体	7	7	6	4
型钢混凝土框架—钢筋混凝土筒体	8			

混合结构在风荷载及地震作用下，按弹性方法计算的最大层间位移与层高的比值 $\Delta u/h$ 不宜超过表7-3给出的限值。

$\Delta u/h$ 的限值　　表7-3

结构体系	$H\leqslant150$m	$H\geqslant250$m	150m$<H<$250m
钢框架—钢筋混凝土筒体 型钢混凝土框架—钢筋混凝土筒体	1/800	1/500	1/800～1/500 线性插入

2. 结构布置

（1）建筑平面的外形宜简单规则，宜采用方形、矩形等规则对称的平面，并尽量使结构的抗侧力中心与水平合力中心重合。建筑的开间、进深宜统一。

（2）混合结构的竖向布置宜符合下列要求：

1）结构的侧向刚度和承载力沿房屋竖向宜均匀变化；构件截面宜由下至上逐渐减小，无突变；

2）当框架柱上部与下部的结构类型和材料不同时，应设置过渡层；

3）对于刚度突变的楼层，如转换层、加强层、空旷的顶层、顶部突出部分、型钢混凝土框架与钢框架的交接层及邻近楼层，应采取可靠的过渡加强措施；

4）钢框架部分采用支撑时，宜采用偏心支撑和耗能支撑，支撑宜连续布置，且在相互垂直的两个方向均宜布置，并互相交接；支撑宜延伸至基础，或通过地下室混凝土墙体延伸至基础。

（3）对于混合结构高层建筑，7度抗震设防且房屋高度不大于130m时，宜在楼面钢梁或型钢混凝土梁与钢筋混凝土筒体交接处及筒体四角设置型钢柱；7度抗震设防且房屋高度大于130m及8、9度抗震设防时，应在楼面钢梁或型钢混凝土梁与钢筋混凝土筒体交接处及筒体四角设置型钢柱。

（4）混合结构体系的高层建筑，应由钢筋混凝土筒体承受主要的水平力，并应采取有效措施，保证钢筋混凝土筒体的延性。

钢框架-混凝土筒体结构体系中的混凝土筒体一般承担了85%以上的水平剪力，所以必须保证混凝土筒体具有足够的延性。试验表明，配置了型钢的混凝土筒体墙在弯曲时，能避免发生平面外的错断，同时也能减少钢柱与混凝土筒体之间的竖向变形差异所产生的不利影响。

为保证筒体的延性，可采取以下措施：1）通过增加墙厚控制筒体剪力墙的剪应力水平；2）筒体剪力墙内配置多层钢筋；3）剪力墙的端部设置型钢柱，四周配以纵向钢筋及箍筋形成暗柱；4）连梁采用斜向配筋方式；5）在连梁中设置水平缝；6）保证混凝土筒体角部的完整性并加强角部的配筋；7）筒体剪力墙的开洞位置尽量对称均匀。

（5）混合结构中，外围框架平面内的梁与柱应采用刚性连接，这样能提高外围框架的刚度并增强其抵抗水平荷载的能力；楼面梁与钢筋混凝土筒体及外围框架柱的连接可采用刚接或铰接。

（6）混合结构中，可采用外伸桁架加强层，必要时可同时布置周边桁架。外伸桁架平面宜与抗侧力墙体的中心线重合。外伸桁架应与抗侧力墙体刚接且宜伸入并贯通抗侧力墙体，这样可减小水平荷载下结构的侧移。外伸桁架与外围框架柱的连接宜采用铰接或半刚接。

3. 结构分析

（1）对楼板开口较大部位，宜采用考虑楼板水平变形的程序进行结构的内力和位移计算，或采取设置刚性水平支撑等加强措施。

（2）在计算钢-混凝土混合结构的内力和位移时，对设置伸臂桁架的楼层，应考虑楼板在平面内的变形。

（3）对混合结构进行弹性阶段的内力和位移计算时，钢梁和钢柱可采用钢材的截面计算；型钢混凝土构件的刚度可采用型钢部分与钢筋混凝土部分的刚度之和。

（4）对混合结构进行弹性分析时，应考虑钢梁与混凝土楼板的共同工作，梁的刚度可取钢梁刚度的1.5～2.0倍，但钢梁与楼板之间应设置可靠的抗剪连接。

（5）钢框架-混凝土筒体结构和型钢混凝土框架—混凝土筒体结构的阻尼比均可取为0.04。

（6）钢-混凝土混合结构在竖向荷载作用下的内力计算时，宜考虑柱、墙在施工过程中轴向变形差异的影响，并宜考虑在长期荷载作用下由于钢筋混凝土筒体的徐变收缩对钢梁和柱的内力产生的不利影响。

4. 构件设计

(1) 钢框架—钢筋混凝土筒体结构中，当采用H形截面柱时，宜将柱截面强轴方向布置在外围框架平面内，以增加框架平面内的刚度，减小剪力滞后效应的影响；角柱宜采用方形、十字形或圆形截面，使得连接方便，受力合理。

(2) 钢-混凝土混合结构的楼面，宜采用压型钢板与现浇混凝土组合板、现浇钢筋混凝土板或预应力混凝土叠合板。楼板与钢梁应有可靠连接。

(3) 建筑物楼面有较大开口或为转换楼层时，应采用现浇楼板。

(4) 当混合结构中布置有外伸桁架加强层时，应采取有效措施，减小由于外柱与混凝土筒体竖向变形差异引起的桁架杆件内力的变化。外伸桁架宜分段拼装。

(5) 当钢筋混凝土筒体先于钢框架施工时，应考虑施工阶段钢筋混凝土筒体在风荷载及其他荷载作用下的不利受力状态。

(6) 对型钢混凝土构件，应验算在浇筑混凝土之前及其进行过程中型钢骨架在施工荷载和可能的风荷载作用下的承载力、位移及稳定性，并据此确定钢框架安装与浇筑混凝土楼层的间隔层数。

(7) 在钢-混凝土混合结构中，钢柱应采用埋入式柱脚，型钢混凝土柱宜采用埋入式柱脚。埋入式柱脚的埋置深度不宜小于型钢柱截面高度的3倍。但设置多层地下室的结构除外。

下面通过一些设计实例来了解这些平面混合结构在受力性能、施工和使用方面的特点。

1. 外围S框架-RC核心筒结构

图7-13所示为外围S框架—RC核心筒混合结构体系。其中RC核心筒主要承担水平力，而外围钢框架主要承担竖向荷载。核心筒通过钢梁与外围钢框架铰接连接。可以看出，组成混合结构体系的各子结构的功能比较明确、单一，能够使结构跨度增大，从而形成有效的大空间，结构刚度较大，居住的舒适度提高。

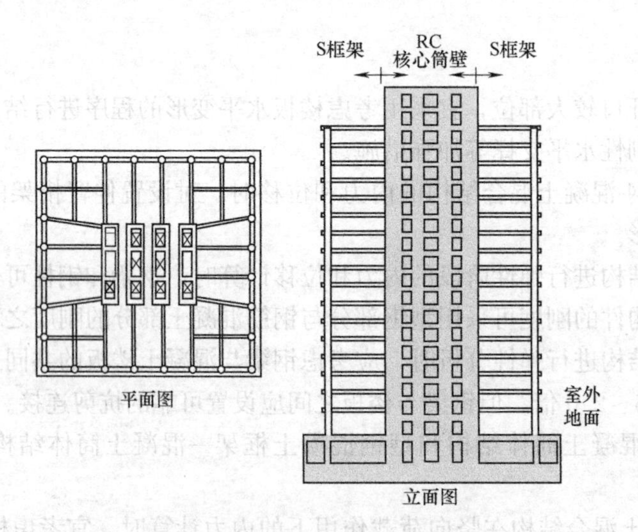

图7-13 外围S框架-RC核心筒结构

在劳动生产率方面，为了缩短施工周期，RC核心筒可采用滑模先行施工，之后再建造外围的钢骨架。由于在施工RC核心筒时可同时制作钢骨架，合理的生产流程使工期大大缩短。设计时一般要求混凝土核心筒承担大部分水平力，混凝土筒体中会产生应力集中，这就使得混凝土筒体的配筋计算变得复杂，如何考虑外围钢框架与核心混凝土筒体之间的荷载与刚度分配比例，以及高强材料的利用、核心混凝土筒体的合理配置等是今后应当着重探讨的问题。

2. 外围 SRC 框架-RC 核心筒结构

图 7-14 所示为美国亚特兰大建造的 50 层 IBM 大楼，它内部的 RC 核心筒主要承担水平力，而外围的 SRC 框架仅承担竖向荷载。外围 SRC 框架与内部 RC 核心筒采用钢梁连接。这种结构的跨度较大，空间布置灵活，而且 RC 核心筒可以采用滑模施工，施工周期缩短。

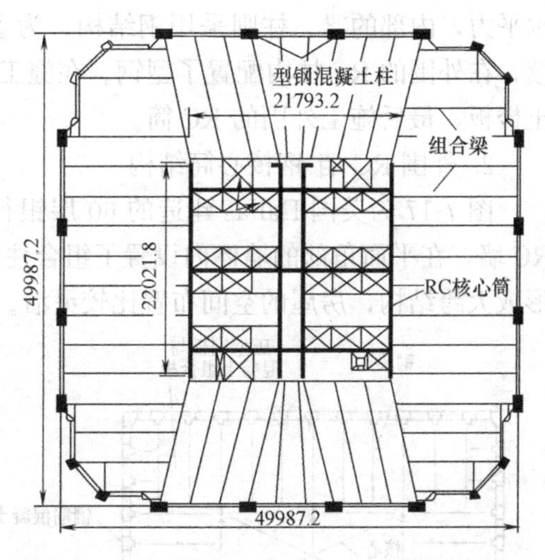

图 7-14 外围 SRC 框架—RC 核心筒结构

3. 外围组合框架-RC 核心筒结构

图 7-15 为澳大利亚所建的高 202m 的 Millennium Tower，该结构由外围的圆筒形组合框架与内部 RC 核心筒混合而成。按照水平荷载由混凝土筒体承担，竖向荷载由圆筒形组合框架承担进行设计。组合框架由组合柱和内含暗梁的混凝土板组成。外柱为圆形截面 CFT 柱，其内部配置钢筋。由于下部各层柱的柱径较大，为减轻结构自重，采用了中空夹层的柱断面。即便如此，这种圆形截面的 CFT 柱，其下部各层柱的柱径也仅为 400mm。结构的内柱采用 SRC 柱。混凝土板内含有焊接 T 形钢梁。针对这种内含钢梁的

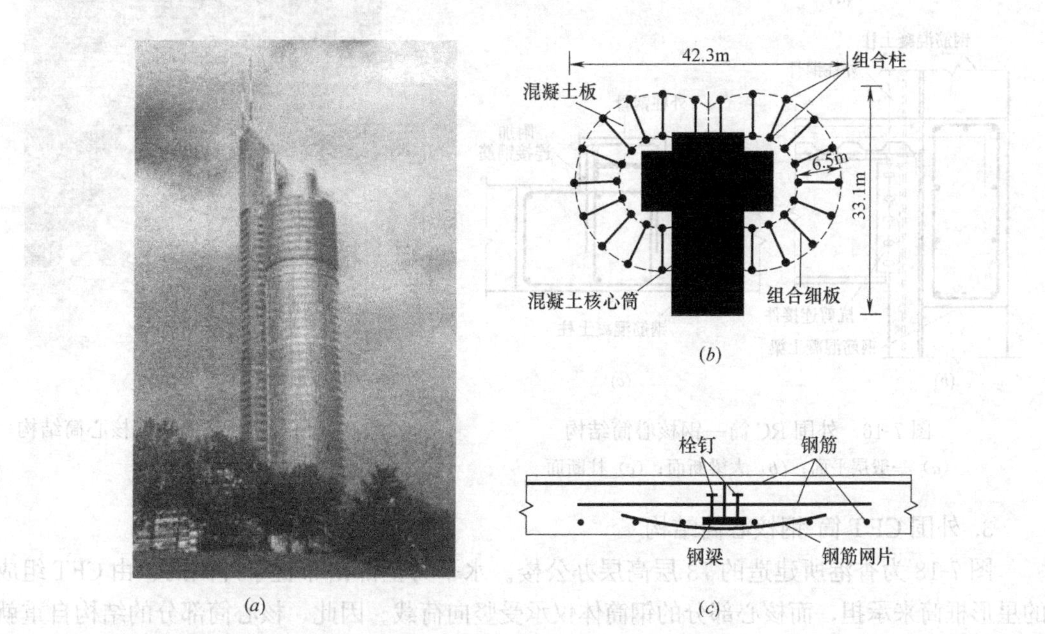

图 7-15 外围组合框架—RC 核心筒结构

(*a*) 建筑物全貌；(*b*) 结构系统；(*c*) 内含型钢的组合板

连接方式已进行了相应的试验研究与理论分析，并开发了便于施工的建造方法，使得板厚不会很大。核心筒部分采用滑模进行施工，外柱则为直接在钢管中填充混凝土，这样大大地缩短了工期，显示了这种结构良好的施工性能。

7.3.2 采用钢核心筒的平面混合结构

1. 外围 RC 筒-钢核心筒结构

外围 RC 筒—钢核心筒结构在美国较为常见，如图 7-16 所示，周边的 RC 筒主要承担水平力，内部的梁、柱则采用钢结构。为了使外围筒体与内部钢梁的连接方便、构造连续，在外围的 RC 柱内配置了型钢。在施工顺序方面，一般先搭建钢骨架，然后浇筑混凝土楼板，最后施工外围的 RC 筒。

2. 外围 RC 墙-钢核心筒结构

图 7-17 为美国 Dallas 建造的 60 层银行大楼。其建筑平面的周边配置了开口较多的 RC 墙，在平面角部的墙体内设置了组合柱以及钢梁，内部采用钢结构筒体。其特点是可形成大跨结构，房屋的空间布置比较灵活。

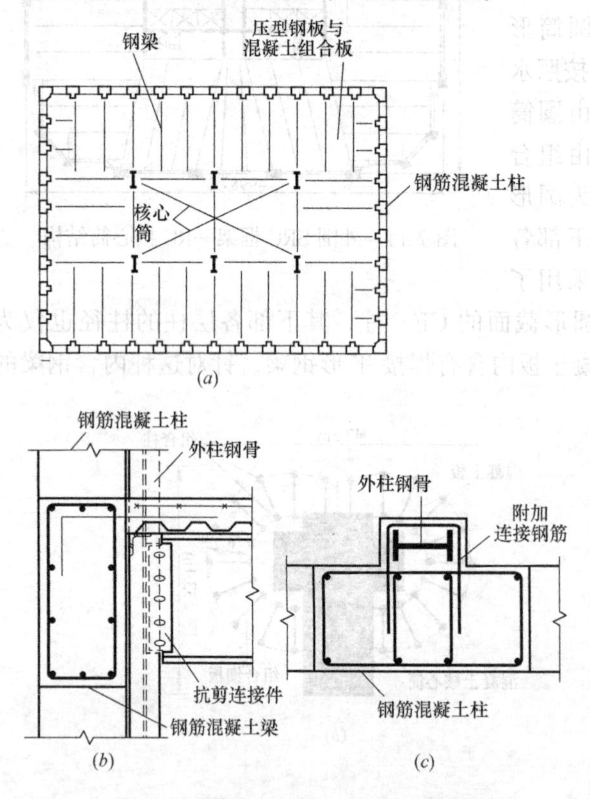

图 7-16 外围 RC 筒—钢核心筒结构

(a) 一般层平面；(b) 大梁断面；(c) 柱断面

图 7-17 外围 RC 墙—钢核心筒结构

3. 外围 CFT 筒-钢核心筒结构

图 7-18 为香港所建造的 73 层高层办公楼。水平力全部由布置于外围的、由 CFT 组成的星形框筒来承担，而核心部分的钢筒体仅承受竖向荷载。因此，核心筒部分的结构自重就可以减小，并可以采用灵活的结构形式，获得较好的经济效益。由于没有 RC 核心筒壁，结构上部筒体的数量仅为下部的一半左右，建筑平面得到有效利用，使用面积明显增大。

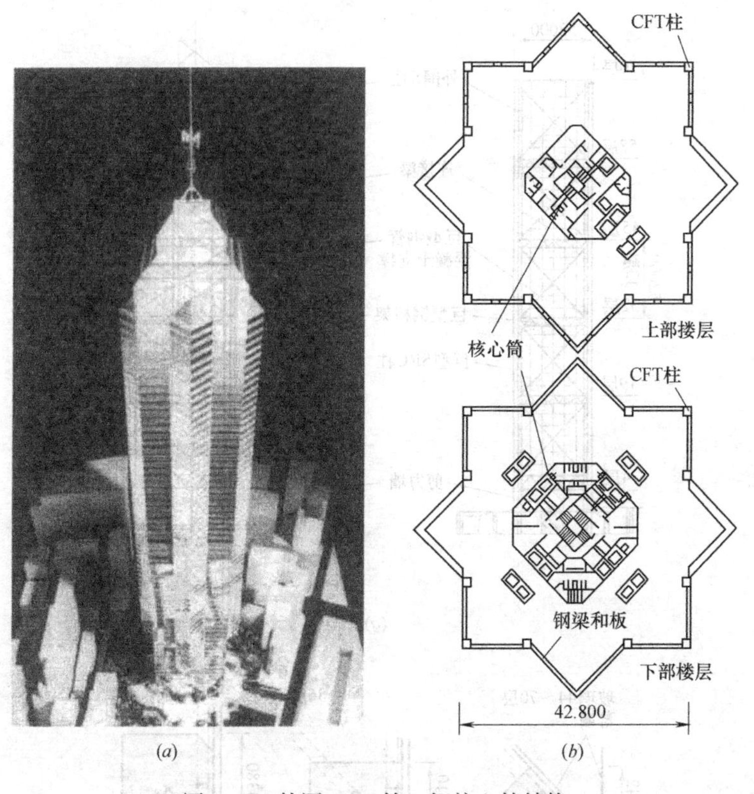

图 7-18 外围 CFT 筒—钢核心筒结构

(a) 建筑物全貌；(b) 平面

7.4 立面由不同结构体系组成的混合结构

立面混合结构的主要类型有：上部 RC 框架-下部 SRC 框架结构、上部大跨 SRC 框架-下部 RC 框架结构、上部钢框架-下部 RC（或 SRC）框架结构，以及在超高层建筑中常见的地面以上采用钢结构，地面以下为 RC 结构，在它们之间设置数层 SRC 结构作为过渡层的竖向混合结构等。在此介绍一些巨型竖向混合结构。

1. SRC 巨型结构

图 7-19 所示为 70 层的中国银行香港分行办公楼，它采用的是棱柱体形的 SRC 巨型混合结构。SRC 巨型结构的基本构架为空间桁架，由 SRC 巨型柱、钢巨型桁架、CFT 支撑等各种组合构件形成混合结构体系。与钢结构复杂的节点构造和安装工艺相比较，SRC 各平面框架的端部钢柱由 RC 包裹，具有整体性好、施工方便的优点，如图 7-19（*b*）所示。而且 SRC 结构与 CFT 结构一样，由于混凝土用量的增加，钢材的用量相应减少，从而降低了工程造价。

2. CFT 巨型结构

图 7-20 所示为美国 Seattle 建造的 62 层 AT&T Gateway Tower 大楼，它是由 4 根大直径 CFT 柱和 H 型钢梁以及每隔 10 层设置双向 X 形钢支撑组合而成的巨型结构。为了保证结构承载力和钢管内混凝土的填充质量并降低工程造价，在 CFT 柱与钢梁、支撑的

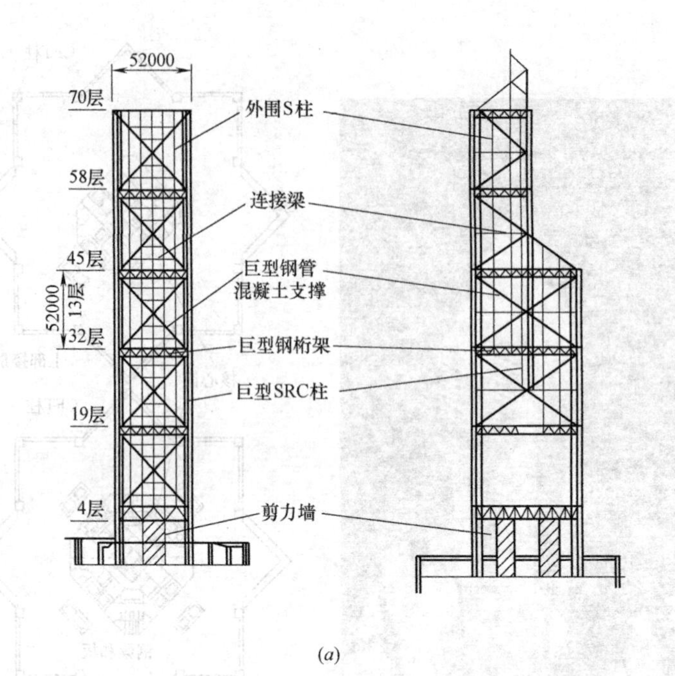

(a)

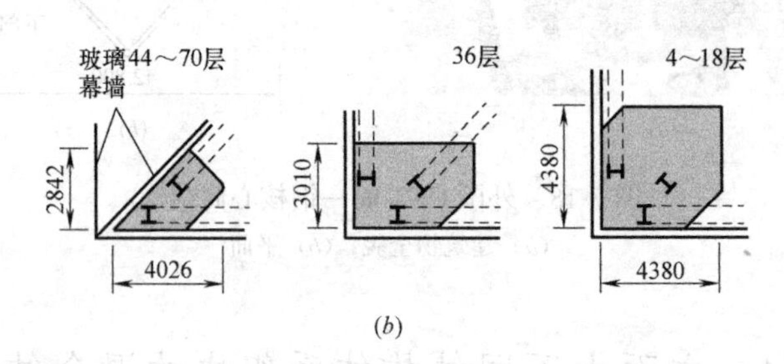

(b)

图 7-19　SRC 巨型结构

(a) 立面图；(b) 连接详图

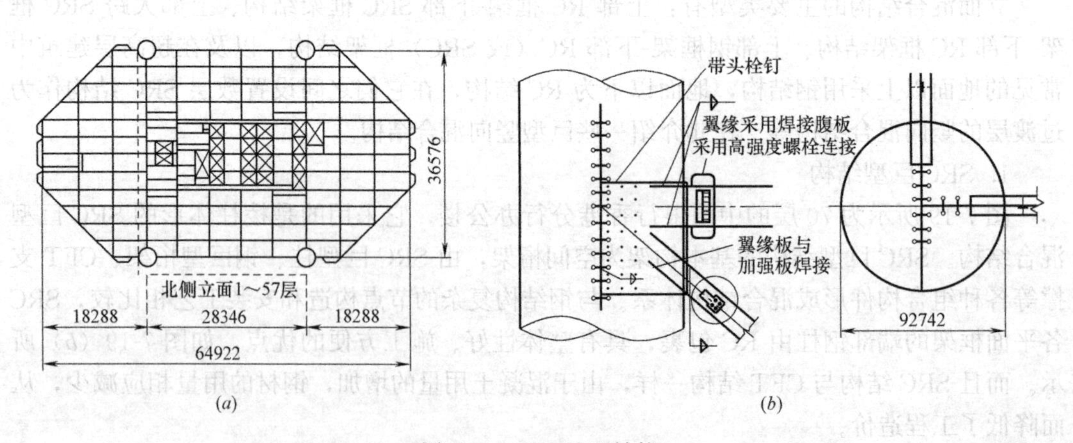

(a)　(b)

图 7-20　CFT 巨型结构

(a) 平面；(b) 连接详图

连接部位，采用较为单一的连接方式，减少了焊接工作量。这种混合结构一方面可以充分利用混凝土的强度、降低钢材用量，同时由于 CFT 结构的施工不需要模板，因此可以缩短工期，减轻现场劳动强度。

3. 下部 SRC 柱-上部 RC（或 S）柱混合结构设计要点

当结构下部采用型钢混凝土柱、上部采用钢筋混凝土柱时，由于刚度和承载力的突变，会在结构中产生薄弱层，造成结构发生较为严重的破坏，因此要求设置过渡层，如图 7-21 所示。过渡层应满足以下要求：

（1）下部型钢混凝土柱中的型钢应向上延伸一层或二层作为过渡层，并伸至过渡层柱顶部的梁高度范围内截断。过渡层柱的型钢截面可减小，并按构造要求设置。

（2）过渡层柱应按钢筋混凝土柱设计，且箍筋应按《高层建筑混凝土结构技术规程》JGJ 3 的要求沿柱全高加密设置。

（3）结构过渡层柱内的型钢翼缘上应设置栓钉（图 7-21），栓钉的直径不小于 19mm，栓钉的水平及竖向中心距不大于 300mm，且栓钉中心至型钢钢板边缘的距离不小于 60mm。

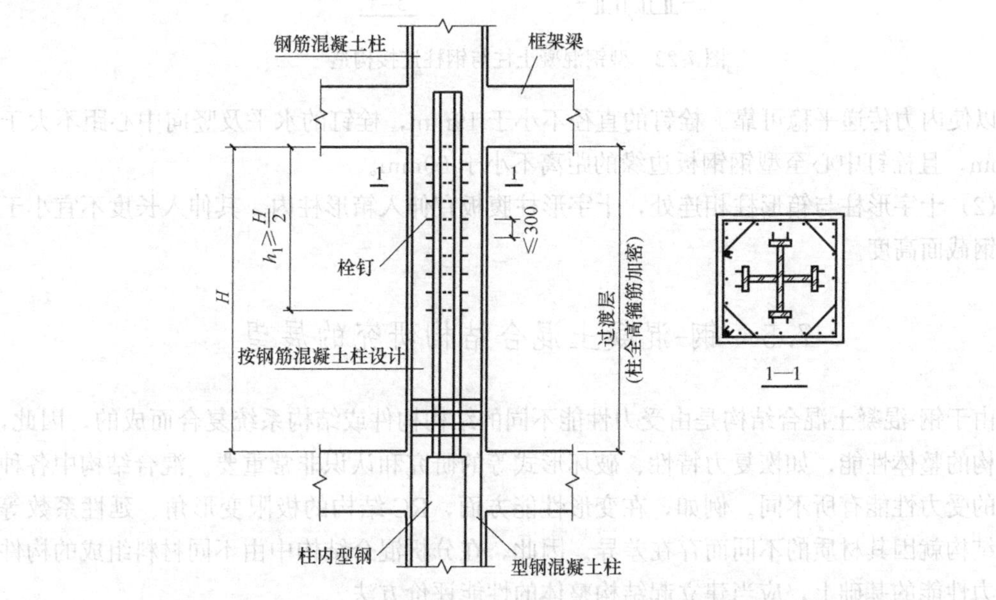

图 7-21　型钢混凝土柱与钢筋混凝土柱的连接构造

此外，近年来又出现了一种新型 SRC-RC 转换柱，它是将 SRC 柱中最上部的型钢向相邻的上层延伸一定高度所形成的一种特殊的转换构件，如图 7-2（*a*）所示。已有研究表明，采取合理的构造和加强措施的 SRC-RC 转换柱构件具有良好的受力性能，可以更好地连接 SRC-RC 竖向混合结构中下部的 SRC 柱和上部的 RC 柱，减小强度和刚度的突变，避免出现明显的薄弱层。

当结构下部采用型钢混凝土柱、上部采用钢柱时，在这两种结构之间也应设置过渡层，如图 7-22 所示。过渡层应满足下列要求：

（1）为保证型钢混凝土柱变为钢柱时刚度变化不要过大，下部型钢混凝土柱应向上延伸一层作为过渡层，过渡层柱按钢柱设计，且不小于过渡层上一层的钢柱截面，并按构造要求设置外包钢筋混凝土。过渡层钢柱伸入下部型钢混凝土柱内的长度由梁下皮至 2 倍钢柱截面高度处，与型钢混凝土柱内的型钢相连，并在该伸入范围内的钢柱翼缘上应设置栓

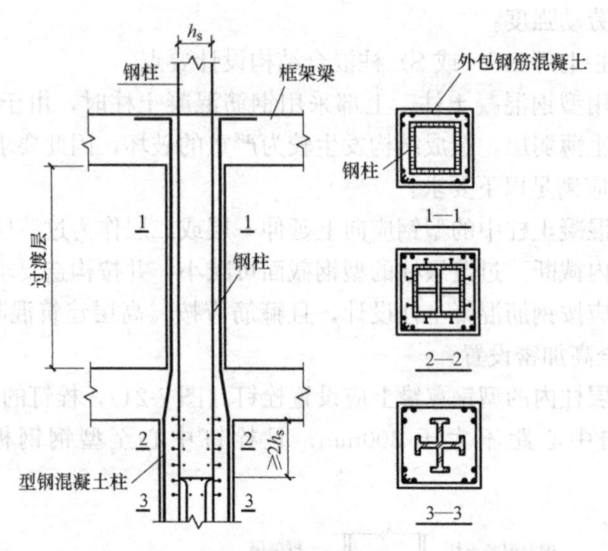

图 7-22　型钢混凝土柱与钢柱连接构造

钉，以使内力传递平稳可靠。栓钉的直径不小于 19mm，栓钉的水平及竖向中心距不大于 300mm，且栓钉中心至型钢钢板边缘的距离不小于 60mm。

（2）十字形柱与箱形柱相连处，十字形柱腹板宜伸入箱形柱内，其伸入长度不宜小于柱型钢截面高度。

7.5　钢-混凝土混合结构研究的展望

由于钢-混凝土混合结构是由受力性能不同的结构构件或结构系统复合而成的，因此，对结构的整体性能，如恢复力特性、破坏形式等的研究和认识非常重要。混合结构中各种构件的受力性能有所不同。例如，在变形性能方面，RC 结构的极限变形角、延性系数等与钢结构就因其材质的不同而存在差异。因此，在分析混合结构中由不同材料组成的构件的受力性能的基础上，应当建立起结构整体的性能评价方法。

对混合结构整体受力性能的认识，可以根据各种结构在静力和动力作用下的试验得到，但这需要花费大量的人力和物力，实行起来非常困难。比较现实可行的方法，就是针对影响混合结构性能的某些未知因素进行试验，通过对试验资料的整理分析提出理论计算模型，再对这些因素对结构整体性能的影响进行进一步的研究和探讨。而且在混合结构中，不同构件或结构体系的最优组合方法，包括其极限承载力之比、刚度比或连接构造方法等都是应当深入研究的问题。对混合结构中各种构件及结构体系的再认识，研究并获得使其优良性能得到最充分发挥的设计计算方法，或者开展对新型组合构件截面设计方法的研究都是今后非常重要的课题。

本章小结

（1）高层建筑钢与混凝土混合结构是由不同结构构件或不同的结构体系混合而成的，

它可分为由不同结构构件组成的混合结构和平面、立面上由不同结构体系组合而成的混合结构两大类。前一类混合结构主要包括 SRC 柱—S 梁混合结构、SRC 柱—RC 梁混合结构、RC 柱—S 梁混合结构、CFT 柱—S 梁混合结构、CFT 柱—SC 梁混合结构等形式。在后一类混合结构体系中，平面由不同结构体系组成的混合结构主要包括外围 S 框架—RC 核心筒混合结构、外围 SRC 框架—RC 核心筒混合结构，以及采用钢核心筒的混合结构。立面由不同结构体系组成的混合结构主要有 SRC 巨型结构和 CFT 巨型结构，以及下部采用 SRC 柱、上部为 RC（或 S）柱的竖向混合结构。

（2）对于钢框架—钢筋混凝土筒体以及型钢混凝土框架—钢筋混凝土筒体两种混合结构体系，《高层建筑混凝土结构技术规程》JGJ 3 从结构的最大高度、高层建筑的高宽比限值、水平荷载作用下弹性最大层间位移与层高的比值，以及结构布置、结构分析、构件设计等方面进行了规定，以使结构的计算简图明确、受力合理、施工方便。

（3）对于下部 SRC 柱—上部 RC（或 S）柱竖向混合结构，由于刚度和承载力的突变，会在结构中产生薄弱层，使结构发生较严重的破坏。因此应在上、下两种不同的结构构件之间设置过渡层或转换层。过渡层柱应符合相关的计算和构造要求。

主要参考文献

［1］ European Committee for Standardization. EN 1994-1-1：2004 Eurocode 4 ［S］. Design of composite steel and concrete structures-Part 1-1：General rules and rules for buildings. CEN，Brussels，2004.

［2］ European Committee for Standardization. EN 1994-1-2：2005 Eurocode 4 ［S］. Design of composite steel and concrete structures-Part 1-2：General rules-Structural fire design. CEN，Brussels，2005.

［3］ ACI Committee 318（ACI 318-08）. Building code requirements for structural concrete and commentary［S］. American Concrete Institute，Detroit，USA，2008.

［4］ ANSI/AISC 360-10. Specification for structural steel buildings ［S］. American Institute of Steel Construction（AISC），Chicago，USA，2010.

［5］ British Standards Institutions BS5400. Steel，concrete and composite bridges ［S］，Part 5：Code of practice for design of composite bridges. London，UK，2005.

［6］ AIJ. Recommendations for design and construction of concrete filled steel tubular structures ［S］. Architectural Institute of Japan（AIJ），Tokyo，Japan，2008.

［7］ AS 5100. 6-2004. Bridge design，Part 6：Steel and composite construction ［S］，Sydney，Australia，2004.

［8］ Johnson R P. Composite structures of steel and concrete，Vol. 1-Beam，slab，columns and frames for building ［M］. Oxford：Blackwell scientific publications，1995.

［9］ One Steel Market Mills. Composite Structures Design Manual-Design Booklet DB1. 1，Design of Simply-Supported Composite Beams for Strength ［M］，2nd Ed.，February，2001.

［10］ S. Akao，A. Kurita. Concrete placing and fatigue of shear studs ［J］. Fatigue of steel and concrete structures. Iabse Colloquimu Lausanne，1982.

［11］ Gattesco N，Giuriani E，Gubana A. Low-cycle fatigue test on stud shear connectors ［J］. Journal of Structural Engineering，1997（2）：145-150.

［12］ 建筑结构可靠度设计统一标准（GB 50068—2001）［S］. 北京：中国建筑工业出版社，2001.

［13］ 混凝土结构设计规范（GB 50010—2002）［S］. 北京：中国建筑工业出版社，2002.

［14］ 钢结构设计规范（GB 50017—2003）［S］. 北京：中国计划出版社，2003.

［15］ 电弧螺柱焊用圆柱头焊钉（GB 10433—2002）［S］. 北京：中国建筑工业出版社，2002.

［16］ 高层民用建筑钢结构技术规程（JGJ 99—98）［S］. 北京：中国建筑工业出版社，1998.

［17］ 高层建筑混凝土结构技术规程（JGJ 3—2002）［S］. 北京：中国建筑工业出版社，2002.

［18］ 钢-混凝土组合结构设计规程（DL/T 5085—1999）［S］. 北京：中国电力出版社，1999.

［19］ 钢-混凝土组合楼盖结构设计与施工规程（YB 9238—92）［S］. 北京：冶金工业出版社，1992.

［20］ 钢骨混凝土结构技术规程（YB 9082—2006）［S］. 北京：冶金工业出版社，2007.

［21］ 型钢混凝土组合结构技术规程（JGJ 138—2001）［S］. 北京：中国建筑工业出版社，2002.

［22］ 钢管混凝土结构设计与施工规程（CECS 28：90）［S］. 北京：中国计划出版社，1992.

［23］ 矩形钢管混凝土结构技术规程（CECS 159：2004）［S］. 北京：中国计划出版社，2004.

［24］ 钢管混凝土结构技术规程（DBJ/T 13-51—2010）［S］. 福州：福建省住房和城乡建设厅，2010.

［25］ 战时军港抢修早强型组合结构技术规程（GJB 4142—2000）［S］. 北京：中国人民解放军总后勤部，2000.

［26］ 聂建国，樊健生．钢与混凝土组合结构设计指导与实例精选［M］．北京：中国建筑工业出版社，2007.
［27］ 聂建国，刘明，叶列平．钢-混凝土组合结构［M］．北京：中国建筑工业出版社，2005.
［28］ 聂建国．钢-混凝土组合梁结构原理与实例［M］．北京：科学出版社，2009.
［29］ 赵鸿铁．钢与混凝土组合结构［M］．北京：科学出版社，2001.
［30］ 朱聘儒．钢-混凝土组合梁设计原理［M］．北京：中国建筑工业出版社，2006.
［31］ 聂建国．钢-混凝土组合梁结构［M］．北京：科学出版社，2005.
［32］ 王国周，瞿履谦．钢结构原理与设计［M］．北京：清华大学出版社，1993.
［33］ 赵鸿铁，张素梅．组合结构设计原理［M］．北京：高等教育出版社，2005.
［34］ 薛建阳．钢与混凝土组合结构［M］．武汉：华中科技大学出版社，2007.
［35］ 周起敬．钢与混凝土组合结构设计施工手册［M］．北京：中国建筑工业出版社，1991.
［36］ 刘维亚．钢与混凝土组合结构理论与实践［M］．北京：中国建筑工业出版社，2008.
［37］ 薛建阳．钢与混凝土组合结构设计原理［M］．北京：科学出版社，2010.
［38］ 钟善桐．钢管混凝土结构（第3版）［M］．北京：清华大学出版社，2003.
［39］ 蔡绍怀．现代钢管混凝土结构（修订版）［M］．北京：人民交通出版社，2007.
［40］ 韩林海．钢管混凝土结构—理论与实践（第二版）［M］．北京：科学出版社，2007.
［41］ 韩林海，杨有福．现代钢管混凝土结构技术（第二版）［M］．北京：中国建筑工业出版社，2007.
［42］ 陶忠，于清．新型组合结构柱-试验、理论与方法［M］．北京：科学出版社，2006.
［43］ 王连广．钢与混凝土组合结构理论与计算［M］．北京：科学出版社，2005.
［44］ 日本建築学会．鉄骨鉄筋コンクリート構造計算規準［S］・同解説，2001.
［45］ 若林実，南宏一，谷資信．合成構造の設計［M］，新建築学大系42巻，彰国社，1982.
［46］ デッキプレト床構造設計・施工規準［S］．日本技報堂出版株式会社，1987.
［47］ 松井千秋．建築合成構造［M］．オーム社，2004.
［48］ 南宏一．合成構造の設計—学びやすい構造設計［M］．日本建築学会関東支部，2006.